Ti/Al 异质接头界面及组织性能

陈玉华　谢吉林　王善林　刘冠鹏　著

国防工業出版社

·北京·

内容简介

Ti/Al异质材料复合构件由于其优异的性能，在航空、航天等领域具有广阔的应用前景。但由于铝、钛的物理、化学和机械性能有较大的差异，Ti/Al异质结构的焊接存在接头性能差、缺陷多等问题，获得高质量Ti/Al异质接头是焊接领域急需攻克的难题之一。本书针对Ti/Al异质结构的多种焊接方法进行了探索，对不同焊接方法、不同焊接工艺条件下异质接头的界面和接头的微观组织、力学性能进行了深入研究，分析了工艺参数对接头成形及力学性能的影响，获得了组织性能优异的焊接接头，为Ti/Al异质结构焊接技术的应用奠定了理论基础。

图书在版编目（CIP）数据

Ti/Al异质接头界面及组织性能/陈玉华等著．—北京：国防工业出版社，2023.9

ISBN 978-7-118-13075-1

Ⅰ．①T…　Ⅱ．①陈…　Ⅲ．①异种金属焊接-研究
Ⅳ．①TG457.1

中国国家版本馆CIP数据核字（2023）第173515号

※

国防工業出版社出版发行

（北京市海淀区紫竹院南路23号　邮政编码100048）

雅迪云印（天津）科技有限公司印刷

新华书店经售

*

开本 710×1000　1/16　**插页** 3　**印张** 17½　**字数** 308千字

2023年9月第1版第1次印刷　**印数** 1—1500册　**定价** 98.00元

国防书店：（010）88540777　　书店传真：（010）88540776

发行业务：（010）88540717　　发行传真：（010）88540762

前　言

在航空航天领域，材料减重带来的经济效益十分显著，铝合金和钛合金都具有密度小、比强度高（钛合金的强度接近中强钢）、耐蚀性能及耐高温性能好等优点，Ti/Al 异质材料复合构件能大大减轻整体重量，因此，钛、铝等轻质合金具有非常大的经济优势，Ti/Al 异质材料复合构件在航空、航天等领域具有广阔的应用前景。机翼蜂窝夹层、机舱散热片、座椅导轨等结构件均可采用 Ti/Al 异种金属复合连接的方法形成 Ti/Al 复合构件。近年来，新型航空发动机和飞机结构的设计对“高材料轻质强度、大推重比、功能结构一体”的要求越来越高，铝合金与钛合金形成的异质复合构件是目前大力发展和实际应用的方向。

然而，铝、钛都是活性非常强的金属，在空气中非常容易被氧化，并且这两种金属之间的物理、化学和机械性能存在较大的差异，在结合面容易产生焊接应力从而导致裂纹，两者之间存在十分明显的冶金不相容性，钛、铝的相互溶解度很小，基于以上原因，这两种金属很难结合在一起。因此，采用常规熔焊的方法对 Ti/Al 连接十分困难，焊接接头性能较差，并且容易产生气孔等多种缺陷。Ti/Al 异质结构的连接存在许多问题，获得高质量的 Ti/Al 焊接接头是焊接领域急需攻克的难题之一。选择合适的焊接方法和焊接工艺可以从一定程度上避免这些问题，甚至可以利用 Ti/Al 两种元素的差异性来获得理想的焊接接头，为 Ti/Al 异质材料复合构件的应用提供更好的解决方案。Ti/Al 异种金属之间的焊接是目前研究的热点，到目前为止还处于探索研究阶段，还没有非常合适的焊接方法可以实现 Ti/Al 异种金属的连接。本书针对 Ti/Al 异质材料复合构件的广泛应用前景以及两者连接技术所面临诸多困难，探索采用搅拌摩擦焊和电阻点焊等技术对 Ti/Al 异质结构进行连接，在现有技术上进行优化改进，并对焊接工艺、焊接接头微观组织结构、性能以及界面结合机制进行深入研究，获得组织性能较好的点焊接头，分析了不同工艺对接头成形以及力学性能的影响，为 Ti/Al 异质结构先进连接技术的应用提供理论依据。

本书旨在为推动 Ti/Al 异质结构先进连接技术的发展和应用做出一些贡献。本书共分 7 章：第 1 章介绍 Ti/Al 异质结构应用前景及连接技术研究进展；第 2 章基于密度泛函理论，系统地研究了 Co、Cr、Mn、Sc 对 $TiAl_3$ 金属间化合物力学性能影响的电子结构机理，计算了 Co、Cr、Mn、Sc 替代 Ti 原子的结合能、合金化前后的各项性能；第 3 章、第 4 章分别对 Ti/Al 对接接头和搭接接头的搅拌摩擦焊接界面及接头组织性能进行系统研究和阐述；第 5 章介绍了中间层材料对 Ti/Al 异质结构搅拌摩擦焊接头界面及接头组织性能的影响规律与作用机制；第 6 章在现有搅拌摩擦焊的基础上发展了一种可以获得“搅拌摩擦点焊-钎焊”复合焊接接头 Ti/Al 异质材料复合构件焊接新技术，并对其微观组织和力学性能进行了详细阐述；第 7 章研究了不同焊接规范下 Ti/Al 异质材料复合构件的电阻点焊，结合理论计算，揭示了接头的形成机理，阐明了界面组织和力学性能的变化规律。

本书的出版得到南昌航空大学学术文库出版基金的资助，部分研究工作得到国家自然科学基金（51265042，51865035）、江西省科技计划项目（20171BCB24007，2018ACB21016，20212AEI91004）、航空科学基金（2009ZE56011，2017ZE56010）的资助。另外，南昌航空大学焊接工程系，特别是先进连接技术课题组的同仁对本书的出版和部分试验工作提供了帮助，在此一并表示感谢。此外，向关心本书出版的同行以及书中所援引文献的作者表示谢意。

由于作者水平有限，书中难免会有不当之处，敬请读者批评指正。

作者

2023 年 7 月

目　录

第1章　Ti/Al 异质结构应用前景及连接技术研究进展

1.1　Ti/Al 异质结构的应用前景

钛及其合金以其优异的耐腐蚀、耐高温（在300~600℃范围内有良好的稳定性）性能、较高的韧性和比强度受到广泛关注。钛合金作为性能优异的轻质材料，在航空航天、生物医疗、海洋装备等现代工业生产及生命科学领域得到了广泛的应用，如用于火箭喷嘴的导管、航天飞机船舱及起落架、人造卫星的外壳、火箭推进系统与壳体等。据统计，每年美国仅在航空航天和军事领域的钛合金量就达到2万吨，以美国空军的F22战斗机为例，其钛合金用量占飞机总质量的45%。大量实践表明，钛合金是船舶制造和海洋工程中的最佳结构材料。同时，由于钛合金具有无磁性、重量轻和抗疲劳等特点，核潜艇及深海探测器的外壳、内部管路等对强度要求高的结构也有广泛应用。铝及铝合金具有密度低、耐腐蚀性较高、塑性好、可加工性好的特点，比强度和优质钢相差无几，此外，还具有优良的导电性、导热性、抗蚀性以及较高的性价比，工业上受到广泛使用，用量仅次于钢，是航空航天、舰船和汽车工业设备轻量化的首选结构材料。目前铝合金在民用飞机结构上的用量为70%~80%，在军用飞机结构上的用量为40%~60%。在最新型的B777客机上，铝合金占机体结构质量的70%。人造卫星主体及火箭箭体、船舶主体结构、各类型发动机均以铝合金材料为主。

航空航天、汽车、轨道交通等尖端科技和现代工业的迅速发展，工业4.0、装备智能制造等重大科技工程的推进，对装备轻量化、运载设备的推重比等提出了新的技术要求。某些关键部位的结构件，使用单一的金属或合金难以满足综合性能的要求。同时，随着资源枯竭、环境破坏等问题日益严重，采用不同性能金属材料相结合的金属复合连接板越来越受到重视。低成本、轻量化、高可靠性、绿色环保已经成为航空航天及交通运输等行业最主要的发展趋势。设计轻量化结构，将功能材料与结构材料连接，通过复合材料轻量化结构设计，实现运载装置的整体减重已经成为研究的热点。铝及其合金凭借轻质量、低成本等优势，广泛应用于航空航天和汽车行业中。钛合金具有比强度高、密度低、耐腐蚀性好、热膨胀系数低等优点，这些优势使钛合金在航空发动机应用中成为非常好的替代合金之一。出于减轻重量、降低成本，以及特殊使用性能考虑，使铝和钛“物尽其用”，优势互补，达到材料使用性能和经济效益的平衡，Ti/Al 异质结构材料的复合构件得到广泛应用。Ti/Al 异质结构复合结构同时兼有铝合金密度低、经济性好和钛合金强度高、耐腐蚀性好等优点，能够减轻结构重量、节约能源，在航空航天、武器装备、交通运输等领域有广阔应用前景，飞机机舱散热片、机翼蜂窝夹层、座位导轨和高速列车车厢等结构均可采用 Ti/Al 异质结构复合结构。例如，飞机机翼的蜂窝夹层结构就是由钛合金蒙皮和翼盒中铝合金蜂窝夹层连接而成的复合结构，其优点在于减轻了飞机重量，强度重量比高、抗疲劳性能好，有较高的抗震极限，稳定性好。美国将 Ti/Al 复合构件作为新型材料，已在航空航天领域，特别是飞机制造中得到应用。NASAYF-12 战斗机采用了 Ti/Al 蜂窝芯复合板作机翼。空中客车将在飞机座位导轨和容易腐蚀的区域采用钛板、铝肋复合结构以提高抗腐蚀性能，减轻重量和降低制造成本。

随着科学技术的发展，Ti/Al 复合结构的需求显著增加。特别是近年来，随着新型航空发动机和飞机结构的设计对“材料轻质强度高、推重比大、功能结构一体”的要求越来越高，将铝合金与钛合金焊接形成复合结构是目前迫切的需求和大力发展和实际应用的方向，“江西省航空制造产业科技创新规划”也将“以钛合金、铝合金为代表的异种轻金属构件制造技术”列为需要重点突破的关键技术之一。

Ti/Al 异种材料复合连接不仅可以发挥钛合金和铝合金各自的性能优势、满足性能要求、解决生产难题，而且同时降低了成本、减轻了重量，兼顾材料使用性能和经济效益，符合可持续发展的理念。因此，Ti/Al 异质结构连接的研究及应用逐渐受到各国学者重视。在工业生产，尤其是航空航天领域，Ti/Al 异种合金连接的问题不可避免。在 Ti/Al 异种合金复合构件的结构设计中，焊接技术以其自身的优势开始逐步得到应用。

1.2 Ti/Al 异质结构连接存在的困难

Ti/Al 异质结构的应用前景十分广阔，然而，通过熔化的方法来实现两种不同材料的焊接是不可靠的，除非它们的物理性质（熔化温度、热导率、比热容、热膨胀系数等）非常相似，在熔焊过程中，物理性能上的较大差异会导致较大的应力梯度。根据表 1.1 可知，Ti 和 Al 的物理化学性能差异很大，且 Ti/Al 金属间化合物（IMC）种类众多，如 $TiAl_3$、TiAl、$TiAl_2$ 和 Ti_3Al 等。接头中，这些脆性 IMC 会使焊缝有脆硬倾向，接头容易发生脆断而导致接头结合强度不高。一旦不同金属或合金之间形成脆性相，即使在没有机械约束的情况下也会形成焊缝裂纹。根据表 1.2 可知，Ti 和 Al 在原子半径、电负性以及晶格常数等方面的差异也比较大，这将大大降低两种元素的互溶性。其中化学亲和力和冶金相容性的严重错配，以及脆性的金属间化合物的形成等问题是对钛合金及铝合金连接的一项技术挑战。为评估不同金属或合金之间的焊缝裂纹敏感性，平衡相图非常重要，图 1.1 为 Ti/Al 二元合金相图，从图中能明显看出 Ti/Al 连接的复杂性。由此可知，获得性能优良的焊接接头较为困难，铝合金与钛合金的焊接难点主要包括以下几方面。

表 1.1　铝和钛的物理性能参数

元素	密度 ρ/(g/cm^3)	熔点/℃	沸点/℃	热导率/($W\cdot(m\cdot K)^{-1}$)	电阻率/($\mu\Omega\cdot cm$)	热膨胀系数/($10^{-6}/K^{-1}$)
Al	2.7	660	2327	237	2.65	23.21
Ti	4.5	1668	3560	15.24	42.1	9.41

表 1.2　Ti 和 Al 原子基本化学性能

元素	原子序数	原子量	晶体结构	晶格常数/nm	原子半径/nm	电负性
Ti	22	47.90	密排六方	$a=0.2951$ $c=0.4679$	0.147	1.54
Al	13	26.980	面心立方	$a=0.4050$	0.143	1.61

（1）由于两者熔点相差约 1000℃，因此在熔焊过程中，每当铝合金已处于完全熔融状态时，钛合金仍处于固相状态，导致无法形成牢固连接，而当两种材料都处于熔化状态时，生成的大量硬脆 IMC 显著影响接头力学性能。

（2）由于两种材料的密度不同，Ti 的密度约为 Al 的 2 倍，在焊缝熔池凝固过程中，熔池内的铝熔液上浮，钛熔液下沉，从而导致化学成分上下不均匀，形成成分偏析和夹渣等缺陷。

（3）Ti 和 Al 之间的线膨胀系数和热导率的较大差异会导致在 Ti/Al 异质结构焊接过程中容易将焊接过程的热输入传递到焊缝附近区域，并形成较宽的热影响区，降低焊接热源的利用率。除此之外，还会使焊缝中形成较大的残余应力，显著降低接头的力学性能。

（4）Al 和 Ti 在高温状态下都极易氧化，Ti 在 600℃发生氧化，Al 在空气中就能发生氧化，并生成致密难熔的 Al_2O_3，氧化膜的存在会抑制 Ti/Al 异质结构之间的冶金反应，若在焊接前未能有效清理表面氧化膜，则容易在界面处形成夹渣缺陷，严重降低焊接接头的力学性能。

（5）Al 和 Ti 晶格结构上存在巨大差异，Al 为面心立方（FCC）结构，而 Ti 在低温稳定状态下为密排六方（HCP）结构，高温稳定状态下为体心立方（BCC）结构，导致二者在物理和化学性能方面有较大差异，即两者之间存在十分明显的冶金不相容性。并且二者在塑性变形能力上有较大差异，因此在焊接过程中容易导致异种金属变形不均匀，造成局部应力集中。

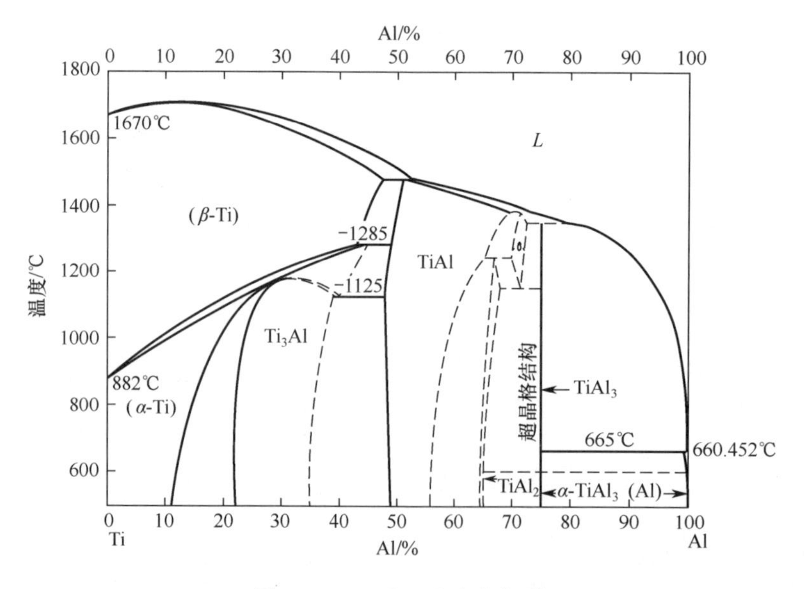

图 1.1　Ti/Al 二元合金相图

综上所述，Ti/Al 异质结构的连接存在许多问题，获得高质量的 Ti/Al 焊接接头是焊接领域急需攻克的难题之一。选择合适的焊接方法和焊接工艺可以从一定程度上避免这些问题，甚至可以利用 Ti/Al 两种元素的差异性来获得理想的焊接接头，为 Ti/Al 异质结构复合构件的应用提供更好的解决方案。因此，通过采用有效的方式控制 IMC 的生成和分布来实现钛铝异种金属的可靠连接成为国内外学者研究的重点。

1.3　Ti/Al 异质结构连接技术研究进展

Ti/Al 异质结构的应用前景广阔，然而，这两种金属物理化学性能差别太大导致其焊接性较差。目前，国内外学者在 Ti/Al 异质结构的连接方面已经做了许多尝试与研究，采用了扩散焊、激光熔钎焊、电弧熔钎焊、电阻点焊，以及搅拌摩擦焊等焊接方法对 Ti/Al 异质结构进行连接。

1.3.1　Ti/Al 压力焊

压力焊属于固相焊接方法，包括超声波焊和电阻点焊等。其中：超声波焊接是通过施加压力和超声震动实现同种材料或者异种材料的固态连接；电阻点焊是将被焊工件紧压在两个电极之间，利用电流经过被焊工件接触表面而产生的电阻热将其加热到熔化状态，使其形成焊接接头的方法。两种方法都有相似的特点，如效率高、被焊件变形小、操作简单等。其中强大的压力可以有效去除金属界面的氧化膜等杂质，为界面金属的反应提供有利的条件。

Zhang 等对 25mm×75mm×0.93mm 的 6111-T4 铝合金和 25mm×75mm×1mm 的 Ti6Al4V 钛合金进行搭接超声波点焊，焊接示意图如图 1.2 所示。Zhang 等研究了焊接时间和时效时间对拉剪强度峰值的影响，并对焊后 Ti/Al 接头界面是否存在金属间化合物等问题进行了分析。结果表明，0.93mm 的 6111-T4 铝合金与 1mm 的 Ti6Al4V 钛合金通过超声波焊接，当焊接时间低于 0.6s 时无法实现良好的冶金结合，焊接时间为 0.8s 时拉剪强度最高为 3.1kN，此强度接近同种铝合金的搭接超声波焊接强度。随着焊接时间的增加，拉剪强度逐渐增加，拉剪的断裂形式会出现界面断裂和“纽扣”状断裂两种形式。对界面进

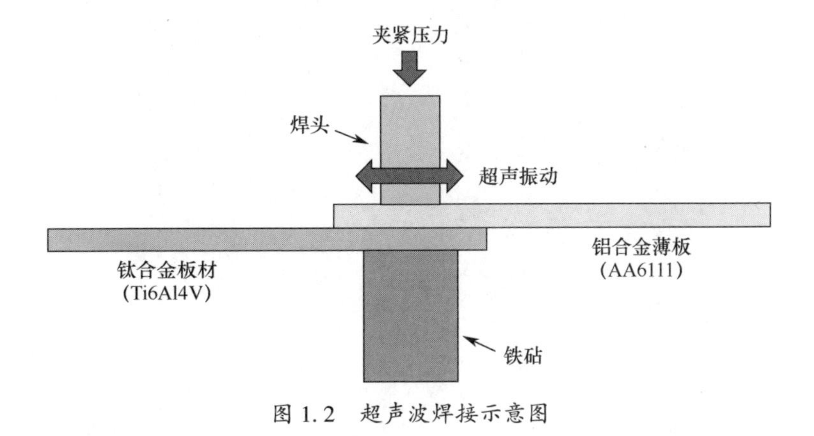

图 1.2　超声波焊接示意图

行微观组织分析，并没有发现金属间化合物层的存在。分析认为，由于超声波焊接是固相焊接方法，其热输入较低，相对于电阻点焊仅为2%左右，对于搅拌摩擦点焊为30%左右。此外，超声波点焊的焊接时间非常短，一般不超过1.4s，很难达到金属间化合物形成所需的活化能。

Zhou 等对 65mm×20mm×1.5mmAA6061 铝板和 65mm×20mm×1mm 工业纯钛板进行超声波点焊，采用控制变量的方法研究焊接时间（从 0.6s 到 1.4s）对于接头微观组织形貌、力学性能以及界面温度变化的影响。随着焊接时间增加，接头的峰值载荷出现先上升后下降的趋势，焊接时间过大或过小都不利于接头的力学性能。图 1.3 所示为不同焊接时间的界面微观组织图，在 1s 的焊接时间下没有出现明显缺陷，拉剪试验测得接头的峰值载荷达到 5128N。分析认为，当焊接时间小于 1s 时，Ti/Al 界面的氧化膜不能完全破裂，无法达到冶金结合所需的能量；然而，当焊接时间超过 1.2s 时，超声波振动时间太长，在较高的焊接时间下，超声波焊头尖端穿透软化后的 AA6061 铝合金薄板使截面变薄。

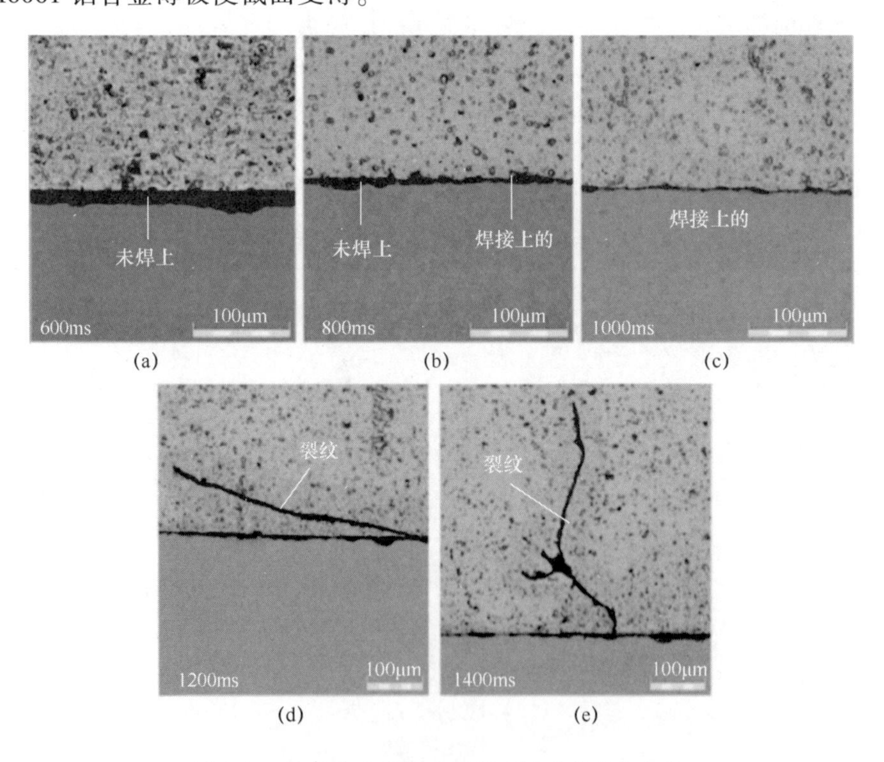

图 1.3 超声波不同焊接时间的界面微观组织图
（a）600ms；（b）800ms；（c）1000ms；（d）1200ms；（e）1400ms。

Zhu 等对 150mm×10mm×0.3mm 的 6061 铝合金和 Ti6Al4V 钛合金进行超声波焊接，并对接头的微观组织形貌和力学性能进行了分析研究。结果表明，当焊接焊接时间为 170ms、焊接压力为 0.4MPa 时，接头力学性能最佳。焊接时间在 90~200ms 时，接头拉剪强度出现先增大后减小的趋势，170ms 时强度最高。分析认为，一方面，由于时间过短，被焊金属表面的氧化膜来不及破除；另一方面，由于热输入不够，无法使焊件达到塑性状态。但焊接时间过长，上板铝会因为受热加剧，使超声波焊头压痕过深，导致焊点处铝板横截面变薄，最终削弱接头强度。对焊点界面区域进行能谱仪（EDS）分析，发现界面处存在 Ti、Al 两种元素的扩散，但是由于焊接热输入较低，此扩散区域较窄，大约为 4μm。

Li 等采用电磁辅助电阻点焊的方法对 2mm 厚的 6061 铝合金和 1mm 厚的 TA1 钛合金进行焊接，研究了电磁搅拌（EMS）辅助技术对 Ti/Al 电阻点焊接头组织形貌和力学性能的影响。如图 1.4 所示，与传统的 Ti/Al 电阻点焊接头相比，在电磁搅拌的辅助效应下形成了具有大的结合直径和高的拉剪力的焊缝。外加磁场引起的电磁搅拌促进了金属熔体的旋转产生离心运动，促进熔核沿径向生长，导致 Ti/Al 接头连接直径的增大。传统的 Ti/Al 接头组织由三部分组成，分别为部分熔化区、柱状晶粒区和过渡结构区。在电磁搅拌作用下，Ti/Al 接头形成的晶粒组织更加细小。分析认为，EMS 会在初生结晶过程中破坏生长的柱状枝晶，这些过程限制了柱状枝晶的生长，促进了柱状枝晶向等轴晶的转变。研究发现，在使用电磁辅助时，当焊接电流为 12kA 时，可以达到传统电阻点焊电流为 14kA 的相同效果，从而降低了功耗以及电极磨损。

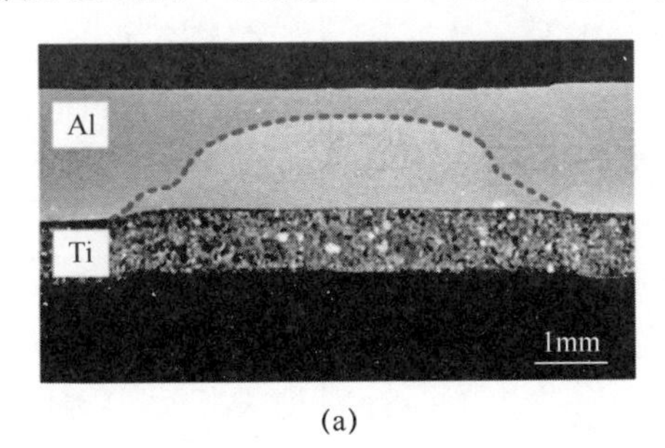

(a)

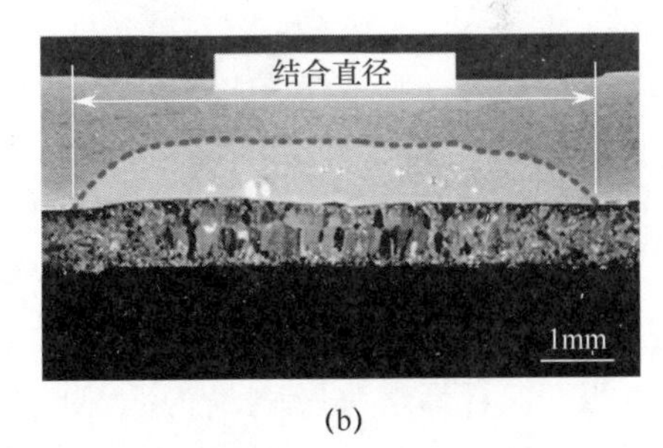

(b)

图 1.4　电阻点焊接头横截面宏观图
（a）传统电阻点焊；（b）电磁辅助电阻点焊。

Liu 等通过采用电阻点焊技术对 2mm 的 TC4 钛合金和 2Al2 铝合金进行连接。研究不同工艺参数对接头性能和组织的影响，从而揭示 Ti/Al 异质结构电阻点焊接头的连接机理。结果表明，硬规范条件下，界面反应层厚度相对软规范小幅增加且接头拉剪力得到提升，最大为 6.59kN。界面处铝合金在电阻热和热传导的共同作用下发生熔化而钛合金保持固态，固态的钛合金向铝合金液态熔核中进行原子的溶解及扩散使得熔化后的液态铝合金在固态钛合金表面润湿铺展，从而实现 Ti/Al 界面反应层的产生及变厚。对界面化合物层进行微区 XRD 分析测试，结果显示，Ti/Al 异质结构电阻点焊接头的界面化合物层反应产物为 $TiAl_3$。

以上研究表明，压力焊在对薄板的焊接上很适合对钛铝异种金属进行焊接，因为压力焊的热输入一般相对较小。但是超声波焊对接头被焊处的减薄作用比较明显，降低了接头的力学性能。电阻点焊对材料的导电性要求较高，如果被焊件过厚就会导致电流不足，加大电流会导致成本的增加，因此也不太适合实际生产应用。

1.3.2 Ti/Al 钎焊及扩散焊

钎焊和扩散焊很早就被应用于异种材料的焊接，尤其对于异种材料搭接接头具有很好的应用背景，而且两种焊接工艺所需的温度比较低，对被焊材料的影响比较小，因此也被广泛研究。

Al/Ti 异种材料搭接钎焊的原理较简单，首先是钎料的选择，钎料的熔点要低于两种母材的熔点；其次是将钎料置于母材之间进行加热，加热温度要超过钎料熔点且低于母材熔点，加热过程中液态钎料会填充被焊母材接头的空隙，从而与处于固态的母材进行原子的相互扩散，最终实现焊接。徐永强等通过高频感应钎焊的方式对 1.2mm 的 TC4 钛板和 2.5mm 的 LF21 铝板进行焊接。钎料选择 $Al\text{-}Si_{12}$ 箔，由于钛合金与铝合金差异较大，因此铝基钎料很难在钛板上产生润湿。最终采用提前在钛板表面渗透一层铝的方式来促进钎料润湿，试验结果表明该方法可行，且当感应电流为 300A，焊接时间为 46s 时得到的接头最大抗剪载荷达到 5250N，最终接头断裂在铝母材。

北京航空航天大学曲文卿等采用 3 种特殊的钎料，分别为 Al-Mg-Si、Al-Mg-Si-Bi 以及纯 Cu，对 TC4 钛合金和 LF21 铝合金进行真空钎焊试验。试验结果表明，对钎焊接头影响最为明显的因素有两个，即钎料种类和钎焊温度高低，其中钎焊时间相对影响较小。当钎焊炉真空度不低于 5×10^{-3}Pa 时，钎料选择 100μm 箔状 Al-11.5Si-1.5Mg，钎焊时间为 5min，钎焊温度为 605℃，此时获得的钎焊接头拉伸性能最优，强度与铝母材等同。最后对界面进行微观分析，发现界面处没有生成钛铝系金属间化合物。

北京航空航天大学的康慧等采用在铝硅钎料中添加锡和镓元素的方式来降低钎料的熔点，进而改善钎料在母材表面的润湿和铺展。试验中，在 Al-11.5Si 钎料中添加 Sn 和 Ga 元素而形成 9 种新型钎料，再通过正交试验探究每一种钎料的效果。最终试验结果表明，Sn 和 Ga 元素的添加使钎料熔点降低了，且这两种元素与 Al 在反应过程中形成了低熔点共晶，进而改善了钎料的润湿和铺展性。

Kenevisi 等采用扩散焊对 TC4 钛合金和 7075 铝合金进行焊接。首先对钛合金表面电镀 2μm 厚的铜进行表面改性，焊接过程中在搭接面上加入厚 50μm 和 100μm 的中间层 Sn-4Ag-3.5Bi，探究这两种厚度的中间层材料在不同时间下的连接效果。最终研究表明，随着扩散时间的增加，Sn 的浓度在结合界面中心降低，且随着原子的扩散导致金属间化合物的形成。通过对接头显微硬度和剪切强度的测试来看，接头界面的硬度值随着扩散时间的增加而增加。此外，随着扩散时间的不断增加，接头界面处由于脆性金属间化合物层的生长而使得接头强度降低，接头拉剪强度最高达 35MPa。

武汉科技大学曾浩等对 TC4 钛合金和 LY12 铝合金进行真空扩散焊连接，采用 EDS 和 SEM 对接头组织形貌和元素分布进行分析，采用 XRD 对界面化合物相的组成进行研究，并对接头进行拉伸强度的力学测试。试验结果表明：在接头界面的区域有金属间化合物生成，分别为 TiAl、Ti_3Al 和 $TiAl_3$。结合断口形貌和元素分布分析，TC4 与 LY12 接头的形成机理归因于 Ti 和 Al 原子之间的相互扩散。在反应过程中形成的初始相为 $TiAl_3$，这是由于钛原子扩散到铝基体中而形成的。

李亚江等通过真空扩散焊对 TA2 钛合金和 1035 铝合金进行搭接连接。首先对钛板表面进行渗铝以改变其表面特性，再放入扩散炉中进行焊接。试验后，采用 SEM 和 XRD 对接头微观组织形貌和物相组成进行探究。研究结果表明，Ti/Al 扩散接头分为 3 个区域，即钛侧界面区域、界面扩散过渡区域以及铝侧界面区域，其中在过渡区域形成了 TiAl 和 Ti_3Al 的金属间化合物，并且焊接工艺参数的大小与化合物层厚度存在一定关系，减小焊接参数可以降低其厚度。

综上所述，虽然钎焊比较适合异种材料的焊接，但是钎焊质量的好坏与镀层厚度及随后的钎焊工艺有密切的联系，掌握不好其中任何一个环节，就有可能产生大量的金属间化合物，从而影响接头的力学性能。另外，对钛合金和铝合金进行扩散焊虽然能够一定程度调节接头中的脆性相生成。但是，真空扩散焊的焊接周期较长，对焊接设备的要求较高且被焊件容易受到设备大小的限制。因此，这两种焊接方法还是存在较多的局限性。

1.3.3　Ti/Al 搅拌摩擦焊

搅拌摩擦点焊是在搅拌摩擦焊技术上衍生出来的一种焊接技术，可以很好地实现两种金属材料的搭接接头。由于在焊接过程中对接头的热输入较低，因此，对于 Ti/Al 异质结构的焊接具有很好的效果。搅拌摩擦点焊可分为很多种，根据焊接时搅拌头是否可以回抽，分为可回抽式与不可回抽式；根据搅拌头是否有针，分为有针点焊与无针点焊；根据是否在被焊金属间添加钎料，分为搅拌摩擦点焊以及搅拌摩擦点焊-钎焊复合焊接等。这些点焊方法对于 Ti/Al 异质结构的焊接都有所研究，并且都成功实现了对于两种材料的有效连接。

Plaine 等对 2mm 厚的 5754 铝合金与 2.5mm 厚的 Ti6Al4V 合金进行可回抽式搅拌摩擦点焊，如图 1.5 所示，主要研究了搅拌头停留时间对 AA5754 和 Ti6Al4V 合金摩擦点焊接头界面微观结构和搭接剪切强度的影响。结果显示，停留时间对界面化合物层厚度有显著影响，随着焊接时间的增加，界面层厚度会发生增加，如图 1.6 所示，进而使得接头拉剪性能出现先增大后减小的趋势。该研究还指出最小化或优化脆性 $TiAl_3$ 相是实现高强度 Ti/Al 异相接头的关键问题。因此，影响接头力学性能的主要因素被认为是界面处产生的 IMC 层的厚度，当厚度较小时是有利于接头性能的。

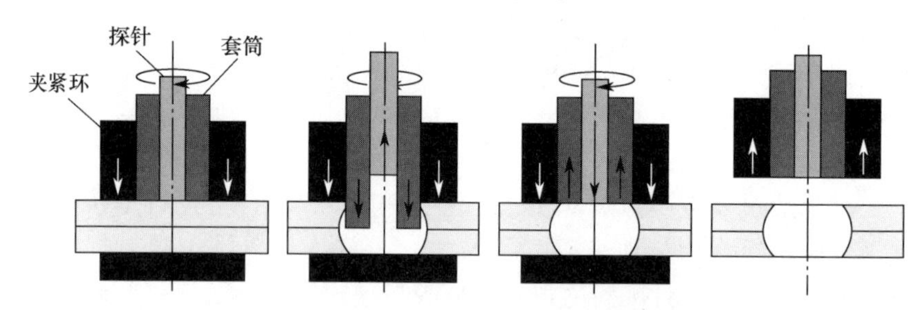

图 1.5　回抽式搅拌摩擦点焊示意图

Yang 等采用无针搅拌头对 TC4 钛合金和 2Al2 铝合金进行无针搅拌摩擦点焊，如图 1.7（a）所示。焊接方式为铝板在上、钛板在下，接头宏观图如图 1.7（b）所示。拉剪试验的结果表明，焊接时间和搅拌头旋转速度对接头力学性能有显著的影响，当控制一个参数不变而增加另一个参数时接头的拉剪力会明显升高，当转速达到 1500r/min，停留时间达到 15s 时，接头的最大载荷为 1.79kN，且接头发生界面断裂。分析认为，增加焊接时间和搅拌头旋转速度，都是增加接头的热输入，热输入不足，金属不能完全软化，无法提供金属的流动能力就不能有效地促进界面金属的冶金结合。

Cao 等采用搅拌摩擦点焊-钎焊的技术对 3mm 厚的 Ti6Al4V 钛合金和 2Al4 铝合金进行搭接焊接，主要研究钎料的添加方式与接头性能的关系。因为不同的钎料添加方式会影响接头界面结构和接头力学性能。研究结果表明，这种添加钎料的搅拌摩擦点焊相对传统的搅拌摩擦点焊其接头力学性能得到很大的提升，最高为 13.87kN，提升了相对 2.1 倍。如图 1.8 所示，该接头不仅有传统搅拌摩擦焊的连接方式，而且也加入了接头钎焊区域的连接面积，因此接头力学性能才得到明显提升。

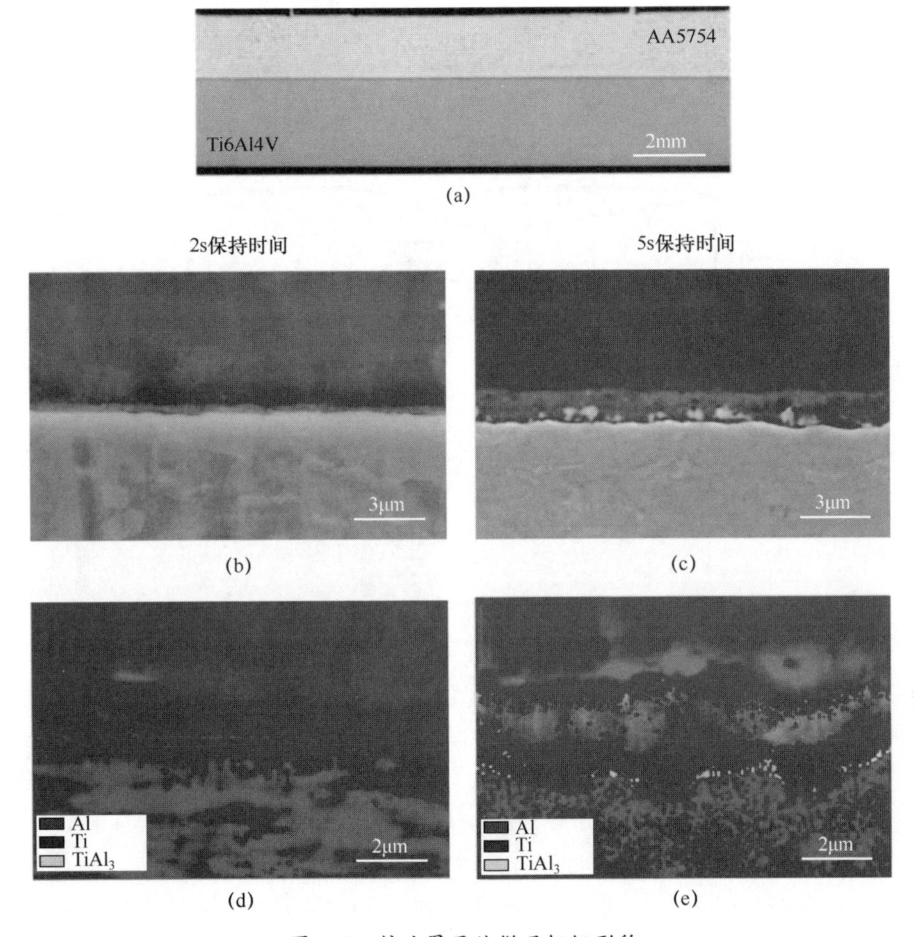

图 1.6　接头界面处微观组织形貌

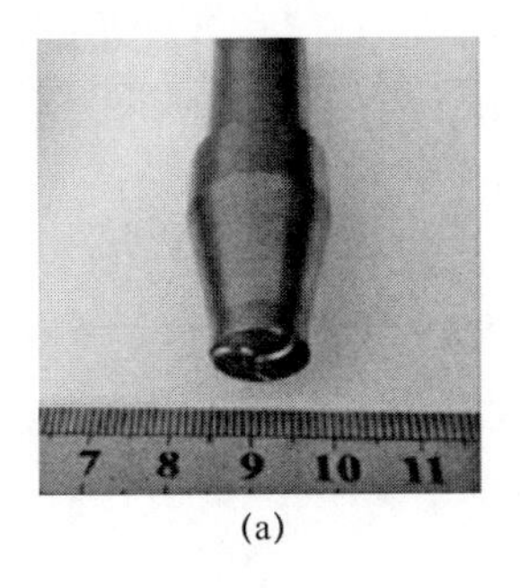

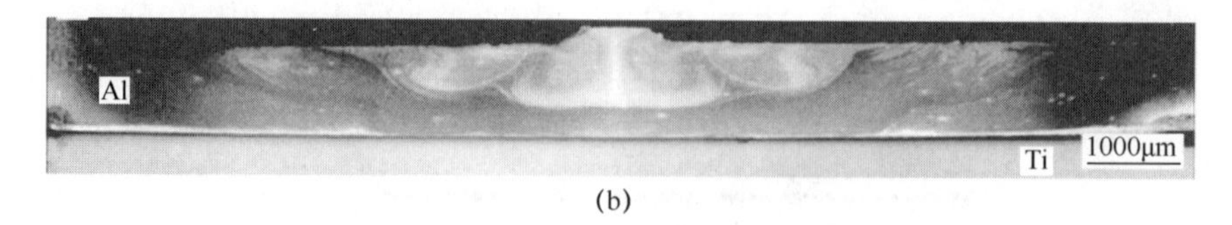

(b)

图 1.7 无针搅拌摩擦点焊
(a) 无针搅拌头；(b) 接头宏观图。

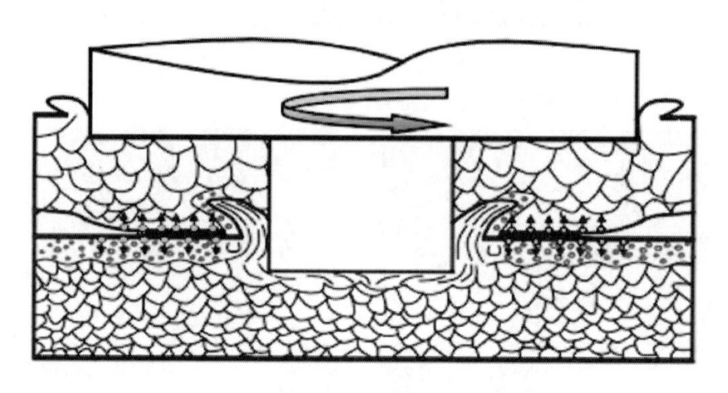

图 1.8 复合接头形成阶段示意图

Yu 等通过搅拌摩擦焊对 AA6061 铝合金和 TC4 钛合金进行搭接焊接，并研究焊接参数对 FSW Al/Ti 搭接接头界面演变和力学性能的影响。研究表明，焊接参数对 Al/Ti FSW 过程中的热输入有重要影响。当焊接参数发生变化时界面热输入随之发生变化，导致 Al/Ti 界面形成方式也会发生变化。在热输入较低时，界面是以扩散的形式形成的，在热输入较高时，界面出现混合界面的形式。扩散界面是通过元素扩散形成的，在该界面上也形成了少量的 $TiAl_3$。随着热输入的增加，$TiAl_3$ 和 TiAl 都出现在混合界面上。此外，在中等热输入条件下，FSW Al/Ti 接头的搭接剪切强度达到了 147MPa 的最大值，界面处于扩散界面和混合界面之间的临界状态。

Zhao 等对 AA6061 铝合金和 TC4 钛合金进行搅拌摩擦搭接连接，结果表明，对界面组织的微观结构和力学性能的高低与搅拌头的搅拌针长度有很大关系。该研究分析认为界面化合物首先生成 $TiAl_3$，因为 $TiAl_3$ 的生成需要的有效自由能和活化能都最低。TiAl 倾向于在 $TiAl_3$ 与 Ti 基体的界面处形成。最终接头主要发生界面处断裂，断裂路径主要在 IMC 层中发生。

Huang 等采用摩擦堆焊复合搅拌焊连接 Ti/Al 异种合金的新方法对 6082-T6 铝合金和 TC4 钛合金进行焊接，该试验方法比较新颖，先在钛合金板上用铝棒进行堆焊，如图1.9（a）所示，再将铝合金板放到钛合金板上进行焊接，如图1.9（b）所示。研究发现，Ti/Al搭接接头的最高拉伸载荷达到12.2kN，并且分析认为，Ti/Al界面的连接原理是Ti/Al界面和铝板以及铝涂层界面的冶金反应，是两种界面反应共同作用的结果。

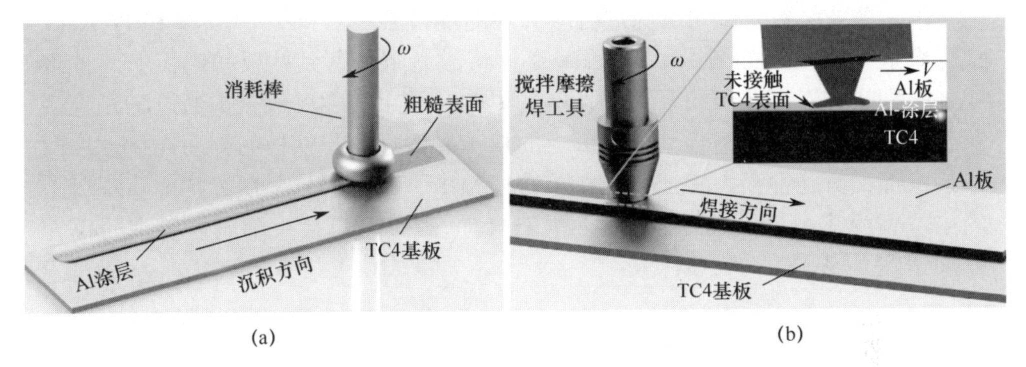

(a)　　　　(b)

图1.9　摩擦堆焊复合搅拌焊焊接方法示意图
（a）钛板表面堆焊铝棒；（b）搭接焊接。

1.3.4　Ti/Al激光熔焊及激光熔钎焊

近年来，随着科技的快速发展，一种新型焊接方法出现并且成为研究热点，那就是激光焊接，该方法具有很多优点，如能量密度集中、焊接加热速率极快、焊缝明显变窄以及焊缝热影响区较小等，国内外专家对激光以及激光复合焊接方法进行了大量的探索研究。

Lei等采用激光熔敷层添加剂法，采用同轴Al-10Si-Mg粉末填充的方法，制备了Ti/Al对接接头。结果显示，在由1层或10层沉积层组成的接头中，观察到不连续和不均匀的IMC层，由7层沉积层组成的接头的IMC层最均匀，呈连续锯齿状形貌，最大厚度差仅为0.12μm。其中$Ti_7Al_5Si_{12}$相抑制了脆性Ti/Al反应层的形成。由7层沉积层产生的接头抗拉强度最高，达240MPa，这与界面处产生均匀且连续的界面层有关。

G. Casalino等采用偏置激光束的焊接方法对5754铝合金和T40钛合金进行焊接，外观形貌分析表明，能量输入和激光偏置决定着界面化合物层的线性和曲线分布，当IMC层厚度小到1μm时，其对焊缝的力学性能影响很小。当激光束在钛板的偏移量在0.75mm和线性能量达到50J/mm时，得到的接头的力学性能最高为191MPa。

哈尔滨工业大学陈树海等对激光熔钎焊钛合金和铝合金做了系统的研究，研究表明，随焊缝热输入的增多，其界面的化合物反应层明显变厚，界面底部冶金反应一般发生不完全，因此容易引发裂纹萌生。界面形成的非连续层为薄层片状、锯齿状、棒状时的结合力最强，高于焊缝的抗拉强度。其中以锯齿状为最佳，因为锯齿状的反应层最不利于裂纹的扩展。相反，若界面反应层形貌为平滑层状，裂纹扩展最容易，结合强度会明显降低。

Guo 等采用激光作为热源进行熔钎焊的焊接方法对 7075 铝合金和 Ti6Al4V 钛合金进行焊接，如图 1.10 所示。通过将激光束转移到钛板和铝板上两种方式，分别研究对接头组织与力学性能的影响。结果表明，该接头通过激光直接照射在铝板上实现了冶金结合，形成的热传导促进了与钛板的界面连接。这两个接头都具有脆性断裂特征，但在重熔过程中，断口部分呈韧窝特征。断口上的电位相为 $TiAl_3$ 和 αAl，与 TiAl 和 $TiAl_3$ 的焊接钎焊接头不同。接头的拉伸强度达到 Al 基体的 78.6%。

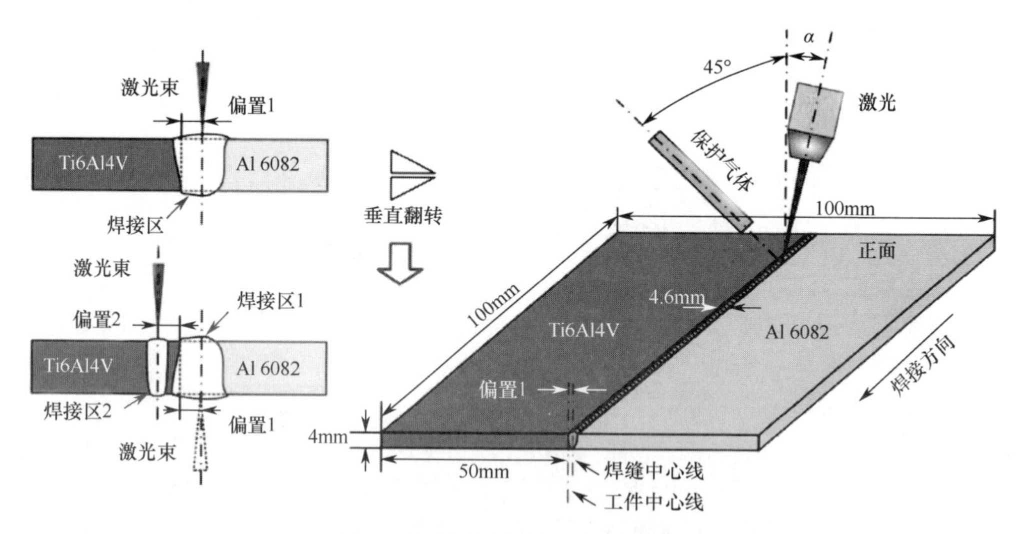

图 1.10 激光焊接 Ti/Al 示意图

Tomashchuk 等使用高速 Yb:YAG 激光器对 Ti6Al4V 钛合金和 AA5754 铝合金进行焊接，通过研究激光束在钛侧和铝侧的偏移量以及焊枪的移动速度等工艺参数，探究对接头性能的影响。经研究表明，焊接参数对接头界面的组织形貌以及脆性化合物的生成有很大影响，而脆性化合物的生成会导致接头断裂形式；当激光束偏向铝合金一侧时，焊后所获得的界面成形较好，并且接头强度也较高，可以达到铝母材的 60%左右，但焊接速度要小于 10m/min。若激光束偏向钛合金一侧，焊后焊缝成形较差，在界面处有大量脆性相、孔洞以及微裂纹等缺陷。

综上可知，采用激光焊焊接 Ti/Al 异质结构时，虽然取得了一些研究进展，但是还存在很多不足之处。首先，焊接设备的投入就制约了其应用，激光焊设备相对都比较昂贵；其次，目前对于激光焊设备的研究仅限于薄板试验，而且焊接方式也多用于缝焊，因此，诸多因素会影响该方法的普遍性。

1.3.5　Ti/Al 搭接焊存在的问题

目前，Ti/Al 搭接研究在逐渐展开，包括很多焊接方法，如熔化焊（电弧焊、电子束焊、激光焊）、钎焊以及固相焊（搅拌摩擦焊、电阻点焊、超声波焊、扩散焊）等。其中熔化焊的应用存在很多问题，由于 Ti、Al 两种元素的线膨胀系数和导热系数存在较大差异，所以在使用熔化焊时，会导致较大的变形，从而产生内应力，使焊缝以及热影响区产生裂纹。如果热输入很大，温度很高还会造成铝元素的烧损等问题。根据相关研究表明，影响焊缝质量的主要因素在于钛铝界面处的金属间化合物产生的多少，如果产生过多，会立刻出现大量裂纹，导致接头直接脆断。因此，目前尽量避免采用熔化焊对 Ti/Al 异种金属进行焊接，熔化焊的热输入很难得到控制，一般温度都远远高于铝合金的熔点，将导致大量金属间化合物的产生。

扩散焊是利用两种元素原子间相互扩散而形成冶金连接的焊接方法，由于具有热输入可控的条件，相对于熔化焊具有很大的优势。但是扩散焊的时间一般都比较长，对焊件表面的要求很高，而且对焊接的环境要求也很高（一般要求真空条件下）。这就导致一方面焊接成本大大增加，另一方面严重影响生产效率，不适合高效率的生产应用。

钎焊虽然在 Ti/Al 搭接焊中得到应用，但是还是要克服很多问题。钎焊对钎料的要求很高，一方面要控制钎料的熔化，另一方面也要控制金属间化合物的生成，过多过少都会影响接头性能。另外，钎焊对被焊工件的表面要求也很高，最终得到的焊接接头的力学性能并不是很理想。因此，对于钛铝异种金属的焊接，人们把目光都放在固相焊方法上。

采用搅拌摩擦焊可以有效避免接头过大的热输入，很好地避免了金属间化合物的大量产生，而且焊接过程比较简单，效率也很高。但是传统的搅拌摩擦焊也存在很多问题，如点焊后在被焊工件表面会出现由于搅拌针引起的“匙孔”问题；焊接过程中要严格控制搅拌针的插入深度，否则会出现很大的“HOOK”缺陷；焊接过程中对搅拌针的磨损很严重，大大缩减了搅拌头的使用寿命，增加了焊接成本。

因此，从现有的研究文献来看，Ti/Al 异质结构的搭接焊的研究还不够完善，如果能在传统搅拌摩擦焊的基础上解决“匙孔”缺陷、“HOOK”缺陷、搅拌针磨损等问题，那将既发挥搅拌摩擦焊的低热输入的优点，又解决了焊接方法本身带来的问题，将会继续提高 Ti/Al 异种金属接头的焊接质量。

综上所述，Ti/Al 异种材料受到越来越广泛的关注，研究者们采用不同的焊接工艺进行了大量研究，发现 Ti/Al 异种材料焊接尚存在以下问题。

(1) Ti/Al 异种材料焊缝熔池或界面易产生大量脆性金属间化合物，恶化接头力学性能。

(2) Ti/Al 异种材料焊缝容易形成裂纹或夹杂等缺陷。

(3) 增加中间层能抑制 Ti-Al 金属间化合物的形成，但会形成新的金属间化合物，接头力学性能仍处于较低水平。

1.4 本书的主要内容

针对 Ti/Al 异质结构的广泛应用前景以及两者连接技术所面临诸多困难，本书作者在江西省自然科学基金、先进焊接与连接国家重点实验室开放基金和江西省教育厅科技项目的资助下，从 2014 年开始，探索了采用搅拌摩擦焊和电阻点焊等技术对 Ti/Al 异质结构进行连接，在现有技术上进行优化改进，并对焊接工艺、焊接接头微观组织结构、性能以及界面结合机制进行了深入研究。本书即是对这些研究成果的总结。

第2章　Ti/Al异质结构中 $TiAl_3$ 相电子结构和力学性能计算

本章基于密度泛函理论，分别研究了Co、Cr、Mn、Sc对 $TiAl_3$ 金属间化合物力学性能影响的电子结构机理，系统地计算了Co、Cr、Mn、Sc替代Ti原子的结合能、合金化前后的弹性常数以及模量，拟合了体模量等平衡态性质。采用LDA泛函和GGA泛函加以计算，经过研究分析，确定了准确的交换互联函数。探索了Co、Cr、Mn、Sc对 $TiAl_3$ 相力学性能的影响及其态密度和电荷密度分布规律，揭示了Co、Cr、Mn、Sc对 $TiAl_3$ 力学性能影响的微观机理。

2.1　计算方法与计算模型

2.1.1　计算方法

本研究中的所有计算都使用了基于密度泛函理论（DFT）的CASTEP软件包。CASTEP软件包主要包含两种类型的交换互联函数——LDA泛函数和GGA泛函数。与LDA泛函数的广义梯度相比，GGA泛函数的计算精度更高，所有原子赝势采用超软赝势，采用BFGS（Broyden Fletcher Goldfarb Shanno）共轭梯度法进行电子弛豫，在快速傅里叶变换（Fast Fourier Transform，FFT）网格上，采用自洽迭代（SCF）方法进行计算。平面波截断能和K点网格数是对计算结果精确度影响最大的参数，为了尽可能获得准确的计算结果，同时平衡计算效率，$TiAl_3$ 的截断能分别为350eV，用于构建 $TiAl_3$ 超软赝势的电子构型为 $Al3s^23p^1$ 和 $Ti\ 3s^23p^63d^24s^2$。使用Monkhorst-Park方法的K空间采样为4×4×6。其中，体系总能量的收敛值为 1×10^{-6} eV/atom，每个原子的受力小于0.01eV/Å。应力偏差小于0.1GPa，公差偏移小于0.001Å。所有的计算都考虑了自旋极化的影响。

2.1.2　晶体结构与模型

$TiAl_3$ 是空间群为14/mmm的对称结构，其原胞如图2.1（a）所示，Ti原子在顶点和中心处，其余位置则为 Al 原子。Co、Cr、Mn、Sc 对 $TiAl_3$ 的合金化模型为合金元素分别替代 $TiAl_3$ 中心的一个原子，根据下述的 Co、Cr、Mn、Sc 原子分别代替 $TiAl_3$ 中原子能的结合能计算结果，确定所建立的合金化模型如图 2.1（b）所示，合金元素取代晶胞中心的 Ti 原子。

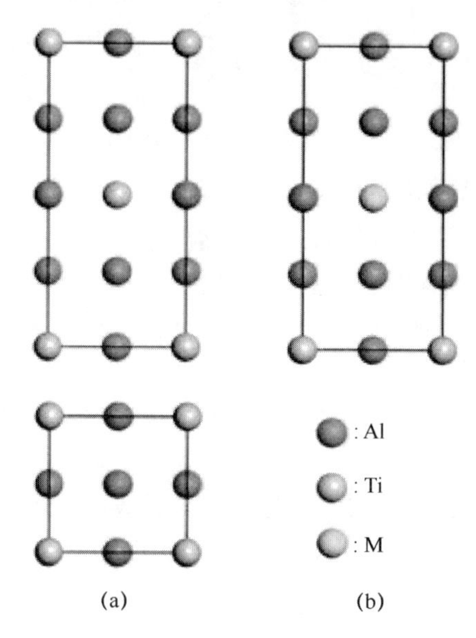

图 2.1　$TiAl_3$ 合金化后的晶体结构（见彩插）

2.1.3　$TiAl_3$ 的平衡态性质

采用能量-体积（E-V）状态方程拟合材料的诸如晶格常数和体模量等平衡性质的结果，较直接基于第一性原理计算所获得的结果更为准确。本节采用具有 4 个参数的 Birch-Murnaghan 状态方程式拟合通过第一原理计算的 E-V 点，拟合获得 $TiAl_3$ 晶格常数、体模量以及 E-V 状态方程曲线。式（2-1）中的 V_0、E_0、B_0 和 B'_0，分别表示体积、能量、体模量以及体模量的误差值，即

$$E(V)=E_0+\frac{9V_0B_0}{16}\left\{\left[\left(\frac{V_0}{V}\right)^{2/3}-1\right]^3B'_0+\left[\left(\frac{V_0}{V}\right)^{2/3}-1\right]^2\left[6-4\left(\frac{V_0}{V}\right)^{2/3}\right]\right\} \tag{2-1}$$

根据模拟计算出来的 $TiAl_3$ 总能，以及拟合获得的 E-V 状态方程曲线数据，计算值与拟合值的误差较小，表明基于密度泛函理论的计算是可靠的。

我们使用密度泛函理论（DFT）研究来计算金属（M=Co、Cr、Mn、Sc）掺杂的 $TiAl_3$ 构型，如表 2.1 所列。晶体结构参数 $a=b=3.844$Å，$c=8.602$Å，

与以前的理论一致。紫色原子代表 Al 原子，灰色原子代表 Ti 原子，黄色原子代表金属（M=Co、Cr、Mn、Sc）原子。从表 2.1 可以看出，$TiAl_3$ 金属间化合物的晶格常数与实验值比较一致，计算误差都在可控范围内（2%），说明晶体结构优化过程中选择的参数是合理的。

表 2.1　$TiAl_3$ 的晶体结构参数

	空间群	参考	a/Å	c/Å	c/a
$TiAl_3$	I4/mmm（139）	本节	3.844	8.602	2.238
		实验 a	3.846	8.607	2.238
		计算 b	3.846	8.594	2.235
		计算 c	3.863	8.587	2.223
		计算 d	3.840	8.639	2.250

2.1.4　结合能的计算方法

结合能表示各组成原子生成化合物时所释放的能量，可以用来衡量晶体结构的稳定性，结合能为负数且绝对值越大，表示该种化合物的结构越稳定。本研究通过结合能讨论合金元素在 $TiAl_3$ 中替代原子的优先占位，取结合能小的结构进行后续计算。本书中 Ti/Al 金属间化合物以及其三元合金分别用 AB 和 ABC 来表示，对应的结合能计算公式为

$$E_{\text{For}}(A_aB_b)=\frac{E_{\text{Tot}}(A_aB_b)-aE(A)-bE(B)}{a+b} \tag{2-2}$$

$$E_{\text{For}}(A_aB_bC_c)=\frac{E_{\text{Tot}}(A_aB_bC_c)-aE(A)-bE(B)-cE(C)}{a+b+c} \tag{2-3}$$

式中：$E_{\text{For}}(A_aB_b)$、$E_{\text{Tot}}(A_aB_b)$、$E(A)$ 和 $E(B)$ 分别表示化合物 A_aB_b 的结合能、总能及 A 和 B 两种元素的单个原子能量；a、b 和 c 分别为 A、B 和 C 三种原子的个数。

2.2　$TiAl_3$ 计算结果分析

2.2.1　Co、Cr、Mn、Sc 对结构与稳定性的影响

研究元素 Co、Cr、Mn、Sc 对 $TiAl_3$ 的合金化效应，需要先确定合金元素在 Ti_2Al_6 晶胞中的稳定位置。合金原子 Co、Cr、Mn、Sc 分别代替超胞中心的

Ti 原子，形成 $TiXAl_6$，X 为 Co、Cr、Mn 或 Sc。对 Ti-Al-X 体系进行几何优化后，计算静态能量，将 $TiXAl_6$ 的总能、Ti、X 合金元素和 Al 的单个原子能量，以及 Ti、合金和 Al 原子的个数分别代入结合能计算公式，则计算结果为 $TiXAl_6$ 的结合能数值，根据这种体系的结合能判断合金原子的占位情况。

表 2.2 中为合金元素 Co、Cr、Mn、Sc 分别代替 $TiAl_3$ 中心的 Ti 原子的结合能，计算结果显示，合金元素 Sc 和 Co 代替 Ti 原子的结合能更低，根据热力学性质，能量低的体系更稳定，因此，Sc 和 Co 代替 Ti 原子的合金结构更稳定。

表 2.2　$TiAl_3$ 中 Co、Cr、Mn、Sc 合金化后的结合能

相	结合能/eV（GGA-PW91）
$TiCoAl_6$	−2.51
$TiCrAl_6$	−2.44
$TiMnAl_6$	−2.34
$TiScAl_6$	−2.86

2.2.2　$TiAl_3$ 合金的弹性常数和弹性性能

弹性常数和弹性性能是表征材料力学性能的物理量，研究弹性常数对了解材料的固体性质非常重要。本书采用有效应变–应力方法计算弹性常数。将应变 $\boldsymbol{\varepsilon}$ 施加到晶体结构上得到的应力为 $\boldsymbol{\sigma}$，应变 $\boldsymbol{\varepsilon}$ 和应力 $\boldsymbol{\sigma}$ 分别为

$$\boldsymbol{\varepsilon}=\begin{bmatrix}\varepsilon_{11} & \varepsilon_{12} & \varepsilon_{13}\\ \varepsilon_{21} & \varepsilon_{22} & \varepsilon_{23}\\ \varepsilon_{31} & \varepsilon_{32} & \varepsilon_{33}\end{bmatrix} \tag{2-4}$$

$$\boldsymbol{\sigma}=\begin{bmatrix}\sigma_{11} & \sigma_{12} & \sigma_{13}\\ \sigma_{21} & \sigma_{22} & \sigma_{23}\\ \sigma_{31} & \sigma_{32} & \sigma_{33}\end{bmatrix} \tag{2-5}$$

由于应变和应力张量的对称性，应变 $\boldsymbol{\varepsilon}$ 和应力 $\boldsymbol{\sigma}$ 可以分别表示为下式的 Voigt 记法：

$$\boldsymbol{\varepsilon}=\begin{bmatrix}\varepsilon_{1} & \varepsilon_{6/2} & \varepsilon_{5/2}\\ \varepsilon_{6/2} & \varepsilon_{2} & \varepsilon_{4/2}\\ \varepsilon_{5/2} & \varepsilon_{4/2} & \varepsilon_{3}\end{bmatrix} \tag{2-6}$$

$$\boldsymbol{\sigma} = \begin{bmatrix} \sigma_1 & \sigma_6 & \sigma_5 \\ \sigma_6 & \sigma_2 & \sigma_4 \\ \sigma_5 & \sigma_4 & \sigma_3 \end{bmatrix} \tag{2-7}$$

3×3 的变形矩阵 $\boldsymbol{R}'$可以通过 $\boldsymbol{R}' = \boldsymbol{R}(\boldsymbol{I} + \boldsymbol{\varepsilon})$ 获得，其中 $\boldsymbol{R}$ 为变形的向量，$\boldsymbol{I}$ 为 3×3 的单位矩阵，$\boldsymbol{\varepsilon}$ 为式（2-6）的应变矩阵，$\boldsymbol{R}'$ 表示为

$$\boldsymbol{R}' = \boldsymbol{R}\begin{bmatrix} 1 + \varepsilon_1 & \varepsilon_{6/2} & \varepsilon_{5/2} \\ \varepsilon_{6/2} & 1 + \varepsilon_2 & \varepsilon_{4/2} \\ = \varepsilon_{5/2} & \varepsilon_{4/2} & 1 + \varepsilon_3 \end{bmatrix} \tag{2-8}$$

广义胡克定律可以表示为

$$\sigma_i = C_{ij}\varepsilon_j \tag{2-9}$$

$$\varepsilon_j = S_{ij}\sigma_i \tag{2-10}$$

式（2-9）中 C_{ij} 称为弹性常数或弹性刚度常数，式（2-10）中 S_{ij} 称为弹性柔顺常数。式（2-9）和式（2-10）的展开式分别为

$$\begin{bmatrix} \sigma_{11} \\ \sigma_{22} \\ \sigma_{33} \\ \sigma_{23} \\ \sigma_{31} \\ \sigma_{12} \end{bmatrix} = \begin{bmatrix} C_{11} & C_{12} & C_{13} & C_{14} & C_{15} & C_{16} \\ C_{21} & C_{22} & C_{23} & C_{24} & C_{25} & C_{26} \\ C_{31} & C_{32} & C_{33} & C_{34} & C_{35} & C_{36} \\ C_{41} & C_{42} & C_{43} & C_{44} & C_{45} & C_{46} \\ C_{51} & C_{52} & C_{53} & C_{54} & C_{55} & C_{56} \\ C_{61} & C_{62} & C_{63} & C_{64} & C_{65} & C_{66} \end{bmatrix} \begin{bmatrix} \varepsilon_{11} \\ \varepsilon_{22} \\ \varepsilon_{33} \\ 2\varepsilon_{23} \\ 2\varepsilon_{13} \\ 2\varepsilon_{12} \end{bmatrix} \tag{2-11}$$

$$\begin{bmatrix} \varepsilon_{11} \\ \varepsilon_{22} \\ \varepsilon_{33} \\ 2\varepsilon_{23} \\ 2\varepsilon_{13} \\ 2\varepsilon_{12} \end{bmatrix} = \begin{bmatrix} S_{11} & S_{12} & S_{13} & S_{14} & S_{15} & S_{16} \\ S_{21} & S_{22} & S_{23} & S_{24} & S_{25} & S_{26} \\ S_{31} & S_{32} & S_{33} & S_{34} & S_{35} & S_{36} \\ S_{41} & S_{42} & S_{43} & S_{44} & S_{45} & S_{46} \\ S_{51} & S_{52} & S_{53} & S_{54} & S_{55} & S_{56} \\ S_{61} & S_{62} & S_{63} & S_{64} & S_{65} & S_{66} \end{bmatrix} \begin{bmatrix} \sigma_{11} \\ \sigma_{22} \\ \sigma_{33} \\ \sigma_{23} \\ \sigma_{31} \\ \sigma_{12} \end{bmatrix} \tag{2-12}$$

对于四方晶体，其弹性常数矩阵有 6 个独立的矩阵单元，$TiAl_3$ 的独立弹性常数为 C_{11}、C_{12}、C_{13}、C_{33}、C_{44}、C_{66}。弹性常数矩阵 $\boldsymbol{C}$ 可表示为

$$
\boldsymbol{C} = \begin{bmatrix} C_{11} & C_{12} & C_{13} & 0 & 0 & 0 \\ C_{21} & C_{22} & C_{23} & 0 & 0 & 0 \\ C_{31} & C_{32} & C_{33} & 0 & 0 & 0 \\ 0 & 0 & 0 & C_{44} & 0 & 0 \\ 0 & 0 & 0 & 0 & C_{55} & 0 \\ 0 & 0 & 0 & 0 & 0 & C_{66} \end{bmatrix} \tag{2-13}
$$

本节应取应变为$(x,0,0,0,0,)$加以计算，令 $x=\pm0.001$ 和 $x=\pm0.003$，获取足够的非零应力，对 $TiCoAl_6$、$TiCrAl_6$、$TiMnAl_6$ 和 $TiScAl_6$ 进行晶体的几何优化计算后，计算了弹性常数，计算所得的弹性常数 C_{11}、C_{12}、C_{13}、C_{33}、C_{44} 和 C_{66} 如表 2.3 所列。

表 2.3　Ti_2Al_6、$TiCoAl_6$、$TiCrAl_6$、$TiMnAl_6$ 和 $TiScAl_6$ 的弹性常数

物相	C_{11}	C_{12}	C_{13}	C_{33}	C_{44}	C_{66}
Ti_2Al_3	193.63	86.08	47.9	216.85	95.19	125.15
$TiCoAl_6$	167.5	64.76	14.97	133.36	59.11	89.88
$TiCrAl_6$	163.52	63.88	17.22	177.39	83.17	113.5
$TiMnAl_6$	162.98	58.51	11.87	164.34	74.4	103.98
$TiScAl_6$	206.71	85.89	48.58	219.51	102.4	137.39

四方晶体的机械稳定性要求：

$$
C_{44} > 0,\ C_{66} > 0,\ C_{11} > |C_{12}|,\ (C_{11} + C_{12})C_{33} > 2C_{13}^2,\ C_{11} + 2C_{12} > 0 \tag{2-14}
$$

在分析结果中，$TiAl_3$ 和金属掺杂 $TiAl_3$ 的弹性常数的计算结果均满足式（2-14）所示的机械平衡条件，表明这 5 种结构均为稳定结构。

体模量（B）、剪切模量（G）、弹性模量（E）、Pugh 模量（B/G）、泊松比（v）以及 Cauchy 压力常数（C）等力学参数与材料的宏观力学性能有关，这些物理量可以通过弹性常数计算获得。本书采用 Hill 的计算方法，即 E 的值为基于 Voigt 算法和 Reuss 算法的计算值的平均数，将弹性常数代入下式，计算 B、G、E、v 以及 C_p 等力学参数，G_V 为基于 Voigt 算法计算的剪切模量值，G_R 为基于 Reuss 算法计算的剪切模量值，即

$$
B_v = \left(\frac{1}{9}\right)[2(C_{11} + C_{12}) + 4C_{13} + C_{33}] \tag{2-15}
$$

$$
G_V = \left(\frac{1}{30}\right)M + 12C_{44} + 12C_{66} \tag{2-16}
$$

$$B_R = \frac{C^2}{M} \tag{2-17}$$

$$G_R = \left(\frac{5}{2}\right)[C^2 C_{44} C_{66}]/[3B_v C_{44} C_{66} + C^2(C_{44} + C_{66})] \tag{2-18}$$

$$M = C_{11} + C_{12} + 2C_{33} - C_{44} \tag{2-19}$$

$$C^2 = (C_{11} + C_{12})C_{33} - 2C_{13}^2 \tag{2-20}$$

体模量是指，当材料受到一个整体压强时，相当于材料受到一个体积应力，此应力作用下，材料的体积被压缩。该体积应力与材料体积应变的比值即为体模量。由于各向受压时物体的体积总是变小的，所以体模量恒为正数。通常材料的体模量数值越大，则表示材料的强度会越高；材料内部的原子结合越强，材料就越难以被压缩，则材料的体模量数值也就越大。剪切模量是指，受到剪切应作用，材料在弹性变形比例极限范围内，所受侧向应力与相应方向上应变的比值，也就是剪切应力与剪切应变的比值。剪切模量可以反映材料剪切变形的难易程度或者材料抵抗剪切应变的能力，为材料的重要力学性能指标之一。体模量反映材料的不可压缩性，而剪切模量反映材料抵抗剪切应变的能力，这两个模量综合起来反映材料的刚度，属于材料的固有性质，与材料的热处理方式或微观组织等无关。体模量和剪切模量的数值越大，表示材料的刚度越高，可以以此预测材料的强度也越高。弹性模量是指，材料在弹性变形阶段，根据胡克定律，材料的应力和应变成正比例。这种材料所受的纵向应力与纵向应变的比值也称为杨氏模量。弹性模量可以用来表示固体材料的抗弹性形变能力，弹性模量的数值越大，表示材料发生一定弹性变形所需的应力也越大，即在一定应力作用下，弹性模量越大的材料，其发生的弹性变形越小。实验中通常用拉伸法进行弹性模量的测量。弹性模量只与材料的化学成分有关，而与材料的组织变化及热处理状态无关，实际工程中，弹性模量作为表示材料刚度的典型指标。

表 2.4 为 Ti_2Al_6 和 $TiXAl_6$ 的体模量、剪切模量及弹性模量。Co、Cr、Mn、Sc 加入 $TiAl_3$ 后，体模量、剪切模量和弹性模量均有所变化。根据上述体模量、剪切模量和弹性模量对材料性质判定物理意义的记述，可推断 Co、Sc 的加入，提高了 $TiAl_3$ 的强度和刚度。

表 2.4　Ti_2Al_6 和 $TiXAl_6$（X=Co、Cr、Mn、Sc）的体模量、剪切模量及弹性模量

物相	B（体模量）	G（剪切模量）	E（弹性模量）
Ti_2Al_6	98.73	89.88	206.87
$TiCoAl_6$	69.46	63.44	145.91

续表

物相	B（体模量）	G（剪切模量）	E（弹性模量）
$TiCrAl_6$	77.42	77.28	173.96
$TiMnAl_6$	71.73	73.82	164.89
$TiScAl_6$	110.50	91.53	215.17

本章中的晶体模型均为理想状态，不考虑晶体内的位错和空位等因素。Pugh 模量和泊松比的趋势均可以用于预测材料塑性的强弱，数值越大，则塑性越强。基于 Pugh 模量的经验判据，当 Pugh 模量的值大于 1.75 时，材料呈现韧性，且数值越大韧性越强；当 Pugh 模量的值小于 1.75 时，材料呈现脆性，且数值越小脆性越强。Pugh 模量可以用于表示塑性的程度，泊松比可以作为评价材料抗剪稳定性的参数，Pugh 模量和泊松比的值越大，表明材料的塑性越好。

图 2.2（a）、（b）为将计算获得的 Ti_2Al_6 和 $TiXAl_6$（X=Co、Cr、Mn、Sc）的弹性常数代入 B/G 计算得到的 Pugh 模量和泊松比的趋势图，这 3 个图所显示的趋势一致。Ti_2Al_6、$TiCoAl_6$、$TiCrAl_6$、$TiMnAl_6$ 和 $TiScAl_6$ 5 种相的 Pugh 模量与泊松比按数值由大到小的顺序为 $TiScAl_6 > Ti_2Al_6 > TiCoAl_6 > TiCrAl_6 > TiMnAl_6$，根据上述对物理量的说明，可以预测 Co、Sc 的添加提高了 $TiAl_3$ 的韧性。

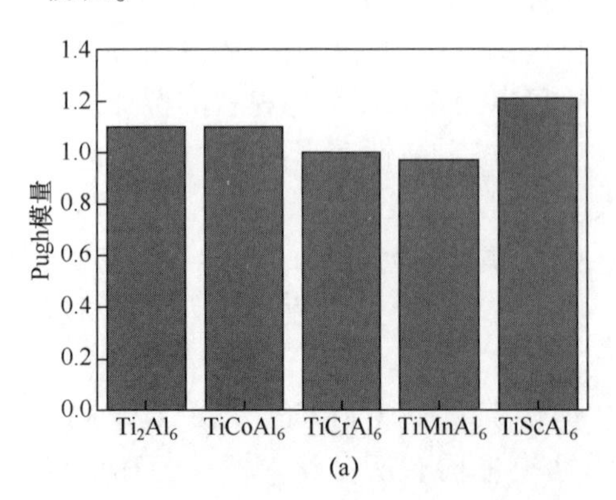

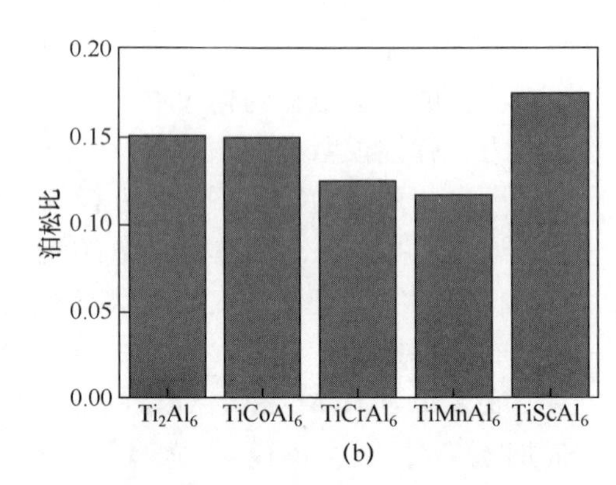

图 2.2 Ti_2Al_6 和 TiXAl（X=Co、Cr、Mn、Sc）的 Pugh 模量和泊松比

2.2.3 Co、Cr、Mn、Sc 对 $TiAl_3$ 态密度的影响

态密度分析是常用的分析合金电子结构的方法。为了进一步明确各个轨道电子对态密度的贡献。本研究计算了合金前后各项的电子总态密度以及分波态密度。图 2.3 为 Co、Cr、Mn、Sc 合金化后的 $TiAl_3$ 超胞模型的电子总态密度

图（TDOS）和分波态密度图（PDOS），其中垂直虚线位于表示费密能级（EF）位置的能量 0eV 的位置。

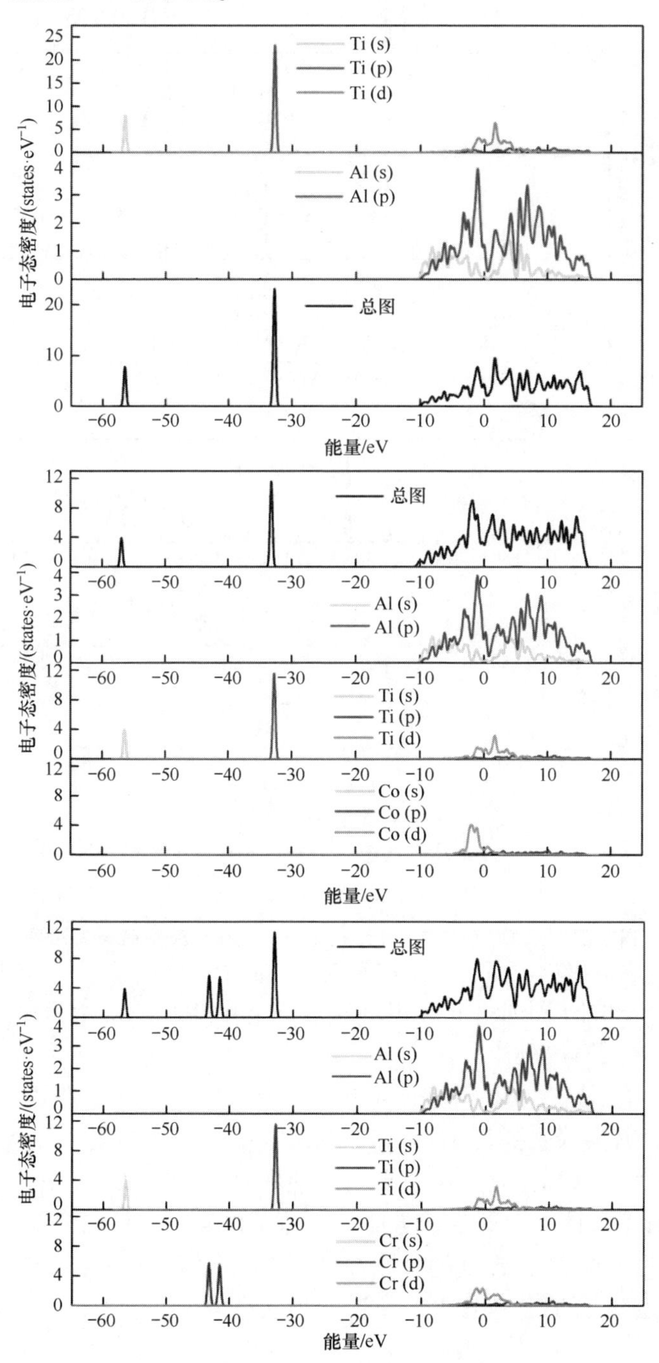

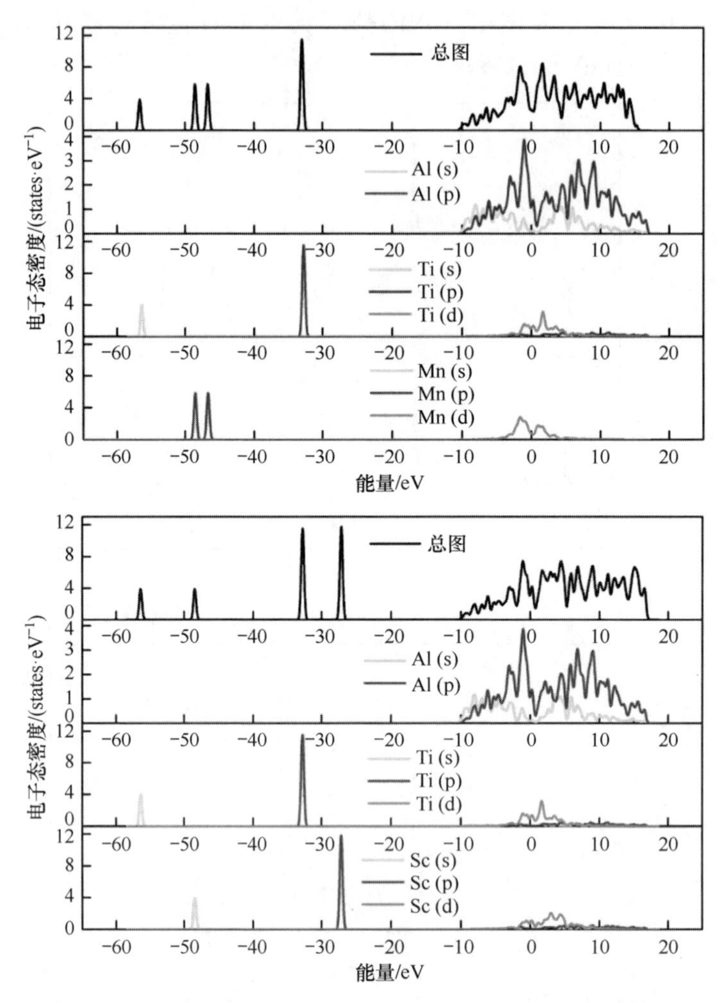

图 2.3　Ti_2Al_6 和 $TiXAl_6$(X=Co、Cr、Mn、Sc) 的态密度图

Ti_2Al_6 态密度图 Al 原子的 s 电子轨道和 p 电子轨道电子有杂化说明 Al 原子与 Al 原子之间有成键作用。

Ti_2Al_6 电子态密度的显著特征是在费密能级处，Al 原子在费密能级处的能态密度很小，其尖峰主要是 Ti 原子 d 轨道电子的作用结果，并且在整个能量范围 Al 原子的贡献都相对较小。在费密能级处有较大的态密度，并且态密度不为 0，表明体系具有金属性。同时，Al 原子的 s、p 轨道和 Ti 原子的 d 轨道分波态密度发生明显共振，说明 Al 原子和 Ti 原子的成键主要依靠 Al 原子的 s、p 电子轨道和 Ti 原子的 d 电子轨道的相互作用。

$TiCoAl_6$ 态密度图成键电子的能量主要分布在 - 57. 478 ~ - 55. 982eV、-34. 004 ~ -32. 814eV 和-9. 964 ~ 8. 842eV3 个区间，Ti、Al 和 Cr 原子的强烈成键在-6. 803 ~ 8. 587eV 能级区间，成键电子主要来自 Ti-d、Al-p 和 Co-d，其他轨道的电子参与了杂化。

$TiCrAl_6$ 态密度图成键电子的能量主要分布在 - 57. 478 ~ - 55. 982eV、-44. 004 ~ -42. 814eV 和-9. 964 ~ 8. 842eV3 个区间，Ti、Al 和 Cr 原子的强烈成键在-6. 803 ~ 8. 587eV 能级区间，成键电子主要来自 Ti-d、Al-p 和 Cr-d，其他轨道的电子参与了杂化。

$TiMnAl_6$ 态密度图成键电子的能量主要分布在 - 57. 478 ~ - 55. 982eV、-49. 004 ~ -45. 814eV 和-9. 792 ~ 8. 931eV3 个区间，Fe、Al 和 Mn 原子的强烈成键在-7. 253 ~ 8. 897eV 能级区间，成键电子主要来自 Ti-d、Al-p 和 Mn-d，其他轨道的电子参与了杂化。

$TiScAl_6$ 态密度图成键电子的能量主要分布在 - 57. 532 ~ - 56. 682eV、-49. 004 ~ -48. 214eV 和-33. 964 ~ 28. 842eV3 个区间，Ti、Al 和 Sc 原子的强烈成键在-6. 403 ~ 8. 187eV 能级区间，成键电子主要来自 Ti-d、Al-p 和 Sc-d，其他轨道的电子参与了杂化。

2. 2. 4　Co、Cr、Mn、Sc 对 $TiAl_3$ 电子布居数的影响

Mulliken 电子布居数可以用于分析合金的离子键价作用。表 2. 5 ~ 表 2. 9 分别为本征 $TiAl_3$（Ti_2Al_6）、Co、Cr、Mn 和 Sc 合金化前后的 $TiAl_3$ 金属间化合物的 Mulliken 电子布居数的计算结果。合金化前，原子间电荷转移总量为 0. 28（0. 07×4）；经过 Co、Cr、Mn 和 Sc 元素的合金化后，电荷转移总数分别为 0. 23(0. 03×4+0. 11)、0. 42(0. 42×1)、0. 44(0. 11×4) 和 1. 1(0. 22×4+0. 22)。Cr、Mn 和 Sc 合金化后，电荷转移数量均有增加；Co 合金化后，电荷转移量减少。电荷转移量由大到小的顺序为 $TiScAl_6$ > $TiMnAl_6$ > $TiCrAl_6$ > Ti_2Al_6 > $TiCoAl_6$。

表 2. 5　Ti_2Al_6 的 Mulliken 电子布居数

原子种类	个数	s 轨道 电子布居数	p 轨道 电子布居数	d 轨道 电子布居数	电子总布居数	电子数
Al	2	0. 52	0. 92	0	2. 88	0. 23
Al	4	0. 50	1. 03	0	6. 12	-0. 07
Ti	2	1. 11	3. 38	1. 5	11. 9	0. 02

表 2.6　$TiCoAl_6$ 的 Mulliken 电子布居数

原子种类	个数	s 轨道 电子布居数	p 轨道 电子布居数	d 轨道 电子布居数	电子总布居数	电子数
Al	1	0.53	0.93	0.00	1.46	0.07
Al	4	0.50	1.02	0.00	6.08	-0.03
Al	1	0.51	0.93	0.00	1.43	0.13
Ti	1	1.10	3.37	1.51	5.98	0.04
Co	1	0.20	0.33	4.03	4.55	-0.11

表 2.7　$TiCrAl_6$ 的 Mulliken 电子布居数

原子种类	个数	s 轨道 电子布居数	p 轨道 电子布居数	d 轨道 电子布居数	电子总布居数	电子数
Al	1	0.52	0.93	0.00	1.45	0.10
Al	4	0.48	0.97	0.00	5.8	0.01
Al	1	0.46	0.85	0.00	1.31	0.27
Ti	1	1.11	3.38	1.49	5.98	0.00
Cr	1	1.22	3.45	3.51	8.18	-0.42

表 2.8　$TiMnAl_6$ 的 Mulliken 电子布居数

原子种类	个数	s 轨道 电子布居数	p 轨道 电子布居数	d 轨道 电子布居数	电子总布居数	电子数
Al	1	0.51	0.93	0.00	1.44	0.11
Al	4	0.51	1.04	0.00	6.2	-0.11
Al	1	0.55	0.92	0.00	1.47	0.06
Ti	1	1.11	3.38	1.5	5.99	0.03
Mn	1	1.06	3.31	1.01	5.39	0.23

表 2.9　$TiScAl_6$ 的 Mulliken 电子布居数

原子种类	个数	s 轨道 电子布居数	p 轨道 电子布居数	d 轨道 电子布居数	电子总布居数	电子数
Al	1	0.55	0.94	0.00	1.49	0.04
Al	4	0.50	1.09	0.00	6.36	-0.22
Al	1	0.55	1.05	0.00	1.60	-0.22

续表

原子种类	个数	s 轨道电子布居数	p 轨道电子布居数	d 轨道电子布居数	电子总布居数	电子数
Ti	1	1.09	3.35	1.5	5.94	0.05
Sc	1	1.00	3.00	3.91	7.91	1.01

各原子间电荷转移情况显示，Co 加入后，另外两个 Al 原子间的电荷转移量减少较为明显，与 1 个 Ti 原子间电荷转移量有微小增加，而与 Co 间的电荷转移量很大，表明 Co 的添加增强了 Ti-Co 间离子键成分的作用，使 Ti-Al 间离子键成分作用出现了不均衡，解释了前面提到的 Co 对 $TiAl_3$ 脆性有所改善，并提高了其韧性，对模量有所提高的微观结构原因。Cr 的加入，使 Al 原子与 Al 原子之间不再发生电荷的转移，Al 原子和 Ti 原子之间也不再发生电荷的转移，但 Al 原子和 Ti 原子都和 Mn 原子发生了电荷转移，这解释了前面提到的 Mn 原子对 $TiAl_3$ 脆性没有改善，模量没有提高的微观结构原因。Mn 加入后，4 个 Al 原子和一个 Al 原子的电荷转移出现明显下降，与另外一个 Al 原子则不再发生电荷转移，与 Ti 原子之间的电荷转移有微小增加，Mn 原子和 5 个 Al 原子发生较大的电荷转移。Mn 原子的加入使 Al-Al 离子键减弱，解释了前面提到的 Mn 的加入使 $TiAl_3$ 模量出现小幅下降，韧性没有得到提升的微观原因。Sc 加入后使 4 个 Al 原子与另外两个 Al 原子的电荷转移出现小幅下降，与一个 Ti 原子之间的电荷转移有微小增加，但 Sc 原子与 4 个 Al 原子的电荷转移量很大，表明 Sc 的增加，增强了 Sc-Al 间离子键成分的作用，也使 Ti-Al 间离子键成分的作用出现了不均，解释了前面提到的 Sc 对 $TiAl_3$ 脆性有所改善，并提高了其韧性，对模量有所提高的微观结构原因。

2.2.5　Co、Cr、Mn、Sc 对 $TiAl_3$ 电荷的影响

如图 2.4 所示，合金元素的加入改变了 Ti 和 Al 原子周边电子排布的形态，对于带电体来说，其伴随的电荷分布具有连续性的特征。电荷密度的测量是通过电荷密度来完成的。电荷密度是晶体中电子密度的分布。当它分布在物体表面时，每单位面积的电量称为表面电荷密度。M-$TiAl_3$ 的电荷密度图显示了掺杂原子的电子云的重叠现象。从图中可以看出，金属的添加量发生了变化。Al-Ti 原子周围电子排列的形态显示出电荷转移次数的变化，并且 Co 和 Mn 原子的掺杂没有 Cr 和 Sc 原子的掺杂高。可以发现，Co、Cr、Mn 和 Sc 原子的掺杂总是被 Al 和 Ti 原子周围的红色电子密度较高的区域包围，并且几乎呈球形分布，表明存在离子键。Co 原子被蓝色低电荷密度区域包围，Sc 原子

被红色高电荷密度区域环绕，Cr 和 Mn 原子被黄色中电荷密度区域围绕。发现化合物中存在 Ti-Ti、Ti-Al 和 Al-Al 离子键以及 Co-Al、Cr-Al、Mn-Al 和 Sc-Al 共价键。

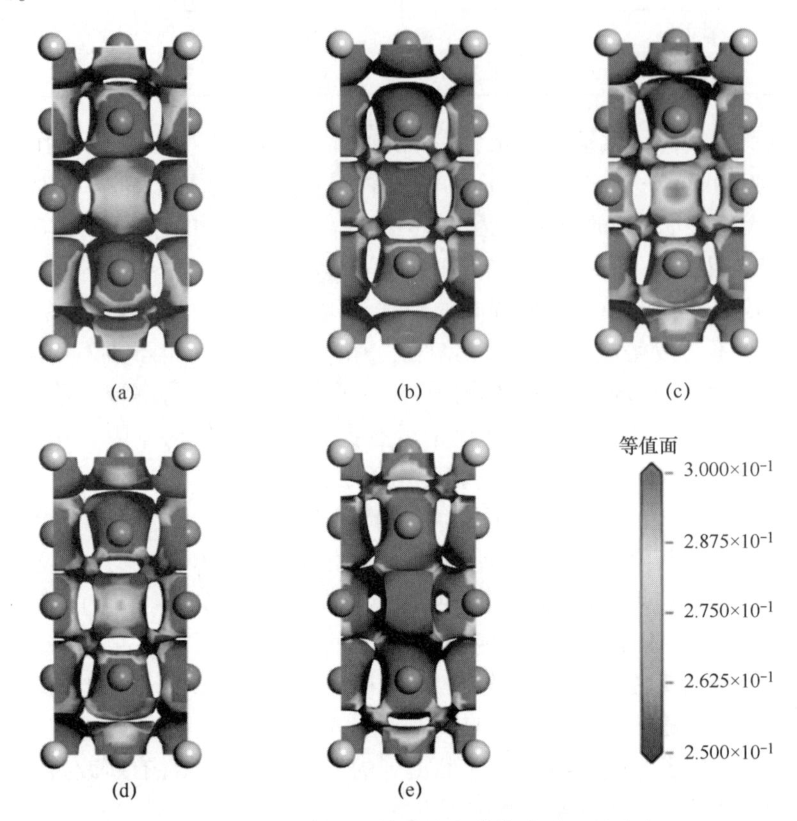

图 2.4　$TiAl_3$ 合金化后超胞的电荷密度图（见彩插）

（a）$TiAl_3$；（b）Co-$TiAl_3$；（c）Cr-$TiAl_3$；（d）Mn-$TiAl_3$；（e）Sc-$TiAl_3$。

本章小结

本章主要研究了 Co、Cr、Mn、Sc 分别固溶替代 $TiAl_3$ 金属间化合物时对这种相的力学性质以及电子结构的影响。建立和确定了 $TiAl_3$ 二元合金，以及 Co、Cr、Mn、Sc 固溶于 $TiAl_3$ 三元合金的模型，通过计算和拟合获得 $TiAl_3$ 相的晶格常数和体模量，计算获得了 $TiAl_3$ 二元合金以及 Co、Cr、Mn、Sc 合金化后三元合金的弹性常数、体模量、剪切模量以及弹性模量等力学性质，根据上述力学性质和弹性常数计算获得了 Pugh 模量和泊松比，以此预测了 Sc 固溶

于 $TiAl_3$ 相三元合金的强韧性作用。基于态密度、电子布居数以及差分电荷密度的计算，分析 Co、Cr、Mn、Sc 对 $TiAl_3$ 相强韧性作用的微观机理。得出的主要结论如下。

（1）结合能的计算结果表明，Co、Cr、Mn、Sc 掺杂于 $TiAl_3$ 时优先替代 Ti 原子。通过弹性常数计算，结果显示 Sc 合金化后均提高了 $TiAl_3$ 的体模量、剪切模量、弹性模量以及 Pugh 模量、泊松比和 Cauchy 压力常数，表明 Sc 提高了 $TiAl_3$ 的强度和韧性。通过态密度、电子布居数以及差分电荷密度的分析发现这种强韧性的提高可以归因于以下电子结构的变化：Sc 的添加增加了 $TiAl_3$ 态密度的成键峰数量，除 Ti 的 s、p、d 轨道和 Al 的 sp 轨道电子的杂化外，Sc-d 轨道电子也参与了 $TiAl_3$ 的轨道电子杂化，增强了原子间的结合能力；Sc 原子与 4 个 Al 原子的电荷转移量很大，表明 Sc 的增加，增强了 Sc-Al 间离子键成分的作用，也使 Ti-Al 间离子键成分的作用出现了不均，解释了 Sc 对 $TiAl_3$ 脆性有所改善。

（2）通过与已有模拟计算结果的对比，确定基于 GGA-PW91 交换关联函数计算的 $TiAl_3$ 的弹性常数、弹性性质计算的结果准确。基于 Pugh 模量和泊松比数值判定 $TiCoAl_6$ 相、$TiMnAl_6$ 以及 $TiCrAl_6$ 相均具有本征塑性。根据 Pugh 模量和泊松比数值以及已有研究结果分析，Sc-$TiAl_3$ 的电荷密度比 $TiAl_3$ 的电荷密度有所增强，且减弱了 Al-Al 间的方向性，可以解释 Sc 对 $TiAl_3$ 的塑性略有提升的原因；Co 的加入使 $TiAl_3$ 的电荷密度中 Al-Co 较 $TiAl_3$ 二元合金中 Ti-Al 间的电荷密度明显减弱，可以解释 Co 加入后 $TiAl_3$ 的硬度减弱的原因。

第3章　Ti/Al对接接头的搅拌摩擦焊接界面及接头组织性能

3.1　研究方法和手段

3.1.1　试验材料

试验材料选用TC4钛合金与2Al4铝合金，尺寸均为200mm×80mm×3mm。2Al4铝合金状态为T4态（淬火+自然时效），具有良好的可切削性、热塑性和焊接性，并且强度、热强性等力学性能较好，是我国航空航天应用最广泛的铝合金之一，其化学成分如表3.1所列，2Al4铝合金的母材组织如图3.1所示，图中黑色斑点为析出相，母材的抗拉强度为420MPa。TC4钛合金状态为轧制退火态，具有较高的强度和良好的塑性，是应用最广泛的一种钛合金，其化学

表3.1　2Al4铝合金的化学成分（wt%）

Cu	Si	Mn	Mg	Fe	Zn	Ti	Ni	Al
4.3	1.0	0.73	0.55	0.3	0.08	0.02	0.02	bal

图3.1　2Al4铝合金母材组织

成分如表 3.2 所列，钛合金母材组织如图 3.2 所示，室温组织为 $\alpha+\beta$，兼有 α 钛合金和 β 钛合金二者的优点。试验设备采用自制龙门式搅拌摩擦焊机，具有易于操作、可控性好、焊接精度高等优点，其外观形貌如图 3.3 所示。

表 3.2　TC4 钛合金的化学成分（wt%）

Al	V	Fe	C	N	H	O	Ti
6.0	4.0	0.026	0.015	0.008	0.007	0.06	bal

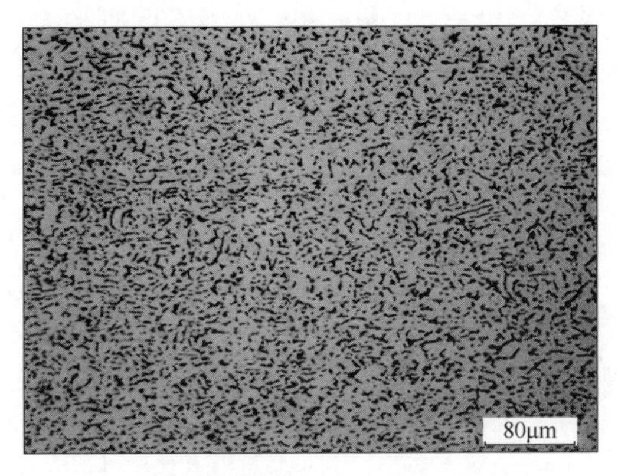

图 3.2　TC4 钛合金母材组织

图 3.3　龙门式搅拌摩擦焊机

3.1.2　试验方法

为保证焊缝成形美观，焊接前对工件进行认真的清理。搅拌头形状是影响焊缝塑化金属流动形态的主要因素。搅拌头主要由搅拌针、轴肩和夹持柄组成。轴肩和搅拌针形状、几何尺寸应根据被焊材料的种类和材料厚度来决定。轴肩的主要作用是压紧工件和塑化焊缝区，而搅拌针的作用是保证焊缝区材料在焊接过程中能够得到充分的搅拌，控制搅拌头周围塑化材料的流动方向。

搅拌摩擦焊焊接钛合金时，由于钛合金导热系数较小，轴肩产生的热量在搅拌头周围集聚，导致材料厚度方向的温度梯度减小，焊缝根部金属流动不充分，容易出现孔洞等缺陷，因此，钛合金搅拌摩擦焊搅拌头轴肩直径不宜过大。轴肩直径大小一般为 11~19mm，搅拌针端部直径大小为 3~8mm。铝合金熔点较低，铝合金搅拌摩擦焊的搅拌头多采用大的轴肩直径、小的搅拌针结构。综上所述，本部分研究采用圆柱形搅拌头，搅拌头形貌及尺寸如图 3.4 所示，轴肩为 18mm，搅拌针直径为 6mm，针长为 2.6mm，采用左螺纹，电火花加工深度为 0.5mm。

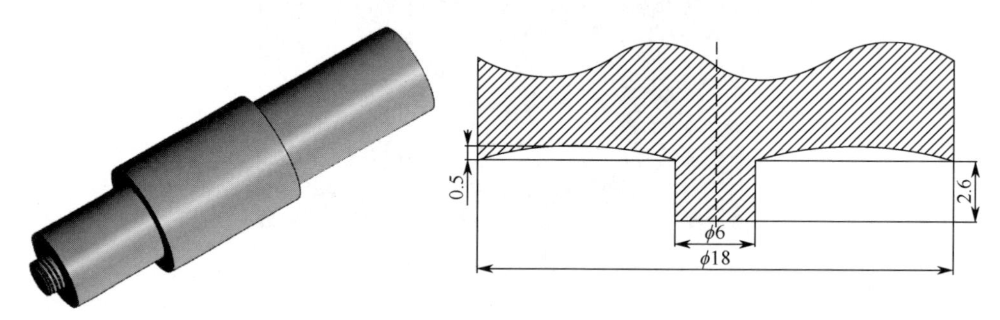

图 3.4 圆柱形搅拌头

由于 Ti/Al 异质结构在物理、化学等方面存在较大差异，在搅拌摩擦焊中，偏移量不同，两种金属的塑化程度及流动性不同。因此，偏移量是最重要的参数之一，决定试验的成败。偏移量定义是：搅拌针轴线与 Ti/Al 接合面的距离。Kundu 等研究表明，对于性能差异较大异种材料的搅拌摩擦焊，为了得到焊缝成形和性能较好的接头，搅拌头应偏向较软金属。因此，本研究搅拌头偏向铝合金。设定为下压量为 0.2mm，角度为 2°。对于 TC4/2Al4 的搅拌摩擦焊，前进侧温度低于返回侧，TC4 钛合金硬度高于 2Al4 铝合金，借助于搅拌针的搅拌作用和 2Al4 铝合金较好的塑形流动行为，把钛合金颗粒带入铝合金中，故焊接时将 TC4 放置在前进侧，2Al4 放置在返回侧，如图 3.5 所示。

在上述试验的基础上，偏移量设定为（1mm、2mm、2.5mm），在设定的每一组偏移量下，选择焊接速度 V=60mm/min（此速度处于中间值，可调范围大，后续试验证明比较合适），分别改变旋转速度（200r/min、300r/min、…、1000r/min）；选择旋转速度 n=800r/min（通过参考文献和预试验获得），分别改变焊接速度（20mm/min，40mm/min，…，100mm/min），研究偏移量、焊接速度、旋转速度对焊缝成形和接头力学性能的影响，得到脆性相对接头力学性能的影响规律。

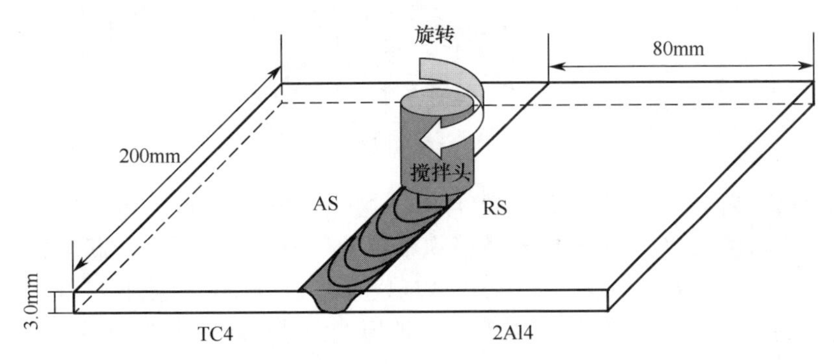

图 3.5　焊接示意图

3.1.3　接头性能测试

制作拉伸试样时，除去焊缝两端部分，中间部分加工成拉伸试样。每一组焊件制备 3 个拉伸试样以获得更准确的数据，拉伸试样尺寸如图 3.6 所示。在 WDW-50 型微机控制电子万能试验机上测试其拉断时的最大拉力，取 3 个试样，拉伸结果的平均值作为该接头的抗拉强度。采用 WT-401MVD 型显微硬度计测量焊缝横截面的显微硬度，得到接头硬度的分布特征。试验加载载荷为 200g，加载时间为 10s，硬度测定点间距为 0.5mm。

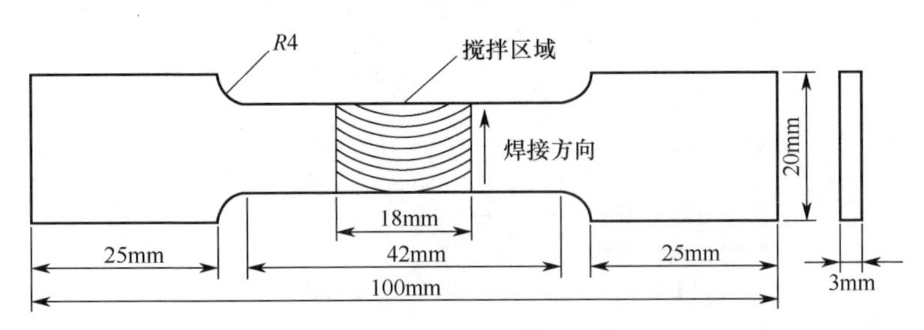

图 3.6　拉伸试样的尺寸

采用 D8X 射线衍射仪对各种工艺参数下的接头横截面进行了 XRD 分析测试以定性焊核中的脆性相。采用 Empyrean X 射线衍射仪对 Ti 颗粒富集区、钛合金/焊核界面局部区域进行了微区 XRD 分析测试，测试直径范围为 0.5mm。图 3.7 为焊缝横截面形貌示意图，图中虚线方框为测试点位置。

拉伸试样的中间剩余部分作为金相试样，尺寸为 20mm×8mm×2.7mm，镶

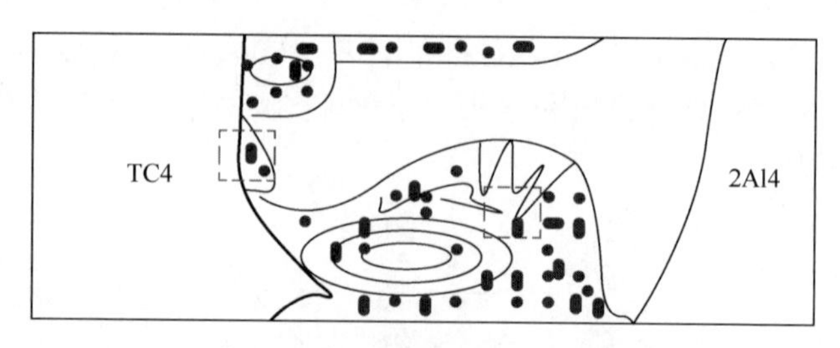

图 3.7　焊缝横截面形貌示意图

嵌并观察横截面。用金相砂纸逐级打磨、抛光，采用 Kroll 试剂对接头进行腐蚀。采用 4XB-TV 型倒置金相显微镜观察腐蚀后的焊缝形貌，分析焊缝形貌及显微组织。利用 Nova NanoSEM 450 型场发射扫描电镜观察金相试样的接头微观组织形貌、拉伸试样断口形貌等，得到焊缝中某区域的元素组成、含量及分布情况。

采用 JEM-2010（HR）型透射电镜观察 Ti-Al 脆性相的尺寸、形状。试验中，先通过 EDS 能谱分析，大致判断该颗粒物的元素组成，然后通过选区电子衍射花样来判断脆性相的种类。透射电镜试样取样位置及尺寸如图 3.8 所示。

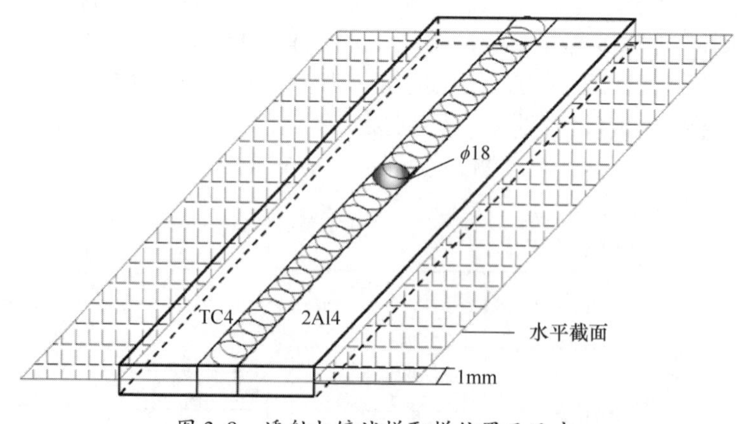

图 3.8　透射电镜试样取样位置及尺寸

3.2　工艺参数对 Ti/Al 对接接头搅拌摩擦焊接焊缝成形和微观组织的影响

Ti/Al 异质结构的搅拌摩擦焊，为了控制裂纹的产生，改善焊缝成形及接头力学性能，满足 Ti/Al 复合结构在工程上的应用，必须选择合适的工艺参数，即解明偏移量、旋转速度和焊接速度的内在联系，来控制焊缝的热输入量。因此，研究偏移量、旋转速度和焊接速度对焊缝成形及接头抗拉强度的影响规律具有重要意义。

3.2.1　工艺参数对焊缝成形的影响

由于本部分研究试验数据较多，对试验数据进行了处理，选取典型的试验数据进行了分析。固定下压量为 0.2mm，焊接角度为 2°，焊接速度 V = 60mm/min（通过大量的预试验可知，焊接速度 V = 60mm/min 时比较合适），通过改变旋转速度（400 ~ 700r/min）来研究旋转速度对焊缝表面成形的影响规律。偏移量主要控制摩擦热在两侧母材的分布，对于异种金属的搅拌摩擦焊，偏移量对焊缝成形的影响则更为明显。偏移量不同时（δ = 1mm、2mm、2.5mm），旋转速度的变化对焊缝成形的影响规律是不同的。因此，研究了在不同的偏移量下，旋转速度对焊缝成形的影响规律。

图 3.9 为 δ = 1mm、焊接速度 V = 60mm/min 时，不同旋转速度（400r/min、500r/min、600r/min、700r/min）下的焊缝表面形貌。焊缝前半部分能形成无裂纹的接头，随焊接的进行会出现搅拌头发红、焊缝伴有清脆的开裂声、焊缝金属与搅拌头轴肩黏结在一起、搅拌头磨损比较严重等现象。由图 3.9 可知，随着旋转速度的增大，焊缝表面成形经历了由粗糙变光滑、钛合金/焊核界面线由清晰变模糊的过程。当旋转速度大于 500r/min 时，钛合金/焊核界面上出现了贯穿焊缝中心的纵向裂纹。旋转速度 n = 400r/min 时，焊缝表面整体比较粗糙，在铝合金侧有块状凸起或者片状沟槽等缺陷，钛合金侧凹陷比较严重，但表面比较光亮，如图 3.9（a）所示；旋转速度 n = 700r/min 时，搅拌头红热现象加重，焊缝表面整体比较光亮，无凹陷缺陷，如图 3.9（d）所示。由此可见，随旋转速度的增加，焊缝中形成裂纹的倾向性增加，裂纹的形成与焊接工艺参数有关。

对上述现象进行了分析，认为有 2 种原因：①随着旋转速度的增大，输入焊缝的热量增多，为脆性相的生成提供了足够的热量和反应时间，可能使得接头中脆性相的数量及尺寸都有所增加，致使接头脆化，增大了接头开裂的倾向性；②由于 Ti/Al 异质结构在导热系数和线膨胀系数等方面存在较大的差异，焊缝金属随旋转速度的增大，输入热量增多，焊接残余应力大（焊后试板出现向上弯曲的现象），接头比较脆，容易造成焊缝开裂，形成纵向裂纹。

进一步研究 Ti/Al 异质结构搅拌摩擦焊接头开裂的原因，图 3.10（a）、（b）分别为图 3.9 中旋转速度 n = 400r/min、n = 700r/min 焊缝横截面的 X 射线衍射（XRD）分析。旋转速度 n = 400r/min 时，焊缝中的 Ti/Al 脆性相为

$TiAl_3$，其含量为 5.9%；旋转速度 $n=700r/min$ 时，$TiAl_3$ 含量为 10.2%，焊缝中还生成了 TiO_2，说明高转速比低转速输入焊缝的热量多很多，脆性相的含量增加较快，当其达到一定的数值后，容易在钛合金/焊核间的界面上形成裂纹，严重降低了焊缝的塑性及韧性，是焊缝形成裂纹的一个重要原因。

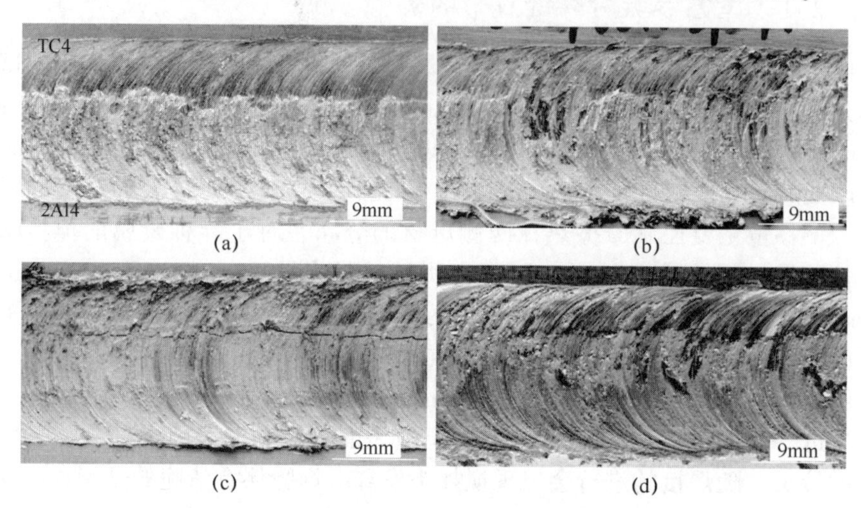

图 3.9　$\delta=1mm$ 时不同转速焊缝表面形貌

（a）$n=400r/min$；（b）$n=500r/min$；（c）$n=600r/min$；（d）$n=700r/min$。

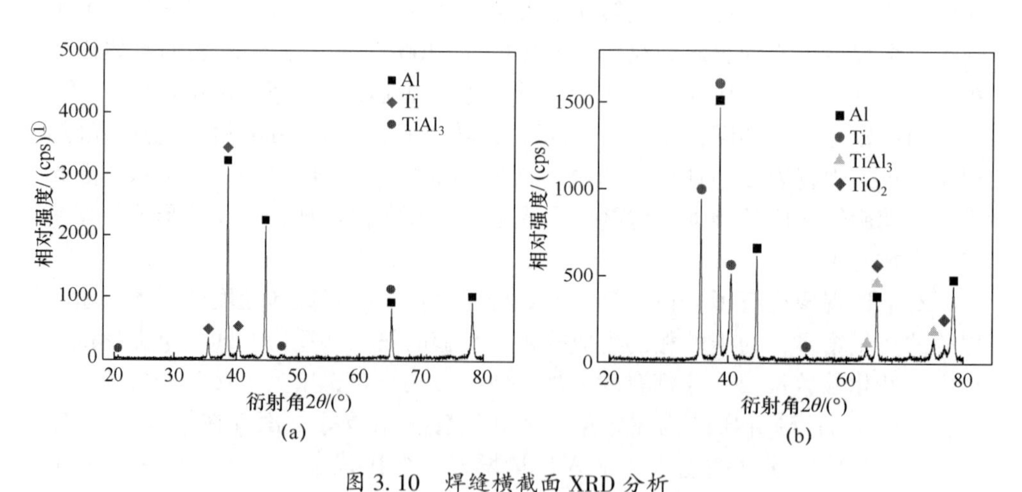

图 3.10　焊缝横截面 XRD 分析

（a）$n=400r/min$；（b）$n=700r/min$。

① cps 为计数率（counts per second）。

图 3.11 为 $\delta=2$mm、焊接速度 $V=60$mm/min 时，不同旋转速度（400r/min、500r/min、600r/min、700r/min）下的焊缝表面形貌。在焊接过程中，搅拌头未出现红热、黏结现象，焊缝表面成形明显优于 $\delta=1$mm 时的形貌。焊缝表面整体比较光滑，无裂纹等缺陷，旋转速度小于 500r/min 时，钛合金/焊核界面有较为明显的分界线。随旋转速度的增加，焊缝成形质量逐渐变差。旋转速度 $n=400$r/min 时，鱼鳞纹比较均匀且细腻，无沟槽等缺陷，如图 3.11（a）所示；旋转速度 $n=700$r/min 时，焊缝表面高低不平，有明显条带状凹陷，如图 3.11（d）所示。

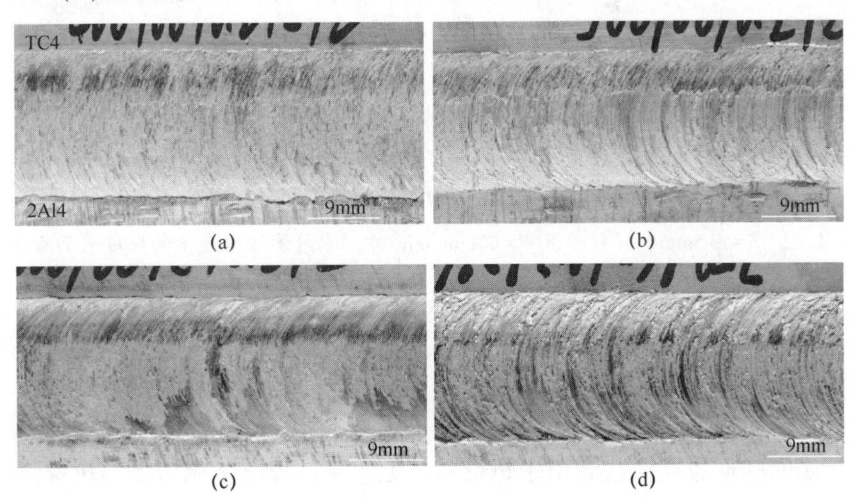

(a) (b) (c) (d)

图 3.11　$\delta=2$mm 时不同转速的焊缝表面形貌

（a）$n=400$r/min；（b）$n=500$r/min；（c）$n=600$r/min；（d）$n=700$r/min。

偏移量 $\delta=2$mm 时，搅拌针边缘铣削钛合金厚度为 1mm，搅拌头轴肩与试板之间的摩擦热减小，焊缝中的残余应力得到了改善，避免了纵向裂纹的产生。旋转速度 $n=400$r/min 时，输入焊缝中的热量足以使焊核中的金属塑化，满足了 Ti、Al 原子发生冶金反应所需要的能量，焊缝中生成脆性相的数量少、尺寸小；旋转速度 $n=700$r/min 时，输入焊缝中多余热量除了增加脆性相的数量、尺寸外，可能会造成金属膨胀及进一步软化，使得焊缝上层金属流动性增加，覆盖了钛合金/焊核界面线。多余金属以飞边形式留出焊缝，从而形成条带状缺陷。

图 3.12 为 $\delta=2.5$mm、焊接速度 $V=60$mm/min 时，不同旋转速度（400r/min、500r/min、600r/min、700r/min）下的焊缝表面形貌。从图 3.12 中可以看出，焊缝表面成形整体比较光滑，无沟槽、裂纹等缺陷，旋转速度 $n=400$r/min 时，Ti/Al 界面处有较为明显的分界线；旋转速度 $n=700$r/min 时，焊缝成形

美观，无任何缺陷。与 $\delta=2$mm 时的焊缝成形呈现出相反的规律。

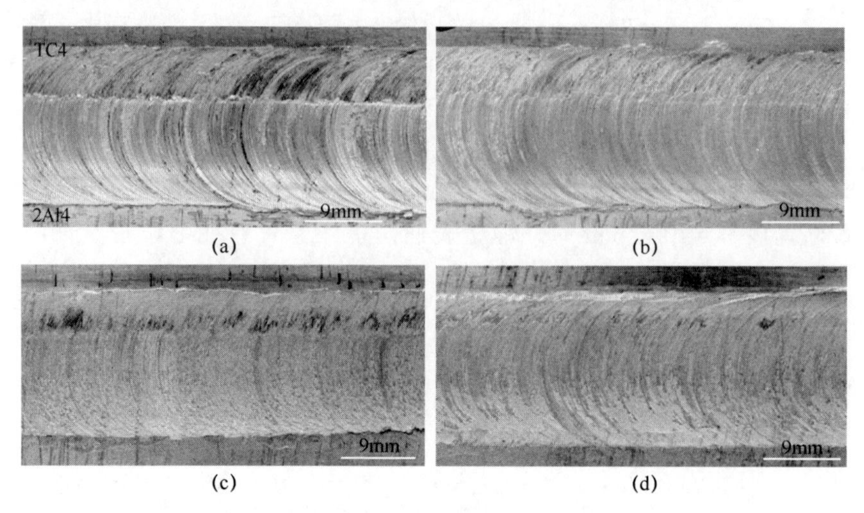

(a) (b) (c) (d)

图 3.12 $\delta=2.5$mm、焊接速度 $V=60$mm/min 时，不同旋转速度下的焊缝表面形貌
（a）$n=400$r/min；（b）$n=500$r/min；（c）$n=600$r/min；（d）$n=700$r/min。

偏移量 $\delta=2.5$mm 时，轴肩与焊接试板间的摩擦热、搅拌针与钛合金间的摩擦热较 $\delta=1$mm、2mm 时少，随着旋转速度的增加，输入焊缝中的热量增加，金属塑化程度及流动性较好，有利于焊缝成形。偏移量大、旋转速度小，焊缝金属的塑形流动差或者由于热量不足无法满足焊缝金属所需的热量，钛合金/焊核界面处形成明显的分界线。焊缝金属塑化的条件是必须满足其塑化和发生冶金反应所需的热量，偏移量小，摩擦热多，需要的旋转速度较小；反之，则相反，这也解释了 $\delta=2$mm 与 $\delta=2.5$mm 焊缝成形质量在同一参数下相反的原因。

综上所述，对于 Ti/Al 异质结构的搅拌摩擦焊，偏移量 $\delta=1$mm、2mm 时，在一定的范围内，较小的旋转速度有利于焊缝成形；偏移量 $\delta=2.5$mm 时，较大的旋转速度有利于焊缝成形。偏移量 $\delta=2$mm、2.5mm 时，旋转速度在较宽的范围内，均可得到成形较好的焊缝。随着偏移量的增加，焊缝无裂纹产生，钛合金/焊核界面线基本消失。

固定下压量为 0.2mm，焊接角度为 2°，旋转速度 $n=800$r/min（①由于钛合金的熔点、硬度都大，较小的旋转速度增加了其塑化难度；②大量参考文献也已经证明旋转速度 $n=800$r/min 比较合适），通过改变焊接速度（20～80mm/min）来研究焊接速度对焊缝表面成形的影响规律。在不同偏移量（$\delta=$ 1mm、2mm、2.5mm）下，焊接速度的变化对焊缝成形的影响规律是不同的。

因此，研究了不同偏移量下，焊接速度对焊缝成形的影响规律。

偏移量小，焊接过程中摩擦产热多，焊缝与轴肩黏结金属量多，搅拌头磨损严重，无法实现 Ti/Al 焊接试板的连接。对于偏移量 $\delta=1$mm 时，焊接速度对焊缝成形的影响本书不做分析。

图 3.13 为 $\delta=2$mm、角度为 2°、旋转速度为 800r/min 时，不同焊接速度（20mm/min、40mm/min、60mm/min、80mm/min）下的焊缝表面形貌。从图 3.13 中可以看出，随焊接速度的增加，焊缝表面成形逐步得到改善。焊接速度 $V=20$mm/min 时，焊缝表面飞边较为严重，有块状凹陷；焊接速度 $V=80$mm/min 时，焊缝表面成形美观、钛合金/焊核界面线消失。

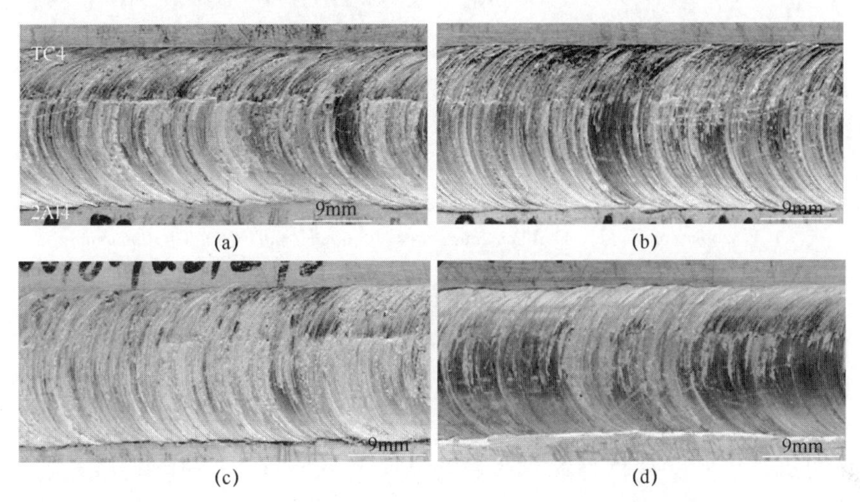

图 3.13　$\delta=2$mm、角度为 2°、旋转速度为 800r/min 时，不同焊接速度下的焊缝表面形貌
（a）$V=20$mm/min；（b）$V=40$mm/min；（c）$V=60$mm/min；（d）$V=80$mm/min。

在同一偏移量、同样尺寸的搅拌头下，达到焊缝金属最好的塑化程度，所需的热量是一定的。一方面，热量过高，焊缝金属发生冶金反应的程度剧烈，生成金属间化合物的数量及种类也可能增加，反而减小了焊缝金属塑性及流动性；另一方面，热量过高，焊缝金属的黏度及膨胀程度增加，减小了焊缝组织的致密性，这也是飞边比较大的原因。由于搅拌头的旋转速度固定为 800r/min，所以输入焊缝的热量与焊接速度有关系，焊接速度 $V=20$mm/min 时，输入焊缝的热量过高，产生了飞边较严重，有块状凹陷缺陷。当焊接速度 V 增加到 80mm/min 时，热量减小较多，焊缝成形美观，接近或已经达到了塑化金属所需的热量。

图 3.14 为 $\delta=2.5$mm、角度为 2°、旋转速度 $n=800$r/min 时，不同焊接速度（20～80mm/min）下的焊缝表面形貌。焊接速度 $V=20$mm/min、40mm/min

时，钛合金/焊核界面模糊，优于 $V=60\text{mm/min}$、80mm/min 的焊缝成形。

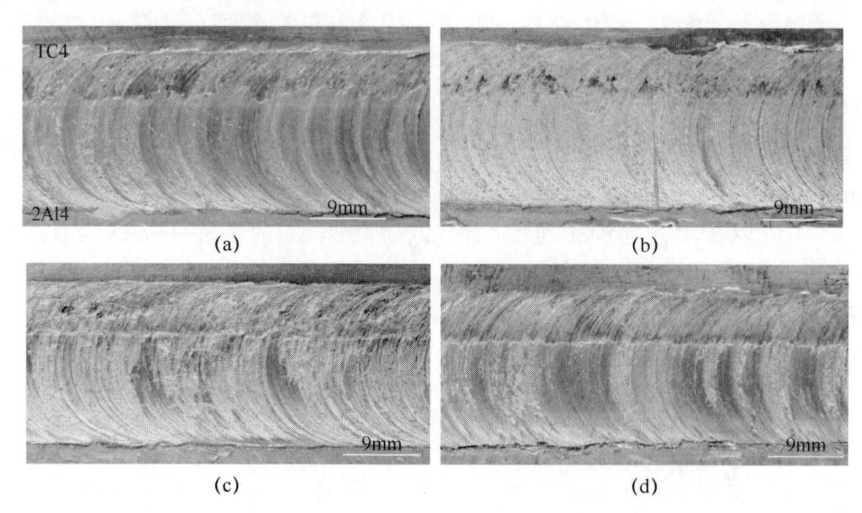

(a) (b) (c) (d)

图 3.14 $\delta=2.5\text{mm}$、角度为 2°、旋转速度 $n=800\text{r/min}$ 时，不同焊接速度下的焊缝表面形貌
(a) $V=20\text{mm/min}$；(b) $V=40\text{mm/min}$；(c) $V=60\text{mm/min}$；(d) $V=80\text{mm/min}$。

偏移量 $\delta=2.5\text{mm}$，达到金属塑化程度最好的点，所需热量比 $\delta=2\text{mm}$ 时小。因此，为了得到较好的焊缝成形，必须减小焊接速度，随焊接速度的减小，焊缝的热量增加，有利于改善焊缝成形。焊接速度较大时，焊缝的热量不足，金属流动性变差，可减少接头中脆性相的含量，但不利于焊缝成形。

在 Ti/Al 异质结构搅拌摩擦焊接过程中，焊接工艺参数不合适时，钛合金/焊核界面、焊核中较大尺寸钛颗粒间所形成的孔洞缺陷，是整个接头中比较薄弱的环节；较好的焊接工艺可避免缺陷的产生。接合面、钛颗粒富集区的连接包括冶金结合和机械咬合两种方式，冶金结合（主要以脆性相形式）对接头力学性能起决定性作用，机械咬合则弱化了界面处的连接。因此，研究焊接工艺参数对接头微观组织结构的影响对指导焊接生产有重要的现实意义。

3.2.2 接头横截面微观组织

偏移量 $\delta=1\text{mm}$ 时，搅拌头在焊接过程中抖动现象比较严重，焊缝成形质量差，容易产生纵向裂纹，其接头组织不具有代表性。偏移量 $\delta=2.5\text{mm}$ 时，焊缝成形美观，看不出焊接接头中的某些缺陷，如焊接微裂纹、孔洞等。因此，选取了偏移量 $\delta=2\text{mm}$ 参数下的典型试样，进行微观组织的分析。

图 3.15 为偏移量 $\delta=2\text{mm}$ 时的焊缝横截面形貌（旋转速度 $n=400\text{r/min}$、焊接速度 $V=60\text{mm/min}$），从图中可以看出，钛合金/焊核界面上无任何缺陷，

焊核中有明显的洋葱环花纹，钛颗粒在洋葱环花纹中的分布较为均匀，但颗粒密度、尺寸都比较大，削弱了基体的连续性，不利于焊接接头性能的提升。焊核中白亮的部分为塑化钛颗粒的流动区域，分别分布在焊核左上部较小的 *M* 区（小洋葱环）、焊缝中下部较大的 *N* 区（大洋葱环）和焊缝上表面条状的 *H* 区，其余部分为铝合金的动态再结晶区。

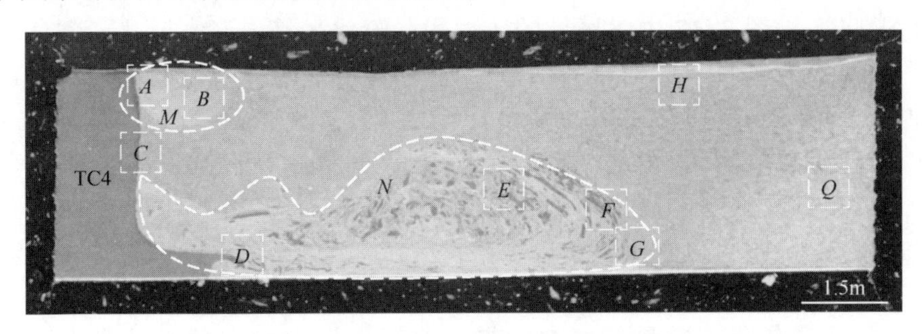

图 3.15　$\delta=2$mm 时的焊缝横截面形貌

分别对各区的微观组织进行了研究，图 3.16 为图 3.15 中 *M* 区域的放大图，图 3.16（a）为钛合金/焊核界面上部的组织形貌，接合面处钛颗粒先沿铝合金基体边沿流动，后流向铝基体中，形成了一个封闭环。尺寸较小的钛颗粒已经完全塑化，呈现“流线型”；尺寸较大的颗粒不能完全塑化，剩余部分残留在塑化区中，呈“板条状”。焊缝上部未塑化钛颗粒数量较少，因为焊缝上部摩擦产热较多，金属的塑化程度较高，Ti/Al 结合比较致密，无孔洞等缺陷。

图 3.16（b）为洋葱环花瓣钛合金塑性流动区的微观组织图，整体形貌呈“波浪型”，Ti/Al 元素交替分布，花纹间距约为 100μm，钛颗粒塑化区中基本无尺寸较大的钛颗粒，铝合金晶粒比较细小。

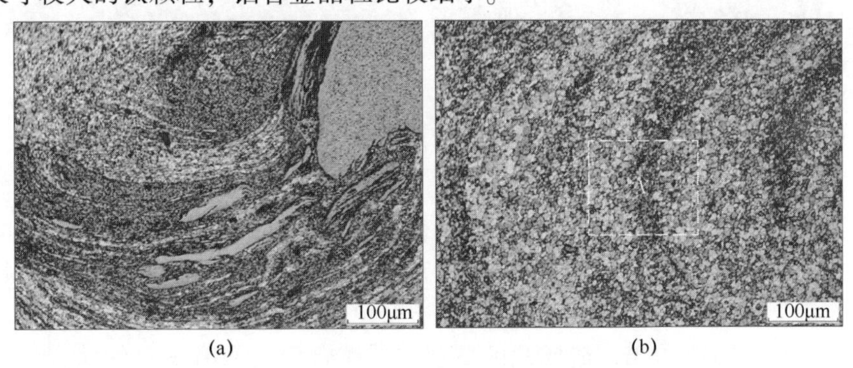

图 3.16　图 3.15 中 *M* 区局部微观组织形貌

（a）*A* 区微观组织；（b）*B* 区微观组织。

图 3.17 为图 3.16（b）中 *X* 区域的放大图。从图 3.17 中可以看出，许多尺寸较小的颗粒物包裹着尺寸较大的钛颗粒，钛颗粒的塑化区分割了铝基体。周围尺寸较小钛颗粒也发生了塑性流动。塑化区钛颗粒的形貌明显区别于图 3.16（a）的钛颗粒，分析认为，只有在钛颗粒的塑化区或者塑化区周围才会形成 Ti-Al 脆性相。

图 3.18 为图 3.17 中 *Y* 区域的放大图，塑化区是由许多尺寸、颜色、形状不一的颗粒物组成，具有一定的方向性和分层现象。分别对图中典型的 *R* 点和 *Z* 点进行了点扫描分析，结果如图 3.19 和图 3.20 所示。从图 3.19、图 3.20 中的原子重量百分比可以看出，*R* 点的物相为椭圆形的 TC4 钛合金颗粒，*Z* 点氧原子的含量较高，猜测其物相可能为球状的 Al_2O_3、TiO_2 混合物。从图 3.18 中可以看出，钛合金塑化区定向分布着尺寸小于 2μm 的钛颗粒，方向与钛合金的流动方向一致。由于该区塑化温度比较高，游离态的 Ti、Al 原子数量多，容易与搅拌针带入的氧气发生化学反应，造成该区域 Ti、Al 元素的氧化。除去灰色的钛颗粒和白色的氧化物外，没有发现尺寸较大的 Ti-Al 脆性相生成。

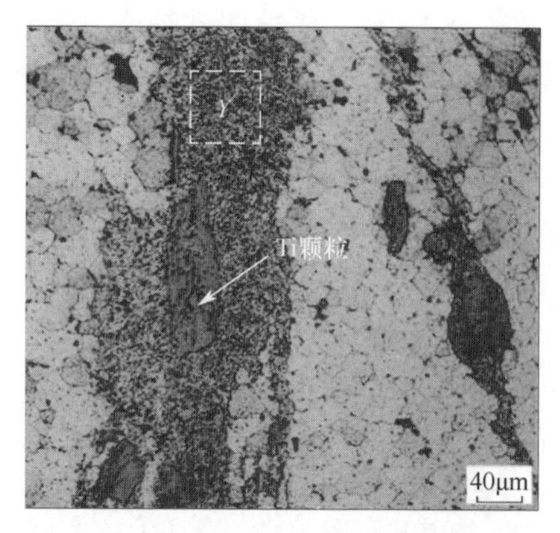

图 3.17　图 3.16（b）中 *X* 区微观组织

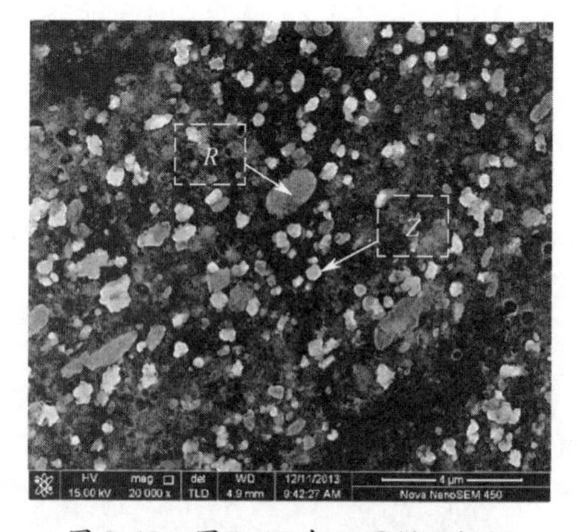

图 3.18　图 3.17 中 *Y* 区微观组织

图 3.21 为接头横截面中部钛合金/焊核界面处的微观组织图，从图中可以看出，钛合金/焊核界面附近的铝基中，钛合金的流动及数量较少，在界面处有少量钛合金的塑化区且与界面结合比较致密。铝合金放在返回边，焊接时返回边产生的热量多，铝合金的塑化温度低，先于钛合金达到塑化状态，在搅拌针的作用下使得焊核中部塑化状态的铝合金沿钛合金边沿带走了未塑化或者塑化程度比较低的钛颗粒，造成此区域基本无钛合金（只有少量的钛合金残留在界面上）。图 3.22 为图 3.21 中 *K* 区域的放大图，铝基体中晶粒较为细小，

这是因为焊核区域的铝合金在搅拌针挤压和热作用下，发生了再结晶，对基体中 P 点进行了点扫描分析，结果如图 3.23 所示，在结晶形核的过程中，铝基中残留少量的析出相 Al_2Cu。根据文献对于同种材料时效强化的铝合金而言，焊核区强化相粒子在焊接的过程中会溶于基体，并发生完全再结晶，且位错密度很低。对于异种金属的搅拌摩擦焊，有强化相的存在，得到焊核区域发生不完全再结晶，有一定的位错密度，说明输入板厚中间部位的热量不够，反而能改善接头的性能。热影响区的组织如图 3.24 所示，从图中可以看出，热影响区的晶粒与母材和动态再结晶区的晶粒相比，晶粒明显长大，形状也发生了变化。在晶界上或者晶界附近的 Al_2Cu 相，较焊核中心或者母材中的尺寸大，较大尺寸为 20μm。

Ti
Ti
V
Al
V
Ti
V
1
2
3
4
5
6
7
8
总标度3384 cts 光标: 5.422 (38 cts)
keV

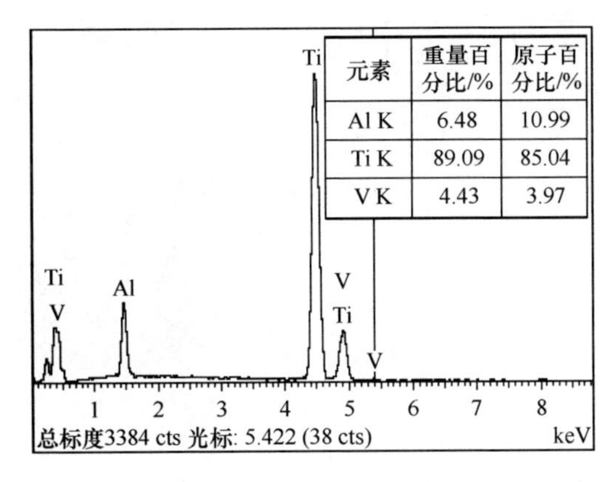

元素	重量百分比/%	原子百分比/%
Al K	6.48	10.99
Ti K	89.09	85.04
V K	4.43	3.97

图 3.19　图 3.18 中 R 点能谱分析

Al
Ti
0
Ti
0
1
2
3
4
5
6
7
8
总标度13147 cts 光标: 5.422 (30 cts)
keV

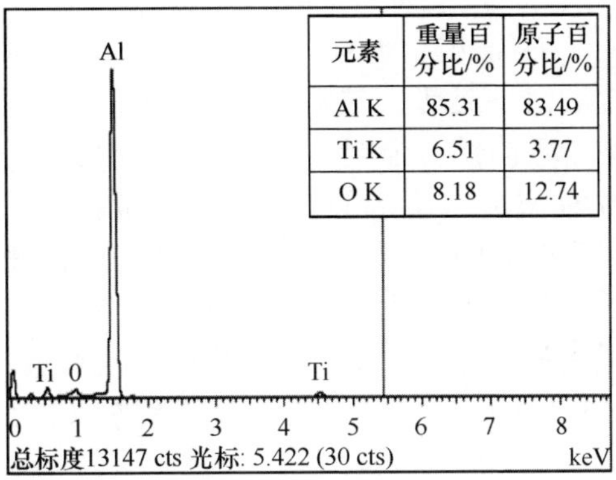

元素	重量百分比/%	原子百分比/%
Al K	85.31	83.49
Ti K	6.51	3.77
O K	8.18	12.74

图 3.20　图 3.18 中 Z 点能谱分析

图 3.21　图 3.15 中 C 区微观组织

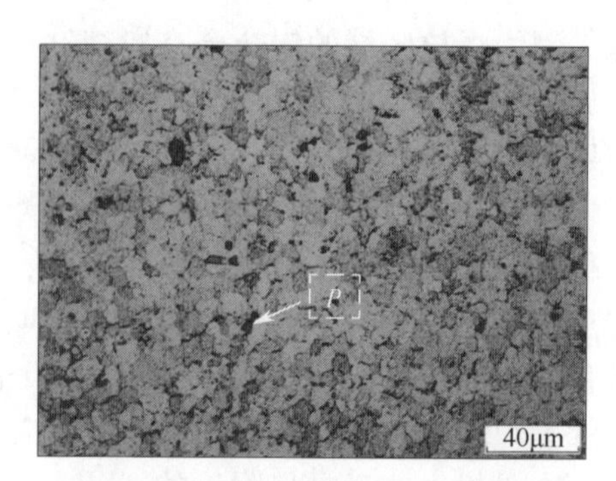

图 3.22　图 3.21 中 K 区微观组织

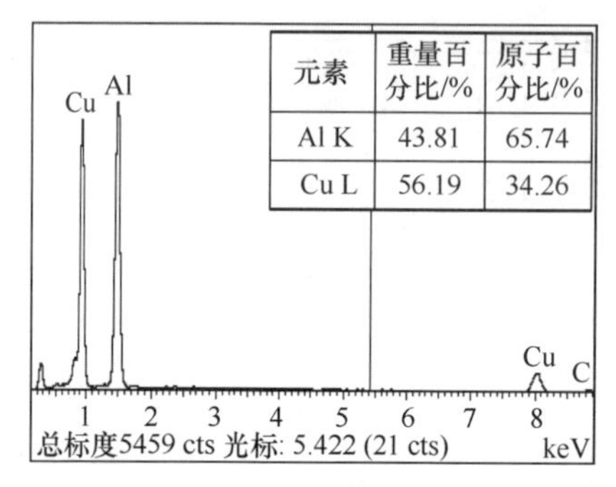

元素	重量百分比/%	原子百分比/%
Al K	43.81	65.74
Cu L	56.19	34.26

图 3.23　P 点能谱分析

图 3.24　图 3.15 中 Q 区微观组织

图 3.25 为图 3.15 中 N 区局部区域的放大图。焊核底部钛合金/焊核界面的微观形貌如图 3.25（a）所示，钛合金基体中“Hook”钩深入铝基体中，“Hook”钩的出现在一定程度上提高了接头的力学性能，与铝基交织在一起，起到机械咬合的作用。界面处钛合金的流线密度较远离界面处的稀少，说明钩子阻碍了塑化钛合金的向下流动。在搅拌头顶锻压力的作用下，大量塑性金属向下运动又促进了钩子弯向钛合金侧，流动金属和钩子相互作用，相互制约。

图 3.25（b）为 Ti 颗粒富集区的微观组织形貌图，钛颗粒形态多样，分布杂乱无章，周围出现明显的孔洞，主要是由钛颗粒间的相互作用或者铝合金的流动性不足造成的，阻碍了塑化金属的填充，改变了金属塑性流动的方向。孔洞的出现，削弱了接头的力学性能，容易造成应力集中，降低了接头的承载能力，是裂纹形成和扩展的发源地。下文中接头的断裂位置和断口形貌有力地证明了这点。

图 3.25（c）为 Ti 合金富集区与热力影响区交界处的显微组织图，从图中可以看出，软化的铝基体出现比较严重的塑性变形，尺寸较大的钛颗粒嵌入热

力影响区，热力影响区的组织呈现出流线型。分析认为，搅拌头的高速旋转带动塑性金属流动，尺寸较大的钛颗粒流速较慢，受到周围金属力 F 大，在力 F 的挤压作用下，使得热力影响区组织呈流线型，减少的体积由钛颗粒填充，造成了钛颗粒在此富集，塑化金属流在其周围经过。图 3.25（d）为热力影响区的组织形貌，在热、力共同作用下，组织发生明显变形，具有一定的方向性。

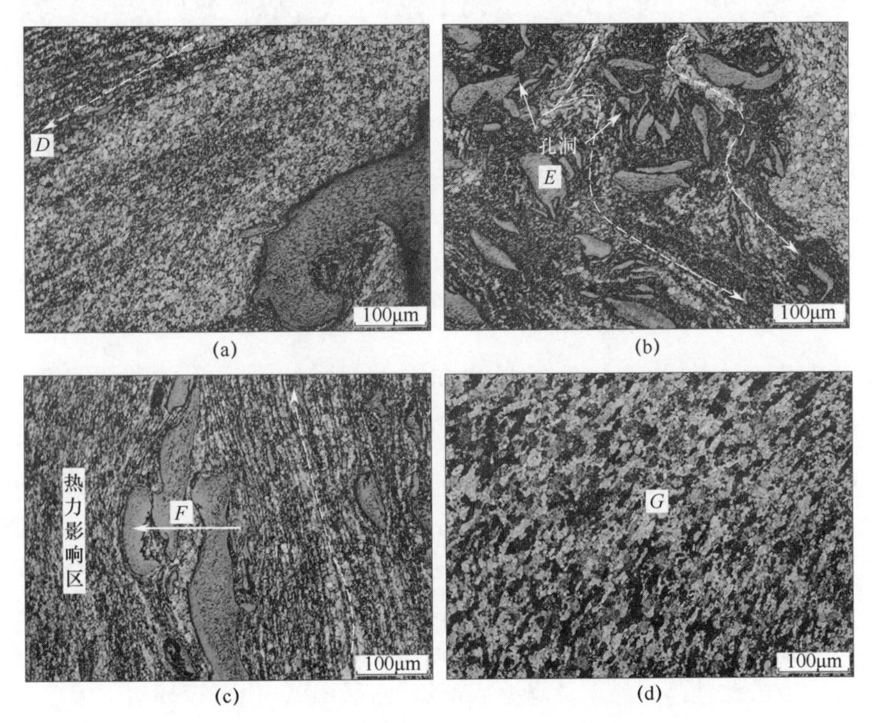

图 3.25　图 3.15 中 N 区局部微观组织形貌

（a）D 区微观组织；（b）E 区微观组织；（c）F 区微观形貌；（d）G 区微观形貌。

图 3.26 为焊缝上表面微观形貌，图 3.26（a）为图 3.15 中 H 区的放大图。从图中可以看出，焊缝上表面的微观组织出现了明显的分层现象。上部为灰黑色的超细晶区；下部为灰白色的细晶区，中间有明显的分界线，说明不同区域组织耐蚀性能不同。超细晶区有尺寸不一的钛颗粒，钛颗粒呈扁平状，此处的钛颗粒不同于其他区域，基体中分布着流线型物质，初步判断为嵌入钛颗粒中塑化的铝合金。对于晶粒较为细小的原因进行了分析：由于轴肩作用区产热多，顶锻压力大，晶粒发生再结晶较容易，此外，该区散热快，温度梯度较大，结晶形核快，晶粒细小。图 3.26（b）为图 3.26（a）中矩形框内部的放大图，细晶区中分布着数量极少的钛颗粒，尺寸约为 10nm，且钛颗粒没有塑

化。根据“抽吸-挤压”理论，焊缝上表面破碎的钛颗粒被带入轴肩空腔中，在搅拌头顶锻压力作用下，这些破碎的钛颗粒渗入铝合金的动态再结晶区。

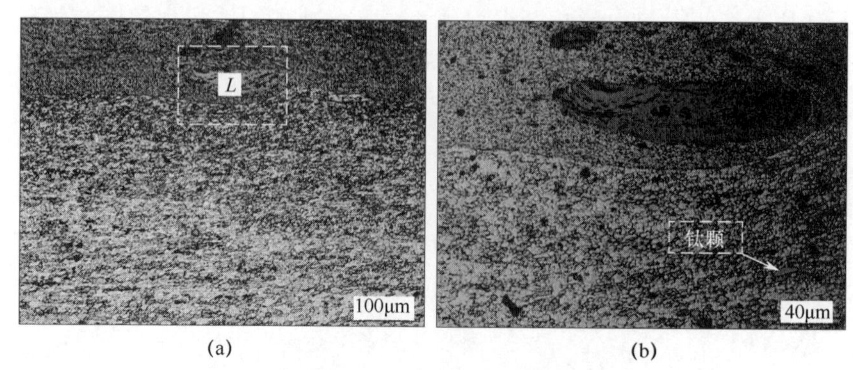

(a) (b)

图 3.26 焊缝上表面微观形貌

（a）图 3.15 中 H 区微观组织；（b）L 区微观组织。

3.2.3 接头水平截面微观组织

图 3.27 为距离焊缝底部约为 1mm 处的接头水平截面形貌（旋转速度 $n=700$r/min、焊接速度 $V=60$mm/min、$\delta=2.5$mm），从图中可以看出，焊核中心的宽度为 6.7mm，有明显的鱼鳞纹，在焊核中尺寸较大的、未塑化的钛颗粒主要集中分布在返回边（焊核中心右侧），前进边基本无尺寸较大的钛颗粒，在水平方向上，钛合金的从返回边向前进边流动，如图中的箭头所示。钛颗粒容易塞积在热力影响区与焊核的边界上。这是因为在搅拌针螺纹的作用下，破碎的钛颗粒沿钛基体边界，从焊缝底部流向返回边，由于返回边的温度较高，热力影响区的组织软化严重，使得尺寸较大的钛颗粒在此处塞积。尺寸较小的钛颗粒塑化程度较高，金属的流动性加强，在搅拌针的带动下，塑化钛合金返回到前进边。

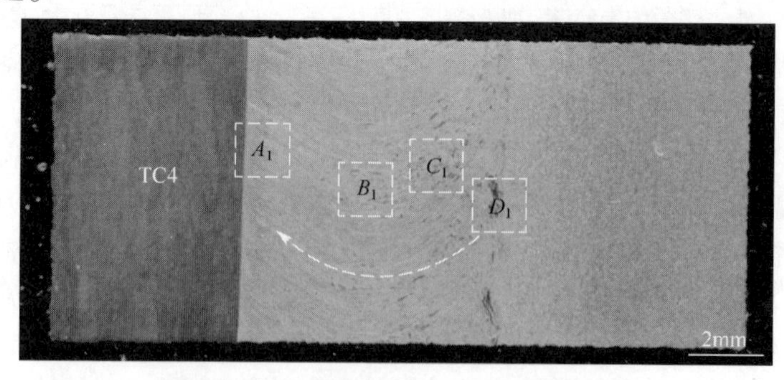

图 3.27 距焊缝底部 1mm 处水平截面形貌

图3.28为焊缝水平截面的微观组织，图3.28（a）、（b）、（c）、（d）分别对应图3.27中A_1、B_1、C_1、D_1区。钛合金/焊核界面区组织较为均匀，数量极少的钛颗粒分布在钛合金的塑化线上，铝合金动态再结晶的晶粒较为细小，如图3.28（a）所示。焊缝中心钛颗粒形态各异，沿水平方向分布，钛颗粒间夹杂着Ti-Al脆性相，这种尺寸较大的脆性相数量较少。分析认为，焊接过程中，搅拌针打碎了钛合金/焊核界面上生成的脆性相，破碎的脆性相并随塑化金属的流动散落到整个焊缝中，如图3.28（b）所示。Ti颗粒富集区中的钛颗粒分布也具有一定的方向性，沿鱼鳞纹分布，减小了彼此间的相互作用，能有效避免孔洞缺陷的形成，如图3.28（c）所示。由于热力影响区组织较疏松，在搅拌头分力的作用下，钛颗粒聚集在热力影响区和焊缝的边界上，边界处的孔洞缺陷尺寸较小，如图3.28（d）所示。此区域铝合金含量较高，基体韧性较好，弥补了由于孔洞缺陷造成的应力集中导致接头力学性能下降的不足，因此，接头中的孔洞缺陷在拉伸力的作用下不容易扩展。所以，在此焊接工艺参数下，接头断裂位置在钛合金/焊核界面或者热影响区，Ti颗粒富集区力学性能较好。

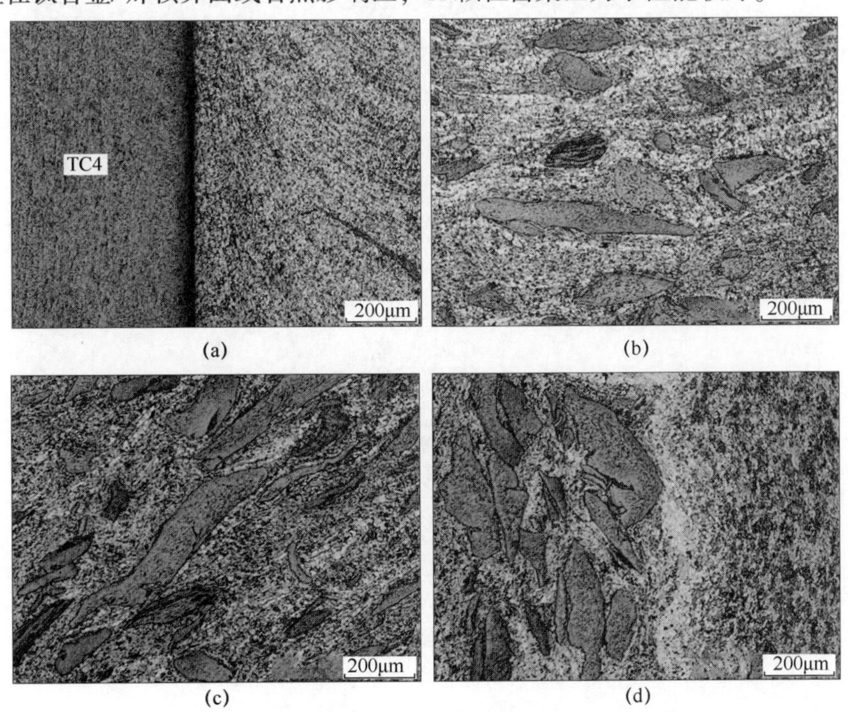

(a)　(b)　(c)　(d)

图3.28　水平截面局部微观组织

（a）图3.27中A_1区微观组织；（b）图3.27中B_1区微观组织；（c）图3.27中C_1区微观组织；（d）图3.27中D_1区微观组织。

3.2.4 工艺参数对接头微观组织的影响

1）偏移量对接头微观组织结构的影响

固定旋转速度 $n = 400\text{r/min}$、焊接速度 $V = 60\text{mm/min}$，不同偏移量下的焊缝横截面形貌如图 3.29 所示。随偏移量的增加，焊核面积增大、钛颗粒分布均匀、洋葱环明显，焊缝底部“Hook”钩尺寸减小。偏移量 $\delta = 1\text{mm}$ 时，焊核中的钛颗粒尺寸较大，主要分布在焊缝上表面和钛合金/焊核界面附近，焊缝底部基本无钛颗粒，塑化金属基本以图中 A 点为中心向外流动；$\delta = 2\text{mm}$ 时，钛颗粒主要分布在焊核中下部，靠近热影响区的位置，塑化金属沿焊缝中下部的钛合金/焊核界面流向焊核，明显区别于 $\delta = 1\text{mm}$ 时流动方式；$\delta = 2.5\text{mm}$ 时，钛颗粒遍布整个焊核中，界面上部塑化金属的流动面积明显较小，塑化钛颗粒基本沿界面流向焊核，钛合金/焊核界面处的冶金反应明显优于上述两种偏移量。

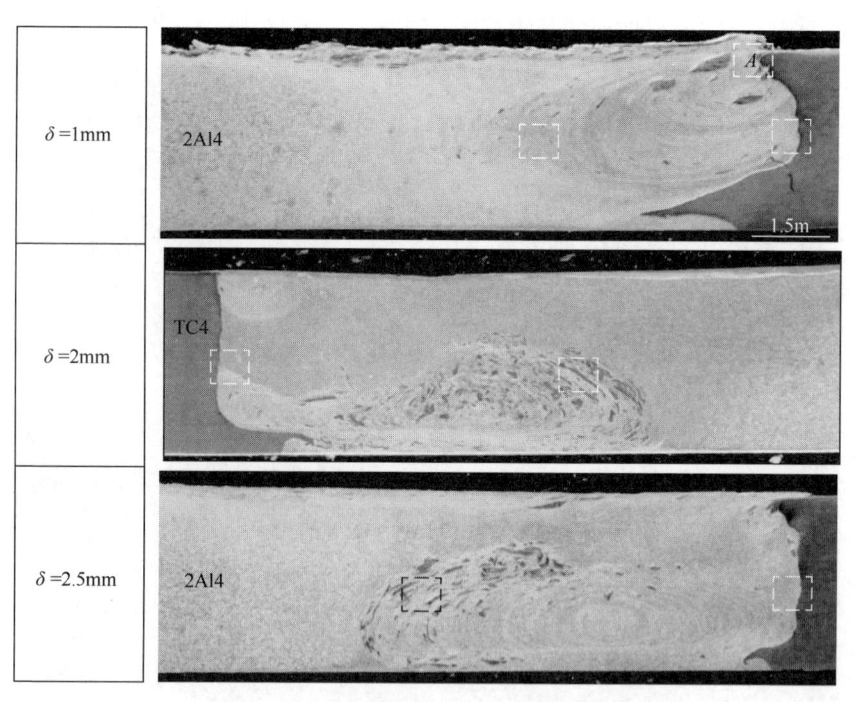

图 3.29 不同偏移量下焊缝横截面形貌

$\delta = 1\text{mm}$ 时，搅拌针刚钛合金的量较多，搅拌针把破碎的、尺寸较大的钛合金带入了焊核。搅拌针底部与钛合金的磨损较为严重，导致底部钛合金基本没有破碎，因此，形成了尺寸较大的“Hook”钩，由于“Hook”钩的阻碍作用，塑化金属无法沿界面流向焊缝底部，只能在焊缝上表面流动，这也是焊缝成形较差的原因之一。“Hook”钩深入铝基中，打破了铝基的连续性，造成接头性能较差。$\delta=2$mm 时，钛颗粒进入焊核后，受数量及尺寸的限制，流动性变差，导致塑化钛合金无法及时回填，仅在焊缝底部出现局部回流现象，造成界面中部组织为动态再结晶的铝合金。$\delta=2.5$mm 时，焊核中出现了漩涡状的环形结构，钛合金/焊核界面处的组织明显区别于 $\delta=2$mm 的组织。说明偏移量较大时，钛合金塑化程度高、流动性好，随搅拌针旋转作用，塑化钛合金流回了界面处。

钛合金/焊核界面和 Ti 颗粒富集区是接头中比较薄弱的部位，分别对图 3.29 中 3 种偏移量下的钛合金/焊核界面、Ti 颗粒富集区的同一位置进行了放大比较分析，结果如图 3.30 所示。

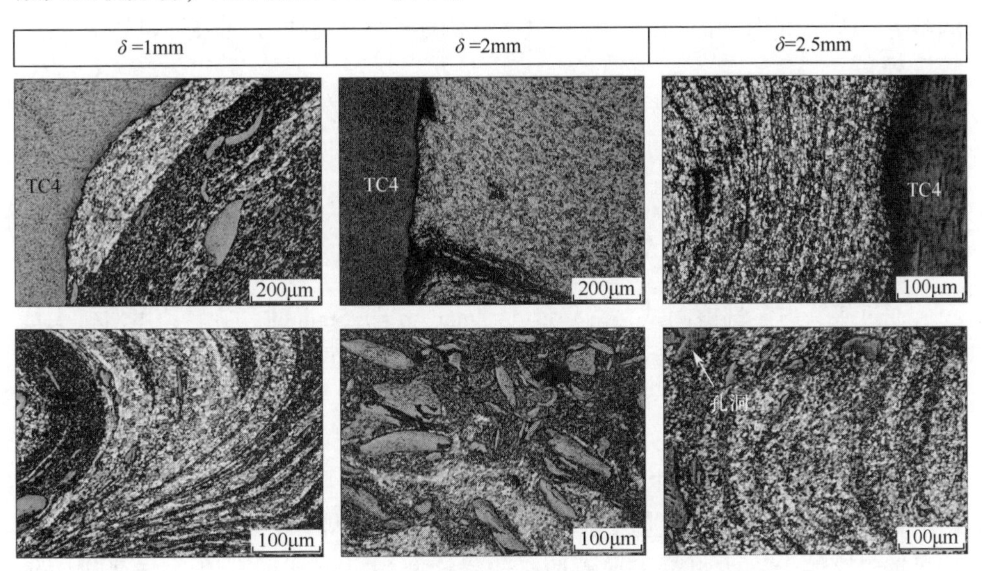

图 3.30　不同偏移量下焊缝微观组织

$\delta=1$mm 时，钛合金/焊核界面附近的组织大部分为动态再结晶的铝合金，阻碍了塑化钛合金的填充线路。由于钛与钛发生反应的简单程度优于钛与铝，因此，在钛合金/焊核界面形成局部的微观机械咬合，接头上部界面处硬度高，组织较脆，下部“Hook”钩削弱了铝基的连续性，造成整个接头界面处的性能较差；Ti 颗粒富集区组织形态比较混乱，塑化钛合金的流动没有一定的规律性，钛合金与动态再结晶铝合金界面比较明显，有分层现象。

$\delta=2$mm 时，钛颗粒流入焊核中的数量较多，输入焊缝的热量只能使部分钛颗粒塑化，造成金属的塑化程度及流动性不足，钛合金/焊核界面中部基本为动态再结晶组织，与钛基体的结合性较差。从图 3.29 中可以看出，接头横截面的上部和底部的组织较白亮，与中部组织的耐蚀性不同，结合接头的微观组织结构分析得出，Ti/Al 金属在界面处发生冶金反应，在此区域金属的结合性较好。钛合金/焊核界面的强度优于 $\delta=1$mm 界面强度；Ti 颗粒富集区颗粒尺寸及数量较大，孔洞缺陷较多，容易在此区域造成应力集中，降低了接头的承载能力。

$\delta=2.5$mm 时，钛合金/焊核界面处的组织为均匀塑化钛合金与铝合金的混合体，有致密的塑化钛合金流动曲线。在 Ti 颗粒富集区，Ti/Al 元素相间分布，有明显的洋葱环曲线，钛颗粒尺寸、数量及孔洞缺陷明显减小，Ti/Al 分界线比较模糊。分析认为，搅拌针剐入焊缝金属的钛合金较少，金属塑化程度高，流动性好，在搅拌针的作用下，形成多个具有一定宽度的封闭环，轴肩顶锻作用又促进了 Ti/Al 元素的扩散，造成钛合金/焊核分界线较为模糊。

综上所述，在 Ti/Al 异质结构的界面上，随着偏移量的增大，钛合金/焊核界面处、Ti 颗粒富集区的组织变均匀，焊核中有明显的洋葱环曲线。界面处的连接方式由微观机械咬合逐步转变为冶金连接，Ti 颗粒富集区孔洞缺陷减小。

2）旋转速度对接头微观组织结构的影响

通过接头力学性能测试，偏移量 $\delta=2$mm、$\delta=2.5$mm 时，旋转速度对接头抗拉强度的影响规律基本一致。因此，选取 $\delta=2.5$mm 的 3 组参数（$n=400$r/min、700r/min、900r/min）进行研究分析，得到旋转速度（n）对接头微观组织的影响规律。

图 3.31 为不同旋转速度下的焊缝横截面形貌，随着旋转速度的增大，焊核中塑化钛合金的流动面积呈现出先增大后减小的规律，$n=700$r/min 时，钛颗粒聚集度减小，遍布整个横截面，洋葱环面积也达到最大值。$n=900$r/min 时，洋葱环消失，形成了“云状”的钛颗粒塑化区，焊核中钛颗粒数量减小。旋转速度从 400r/min 提高到 700r/min 时，二者横截面形貌基本一致，随旋转速度的增加，输入焊缝的热量不断增加，使得图 3.31（a）中 A 区钛颗粒继续流动，有效避免了孔洞缺陷的产生。当旋转速度增加到 900r/min 时，输入焊缝的热量进一步增加，钛合金塑化程度增加，造成大部分钛颗粒融入铝基中。由于焊缝金属的塑化程度高，金属黏度下降，不利于焊缝金属的流动，这是 Ti 颗粒富集区面积减小的另一个原因，输入焊缝的热量过高，也不利于接头性能的提高。

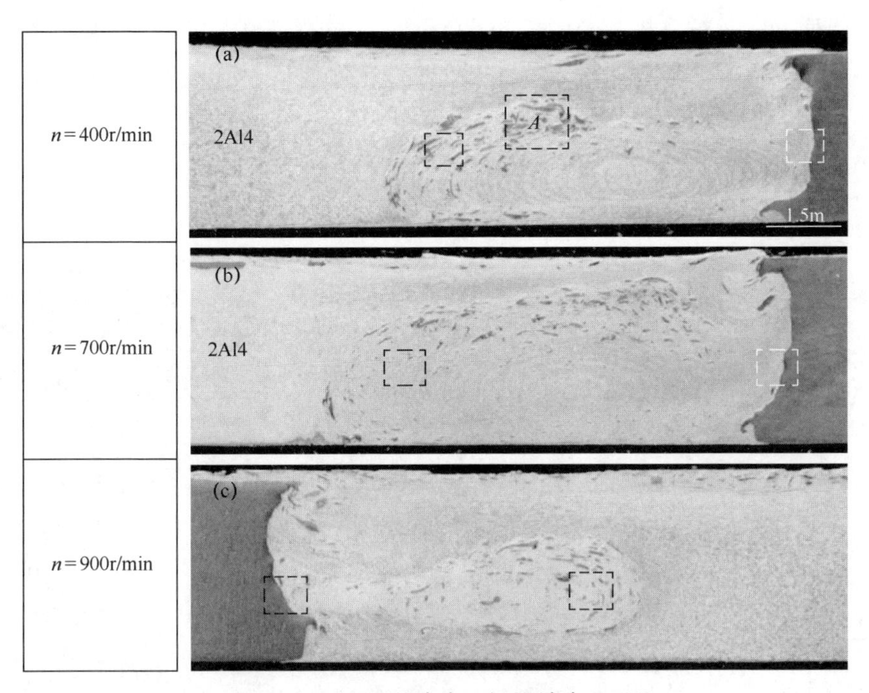

图 3.31　不同旋转速度下焊缝横截面形貌

采用与偏移量同样的方式，对图 3.31 中各转速下虚线矩形框内的区域（钛合金/焊核界面和 Ti 颗粒富集区）进行了放大比较分析，结果如图 3.32 所示。旋转速度从 400r/min 提高到 700r/min 时，钛合金/焊核界面附近组织更为细小，钛合金塑化流动线上基本无钛颗粒存在，塑化线的宽度增加，避免了组织的分层现象。n=900r/min 时，界面区组织比较混乱，金属塑化区域组织为灰黑色，这是因为转速大，输入焊缝的热量较多，组织可能有过热现象，铝基中有脆性相生成。n=400r/min 时，接头断裂在 Ti 颗粒富集区；n=700r/min 时，接头断裂在热影响区；n=900r/min 时，接头的断裂位置在界面处。因此，可以得出，随旋转速度增大，钛合金/焊核界面上均有脆性相生成，且脆性相层的厚度增加，削弱了接头处金属的连接强度。n=700r/min 时，Ti 颗粒富集区洋葱环分布比较有规律，钛合金塑化曲线间距与塑化层宽度均为 50μm，塑化区钛颗粒尺寸较小，其组织成形明显优于低转速。当旋转速度提高到 900r/min 时，Ti 颗粒富集区的洋葱环形貌消失，铝基中基本看不到动态再结晶的铝合金，塑化钛合金已经覆盖此区域，这也是此参数下横截面中钛颗粒数量较少的原因。

综上所述，随旋转速度的增加，接头的微观组织发生较大变化，钛合金/

焊核界面和钛颗粒在接头中的分布最为明显。在接头力学性能较好的焊缝中，界面处 Ti/Al 元素发生冶金反应，生成的脆性相有利于接头性能的提高，结合图 3.40 可知，脆性相的厚度一般不超过 8μm；在 Ti 钛颗粒富集区，塑化钛颗粒较为均匀地分布在整个接头中，形成洋葱环，能有效避免了孔洞缺陷的产生。

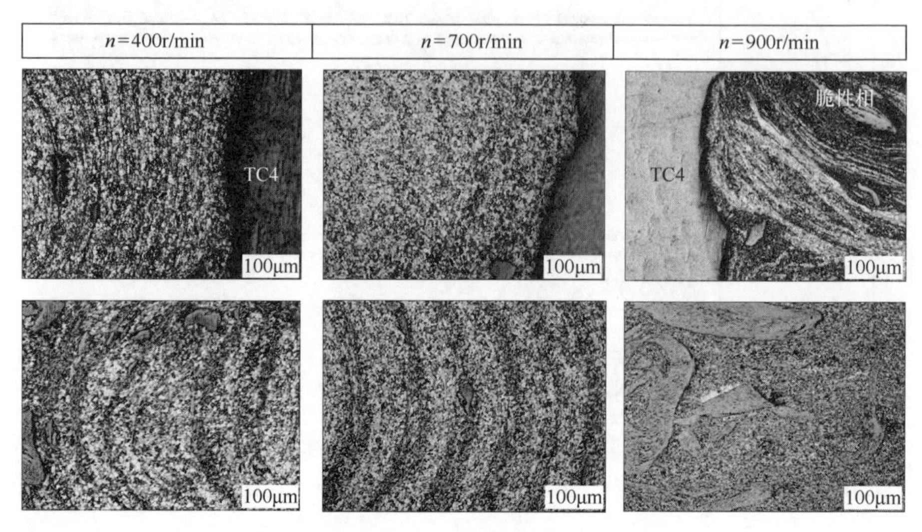

图 3.32　不同旋转速度下焊缝微观组织

3）焊接速度对接头微观组织结构的影响

根据焊接速度对接头抗拉强度的影响规律，偏移量 $\delta=2.5$mm 时接头抗拉强度优于 $\delta=2$mm，并且焊接速度不同时，接头的抗拉强度变化较大，便于研究焊接速度对接头微观组织结构的影响。因此，选取了 $\delta=2.5$mm，$n=800$r/min，$V=20$mm/min、40mm/min、100mm/min3 组参数进行了研究。

图 3.33 为不同焊接速度下的焊缝横截面形貌。由图可知，焊接速度不同，横截面形貌不同，焊接速度对接头微观组织及性能的影响较大。$V=20$mm/min 时，焊核面积最大，组织有分层现象。钛合金/焊核界面线的上部区域钛颗粒尺寸较大，周围塑化金属少，颗粒间的相互作用导致了孔洞缺陷的产生，这是断裂位置在界面处的原因。由于焊接速度小，输入焊缝的热量较多，焊缝金属黏度下降，无法向接头上表面移动，在焊核中下部，形成宽度约为 2mm 的塑化钛颗粒层。$V=40$mm/min 时，钛颗粒分布较均匀，流动较为充分，有明显的洋葱环，Ti 颗粒富集区无任何缺陷，接头断裂位置发生在热影响区。$V=100$mm/min 时，焊缝上表面金属高低不平，呈锯齿状分布。接头中钛颗粒主要分布在焊缝的底部（基本与底面平行，距底面的距离为 0.5mm）和上表面处（呈长条状）。

分析认为，焊接速度大，输入焊缝的热量不足以塑化钛颗粒，造成焊缝金属流动性差，移动比较缓慢，使钛颗粒滞留在焊缝底部。断裂位置在界面处，这是因为输入焊缝的热量不足，钛合金/焊核界面无法形成冶金连接。

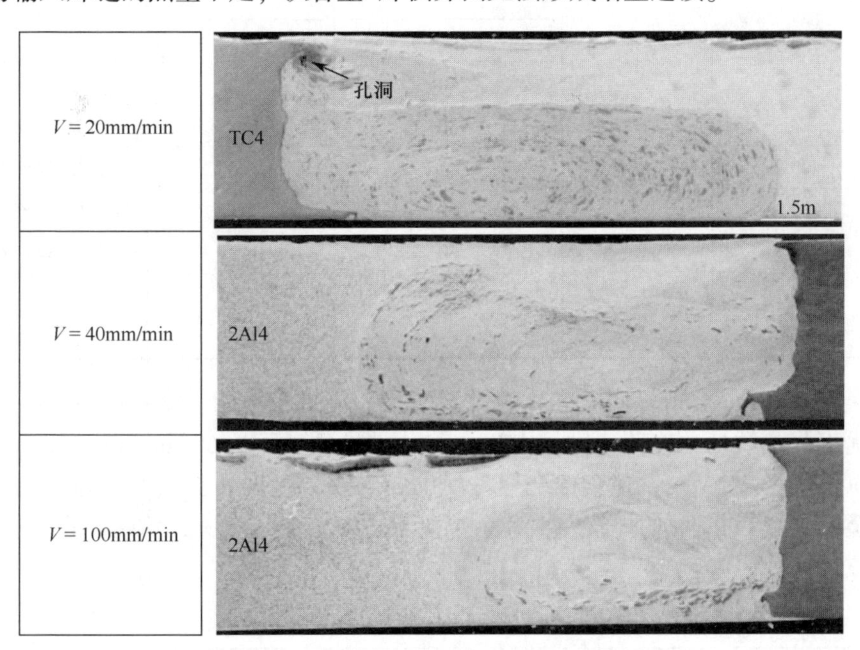

图 3.33　不同焊接速度下焊缝横截面形貌

3.3　Ti/Al 对接接头搅拌摩擦焊接接头的力学性能

3.3.1　接头抗拉强度

为了满足工业应用，Ti/Al 异质结构的搅拌摩擦焊较优的焊接接头包含焊缝成形和接头力学性能两个方面。偏移量、旋转速度和焊接速度对焊缝成形的影响规律已经明确。为了掌握工艺参数对接头抗拉强度的影响规律并获得较优焊接工艺参数，对各工艺下的接头进行了力学性能测试。

表 3.3 为 $\delta=1$mm 时工艺参数及对应接头的抗拉性能。由表 3.3 可知，在下压量和固定角度的条件下，较小的焊接速度和较大的旋转速度，焊缝比较容易产生纵向裂纹。较优工艺参数是：旋转速度 $n=400$r/min，焊接速度 $V=60$mm/min，接头平均抗拉强度为 166.7MPa，达到铝合金母材的 39.7%，断裂位置在钛合金/焊核界面处。

表 3.3 δ=1mm 时工艺参数及对应接头的抗拉性能

旋转速度/(r/min)	偏移量/mm	焊接速度/(mm/min)	抗拉强度/MPa	拉伸断裂位置
800	1	20	裂纹	—
		40	裂纹	—
		60	裂纹	—
		80	51.3	钛合金/焊核界面
400	1	60	166.7	钛合金/焊核界面
500			93	钛合金/焊核界面
600			44.7	钛合金/焊核界面
700			裂纹	—
800			裂纹	—

表 3.4 为 δ=2mm 时工艺参数及对应接头的抗拉性能。偏移量 δ=2mm 时，较优工艺参数是：旋转速度 n=400r/min，焊接速度 V=60mm/min，接头平均抗拉强度为 295MPa，达到铝合金母材的 70.2%。此时，接头断裂位置在距铝合金侧飞边 6mm 处的焊核中，其余焊接工艺参数下的接头，均断裂在钛合金/焊核界面处。

表 3.4 δ=2mm 时工艺参数及对应接头的抗拉性能

旋转速度/(r/min)	偏移量/mm	焊接速度/(mm/min)	抗拉强度/MPa	拉伸断裂位置
800	2	20	131.5	钛合金/焊核界面
		40	171.4	钛合金/焊核界面
		60	226	钛合金/焊核界面
		80	243.3	钛合金/焊核界面
		100	252	钛合金/焊核界面
200	2	60	280.2	钛合金/焊核界面
300			285.9	钛合金/焊核界面
400			295	距铝侧飞边 6mm 处焊核
500			276	钛合金/焊核界面
600			261	钛合金/焊核界面
700			250	钛合金/焊核界面
800			226	钛合金/焊核界面
900			217	钛合金/焊核界面
1000			204	钛合金/焊核界面

表 3.5 为 $\delta=2.5$mm 时工艺参数及对应接头的抗拉性能。偏移量 $\delta=2.5$mm 时，接头强度最高的焊接工艺参数是：旋转速度 $n=700$r/min，焊接速度 $V=60$mm/min，接头平均抗拉强度为 346.7MPa，达到铝合金母材的 82.5%，断裂位置在铝侧飞边或者钛合金/焊核界面处。较优的焊接工艺参数是：旋转速度 $n=800$r/min，焊接速度 $V=40$mm/min，接头抗拉强度为 335MPa，断裂位置在铝侧飞边处。旋转速度 $n=400$r/min，接头断裂位置在距铝合金侧飞边 6mm 处的焊核中，其余参数在钛合金/焊核界面处。结合上述的焊缝成形可以得出，焊缝成形较好的接头具有较高强度，焊缝金属的流动性与接头性能具有一定的相关性，塑化金属流动越充分，接头强度越高，焊核中 Ti、Al 原子必然发生了冶金结合，生成了某种脆性相，提高了焊核区域的承载能力。

表 3.5　$\delta=2.5$mm 时工艺参数及对应接头的抗拉性能

旋转速度/(r/min)	偏移量/mm	焊接速度/(mm/min)	抗拉强度/MPa	拉伸断裂位置
800	2.5	20	245.8	钛合金/焊核界面
		40	335	铝合金侧飞边处
		60	328	钛合金/焊核界面
		80	265.7	钛合金/焊核界面
		100	215	钛合金/焊核界面
200	2.5	60	278.5	钛合金/焊核界面
300			284.9	钛合金/焊核界面
400			293.4	距铝侧飞边 6mm 处焊核
500			305.6	钛合金/焊核界面
600			324.3	钛合金/焊核界面
700			346.7	铝侧飞边、钛合金/焊核界面
800			328	钛合金/焊核界面

为了验证上述结果的正确性，采用 TC4/2Al4 力学性能最优的焊接工艺参数（转速 $n=700$r/min，焊速 $V=60$mm/min），研究了 2Al4 铝合金对接焊接头的抗拉强度，拉伸试样尺寸与 TC4/2Al4 试样尺寸一致。接头抗拉强度如表 3.6 所列。

2Al4 铝合金母材的抗拉强度为 420MPa。在旋转速度 $n=700$r/min、焊接速度 $V=60$mm/min 焊接工艺条件下，2Al4 铝合金对接接头的抗拉强度为 338MPa，达到母材强度的 80%，断裂位置在热影响区，结果如图 3.34 所示。

TC4/2Al4 对接接头的平均抗拉强度为 346.7MPa，达到铝合金母材强度的 83.5%。由此可以得到，TC4/2Al4 异种金属搅拌摩擦焊接头与 2Al4 铝合金同种材料对接接头的强度等强。钛合金/焊核界面以及焊核区的承载能力已经超过了热影响区。

表 3.6　2Al4 对接接头的抗拉强度

试样编号	厚度/mm	宽度/mm	抗拉值/kN	抗拉强度/MPa
1	2.85	11.4	10.8	338
2	2.85	11.4	11.0	
3	2.85	11.4	11.2	

图 3.34　2Al4 铝合金接头断裂位置

3.3.2　工艺参数对接头抗拉强度的影响规律

图 3.35 为偏移量 $\delta=1$mm、2mm、$\delta=2.5$mm，焊接速度 $V=60$mm/min 时，旋转速度对接头抗拉强度的影响规律。由图可知，$\delta=1$mm 时，接头抗拉强度随旋转速度的增加而减小；$\delta=2$mm、$\delta=2.5$mm 时，接头抗拉强度随旋转速度的增加呈现出先增加后减小的趋势。在一定的范围内，接头抗拉强度随偏移量 δ 的增加而增加。旋转速度 $n=1000$r/min 时，接头抗拉强度最低，这是因为旋转速度大，输入焊缝的热量过高，焊接金属的塑化程度高，金属容易在轴肩凹槽处塞积，造成搅拌头抖动，焊缝成形质量差，接头应力集中较为严重。

对于 Ti/Al 异质结构的搅拌摩擦焊，严格控制下压量为 0.2mm，偏移量 $\delta=2$mm、2.5mm 时，可认为轴肩与金属摩擦产热基本一致，输入焊缝的热量是由搅拌针与焊缝金属间的摩擦和焊接工艺输入焊缝的热量两部分组成。每一组接头性能较好的焊缝，焊缝金属的塑化量必有一个合适的范围。偏移量 δ 较小时，搅拌针与焊缝金属的摩擦产热多，因此，旋转速度不宜过大，输入焊缝的热量小，以维持输入焊缝热量总和一定的状态；偏移量 δ 较大时，搅拌针与焊缝金属的摩擦产热少，应该选取较大的旋转速度，增大输入焊缝的热量。

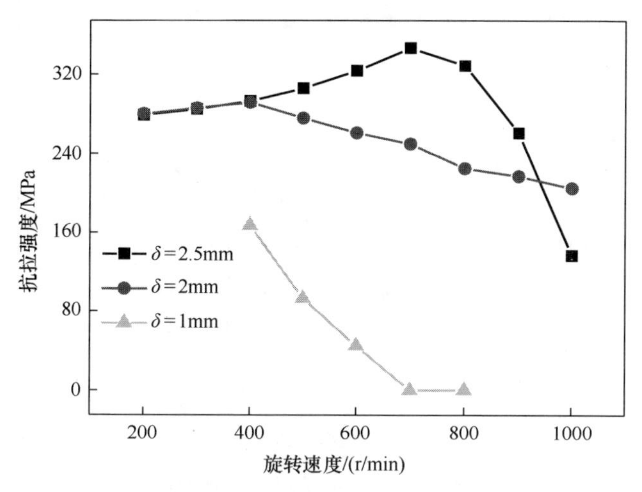

图 3.35　旋转速度对接头抗拉强度的影响规律

接头抗拉强度并不是随旋转速度的增加一直增加，这是因为，在一定范围内，随旋转速度的增加，输入焊缝热量增加，改善了焊缝金属的塑性及流动性，焊核中脆性相的尺寸较小、数量较少，焊缝成形也比较美观，这与前面工艺参数对焊缝成形的影响相对应；当输入焊缝的热量达到一定值后，输入焊缝多余的热量使焊核中的组织发生了改变，可能使接头中脆性相的种类、数量、尺寸及分布发生了变化，造成接头性能下降。

图 3.36 为偏移量 $\delta=2$mm、$\delta=2.5$mm，旋转速度 $n=800$r/min 时，焊接速度对接头抗拉强度的影响规律。由图可知，偏移量 $\delta=2$mm 时，接头抗拉强度随焊接速度的增加而增加。焊接速度 $V=100$mm/min，接头抗拉强度为 252MPa；在 $V=20$mm/min，接头强度较差。偏移量 $\delta=2.5$mm 时，接头抗拉强度随焊接速度的增加呈现出先增加后减小的规律，在 $V=40$mm/min，接头抗拉强度最好，为 325MPa。

综上所述，偏移量 δ 较小时，所需要的焊接速度大，有利于接头性能的提高；偏移量 δ 较大时，所需要的焊接速度较小，遵守焊缝金属的塑化量必有一个合适的范围的规律。

分别固定旋转速度 $n=400$r/min、500r/min、600r/min、700r/min，焊接速度 $V=60$mm/min，研究了偏移量（$\delta=1$mm、2mm、2.5mm）对接头抗拉强度的影响规律，结果如图 3.37 所示。在一定的范围内，接头抗拉强度随偏移量的增加而增加，旋转速度大，接头的抗拉强度增加明显。偏移量 δ 从 1mm 到

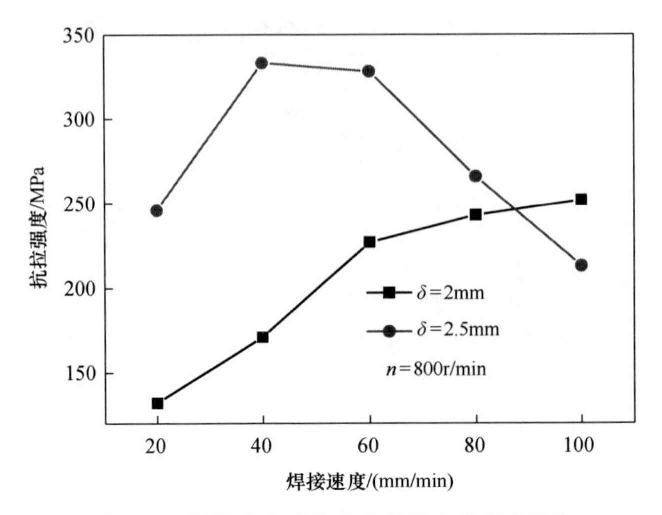

图 3.36 焊接速度对接头抗拉强度的影响规律

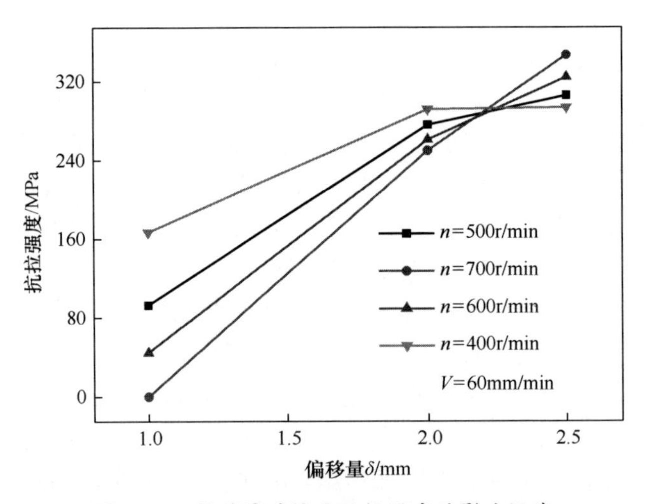

图 3.37 偏移量对接头抗拉强度的影响规律

2mm 区间，偏移量为定值时，接头抗拉强度随旋转速度的增加而减小；偏移量 δ 从 2mm 到 2.5mm 区间，偏移量为定值时，接头抗拉强度随旋转速度的增加而先减小后增大。分析认为，δ<2mm 时，对接头力学性能影响较大的是搅拌头与钛合金的摩擦产热，在较小旋转速度下，就可以满足，整个焊缝金属塑化所需要的热量，旋转速度增大，输入焊缝的热量增大，接头脆化程度增加，接头性能变差；δ>2mm 时，搅拌头与钛合金的摩擦产热无法满足塑化金属所需的热量，因此，对接头力学性能影响较大的是焊接工艺参数输入焊缝的热量，在一定范围内，旋转速度越大，金属的塑化程度好，接头力学性能较优。同样的方法，偏移量 δ 从 1mm 到 2mm 区间，偏移量为定值时，接头抗拉强度随焊接速度的增加而增加，偏移量 δ 从 2mm 到 2.5mm 区间，偏移量为定值时，接头抗拉强度随焊接速度的增加先增大后减小。

3.3.3　接头断裂机理研究

图 3.38 为典型拉伸试样的断裂位置及镶嵌后的焊缝横截面形貌，图 3.38 中（d）、（e）、（f）分别为图 3.38（a）、（b）、（c）镶嵌后的焊缝横截面形貌。结合拉伸试样的断裂位置，总结出接头断裂位置有 3 种形态。①铝合金侧的飞边处，如图 3.38（a）所示，从其对应的焊缝横截面形貌可以看出，断裂位置处出现了颈缩现象，表明此处金属具有一定的塑性，裂纹从焊缝底部向上扩展，钛合金/焊核界面到断裂位置处的距离约为 8mm，基本与硬度分布曲线中钛合金/焊核界面到热影响区的距离相对应。在偏移量 $\delta=2.5$mm 时，只有当旋转速度 $n=800$r/min（700r/min）、焊接速度 $V=40$mm/min（60mm/min）时，接头在此处断裂。②距离铝合金飞边 6mm 处的焊核中，如图 3.38（b）所示，断裂接头无颈缩现象，裂纹从焊缝底部靠近热力影响区的 Ti 颗粒富集区向焊缝上表面扩展，断裂形状在板厚方向呈现“Z”字形。在偏移量 $\delta=2$mm（$\delta=2.5$mm）时，旋转速度 $n=400$r/min、焊接速度 $V=60$mm/min 时，接头在此位置断裂。③钛合金/焊核界面处，裂纹沿钛合金/焊核界面扩展，断裂形状在板厚方向呈现“S”字形，结果如图 3.38（c）所示。除上述参数外，其余接头的断裂位置均在钛合金/焊核界面上。

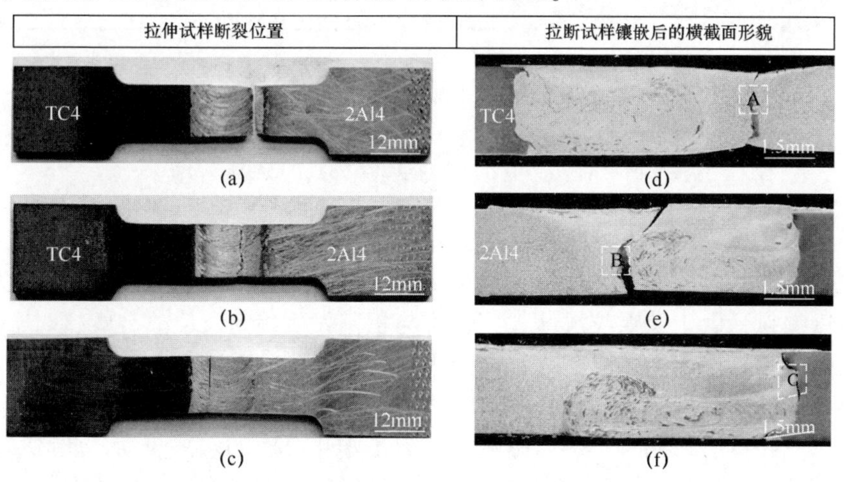

图 3.38　拉伸试样断裂位置及镶嵌后的横截面形貌

对图 3. 38 中焊缝横截面虚线矩形框 *A*、*B*、*C* 三区组织进行了放大分析，结果如图 3. 39 所示。*A* 区晶粒比较粗大，明显区别于铝合金母材组织，晶粒沿拉伸方向被拉长，这与颈缩现象相对应，断裂处有明显被撕裂的痕迹。结合图 3. 38（a）、（d）可以判断出，接头断裂位置在热影响区。

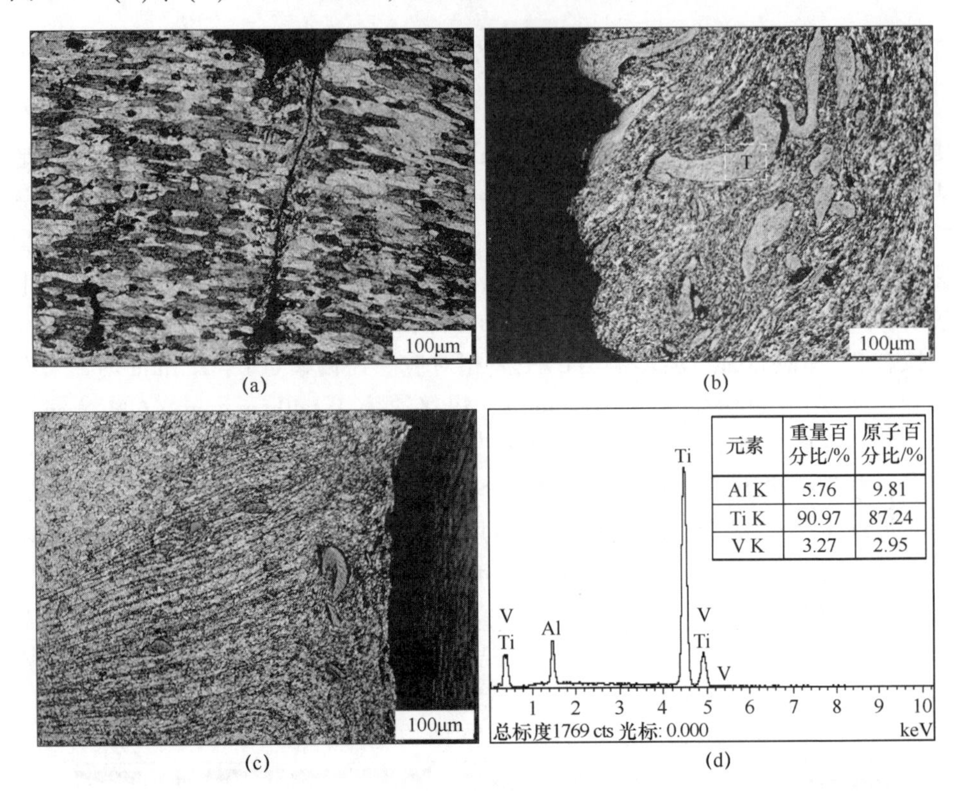

元素	重量百分比/%	原子百分比/%
Al K	5.76	9.81
Ti K	90.97	87.24
V K	3.27	2.95

图 3. 39　断裂位置处的局部放大微观组织及能谱分析

（a）图 3. 38（d）中 *A* 区微观组织；（b）图 3. 38（e）中 *B* 区微观组织；（c）图 3. 38（f）中 *C* 区微观组织；（d）*T* 点的能谱分析。

从图 3. 39（b）中可以看出，图 3. 38（e）中 *B* 区域由尺寸较大、板条状的粒物组成，对图中 *T* 点进行了能谱分析，结果如图 3. 39（d）所示，此颗粒物为钛颗粒，由于钛颗粒尺寸大，较难与铝基发生冶金反应。在焊接时，钛颗粒之间的相互作用，造成塑化铝合金无法及时填充，在钛颗粒间形成孔洞，削弱了基体的连续性，容易在孔洞缺陷或者在较大颗粒周围产生应力集中，裂纹在此形成并扩展。同时，热力影响区阻碍了塑化金属的水平流动，此区域尺寸较大的钛颗粒只能沿板厚方向流动，使得钛颗粒分布具有一定的方向性，钛颗粒周围产生微裂纹，造成钛颗粒的松动，拉伸时外力施加方向又垂直于钛颗粒分布方向，造成裂纹沿钛颗粒扩展。结合图 3.38（b）、（e）可以判断出，接头断裂位置在 Ti 颗粒富集区（表 3.4、表 3.5 中的铝合金侧飞边 6mm 处的焊核中）。

图 3.39（c）为图 3.38（f）中 C 区的微观组织，TC4 钛合金侧基本无铝合金存在，可以得出，钛合金/焊核界面上机械咬合作用大于冶金连接。

结合表 3.4、表 3.5 得出，在试验条件下，接头的断裂位置有 3 种形态：①热影响区；②Ti 颗粒富集区；③钛合金/焊核界面。抗拉强度较高的接头断裂位置有 2 种形态：热影响区和钛合金/焊核界面处。抗拉强度较低的接头也有 2 种形态：Ti 颗粒富集区和钛合金/焊核界面。接头强度高低跟断裂位置无对应关系。

在各自偏移量下，接头断裂位置大部分都在钛合金/焊核界面。为了得到钛合金/焊核界面性能较差的原因，选取了偏移量 $\delta=2.5$mm、旋转速度 $n=700$r/min、焊接速度 $V=60$mm/min（接头强度为 346.7MPa）和 $\delta=2.5$mm、旋转速度 $n=900$r/min、焊接速度 $V=60$mm/min（接头强度为 260.5MPa）两组参数进行了对比分析。

图 3.40 为钛合金/焊核界面形貌，当 $n=700$r/min 时，钛合金/焊核界面结合比较致密，无孔洞缺陷，Ti/Al 元素相间分布，有直径约为 2μm 的白色颗粒物生成，拉伸断裂位置在热影响区；图 3.40（b）为 $n=900$r/min 界面形貌，钛合金/焊核界面有断续空洞缺陷，属于典型的微观机械咬合，断裂位置在钛合金/焊核界面上。当 $n=900$r/min 时，钛合金的流动形貌明显弱于 $n=700$r/min 时形貌。

钛合金/焊核界面比较容易形成 $TiAl_3$、TiAl 等脆性相。$n=700$r/min 时，钛合金/焊核界面发生冶金反应，生成宽度约为 8μm 脆性相层，脆性相塑性、韧性差，不利于接头性能的提高为了探究界面性能较好的原因，对图中典型区域进行了能谱分析。E 点的点扫描分析结果，如图 3.40（a）中的表格所示，Ti、Al 原子百分比接近 1∶1，判断界面处有 TiAl 相生成，分析认为，TiAl 相的生成焓较小，由界面上的 Ti、Al 原子相互扩散直接反应生成。对图中的 D 区域进行了面扫面分析，分析结果如图 3.41 所示。此区域主要为 Ti、Al 元素，含有少量 Cu、V，物相为发生塑性变形的钛、铝合金，两种合金交错分布，增加了接头的塑性和韧性。钛合金/焊核界面线扫面分析结果如图 3.40（b）右上角方框所示，界面扩散反应也有一定的冶金结合特点，但由于扩散反应时间极短，来不及形成金属间化合物。说明图中的孔洞缺陷不是由脆性相引起的，只是简单的微观机械咬合。

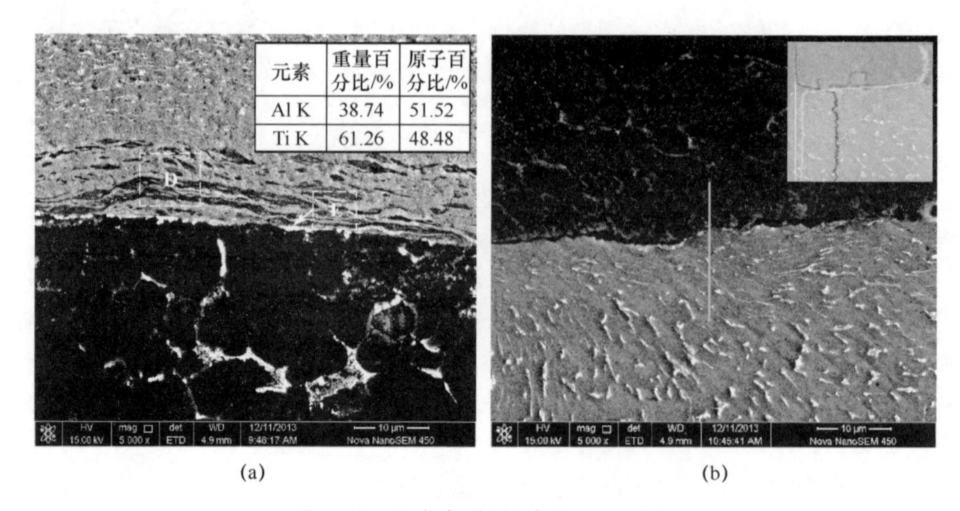

(a) (b)

图 3.40 钛合金/焊核界面 SEM 形貌

(a) $n=700$r/min、$V=60$mm/min；(b) $n=900$r/min、$V=60$mm/min。

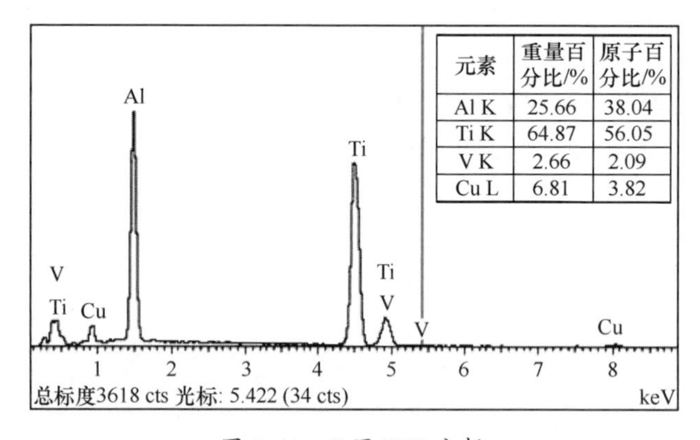

图 3.41 *D* 区 EDS 分析

3.3.4 接头断口形貌分析

在 $n=900$r/min 时，钛合金/焊核界面处形成的微观机械咬合，很容易造成应力集中，使得接头强度沿直线下降。实际上，上述两组参数接头抗拉强度相差不大。因此，对拉伸断裂后接头断口形貌进行了研究。

钛合金/焊核界面断口形貌如图 3.42 所示。断口平滑、光亮，由许多流线组成，呈“河流”花样，断裂方式为脆断。对图 3.42（a）中 *G* 区进行放大，结果如图 3.42（b）所示。断口中间有一条贯穿接头宽度方向的凹槽，宽度约为 2.5μm，由图 3.40（b）可知，在钛合金/焊核界面上形成了局部微观咬合的特征，拉伸时，咬合区脱离形成凹槽，成为裂纹源。图 3.42（c）为图 3.42（a）*F* 区的放大图，此区域遍布着尺寸不一、与基体结合致密的颗粒物。在颗粒物基体上，分布着数量较多、破碎的小颗粒物（矩形框内），EDS 分析结果如右上角表格所列。Al 元素含量高于 Ti 元素，原子百分比约为 6∶1。颗粒周围金属有较为明显的撕裂棱，塑性较好，中间颗粒物韧性较差，出现了破碎现象，初步判断颗粒物为接头中生成的脆性相。片状铝合金和 Ti-Al 脆性相残留在了钛基体上。综上所述，钛合金/焊核界面上形成的微观机械咬合是焊接接头的裂纹源，裂纹一旦形成，便沿界面扩展。由于界面局部区发生了冶金反应，减缓了接头强度下降的幅度，这也是接头强度下降较小的原因。

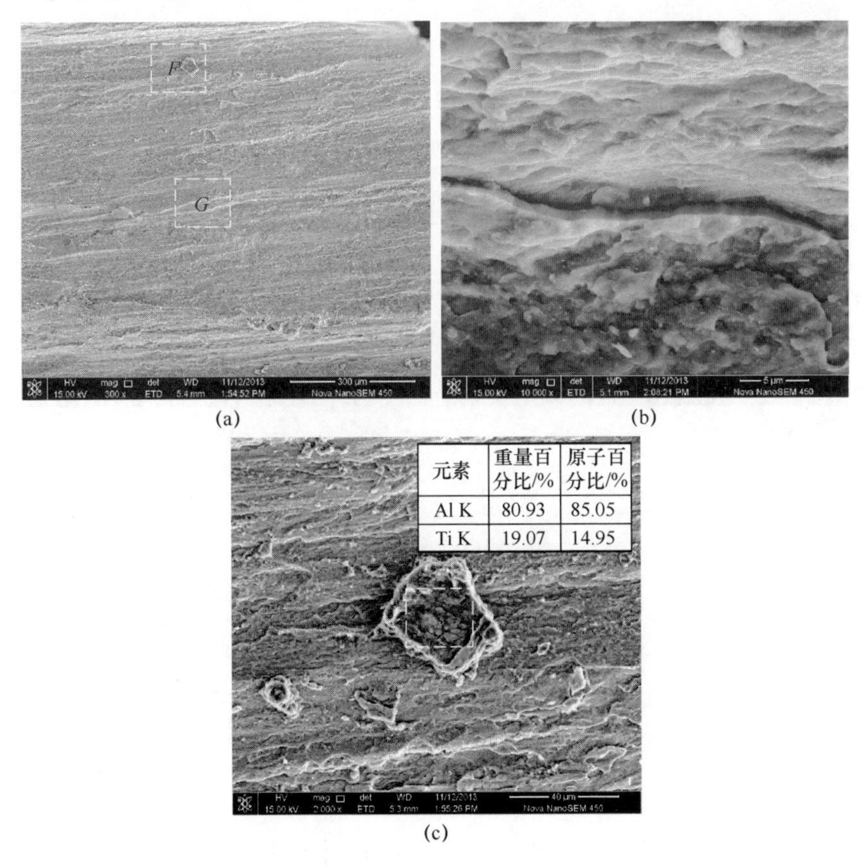

元素	重量百分比/%	原子百分比/%
Al K	80.93	85.05
Ti K	19.07	14.95

图 3.42　钛合金/焊核界面断口形貌

（a）n=900r/min、V=60mm/min；（b）*G* 区微观组织形貌；（c）*F* 区微观组织形貌。

针对 TC4 钛合金与 2Al4 铝合金异种金属搅拌摩擦焊热影响区的断裂原因进行了研究，图 3.43 为偏移量 δ = 2.5mm、旋转速度 n = 700r/min、焊接速度

V=60mm/min 的热影响区断口形貌，从图 3.43（a）可以看出，断口形貌由撕裂棱和等轴韧窝组成，每个韧窝底部有颗粒物存在，大韧窝对应大颗粒物，接头断裂形式为典型的塑性断裂。图 3.43（b）为图 3.43（a）中 M 区的放大图，韧窝底部散乱分布着破碎颗粒物，有一定的解理面，为解理断裂。对 N 区做面扫描分析，结果如图 3.44 所示，颗粒物由 Al、Cu 元素组成，为铝基体中的强化相 Al_2Cu。由于焊接热作用，T4 态铝合金的热影响区会析出强化相或者原有的强化相颗粒会长大，削弱了对基体的固熔强化效果。综上所述，热影响区的断裂方式为微孔聚集型断裂，基体中的强化相是裂纹形成和扩展的发源地，这是接头在此断裂的另一个原因。

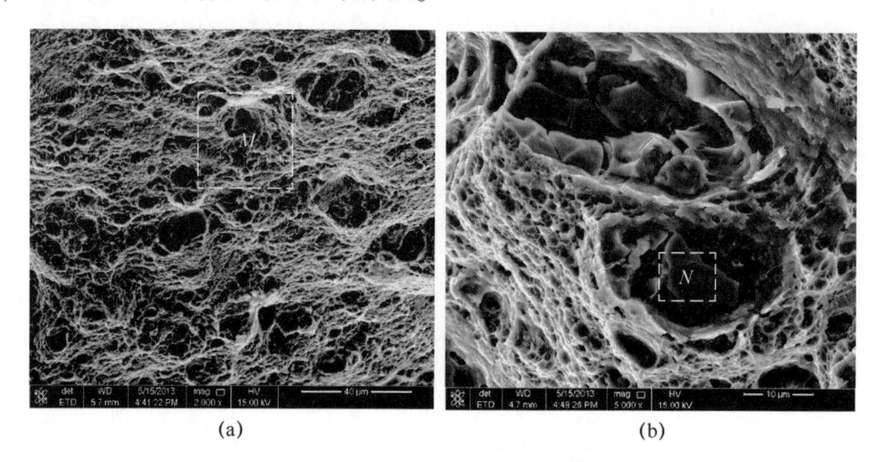

(a) (b)

图 3.43 热影响区断口形貌

（a）n=700r/min，V=60mm/min；（b）M 区微观组织形貌。

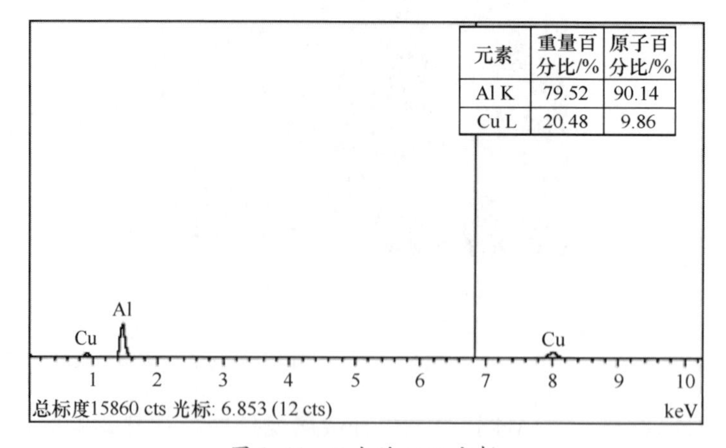

图 3.44 N 点的 EDS 分析

3.3.5　偏移量对接头显微硬度的影响

偏移量不同时，焊缝成形及接头的力学性能不同，接头生成脆性相含量不同，显微硬度不同。因此，偏移量对接头显微硬度的影响比较明显，图 3.45 为偏移量 $\delta=1$mm 时（$n=400$r/min、$V=60$mm/min）时接头横截面的显微硬度分布曲线。从图中可以看出，铝合金母材的显微硬度为 125HV，热影响区为 95HV，焊核 B_1 区为 130HV，A_1 点的硬度为 455HV，钛合金母材的硬度为 320HV。一方面，由于热影响区组织受热，晶粒粗化；另一方面，由于二次相的强化作用减弱，造成热影响区的硬度比母材的低。对图中较为特殊的 A_1（钛合金/焊核界面）、B_1（界面附近焊核组织）两点进行了分析，结果如图 3.46 所示。从图 3.46（a）可以看出，钛合金/焊核界面上的组织不同于钛、铝母材的组织，此处的硬度比钛合金母材硬度提高了 42%，说明在 $\delta=$ 1mm 时，钛合金/焊核界面上生成了宽度约为 40μm 的 Ti-Al 脆性相，这也证明了在界面上形成纵向裂纹的原因。从图 3.46（b）可以得到，界面附近焊核组织为各种尺寸的钛颗粒和 Ti-Al 脆性相，这些颗粒物镶嵌在铝基体中，提高了界面附近焊核组织的硬度。

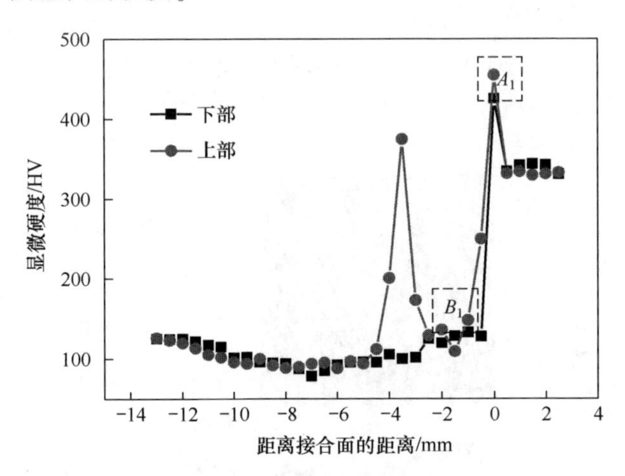

图 3.45　$\delta=1$ 时接头横截面显微硬度

图 3.47 为偏移量 $\delta=2$mm 时（$n=400$r/min、$V=60$mm/min）时接头横截面的显微硬度分布曲线。由图 3.47 可知，焊核 B_2 区硬度为 100HV，略低于 $\delta=1$mm 时硬度，A_2 点的硬度为 340HV，略高于钛合金母材的硬度，可能是因为钛合金/焊核界面生成的脆性相层较窄。B_2 区的显微组织为细小的等轴晶，晶粒尺寸小于母材，无钛颗粒存在，这是因为焊核区域的铝合金发生动态再结

晶，晶粒得到细化，硬度较为均匀。图 3.48 为 B_2 区（焊核铝合金动态再结晶区）的透射电镜图，从图中可以看出，铝基中分布着长为 2.4μm×1.2μm 的晶粒，铝基中分布着位错线，并且这些位错线彼此缠结在一起，对接头的强度起到强化作用。位错线附近的能量较高，往往是铝合金动态再结晶的发源地。超细晶粒的存在、位错的塞积都能提高接头的显微硬度，但所起的作用不是很明显。

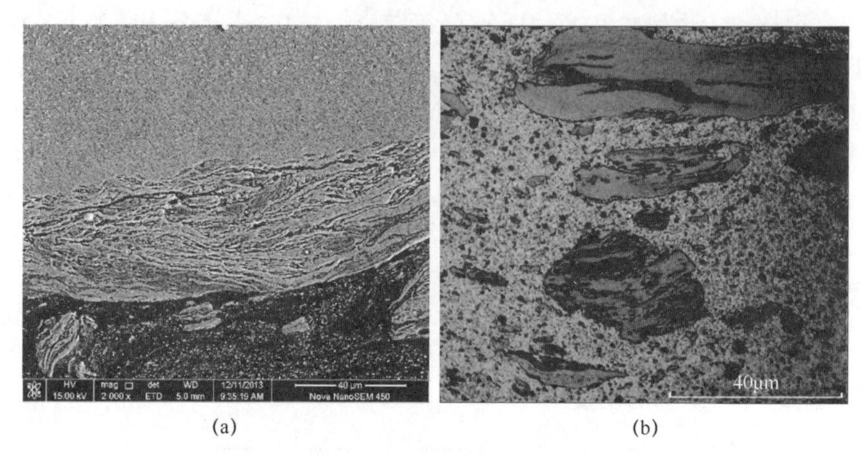

(a) (b)

图 3.46 $\delta=1$ 时横截面典型区域微观组织

（a）A_1 点微观组织；（b）B_1 点的微观组织。

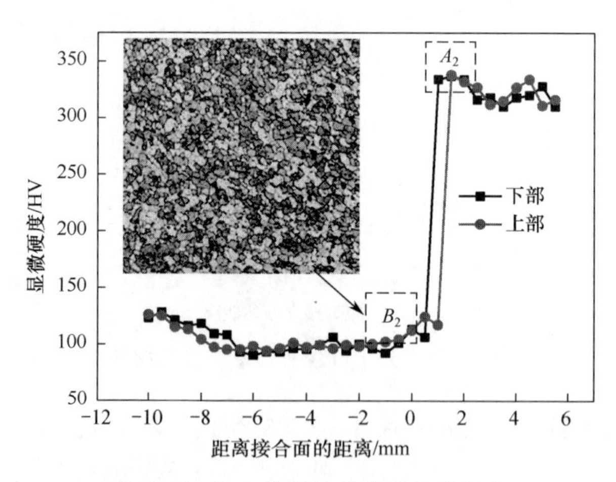

图 3.47 $\delta=2$ 时接头横截面显微硬度

图 3.49 为偏移量 $\delta=2.5$mm 时（$n=700$r/min、$V=60$mm/min）时接头横截面的显微硬度分布曲线。A_3 点硬度基本和母材相差不大。焊核 C_3 点的最高

硬度达到了 350HV，通过 C_3 点的 EDS 分析可知，C_3 点为钛颗粒，靠近热力影响区的焊核中弥散分布着尺寸较大的钛颗粒。B_3 区平均硬度为 122HV，此处晶粒也会发生动态再结晶，使晶粒得到细化，但对于沉淀强化型铝合金，搅拌摩擦焊焊核区域平均硬度比母材低 15%左右，这点也在图 3.47 中得到了证明，与偏移量 $\delta=2$mm 时相比，该区硬度提高了 22%，基本和铝合金母材一致，可以得出，焊核区域的基体中弥散分布着某种或多种尺寸较小对基体性能起到强化作用的 Ti-Al 脆性相，为此，下文对此区域做了透射电镜分析。钛合金/焊核界面处的硬度基本和钛合金一致。

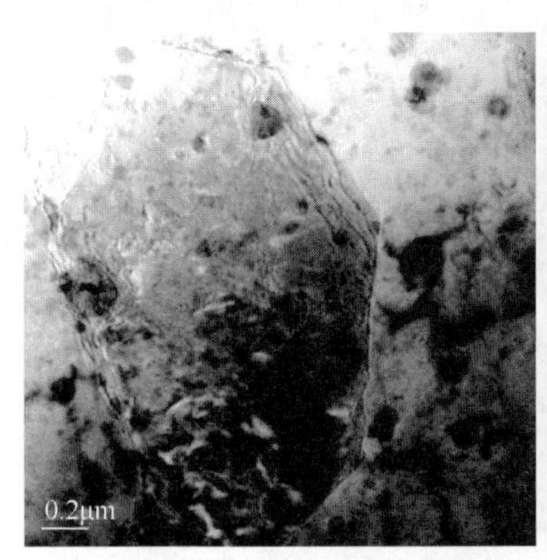

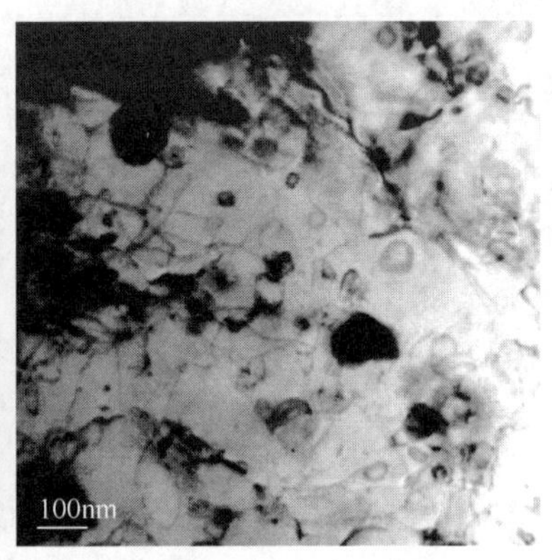

图 3.48　动态再结晶区的 TEM 形貌

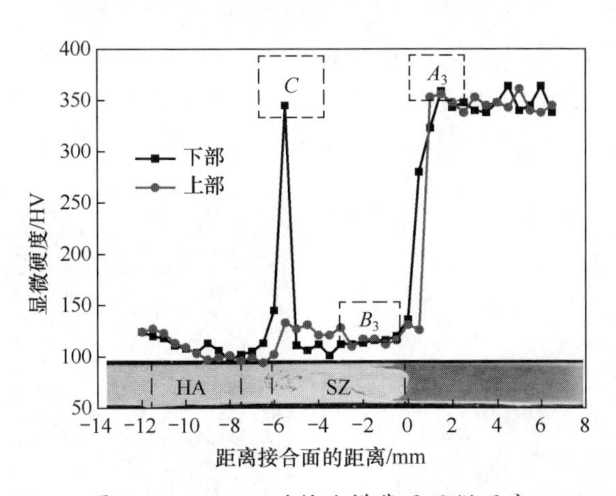

图 3.49　$\delta=2.5$ 时接头横截面显微硬度

综上所述，偏移量不同，接头横截面在钛合金/焊核界面及其界面附近的焊核区显微硬度相差较大。随偏移量的增加，钛合金/焊核界面处硬度呈现出减小的趋势；界面附近焊核区的硬度呈现出先减小后增加的规律。

3.4 Ti/Al 异质结构搅拌摩擦焊接头中的脆性相

Ti/Al 异质结构搅拌摩擦焊接头中会产生一定数量的脆性相，脆性相的数量、尺寸、种类及分布状况会对焊缝成形和接头组织性能产生一定的影响，在对接头微观组织结构的研究中，基本没有发现脆性相的存在，对接头中脆性相的形成机制、尺寸、分布以及对接头力学性能的影响规律尚不明确。因此，本部分内容通过 XRD、微区 XRD、TEM 等分析测试方法，对接头中的脆性相进行进一步研究，得到工艺参数对脆性相的影响规律以及与接头性能的相关性。

3.4.1 脆性相形成机制及分布

通过对接头显微硬度和微观组织的研究，推断出焊核区有 Ti-Al 脆性相生成。对焊缝横截面的 XRD 分析测试，证实了焊核区主要的脆性相为 $TiAl_3$。但接头中脆性相的形态、尺寸及形成机理尚不明确，对接头断口形貌和微观组织的分析中，没有发现脆性相在接头中的分布状况，因此，本部分研究对接头性能最优的焊接工艺参数（$\delta = 2.5$mm、$n = 700$r/min、$V = 60$mm/min）进行了透射电镜分析。

图 3.50 为铝基体中析出的颗粒物形貌，从图中可以看出，颗粒物为光滑椭球形，长度约为 100nm，宽度约为 50nm。对图中的 A 区域进行了选取电子衍射分析，结果如图 3.51 所示，此脆性相标定为 TiAl。分析认为，由图 3.31（b）可知，焊缝金属的塑化程度高、流动性好，接头中游离态的钛、铝原子数量较多。在轴肩顶锻压力的作用下，促进了钛、铝原子间的扩散作用，使钛、铝原子直接发生反应，在铝基中析出 TiAl 脆性相。

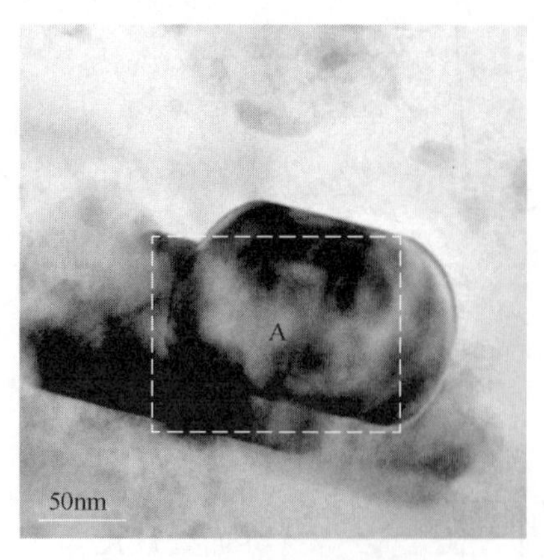

图 3.50 铝基中析出相形貌

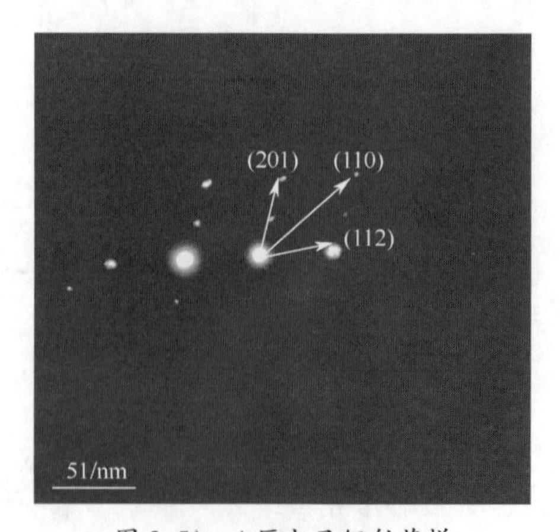

图 3.51 A 区电子衍射花样

图 3.52 为嵌入铝基中颗粒物形貌，颗粒物直径为 50nm，对图中的 M 区进行了能谱分析，结果如图 3.53 所示。此颗粒物钛元素的含量较高，形状不规则，不是基体析出的新物相，判定为钛颗粒。从图 3.52 可以看出，钛颗粒周围的活性钛原子扩散到铝基体中，与四周的铝合金发生冶金反应，生成了尺寸更小且弥散分布的颗粒物，使得钛颗粒成为铝基体的一部分，使基体的性能得到改善。

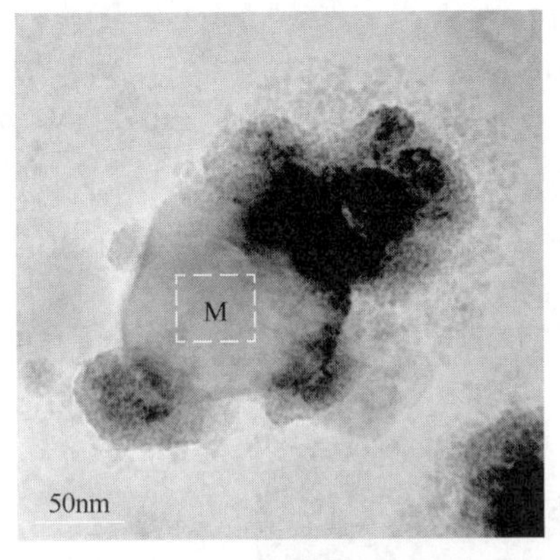

图 3.52　嵌入铝基中颗粒物形貌

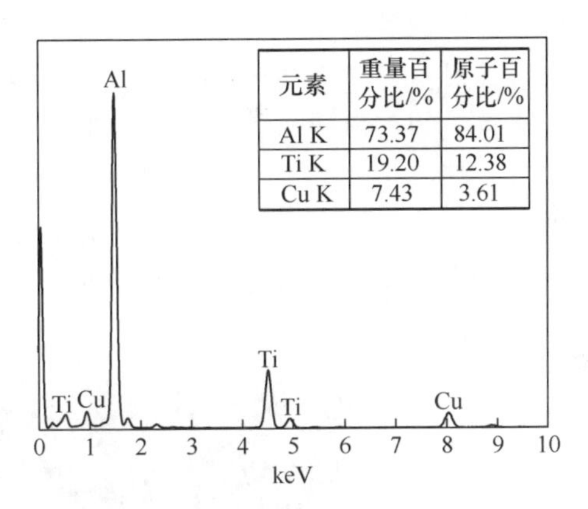

元素	重量百分比/%	原子百分比/%
Al K	73.37	84.01
Ti K	19.20	12.38
Cu K	7.43	3.61

图 3.53　M 区的 EDS 分析

图 3.54 为 2Al4 铝合金再结晶区铝基的 TEM 图。基体中无颗粒物或者第二相的存在，形貌比较平滑、光亮，局部区域出现了位错的塞积，说明焊核区铝合金的动态再结晶过程未完全，如图中的 N 区域所示。图 3.55 为焊核中钛颗粒的 TEM 图，从图中可以看出，TC4 组织为 $\alpha+\beta$ 相，α 相和 β 相交错分布。

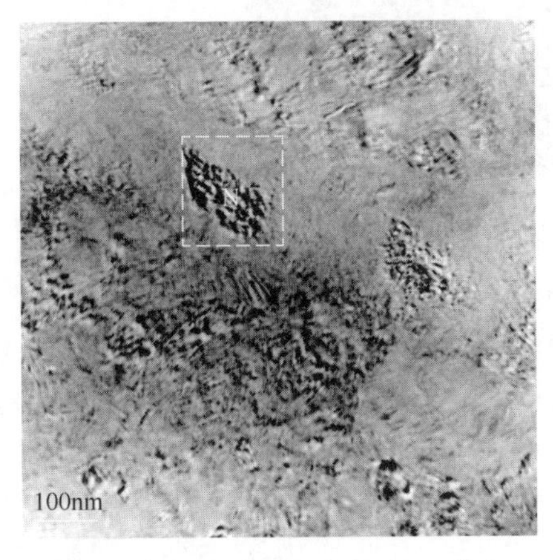

图 3.54　2Al4 再结晶区 TEM 形貌

图 3.55　焊核中钛颗粒 TEM 形貌

通过大量 XRD 分析测试知，接头中脆性相基本为 $TiAl_3$，在透射电镜的分析测试中，焊核组织没有发现 $TiAl_3$ 相，通过 SEM、EDS 分析、微区 XRD 和界面处的硬度测试可以得出，钛合金/焊核界面处，Ti 基体/$TiAl_3$ 相/Al 基体相间分布；焊核中部分颗粒物以及钛颗粒周围的组织明显区别于钛颗粒基体，与钛合金/焊核界面处基本组织形貌一致，混合颗粒物形貌如图 3.56 所示。结合图 3.52 的透射电镜分析，因此可以判定：$TiAl_3$ 脆性相主要分布在钛颗粒与铝基体相接触的部位。对于搅拌摩擦焊而言，温度不会超过 660℃，输入焊缝的热量有限，焊缝金属中 Ti、Al 原子的扩散程度有所限制。由于钛颗粒周围活性钛原子的数量较多，钛原子扩散到铝合金基体中形成 $TiAl_3$。在钛合金/焊核界面上可由 Ti、Al 原子直接生成的化合物中，生成焓最小的是 $TiAl_3$，其次是 TiAl。满足上述生成 $TiAl_3$ 条件的只有在界面处。焊核中 $TiAl_3$ 脆性相的分布不是以单一相的形式存在，基本和钛合金/焊核界面处脆性相分布一致，为 Ti 基体/$TiAl_3$ 相/Al 基体相间分布。

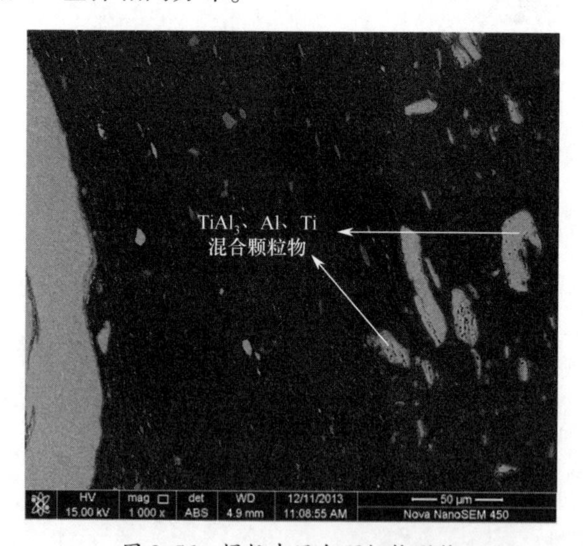

图 3.56 焊核中混合颗粒物形貌

图 3.57 透射电镜取样处的组织图，该区的组织包括动态再结晶铝合金、钛颗粒的塑化区以及塑化区包裹着的钛颗粒。图 3.50、图 3.52 中的颗粒物来自钛颗粒的塑化区，图 3.54、图 3.55 分别来自动态再结晶铝合金和塑化区包裹着的钛颗粒。脆性相在钛合金的塑化区形成，其余部分基本无脆性相生成。结合焊缝金属的微观组织结构可以得出，TiAl 脆性相尺寸较小，弥散分布在整条焊缝中，起到弥散强化作用；$TiAl_3$ 脆性相尺寸较大，由于 Ti/Al 金属间的冶金反应，使钛颗粒成为铝基体中一部分，改善了接头的力学性能。

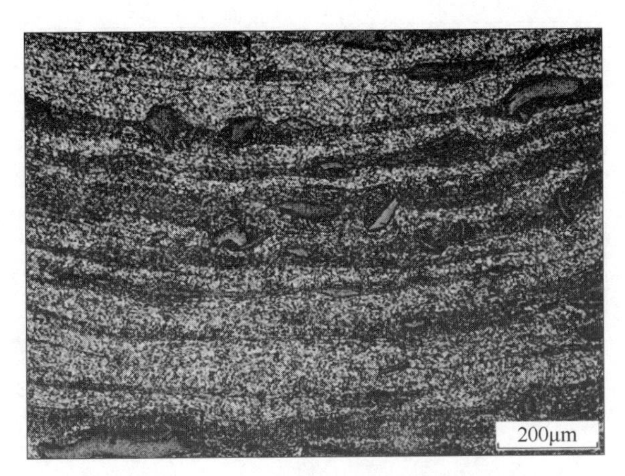

图 3.57　透射电镜取样处微观组织

3.4.2　脆性相对接头力学性能的影响

通过对接头抗拉强度分析测试可知，钛合金/焊核界面、Ti 颗粒富集区是接头比较薄弱的部位。因此，通过微区 XRD 对接头中钛合金/焊核界面、Ti 颗粒富集区的脆性相进行了研究，得到脆性相对接头抗拉强度的影响规律。

选取了 δ = 2.5mm，V = 60mm/min，n = 400r/min、700r/min、900r/min 3 组试样，分别对 3 组试样焊核中的同一位置（图 3.31Ti 颗粒富集区的虚线矩形框）进行了微区 XRD 测试，测试结果如图 3.58 所示。Ti 颗粒富集区物相有 Al_2Cu、$TiAl_3$、Al_2O_3、TiO_2，Al_2Cu 是铝基中的强化相，Al_2O_3、TiO_2 是由活泼的钛、铝原子吸收空气中的氧气造成的。因此，在 Ti 颗粒富集区主要的脆性相为 TiAl、$TiAl_3$。上述 3 组试样都有 $TiAl_3$，在 n=700r/min 时，焊核中还包括 TiAl 相。由宏观 XRD 分析可知，在此参数下，焊缝中没有检测到 TiAl 相，说明 TiAl 脆性相的含量很少。

随着旋转速度的增大，输入焊缝的热量增大，生成 TiAl 脆性相的倾向增大，在转速 n=400r/min，由于输入焊缝的热量不足，无法形成 TiAl 脆性相；转速 n=700r/min 时，基本满足了 TiAl 脆性相的生成条件，无多余热量使其转化或者转化的数量较少；在转速 n = 900r/min 时，输入焊缝热量进一步增加，可能使生成的 TiAl 脆性相与它相邻的钛颗粒（βTi）发生化学反应生成（αTi）。所以在较大转速下，Ti 颗粒富集区没有 TiAl 相的生成。随旋转速度的增加，接头中的 TiAl 脆性相经历了从无到有，数量先增加后减小直至消失。基本与旋转速度对接头抗拉强度的影响规律是一致的，TiAl 脆性相与接头力学性能具有一定的相关性。

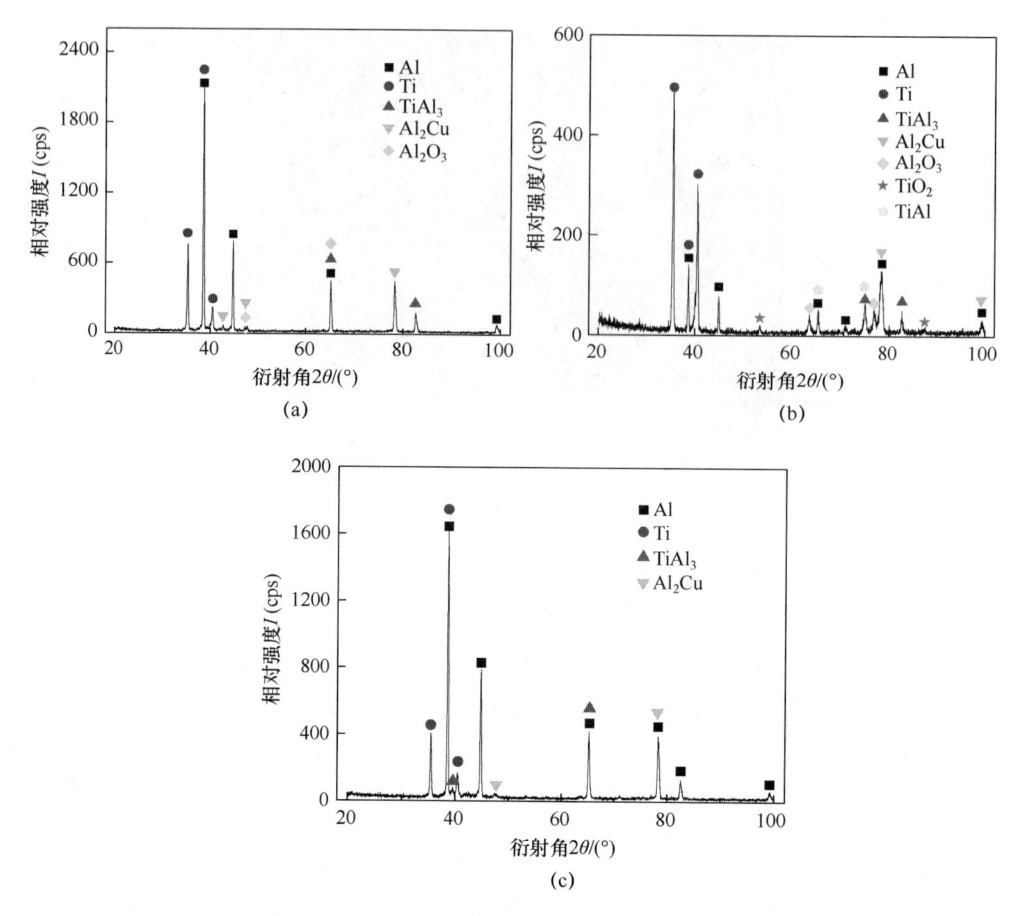

图 3.58　Ti 颗粒富集区微区 XRD 分析

（a）n=400r/min；（b）n=700r/min；（c）n=900r/min。

Ti/Al 异质结构搅拌摩擦焊生成的脆性相中，Al 元素含量越高的化合物，共价电子密度越小，强度越小。因此，TiAl 脆性相的强度优于 $TiAl_3$，并且 TiAl 脆性相结构稳定性优于 $TiAl_3$。旋转速度 n=700r/min 时，接头中的有 TiAl 脆性相的生成，其接头的力学性能优于其他两组参数。结合前面透射电镜的结果知，TiAl 脆性相的尺寸较小，弥散分布在焊缝中，对接头性能起到弥散强化作用。

在不同的焊接工艺下，钛合金/焊核界面处的组织形态和力学性能是不同的。对于性能较好的接头，界面处发生冶金反应，组织比较致密，表现出层状分布的特征。n=700r/min、V=60mm/min、δ=2.5mm 的钛合金/焊核界面处组织形貌如图 3.59 所示。对该区进行了微区 XRD 分析，分析结果如图 3.60 所示。界面处生成了强度和硬度小、脆性大的 $TiAl_3$ 脆性相，不利于接头性能的提高。由于在界面处 Al 合金的含量较高（由图 3.41 界面处的 EDS 分析结果可知），生成的 $TiAl_3$ 与 Al 两相共存，形成了两相混合组织，Al 相的存在弥补了 $TiAl_3$ 塑性和韧性的不足，可以得到综合性能较好的接头组织，另外，界面出还生成了性能优于 $TiAl_3$ 的 TiAl 脆性相，在一定程度上也改善了接头界面处的力学性能。

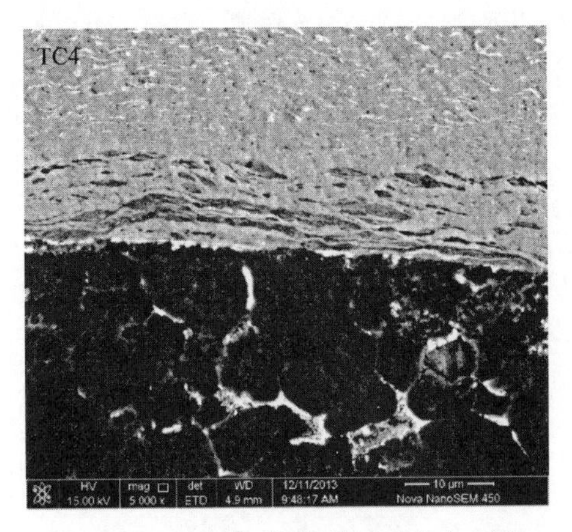

图 3.59　钛合金/焊核界面处组织形貌

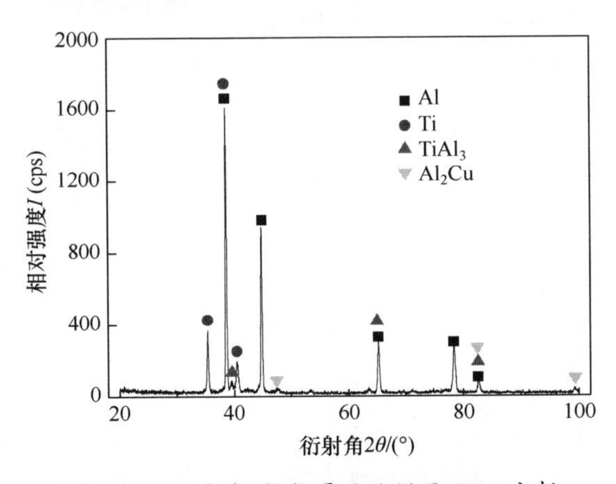

图 3.60　钛合金/焊核界面处微区 XRD 分析

钛合金/焊核界面处有 TiAl 脆性相生成，其含量极少，低于 Ti 颗粒富集区。分析认为，钛合金在前进边、铝合金在返回边，在搅拌针的作用下，钛合金破碎并被带入返回边，较大尺寸的钛颗粒在返回边聚集，由于钛颗粒间的相互摩擦也产生热量，对于搅拌摩擦焊，返回边的温度又高于前进边，在二者的共同作用下，Ti 颗粒富集区生成了 TiAl 脆性相。由此可见，从前进边到返回边，随热量的增加，TiAl 脆性相含量呈现出增加的趋势。

3.4.3 工艺参数对接头中脆性相的影响规律

为了研究偏移量对焊核中脆性相的种类及数量的影响规律，分别对偏移量 $\delta=1mm$、$\delta=2mm$、$\delta=2.5mm$ 试样（旋转速度均为 400r/min、焊接速度均为 60mm/min）的焊缝横截面进行了 XRD 分析测试，通过对比的方式，研究偏移量对接头中脆性相的影响规律，测试结果如图 3.61 所示。接头中的脆性相均为 $TiAl_3$ 相，无种类变化。在偏移量 $\delta=1mm$ 时，接头中的 $TiAl_3$ 相的数量较比偏移量 $\delta=2.5mm$ 时多。因此，可以得出，旋转速度在一定的范围内，不同偏

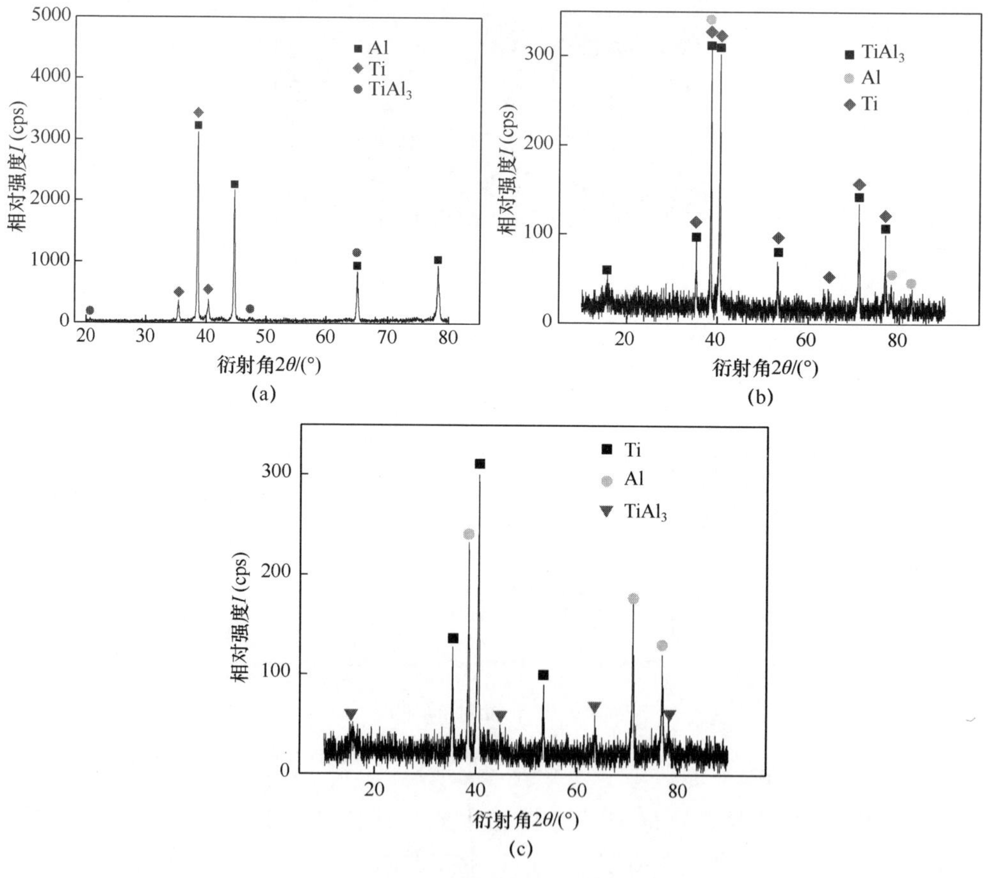

图 3.61 不同偏移量下的 XRD 分析

(a) $\delta=1mm$；(b) $\delta=2mm$；(c) $\delta=2.5mm$。

移量只影响脆性相的数量，不影响脆性相的种类。结合 3.2 节中偏移量对焊缝成形和接头抗拉强度的影响规律，焊核中的脆性相的数量及尺寸超过一定值，在焊缝残余应力的作用下，在钛合金/焊核界面上形成纵向裂纹，不利于焊缝成形和接头性能的提高。

以焊接速度对接头抗拉强度的影响规律为基础，选取了 $\delta=2.5$mm 时，接头抗拉强度最高的参数（$V=40$mm/min）和它对应两侧较差参数（$V=20$mm/min、$V=80$mm/min）进行了 XRD 分析测试，结果如图 3.62 所示。从图 3.62 中可以看出，随焊接速度的增大，焊核中脆性相均为 $TiAl_3$，其含量逐渐减小。由于 $n=800$r/min、$V=40$mm/min 和 $n=700$r/min、$V=60$mm/min 两组参数力学性能基本一致，$V=40$mm/min 时，界面处也有 TiAl 相生成，结果如图 3.63 所示。由于含量较少，宏观 XRD 无法检测到 TiAl 相的存在。随焊速的增加，接头中的脆性相由 $TiAl_3$ 变为 $TiAl_3$、TiAl，当焊速增加到一定程度，TiAl 相转化。TiAl 相对接头起到强化作用，这也解释了接头抗拉强度随焊速增加呈现先增加后减小的趋势。

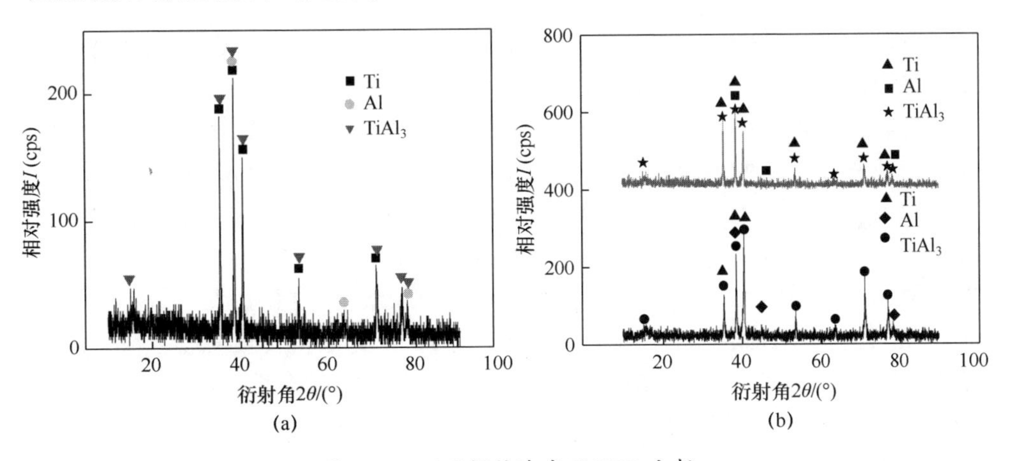

图 3.62　不同焊接速度下 XRD 分析

（a）$V=20$mm/min；（b）$V=40$mm/min、$V=80$mm/min。

$V=20$mm/min 时，由于焊接速度较慢，输入焊缝的热量较多，为 Ti、Al 原子间的冶金反应提供了足够的热量和时间，使界面处脆性相长大，增大了接头脆性；$V=80$mm/min 时，输入焊缝的热量较少，焊核中 Ti、Al 原子间的冶金反应不够完全，在界面上形成了局部微观的机械咬合，容易造成应力集中。$V=40$mm/min 时，焊缝金属的塑化程度高，流动性好，焊核中的 $TiAl_3$ 尺寸小、分布较为广泛无富集现象；TiAl 相性能优于 $TiAl_3$，二者的共同作用改善了接头力学性能。

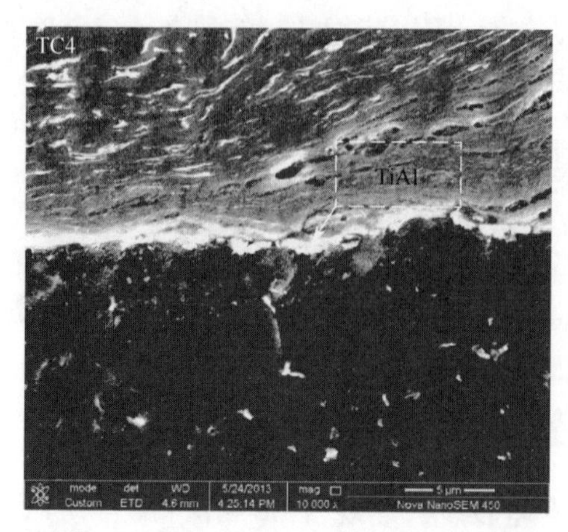

图 3.63　$V=40$mm/min 钛合金/焊核界面形貌

采取与焊接速度同样的方法，选取了偏移量 $\delta=2.5$mm、焊接速度 $V=60$mm/min 时，接头抗拉强度最高（旋转速度 $n=700$r/min）和它相对应两侧抗拉强度较差的参数（旋转速度 $n=400$r/min、900r/min）进行了 XRD 分析测试。通过对 Ti/Al 横截面 XRD 分析测试的结果可知，随旋转速度的增加，焊核中的脆性相均为 $TiAl_3$，脆性相的含量逐渐增加。接头中 TiAl、$TiAl_3$ 的共同作用，改善了接头的力学性能。

综上所述，对于 Ti/Al 异质结构的搅拌摩擦焊，接头中的脆性相基本为 $TiAl_3$，力学性能较好的接头中还含有 TiAl 脆性相。随偏移量的增加，$TiAl_3$ 含量是减小的。在偏移量不变时，随着旋转速度的增加、焊接速度的减小，接头中 $TiAl_3$ 的含量增加，钛合金/焊核界面中的 $TiAl_3$ 脆性相层必须控制在一定的范围内并且与 Al 形成了两相混合组织（Al 基的存在弥补了 $TiAl_3$ 塑性和韧性的不足），可以得到综合性能较好的接头组织。TiAl 脆性相在合适的旋转速度或者焊接速度范围内生成，但 TiAl 脆性相的含量极少，改善了接头的力学性能。在有 TiAl 脆性相生成的接头中，其含量从钛合金/焊核界面到 Ti 颗粒富集区逐渐增加。

本章小结

采用搅拌摩擦焊技术成功实现了 Ti/Al 异质结构的良好连接，得到了成形较优的焊缝。研究了焊接工艺参数对焊缝成形、微观组织结构及接头抗拉强度的影响规律，分析了接头中脆性相的形成机制以及对接头力学性能产生的影响，得到以下结论。

（1）增大偏移量，能避免钛合金侧纵向裂纹的产生，当$\delta=2mm$、2.5mm时，旋转速度在200～1000r/min、焊接速度在20～100mm/min，均能得到焊缝成形较好的接头。当$\delta=1mm$时，较优工艺为旋转速度$n=400r/min$、焊接速度$V=60mm/min$，接头最高抗拉强度为166.7MPa；当$\delta=2mm$时，较优工艺为旋转速度$n=400r/min$、焊接速度$V=60mm/min$，接头抗拉强度随旋转速度的增加先增加后减小，随焊接速度的增加而增加，接头最高抗拉强度为291.6MPa；当$\delta=2.5mm$时，强度最高的焊接工艺为旋转速度$n=700r/min$、焊接速度$V=60mm/min$，接头抗拉强度随旋转速度、焊接速度的增加先增加后减小，接头最高抗拉强度为346.7MPa，达到铝合金母材的82.5%。

（2）对于未产生明显宏观缺陷的接头，其强度和拉伸断裂位置取决于焊核、铝合金侧HAZ和钛合金/焊核界面3个区域的相对强度大小：焊核致密、无缺陷时，强度高于铝合金侧HAZ和钛合金/焊核界面强度，焊核中尺寸不大的Ti颗粒、Ti-Al脆性相起到一定的增强作用；焊接接头大部分会断裂于钛合金/焊核界面，焊接接头的强度取决于钛合金/焊核间的结合界面，结合界面间存在微观缺陷、结合不紧密，接头强度降低。在特定的焊接工艺参数下，钛合金/焊核间的界面结合紧密、无微观孔洞缺陷，结合界面强度高，超过焊核和铝合金侧HAZ的强度，焊接接头的强度取决于铝合金侧HAZ。总体来说，改善焊接工艺参数，提高钛合金/焊核界面结合的致密性是提高接头强度的关键。

（3）焊核区组织有分层现象：上部为条状细晶区，中部为铝合金动态再结晶区，下部为Ti颗粒塑化区，钛颗粒和Ti-Al脆性相分布在其中。焊核中尺寸小、塑化的钛颗粒呈“流线型”，沿鱼鳞纹分布，集中分布在前进边；尺寸大、未塑化的钛颗粒呈“板条状”，沿板厚方向定向分布，集中分布在返回边，容易在热力影响区与焊核的边界线处塞积，形成孔洞缺陷。随着偏移量的增加，接合面处组织由再结晶铝合金变为Ti/Al相间分布的混合组织，焊核中的孔洞逐渐减少，组织呈现出洋葱环形貌；随着旋转速度、焊接速度的增大，焊核尺寸变大，铝合金动态再结晶区减小，洋葱环面积增大，钛颗粒分布均匀，接头的力学性能优异，随着转速、焊速进一步增大，塑化钛合金的流动面积减小，组织杂乱无规律，接头的力学性能变差。

（4）焊核中的脆性相在塑化钛合金流经区域生成。Ti、Al原子通过扩散反应，生成尺寸为纳米级别、光滑椭球形的TiAl脆性相，TiAl相的数量较少，未连接成片，对接头起到弥散强化作用；$TiAl_3$脆性相以$Ti/TiAl_3/Al$分布在钛颗粒基体或者钛颗粒与铝基的交界处，在接头中的分布无规律。

（5）力学性能较好的接头，在钛合金/焊核界面处生成 8μm 厚 $TiAl_3$、Al 合金相间分布的混合组织和 2μm 厚性能良好的 TiAl 脆性相，增强了界面处的连接性能；焊核中的钛颗粒与铝基发生冶金结合，增强了基体连续性。随着偏移量的增加，接头脆性相的数量减少；随着旋转速度、焊接速度的增加，脆性相种类发生变化，由单一的 $TiAl_3$ 变为 $TiAl_3$、TiAl 两相混合结构，转速、焊速增加到一定程度，TiAl 脆性相转化，数量呈现先增加后减小的规律。

第 4 章　Ti/Al 搭接接头的搅拌摩擦焊接界面及接头组织性能

4.1　研究方法和手段

4.1.1　试验材料

试验选用材料为 TC4 钛合金和 2Al2 铝合金，钛合金板的尺寸采用 80mm×40mm×2mm，铝合金板的尺寸采用 80mm×40mm×4mm。2Al2 铝合金是我国航空航天材料中应用较为广泛的一种铝合金，其状态为 T4 态，该材料具有强度高，综合性能好等优点。其化学成分如表 4.1 所列，母材微观组织如图 4.1（a）所示；TC4 钛合金状态为轧制退火态，室温组织为 $\alpha+\beta$，其塑性和强度都有很大的优势，在飞机上的应用非常广泛。母材微观组织如图 4.1（b）所示。

表 4.1　2Al2 铝合金化学成分表（wt%）

Al	Cu	Mg	Mn	Si	Fe	Zn	Ti
余量	3.8~4.9	1.2~1.8	0.3~0.9	≤0.5	≤0.20	≤0.30	≤0.15

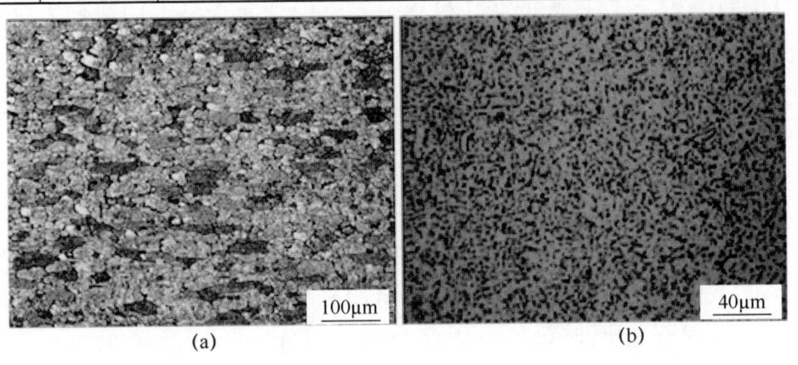

图 4.1　母材显微组织

（a）2Al2 铝合金；（b）TC4 钛合金。

4.1.2 试验设备

本次试验所用的焊接设备是一台经过改装的 X53K 铣床，该焊接设备的搅拌头的旋转速度调控范围为 23.5 ~1500r/min，搅拌头所在的主轴倾角为 0°。图 4.2 为焊接时所用焊接夹具，由底座和压块构成，压块中间部位有圆孔是搅拌头的插入位置，该夹具可以很好地将钛板和铝板进行固定，从而很好地实现钛板和铝板的搭接点焊。

图 4.2 焊接专用夹具

搅拌头材质的选择和外形尺寸的设计是焊接能否成功的关键核心所在，其主要的作用是通过高速旋转从而与钛合金摩擦产生焊接所需的摩擦热。在选择材料时，既要保证能和钛合金摩擦的产热，又要保证该材料不会与钛合金产生反应而使得母材钛合金被削弱。本部分研究通过大量的试验验证，最终选择高温合金 GH4169 作为搅拌头的制作材料。无针搅拌摩擦点焊的搅拌头设计主要由轴肩和夹持柄组成，轴肩的作用一方面是产生轴向压力使所焊钛板与铝板紧密结合，另一方面当其高速旋转时与材料摩擦提供焊接所需的热量。本部分研究的试验中，搅拌头轴肩直径为 16mm。

4.1.3 工艺试验方法

由于本试验采用 TC4 钛合金与 2Al2 铝合金直接搭接焊接的方法，所以对被焊材料的表面要求较高。为了消除母材原来表面具有的油污以及氧化膜的物质，需要试验前对被焊材料进行焊前清理。首先，采用线切割的方法对 TC4 钛合金板进行切割，将切割好的板材采用铁刷和 400#砂纸去除表面的氧化膜和油污；其次，将 TC4 钛合金板浸入 $HF:HNO_3:H_2O=1:3:6$ 的酸溶液中进行化学清洗，进一步去除表面氧化膜；最后再用丙酮对酸洗后的钛板进行表面清洗，为了去除表面的酸洗试剂和油污等。铝合金板材采用剪板机裁剪成所需规格，试验前用 400#砂纸打磨板材表面直至露出金属光泽，再用丙酮清洗后吹干以避免杂质的不利影响。

焊接时本试验采用钛合金板置于搅拌头所在一侧即搅拌头下方，铝合金板置于钛板下的搭接焊接方式，搭接宽度为 35mm，焊点位于搭接的中心区域，焊接过程示意图如图 4.3 所示。焊接时将工件搭接好放入图 4.2 所示的夹具中，再将压块至于工件上，当点焊区域位于压块圆孔的中心位置时，然后将压块固定，从而固定工件进行焊接。

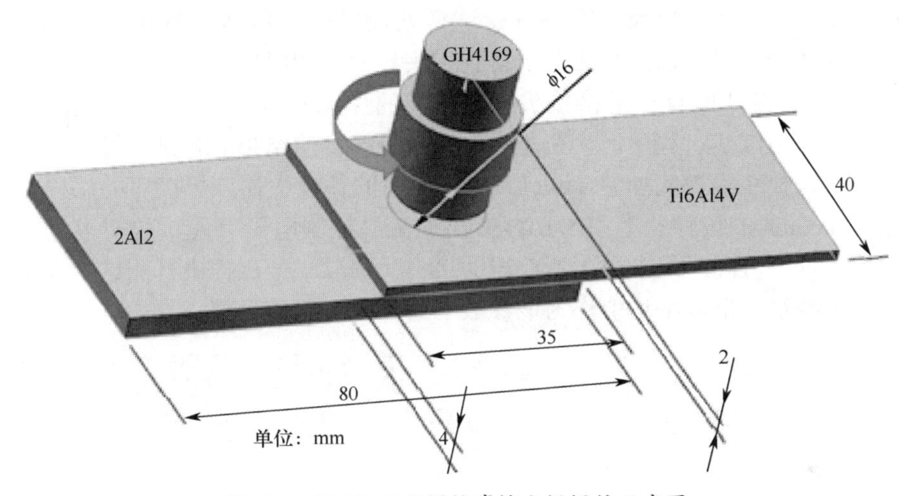

图 4.3　Ti/Al 无针搅拌摩擦点焊焊接示意图

由于搅拌摩擦焊工艺参数中焊接时间、搅拌头旋转速度及搅拌头下压量都会影响热输入，因此，本试验将主要研究这 3 个工艺参数的变化对焊接接头的影响，参数范围如表 4.2 所列。根据单一改变工艺参数得到接头性能的方法，选取其中焊缝成形以及力学性能较好的参数作为最终工艺优化的结果。

表 4.2　试验工艺参数

	旋转速度/（r/min）	下压量（Δh）/mm	焊接时间/s
参数一	1180	0.3	60、75、90、105
参数二	1180	0.1、0.3、0.5、0.7	90
参数三	750、950、1180、1500	0.3	90

4.1.4　分析测试方法

焊后采用线切割的方法对焊点处纵向进行切割，切割尺寸为 22mm×7mm×

3mm 的矩形块状，而后使用热镶嵌法在镶嵌机中进行镶嵌。试样镶嵌后要进行逐级打磨和抛光，最后采用 Kroll 试剂（HF：HCL：HNO_3：H_2O = 2：3：5：48）对 Ti/Al 试样接头进行腐蚀，腐蚀时间为 15s，之后快速用清水和酒精进行清洗。腐蚀后选用型号为 4XB-TV 倒置金相显微镜观察其组织形貌。

扫描电镜分析所选用的设备是配备 EDS 附件的 Hitachi 1510 环境扫描电子显微镜和 Novanano 450 SEM 场发射扫描电子显微镜。采用 SEM 分析金相试样的微观组织、界面结构以及拉伸试样断口形貌等。与此同时，采用 EDS 对接头中不同区域进行点、线和面的元素能谱扫描分析，以此来判断接头中不同区域的元素组成、含量以及分布情况。试样处理过后采用 X 射线衍射仪分析接头界面的物相组成，通过物相分析得到接头界面的相组成。

Ti/Al 搅拌摩擦点焊搭接接头拉剪式样的性能测试示意图如图 4.4 所示，为防止在拉剪试验过程中产生扭矩从而影响最终试验结果，在试验过程中分别在搭接的钛板和铝板侧加装 4mm 厚和 2mm 厚的补偿垫片。焊接后的试样直接采用 1mm/min 的拉伸速率在 WDW-50 型的微机控制电子万能试验机上进行拉剪性能测试。对同一组参数下所获得的接头，选取 3 个试样进行测试，并将获得的 3 个测量结果取平均值作为该参数下的最终抗拉剪力值。

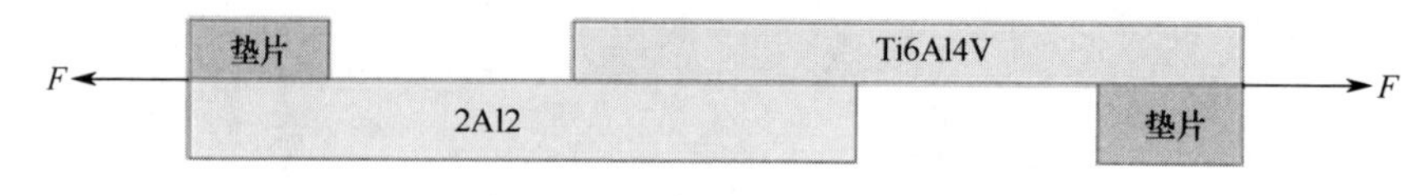

图 4.4 拉伸性能测试示意图

采用 QnessQ10a+全自动维氏硬度计测量焊接接头显微硬度分布，测试标距为 0.05mm，加载力为 200g，加载时间 10s。通过硬度测试可以得到接头各区域硬度的变化规律。

采用具有 Berkovich 金刚石压头的纳米压痕设备（NANOMECHANICS INC，a KLA Company）对接头铝侧进行室温纳米压痕的力学性能测试。测试过程中压头下压速率为 100nm/s，然后保压时间 2s，最后以恒定的速率逐渐卸载。测试过程中压痕之间保持约为 10μm 的间隔，以避免压痕产生的应力场对试验结果产生影响。

采用 K 型热电偶测温的方法对 Ti/Al 无针搅拌摩擦点焊接头界面温度进行测量，其测量示意图如图 4.5 所示。测温过程中主要对无针搅拌头下方的焊点中心的界面处进行测量，预先在位于底部的铝板的进行打孔，孔径为 1mm。焊接前将直径为 1mm 的 K 型热电偶从下方放置于铝板孔内，测温点正好处于钛板下侧表面的焊点界面中心处，并用夹具固定。焊接过程中，随着试验的进行用电脑对温度信号进行采集。

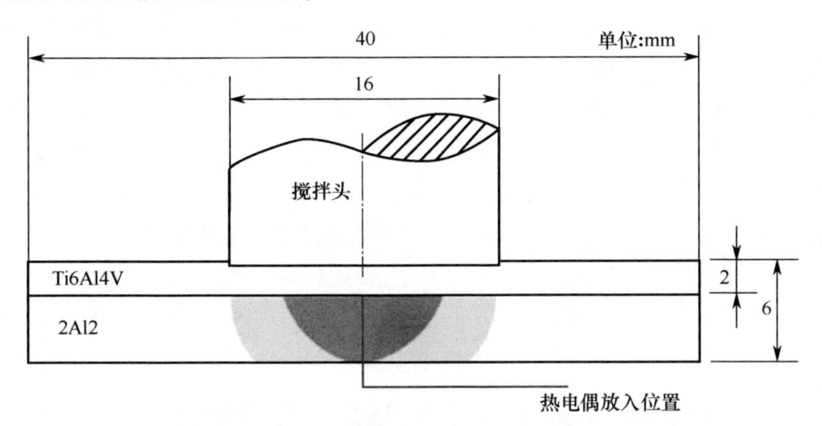

图 4.5　接头界面温度测量示意图

4.2　工艺参数对 Ti/Al 搭接接头搅拌摩擦焊接焊缝成形和微观组织的影响

在无针搅拌摩擦点焊实验中，焊接工艺参数对接头的热输入有着直接的影响，另外搅拌头的设计会对接头的宏观形貌和微观组织产生影响，进而影响接头的力学性能。本节研究了焊接时间、搅拌头旋转速度和下压量对点焊接头的焊点外观成形及微观组织的影响规律，并对各个参数下接头微观组织的变化过程做了详细对比，为选定合理工艺参数及接头界面特征的研究提供充足的理论基础。

4.2.1　接头宏观形貌及横截面形貌

无针搅拌摩擦点焊中焊接时间的不同决定了焊接过程中焊接接头的热输入持续的时间长短。焊接时间过长和过短都不利于接头的力学性能，因此，需要探究焊接时间对接头的影响。本试验采用控制变量法，当旋转速度为 1180r/min，下压量为 0.3mm 时，改变焊接时间，分别为 60s、75s、90s、105s，焊后形成的焊点宏观图如图 4.6 所示。

由图 4.6 可知，当搅拌头旋转速度和下压量保持不变时，随着焊接时间从 60s 增加到 105s，焊点处钛板表面的热影响环的颜色逐渐加深，且由于热输入持续时间增加，导致的飞边逐渐变多，如图 4.6（d）所示。从外观图表面来看，没有明显的缺陷存在，相对于传统的有针搅拌摩擦焊，无针搅拌摩擦点焊有效地避免了焊接“匙孔”等缺陷。

无针搅拌摩擦点焊的主要工作原理是通过无针搅拌头与钛板的高速摩擦产生足够的热量，然后通过钛板将热量传递到钛铝界面处以及铝板侧。焊接时间直接关系到摩擦热输入的大小，当焊接时间较短时，搅拌头与钛板的摩擦作用时间较短，产热不充分，钛板塑化程度不够，在钛板表面会出现焊点表面不光滑的现象，如图 4.6（a）所示。当焊接时间逐渐增加到 75s 时，焊点表面逐渐变得光滑，如图 4.6（b）所示。随着焊接时间的逐渐增加可以看出，在搅拌头作用区域周围出现颜色较深的紫黑色环状现象，且随着焊接时间的增加逐渐变大，如图 4.6（c）所示。这可能是由于摩擦热的影响，在钛板焊点周围会出现热辐射区域，因此产生上述现象。

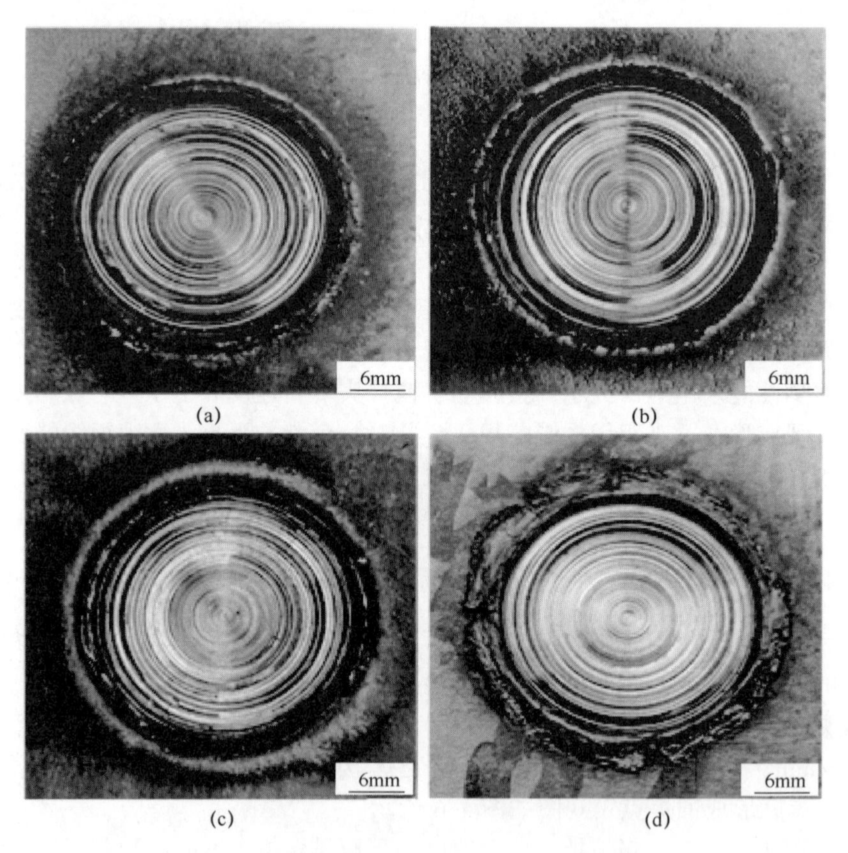

图 4.6　不同焊接时间下接头宏观形貌（见彩插）
（a）60s；（b）75s；（c）90s；（d）105s。

不同焊接时间下接头的横截面宏观图如图 4.7 所示，由于接头在焊接过程中受到焊接热以及搅拌头的挤压作用，而铝合金熔点偏低受热影响最明显，因此接头出现熔核区（FZ-Fusion Zone）、热影响区（HAZ-Heat Affected Zone）及母材区（BM-Base Metal）3 个宏观区域。从图 4.7 可以清楚地观察到，位于铝侧被熔化区域的面积在逐渐变大，且都呈现倒三角形状。熔化区域在接近界面处较宽，且越向下其宽度逐渐变小。因为随着深度的增加，热传导的距离也在逐渐增加，此时，熔化区域也会逐渐减小。当焊接时间为 90s 时，接头铝侧的熔核区域深度恰好达到铝板的板厚，并且没有出现明显的缺陷，如图 4.7（c）所示。进一步增加时间，可以明显观察到在焊点铝侧出现气孔和裂纹等缺陷，并且铝板侧熔核区的面积明显增大增宽，如图 4.7（d）所示，说明此时焊接热输入过大持续时间过长。焊接热输入过大，导致位于下板的熔深超过板厚，会有部分空气从下板进入，因此很容易出现气孔等缺陷，将严重影响接头的力学性能。

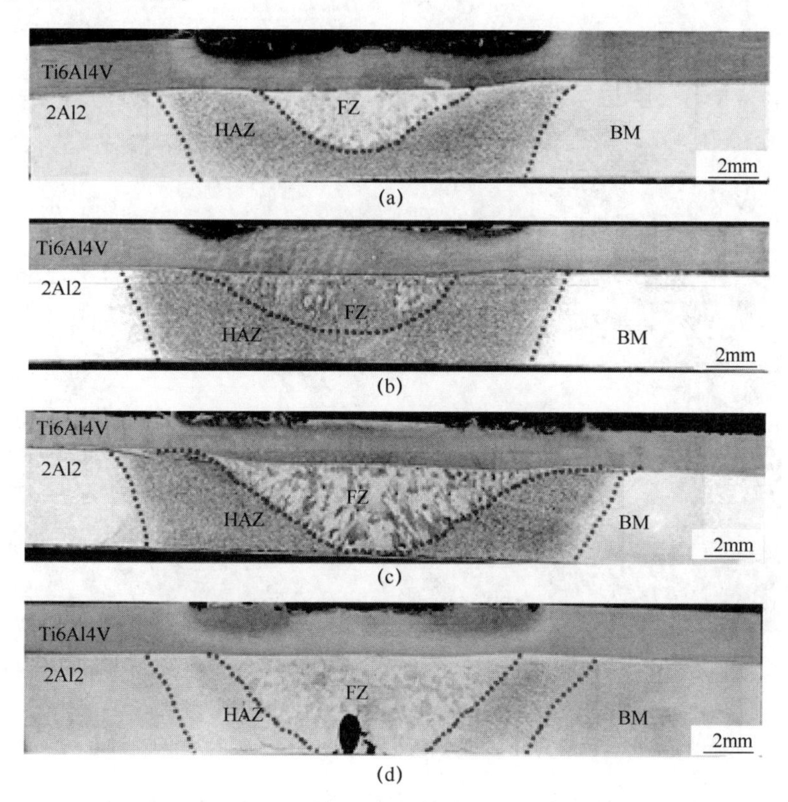

图 4.7　不同焊接时间下接头横截面形貌

（a）60s；（b）75s；（c）90s；（d）105s。

当无针搅拌头停留时间为 90s，下压量为 0. 3mm 时，只改变搅拌头的旋转速度，分别设定为 750r/min、950r/min、1180r/min、1500r/min，形成焊点宏观表面形貌如图 4. 8 所示。在不同旋转速度下，焊点外观成形比较规律。焊点周围都有一定程度的飞边，但是对接头性能的影响不是很大，因为控制搅拌头下压量可以很好地控制对钛板的削减效果。如图 4. 8（a）所示，当旋转速度为 750r/min 时，由于搅拌头与钛板之间的摩擦力相对较小，因此焊点表面出现一些缺口。当增加旋转速度时，搅拌头与钛板表面摩擦热增加，因此焊点表面会更加均匀，如图 4. 8（b）、(c)、(d) 所示。

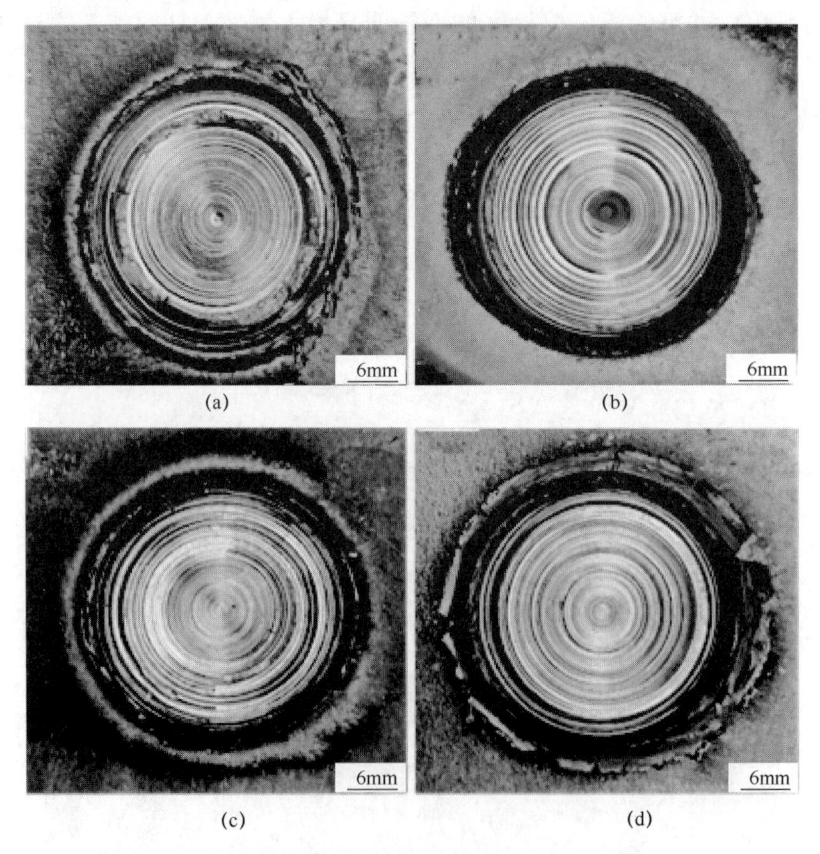

图 4. 8　搅拌头不同旋转速度下接头宏观形貌

（a）750r/min；（b）950r/min；（c）1180r/min；（d）1500r/min。

图 4. 9 所示为搅拌头不同旋转速度点焊接头横截面宏观形貌，通过对比发现各个旋转速度下熔核区以及热影响区的面积是不一样的。如图 4. 9（a）所示，当旋转速度为 750r/min 时，未出现熔核区，仅有热影响区。由于搅拌头

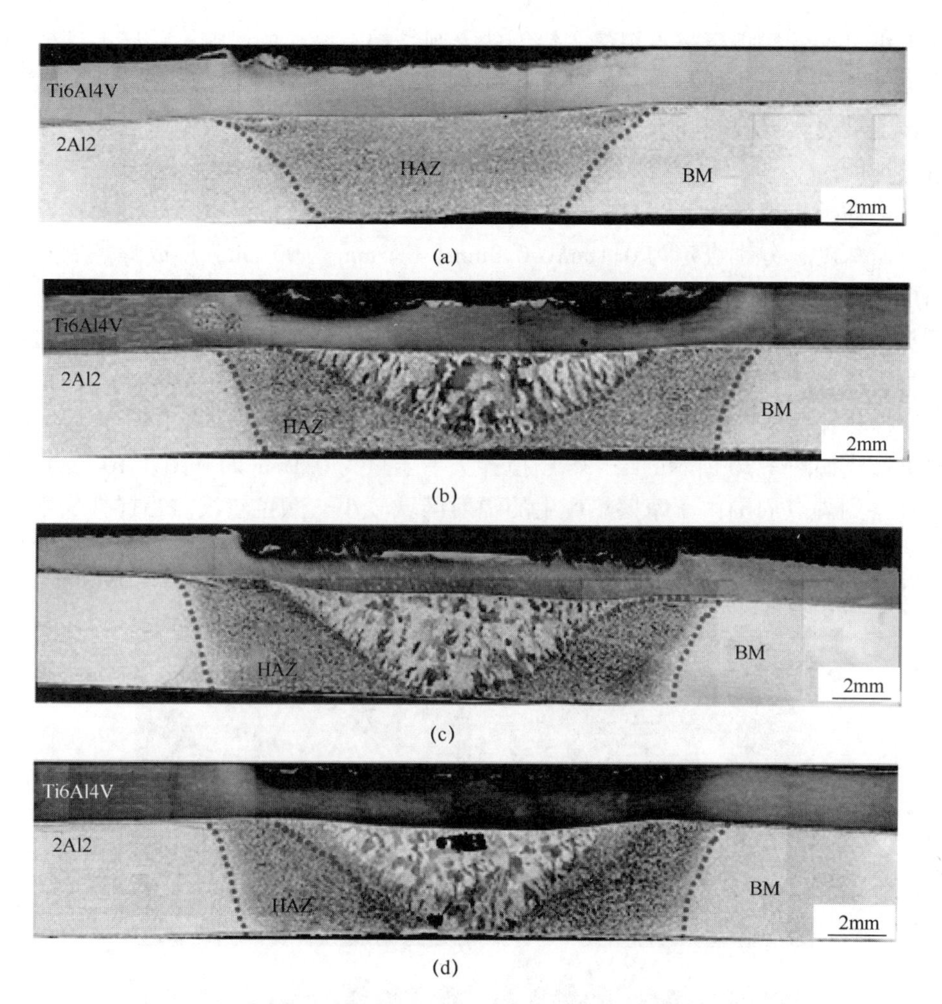

图 4.9　不同旋转速度下接头横截面形貌

（a）750r/min；（b）950r/min；（c）1180r/min；（d）1500r/min。

转速较低，导致与钛板摩擦而产生的热量相对较低，最终通过热传导到被焊区域的热输入不足，因此铝侧焊点处未出现熔核区。如图 4.9（b）、（c）所示，当旋转速度为 950r/min 和 1180r/min 时，在焊点下方铝侧的熔核区面积随着旋转速度的增加逐渐增加。然而，当旋转速度为 1500r/min 时，如图 4.9（d）所示，在铝侧熔核区出现类似气孔的缺陷。随着旋转速度的进一步升高，出现热输入过大的结果；此外，搅拌头轴肩对铝板有比较大的压力，在压力和高温作用下最终使得表面张力系数较低的铝熔液在凝固过程中出现塌陷，形成孔洞缺陷。因此，搅拌头旋转速度与接头热输入存在正相关的关系，而接头热输入的大小对无针搅拌摩擦点焊接头铝侧的宏观结构有明显的影响。旋转速度较小热输入不足，无法使接头界面处铝板达到熔化状态，就无法形成熔钎焊接头。旋转速度过大导致热输入过大，在铝侧极易形成孔洞和裂纹等缺陷，影响接头力学性能。

当搅拌针停留时间为 90s，搅拌旋转速度为 1180r/min 时，只改变搅拌头的下压深度，分别设定为 0.1mm、0.3mm、0.5mm、0.7mm，形成焊点宏观表面形貌如图 4.10 所示。与焊接时间和旋转速度相比，搅拌头下压量的大小对接头的外观成形影响最为明显，主要表现为飞边逐渐变多。因为随着下压量的增加，搅拌头与钛板的摩擦加剧，且搅拌头对于钛板的挤压也会增大，因此随着摩擦热和挤压作用的逐渐增加，被塑化的钛合金将被更多地挤出到焊点边缘，最终形成如图 4.10 所示的结果。当搅拌头下压量为 0.1mm 时，图 4.10（a）可以观察到焊点周围由于摩擦热产生的辐射区域较小、颜色较浅。当搅拌头下压量为 0.5mm 和 0.7mm 时，如图 4.10（c）、（d）所示，焊点周围飞边相对比较严重，此时，对位于上板的钛板减薄也比较严重。

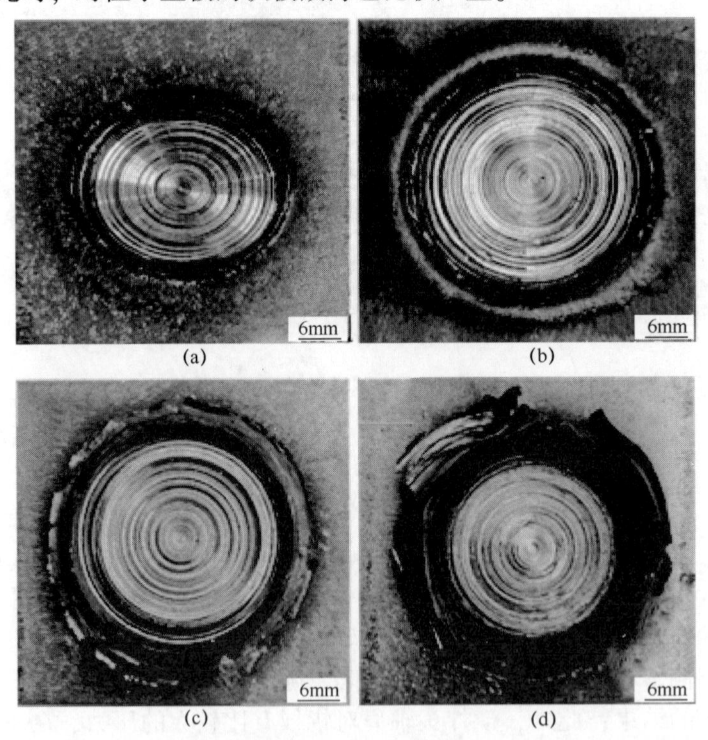

图 4.10　搅拌头不同下压量下接头宏观形貌
（a）0.1mm；（b）0.3mm；（c）0.5mm；（d）0.7mm。

图 4.11 所示为无针搅拌摩擦点焊搅拌头不同下压量时，点焊接头横截面宏观形貌。从图中可以看出，当搅拌头下压量为 0.1mm 时，接头铝侧也未出现熔核区。分析原因认为，搅拌头下压量较小导致搅拌头与钛板的摩擦力较小，导致接头热输入较低，最终界面温度未达到铝合金熔点，因此未出现熔核区。随着搅拌头下压量的逐渐增加，接头热输入和接头压力都逐渐增大，因此熔核区面积一方面逐渐增大，另一方面，从图 4.11（c）、（d）中可以看出，熔核区垂直深度已经超过铝板的厚度且缺陷也很明显。

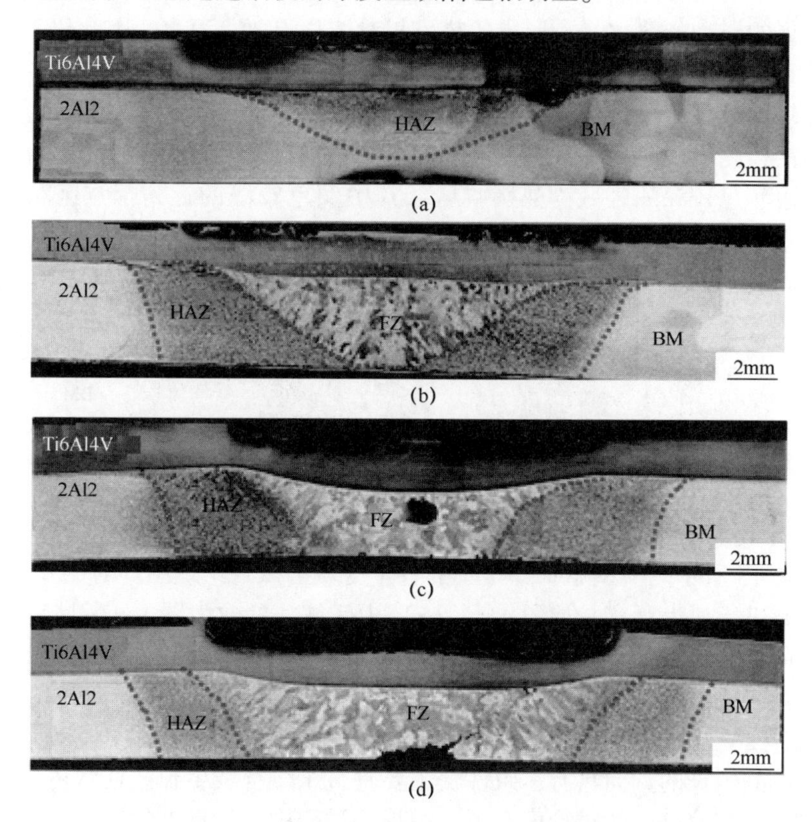

图 4.11　搅拌头下压量下接头横截面形貌

（a）0.1mm；（b）0.3mm；（c）0.5mm；（d）0.7mm。

综上所述，搅拌头下压量为 0.3mm 时较为合适，如图 4.11（c）所示。此时，熔核区未出现明显的缺陷，并且熔核区深度刚好达到铝板的厚度。此外，可以看出，随着搅拌头下压量的增加，对位于上板的钛板削减也比较严重，因此要选择合适的下压量。

4.2.2 接头铝侧微观组织

图 4.12 所示为无针搅拌摩擦点焊搅拌头旋转速度 1180r/min、焊接时间 90s、下压量 0.3mm 时，典型的无针搅拌摩擦点焊熔钎焊接头的横截面形貌宏观图。焊接过程中，钛板位于上侧铝板位于下侧，通过搅拌头与钛板的快速旋转摩擦产生的热量以及搅拌头对钛板和铝板施加的压力的复合作用，接头的不同区域在不同的摩擦热循环下最终形成各个区域的形貌。摩擦产热是固相焊搅拌摩擦焊的一种产热方式，形成的热量相对熔化焊要小很多，因此位于上板钛合金受到热影响的作用不明显，而位于下板的铝合金因为熔点较低，受热输入影响比较严重发生熔化，所以铝侧将作为主要研究的对象。从图 4.12 中可以看出，铝板侧出现颜色不同的区域，其中位于焊点下方的倒三角状的为熔核区，旁边颜色较深的区域为热影响区，其中颜色较浅的远离焊点区域的为母材区。

图 4.12 典型接头横截面宏观图

图 4.13 所示为典型熔钎焊接头的各个区域的微观组织图：对图 4.12 中的各个区域进行放大观察，如图 4.13（a）为区域 *A* 的放大图，*A* 区域位于铝板熔核区的左边与热影响区相交的区域。从图中可以明显看出区域分界线，一般称为熔合线区，是熔核区与热影响区的过渡区域也称半熔化区，如图 4.13（a）虚线间的区域。其中熔核区主要以柱状树枝晶和等轴晶为主，柱状树枝晶生长的方向具有一致性，主要垂直于熔合线生长。柱状树枝晶的生长方向主要与熔核区的过冷度有关，在焊接过程中，焊点处的冷却方式主要是在空气中缓慢冷却，因此被熔化的熔核区内部液体温度分布比较均匀。在铝液具有负温度梯度的条件下，界面上偶然凸起的地方将伸入过冷的液体中，熔化的铝液中有更大的过冷度，将有利于晶体的长大和凝固潜热的散失，从而形成图中分界线附近的柱状树枝晶的生长。晶粒生长中，周围液相富集溶质，使结晶温度降低，过冷度降低，同时因释放潜热，周围温度升高，进一步减小了过冷度，因而树枝晶分枝生长停止，在焊核内部出现柱状树枝晶生长被终止的现象。图 4.13（b）为 *B* 区域放大图，该区域位于焊点的正下方的熔核区，可以

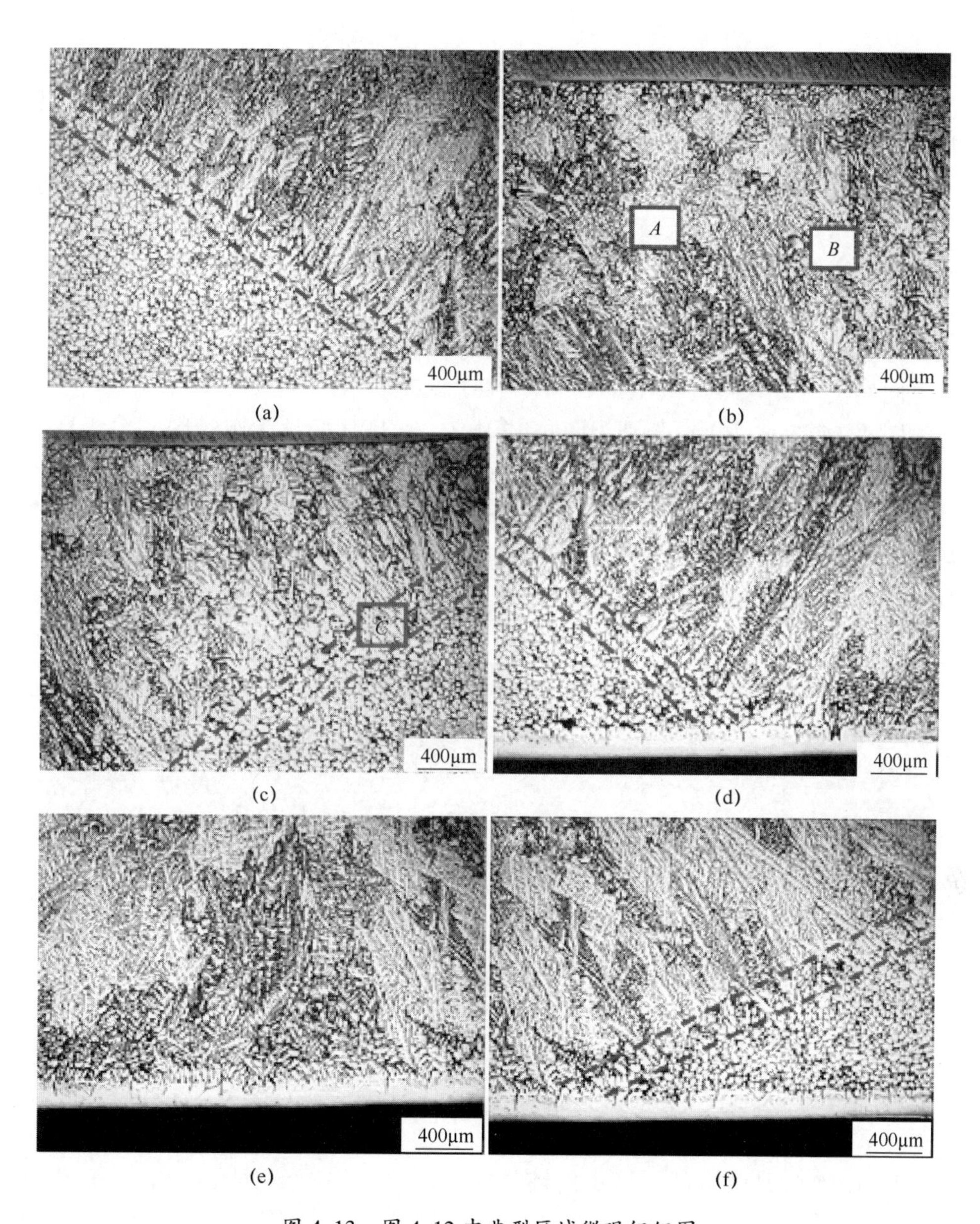

图4.13 图4.12中典型区域微观组织图
（a）A区放大图；（b）B区放大图；（c）C区放大图；（d）D区放大图；
（e）E区放大图；（f）F区放大图。

观察到，熔核区的晶粒是铝合金经过高温发生熔化之后凝固结晶而产生的。图4.13（c）为C区域的放大图，位于焊点截面的右侧，由于搅拌头是圆柱形设计，在焊接旋转过程中形成的焊点为圆形，因此焊点横截面呈中心对称分布。图 4.13（c）与图 4.13（a）晶粒生长情况相似，晶粒的生长方向也是沿着垂直于熔合线（虚线区域）的方向。

图 4.13（d）、(e)、(f）为焊点熔核区的下部区域的放大组织图，其对应图 4.12 中的 *D*、*E*、*F* 区域。根据图 4.13（e）可以清楚地看到熔核区已经接近铝板的底部边缘区域，说明此时的熔深已经接近铝板的厚度，其中位于底部的氧化铝层清晰可见。底部的微观组织同上部和中部是基本一致的，主要由柱状树枝晶和等轴晶组成，且柱状晶生长方向也是垂直于熔合线（虚线区域）的方向生长。

图 4.14（a)、(b）分别为图 4.12 中 *G*、*H* 区域的放大组织图，主要是焊点热影响区的组织图。从图中可以看出，热影响区的晶粒尺寸明显小于熔核区的晶粒尺寸，且晶粒主要由等轴晶和被拉长长大的晶粒组成。分析认为，主要与接头热输入有关，热影响区受到的热输入较低，只是发生了晶粒的长大，并没有经过熔化凝固结晶的过程，因此外观形态上和熔核区的晶粒有着很明显的区别。

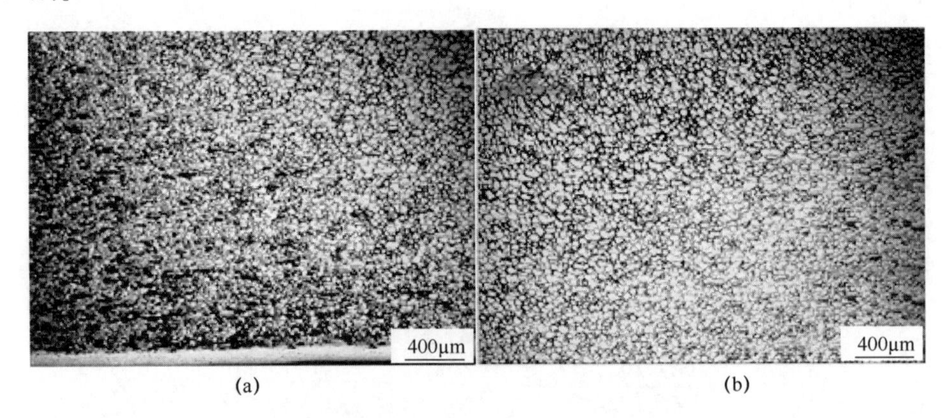

(a) (b)

图 4.14　图 4.12 典型热影响区微观组织图

(a) *G* 区放大图；(b) *H* 区放大图。

图 4.15 为典型熔钎焊接头的熔核区的微观组织图，对图 4.13（b）中 *A* 和 *B* 区域进行局部放大，可以更加直观地观察到熔核区的组织形态。如图 4.15（a)、(b）所示，其中晶粒与晶粒之间的晶界清晰可见，柱状晶和等轴晶混合交替存在。图 4.15（c）为图 4.13（c）中 *C* 区域的局部放大图，可以清晰地观察到熔合线区域的晶粒沿着温度梯度下降最快的方向被拉长长大，形成柱状树枝晶。为了进一步探究在晶界处的化合物种类，进一步对熔核区的组织进行微观物相分析。

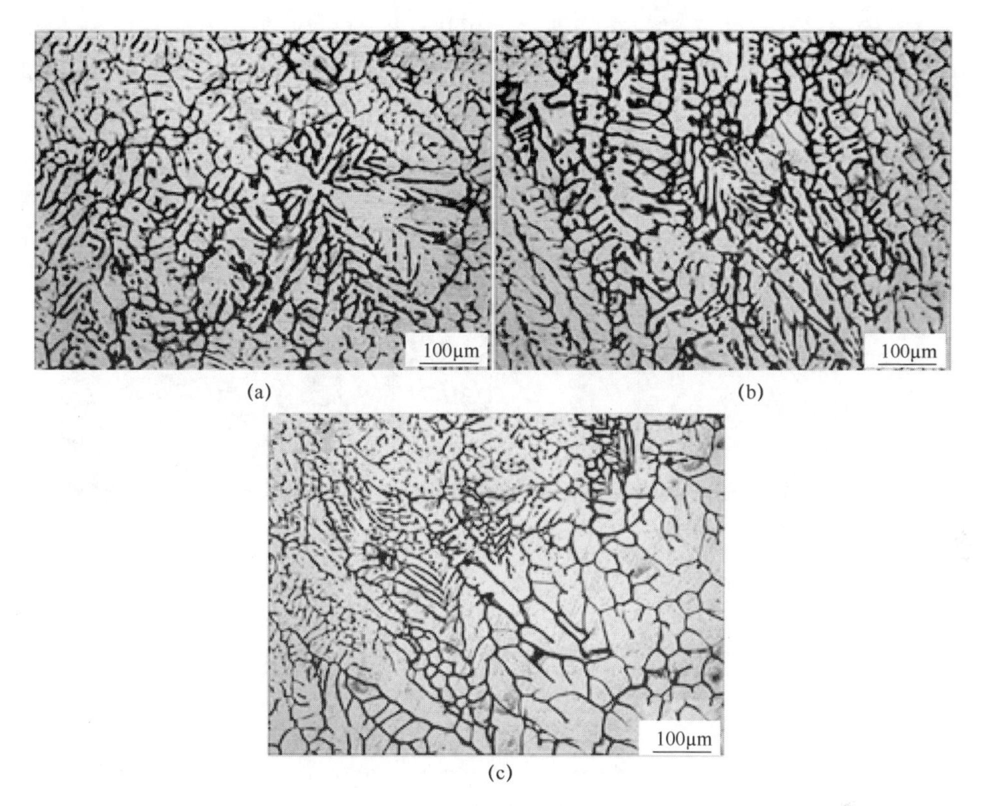

(a)　(b)　(c)

图 4.15　图 4.13 中典型熔核区微观组织

(a) A 区放大图；(b) B 区放大图；(c) C 区放大图。

图 4.16（a）为典型接头的熔核区的扫描电镜图，从图中可以清晰地观察到晶粒的组织形态以及晶界的析出相，其中在晶界处观察到大量的白色条状物，形成了晶粒之间的分界线。图 4.16（b）为图 4.16（a）中间局部区域的放大图，对其中的 P_1 和 P_2 点进行 EDS 点扫描能谱分析，其结果如图 4.16（c）所示。P_1 点为熔核区晶界白色析出物的位置，P_2 点为铝基体晶粒表面位置，两点的元素成分有很大差别。从图 4.9（c）中可以看出，P_1 点位置主要是 Al 元素，其衍射峰远远超过 Cu 和 Mg 元素。根据 3 种元素的含量可以做出准确的判断。其中 Al 元素含量占 95.41%，Mg 元素含量占 1.35%，Cu 元素含量占 4.24%。P_2 点位于晶界处，相对于 P_1 点 Cu 元素和 Mg 元素的含量都有很大的提升，Al 元素含量有所下降。其中 Mg 元素从 1.35%提升到 5.58%，Cu 元素从 4.24%提升到 34.14%，Al 元素从 95.41%下降到 60.28%。Cu 元素的变化非常显著，提升了将近 10 倍左右，Al 元素下降了约 35%。EDS 能谱点扫描分

析只能确定局部点的元素分布情况，为了进一步确认元素在大面积的分布情况，因此，需要对熔核区的局部区域做 EDS 面扫描分析，其分析结果如图 4.17 所示，其结果可以更加直观地观察到各个元素的分布情况。

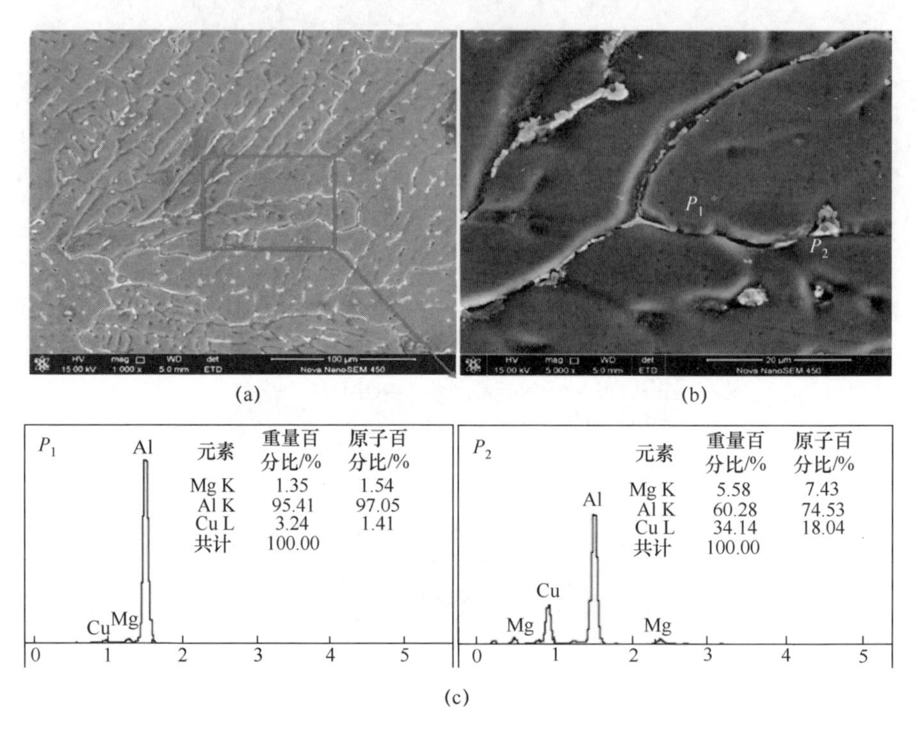

图 4.16 接头熔核区的扫描电镜图

（a）熔核区；（b）图（a）中局部区域放大图；（c）P_1、P_2 点 EDS 结果。

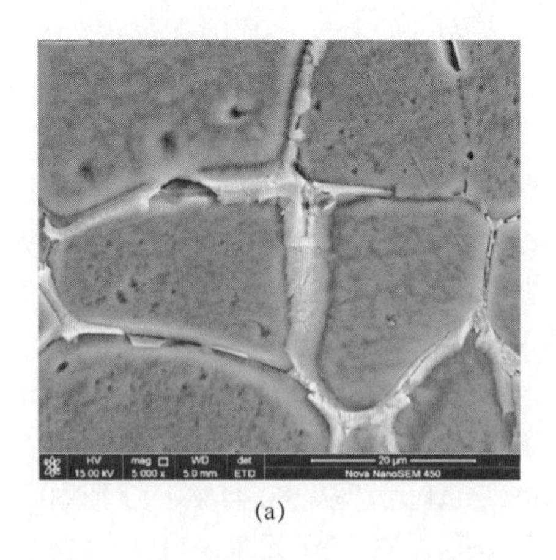

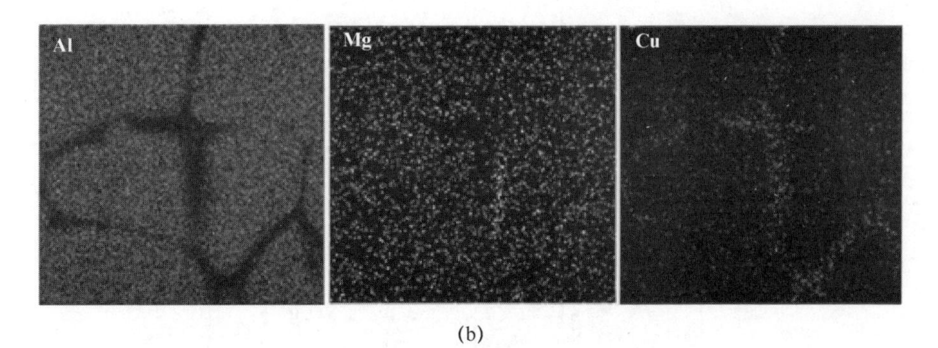

(b)

图 4.17 熔核区局部扫描电镜放大图（见彩插）
(a) 扫描电镜图；(b) 元素分布图。

图 4.17 为熔核区的局部放大图，为了进一步研究白色析出物的组成以及各个元素的分布情况，对该区域进行 EDS 能谱面扫描分析，结果如图 4.17（b）所示，从中可以明显看出，红色分布区域为 Al 元素，黄色为 Mg 元素，紫色为 Cu 元素，位于晶界处的元素主要是 Cu 元素和部分 Mg 元素。因此，结合图 4.16 与图 4.17 的测试结果和相关文献可以推断晶界处的白色物质为含有 Al-Cu-Mg 3 种元素的共晶组织，分析认为，由于摩擦热而产生的高温使得 Cu 和 Mg 两种元素在铝基体熔化后凝固过程中脱离其平衡位置，在晶界和晶粒内能差的驱动力下使得 Cu 和 Mg 两种溶质原子自发地向晶界偏移聚集，从而降低系统的能量，最终出现共晶产物。

为了明确接头熔核区晶界处出现的大量白色物质的组成相，对其进行微区 XRD 物相分析。图 4.18 为图 4.17（a）区域的微区 XRD 测试结果。由于母材的主要成分是 Al 元素，所以衍射峰的强峰基本都是 Al 的衍射峰。另外，还可以看出具有化合物 Al_2CuMg 和 Al_2Cu 的衍射峰，因此可以结合图 4.17 的 EDS 面扫描测试结果，判定晶界处的白色物质主要是有 Al_2CuMg 和 Al_2Cu 两种低熔点共晶组织。

图 4.19 所示为焊接时间 60s、旋转速度 1180r/min、下压量 0.3mm 时的铝侧微观组织图。从图中可以看出，由于焊接时间较短，对接头的热输入持续时间也较短，容易出现热输入不足的结果。从图 4.19（a）可以明显看出，位于下板的铝侧只发生部分金属熔化的现象。相对于焊接时间 90s 而言，接头铝侧仍存在熔核区，但是熔核区的面积相对变小很多。图 4.19（b）为该参数接头热影响区的组织，为等轴晶组成，相对于母材组织晶粒尺寸明显长大。

图 4.20 所示为焊接时间 105s 时铝侧微观组织图，从图中可以看出同样存在熔核区。图 4.20（b）、（c）为熔核区与热影响区过渡区域，在焊点熔核区

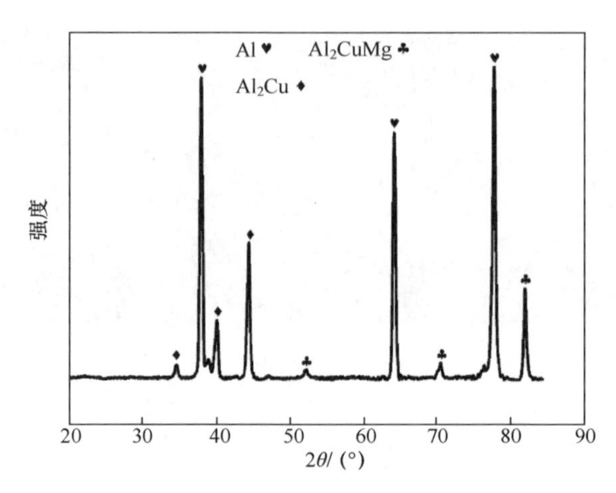

图 4.18　图 4.17（a）图微区 XRD 测试结果

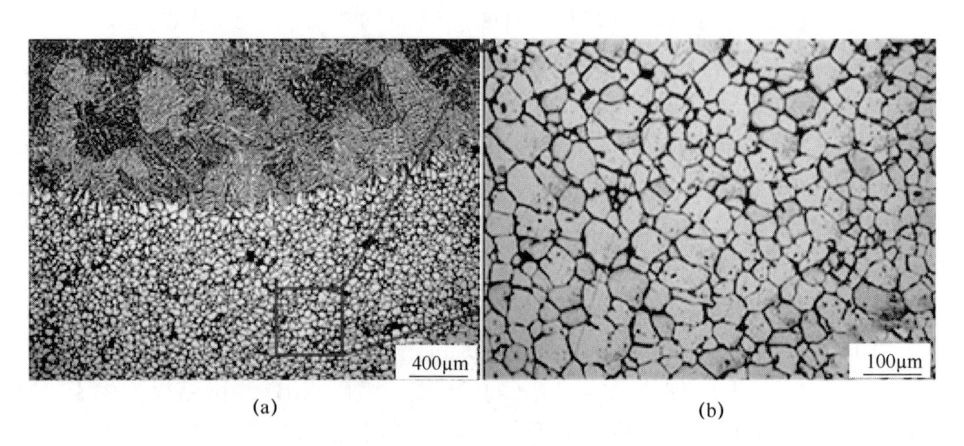

(a)　　(b)

图 4.19　焊接时间 60s 铝侧微观组织形貌

（a）过渡区域；（b）热影响区。

以及熔合线区出现孔洞以及裂纹等缺陷，分析认为是热输入时间过长而导致的热输入总量过大引起的。焊接时间的增加，会导致低熔点共晶向晶界处聚集的时间加长，从而使得晶界处的低熔点共晶的量更多，因此更容易形成热裂纹。焊缝中的杂质在焊缝结晶过程中会形成低熔点共晶，如图 4.18 中的 Al_2CuMg 和 Al_2Cu，且从图 4.17 中也可以看出 Cu 原子在晶界处富集。由于低熔点共晶组织的存在，当被熔化的液态铝在凝固结晶时低熔点共晶组织将被排挤到晶界处形成液态薄膜。最后金属凝固收缩时熔核区的金属受到应力的影响，液态薄膜无法承受应力的作用而被拉开，从而形成裂纹。因此，裂纹的产生是低熔点共晶体以及焊接应力共同作用的结果。低熔点共晶体的大量聚集是产生裂纹的内因，而焊接应力的存在是产生裂纹的外因。综上所述，焊接时间的增长会加速低熔点共晶体在晶界处的形成，加上焊接应力，最终导致裂纹的形成。因此，焊接时间不宜过长。

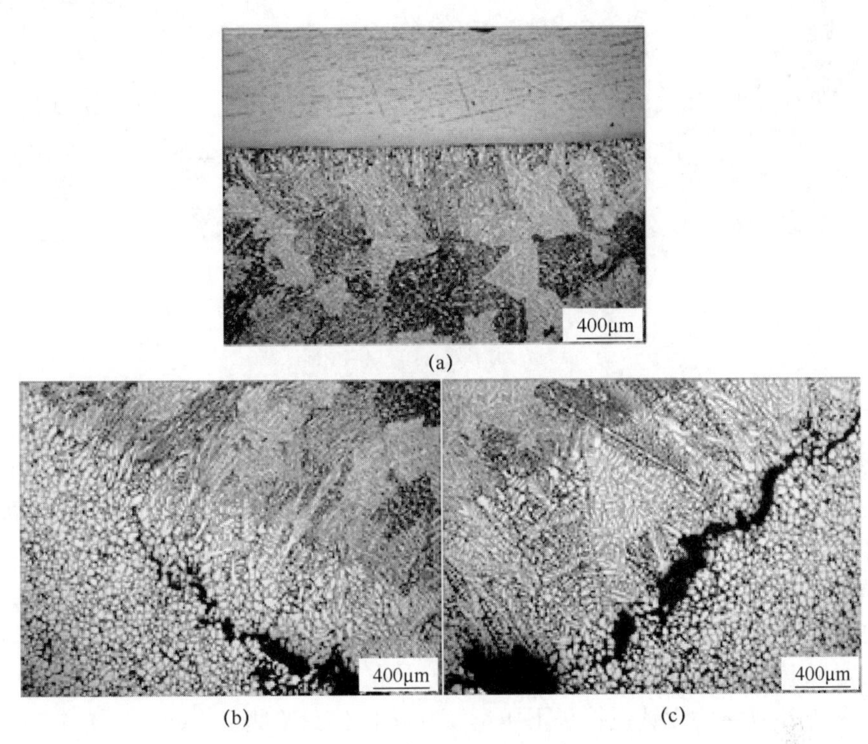

图 4.20　焊接时间 105s 时铝侧微观组织

（a）铝侧界面区域；（b）铝侧过渡区域左侧；（c）铝侧过渡区域右侧。

图 4.21 所示为焊接时间 90s、下压量 0.3mm 和搅拌头旋转速度 750r/min 时的接头焊点处铝侧微观组织图。图 4.21（a）为焊点下界面微观图，图 4.21（b）为界面铝侧下方组织图。从图 4.21（a）中可以看出，此旋转速度下所产生的焊点处铝合金组织没有出现熔核区，只出现了热影响区。从图 4.21（b）中可以看出，受热输入影响的区域的晶粒尺寸明显变大很多。分析认为，接头热输入的主要方式就是搅拌头与钛板的摩擦，搅拌头旋转速度的降低很大程度减小了由摩擦而产生的热量，因此位于下板的铝合金温度达不到固相线温度所需的热量，最终没有发生熔化。综上所述，由于接头热输入过小，导致焊点处铝板没有发生熔化，未出现熔核区，但较小的热输入导致焊点处铝合金出现明显的晶粒长大，形成了热影响区。

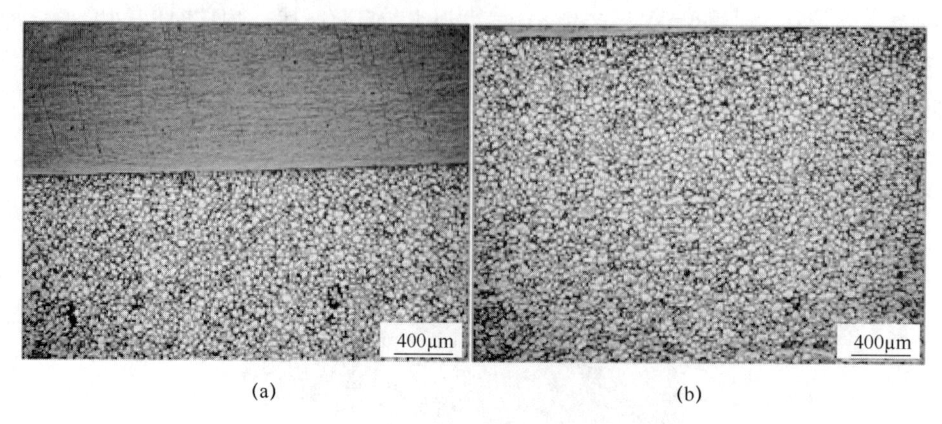

(a) (b)

图 4.21 搅拌头旋转速度 750rpm 接头铝侧微观组织
（a）铝侧界面区域；（b）铝侧中部区域。

图 4.22 所示为旋转速度 1500r/min 时，接头铝侧熔核区的微观组织图。从图中可以看出明显的裂纹和孔洞，相对于焊接时间 105s 时出现的裂纹和孔洞的数量有所增加。一方面，可以认为，旋转速度对接头热输入的影响程度相对于焊接时间影响较大；另一方面，也可以看出，接头热输入过大一定会出现孔洞和裂纹等缺陷。这主要是由于搅拌头旋转速度增大会导致接头热输入大量增加，从而造成 Cu、Mg 等元素析出而聚集在晶界处，再加上焊接应力的存在最终导致热裂纹和孔洞的产生。

图 4.23 所示为无针搅拌头下压量 0.1mm 的接头铝侧组织图，从图 4.23（a）中可以看出，铝侧组织只出现晶粒局部长大的现象，并未出现熔化区。说明由于下压量较低的原因导致接头热输入较低，没有足够的热量使铝侧组织进一步发生变化。根据图 4.23（b）可以看出，界面区域依然存在未被挤压破碎的铝侧包铝层，进一步说明此时界面所受的压力不够，没有使铝侧表面的包铝层破碎，则很难实现铝基体与钛合金的熔钎焊反应。分析认为，搅拌头下压量仅为 0.1mm 时，一方面会出现接头产生的摩擦热不够充分，另一方面对钛板和铝板的挤压力也不充足，因此将导致界面无法形成有效的冶金反应。

当搅拌头下压量达到 0.5mm 时，在铝合金熔核区出现较多裂纹以及大的气孔，如图 4.24（a）、（b）、（d）所示。随着搅拌头下压量的进一步增大，界面处的热输入也在增大。从图 4.24（c）、（d）中可以看出，此时熔核区深度已经超过铝板的厚度，铝板底部已经完全被熔化。在焊接过程中，当底部铝合金处于液态时，气体很容易进入，进入的气体不能得到排出，最终在熔核区凝固过程中残留在熔核区从而形成气孔的缺陷。裂纹主要是两方面原因造成

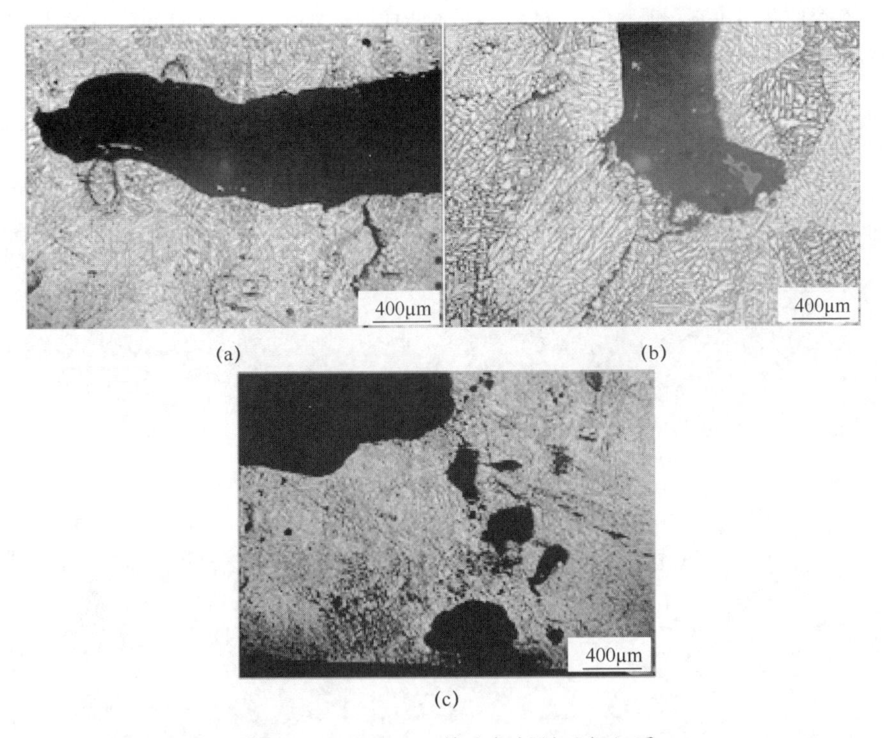

(a)　(b)　(c)

图 4.22　1500r/min 接头铝侧微观组织图
(a) 铝侧熔核区中部区域；(b) 铝侧熔核区中部偏下区域；(c) 铝侧熔核区底部区域。

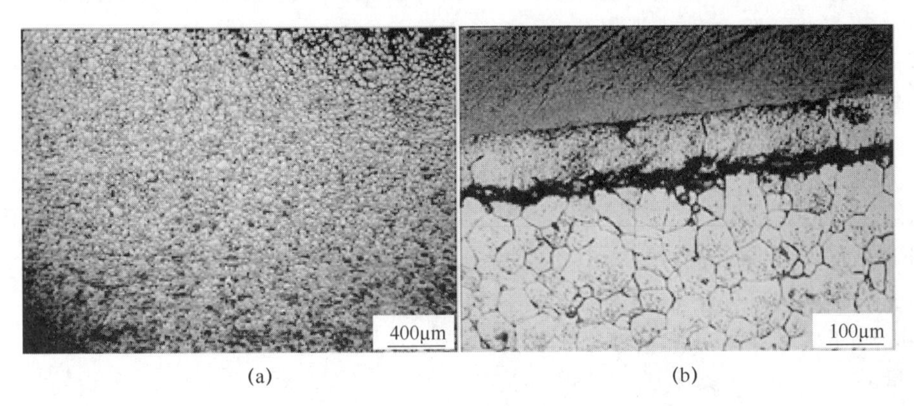

(a)　(b)

图 4.23　搅拌头下压量为 0.1mm 接头铝侧组织图
(a) 焊点铝侧中部；(b) 铝侧界面区域。

的：一方面是晶界处析出较多的低熔点共晶化合物，在凝固后期形成晶界液态薄膜；另一方面由于晶粒之间的拉应力超过液态薄膜所承受的力，就会出现裂纹。随着搅拌头的逐渐下压，对接头处金属的压力也在逐渐增加，这也是导致铝合金熔核区应力逐渐增大的原因之一。

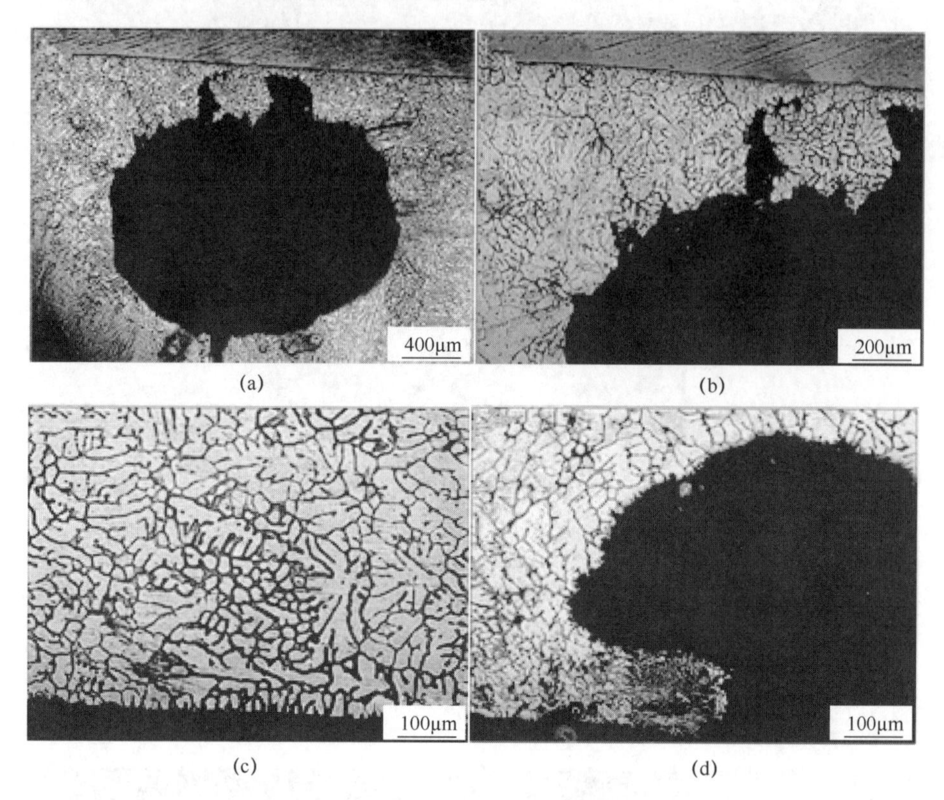

(a)　(b)　(c)　(d)

图 4.24　搅拌头下压 0.5mm 铝侧微观组织

(a) 界面区域；(b) 界面区域放大图；(c) 铝侧底部区域；(d) 铝侧底部区域。

当搅拌头下压量达到 0.7mm 时，在接头铝侧熔核区出现大量的裂纹，如图 4.25 所示。从图 4.25 (b) 中可以看出，裂纹主要是晶粒间的裂纹。根据相关研究表明，该晶间裂纹主要发生在铝合金熔核区的凝固末期，由于跨越临近晶粒产生的拉应力超过了凝固时金属的强度，就会导致晶间裂纹的产生。在凝固后期，晶界区域出现严重的微观偏析，从图中也可以看出，在晶界处出现大量的 Cu、Mg 元素生成的低熔点共晶的聚集。当增大下压量时，接头的热输入以及压力明显增大很多，因此导致晶界处析出的低熔点共晶组织增多且晶粒与晶粒间的应力也增加，最终在两方面因素的影响下出现大量裂纹，将严重影响接头拉剪性能。

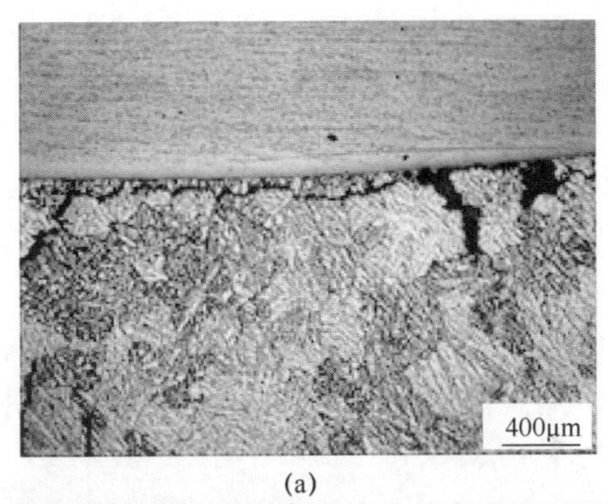

(a)

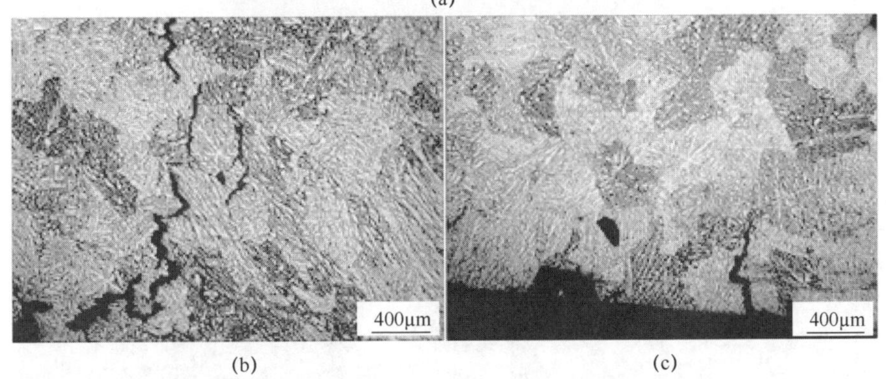

(b)　(c)

图 4.25　搅拌头下压 0.7mm 接头焊点铝侧微观组织
(a) 界面区域；(b) 铝侧中部区域；(c) 铝侧底部区域。

4.2.3　接头界面区微观组织

影响界面化合物生成的因素有很多，如温度的影响、成分的影响以及晶体结构的影响。其中温度的影响可以受外界因素的直接控制和干预（焊接参数），但是成分和晶体结构的影响与所选材料本身有很大关系，因此，对于 Ti/Al 异质结构的焊接，我们只能通过控制焊接参数来控制界面反应温度进而控制界面化合物的产生，最终实现界面层的形成。温度越高，原子的能量越大，越容易发生迁移，因此扩散系数越大，越容易形成界面层。

图 4.26 所示为典型接头界面结合区微观组织分析，图 4.26（b）为图 4.26（a）界面位置 SEM 图。从图 4.26（b）中可以看出，主要分为 3 个区域，上部白色区域为钛合金，下部暗黑色的区域为铝合金，钛合金与铝合金交界处出现明显的中间层灰色带状区域。如图 4.26（c）所示，对该界面区域进行 EDS 面扫描分析，观察到 Al 元素和 Ti 元素在界面处有重叠现象。位于下部

的铝合金侧的白色物质，从图 4.26（c）中可以看出，主要是元素 Cu、Mg 以及 Si 元素的聚集，可以认为，该白色物质为溶质元素偏析导致的低熔点共晶组织。为了进一步确认图 4.26（b）中各个区域的元素分布情况，对其各个区域进行 EDS 点扫描分析，其分析结果如图 4.26（d）所示。P_1 点为钛合金区域侧，因此 Ti 元素占比 92.60%最多，其次为 Al 元素和 V 元素；P_2 点为钛侧白色区域，结果显示 V 元素相比于 P_1 点明显增加，从 2.08%增加到 9.51%；P_3 点为界面结合层位置，结果显示 Al 元素含量 70.07%，Ti 元素含量 26.94%，Ti 元素与 Al 元素含量占比接近 1:3，因此，分析界面灰色区域化合物层为 $TiAl_3$ 金属间化合物层。

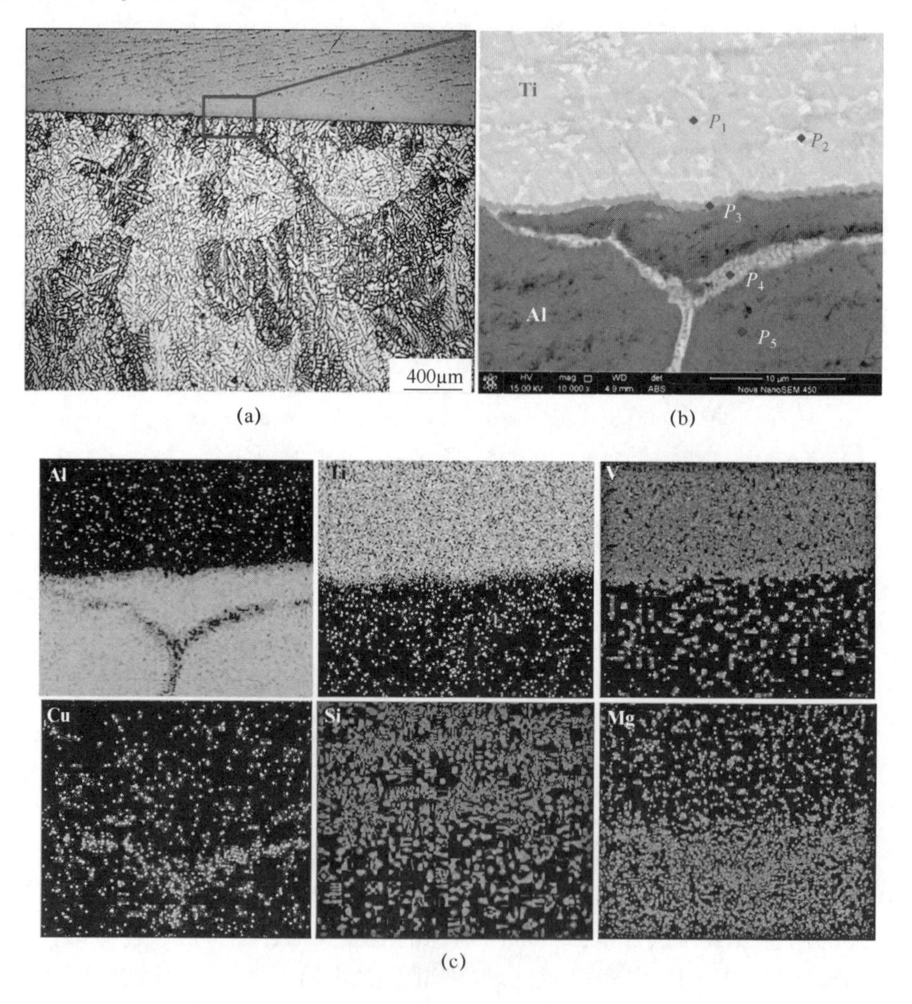

(a)　　(b)

(c)

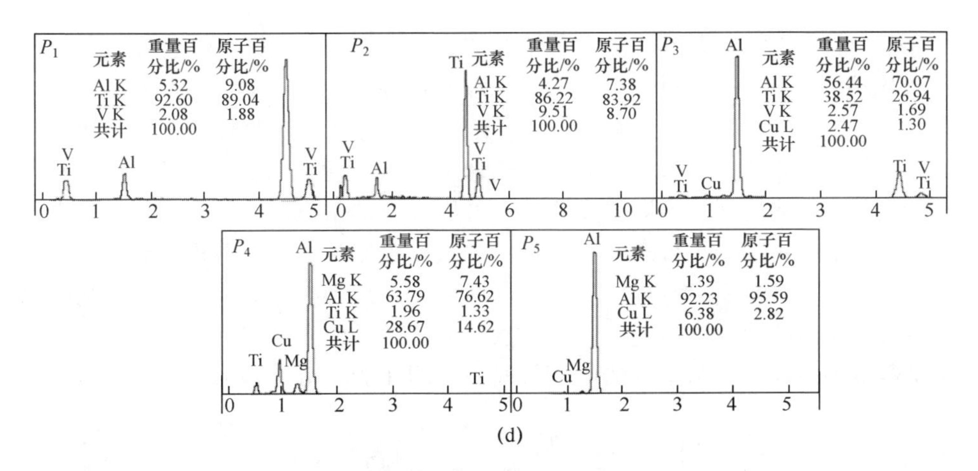

图 4.26　典型接头界面结合区微观组织图

（a）界面区域组织图；（b）图（a）界面局部区域放大 SEM 图；

（c）图（b）EDS 面扫描分析；（d）图（b）EDS 点扫描分析结果。

为了证明界面区域生成的灰色物质为 $TiAl_3$ 金属间化合物，以及铝侧白色物质为 Al、Cu、Mg 元素组成的低熔点共晶组织，对图 4.26（b）区域进行微区 XRD 测试，测试结果如图 4.27 所示。该区域的组织主要由 $TiAl_3$、Al_2O_3 和 Al_2CuMg 等物相组成。结合图 4.26（d）的 EDS 分析结果可以确定，界面灰色带状分布区域为 $TiAl_3$ 金属间化合物。

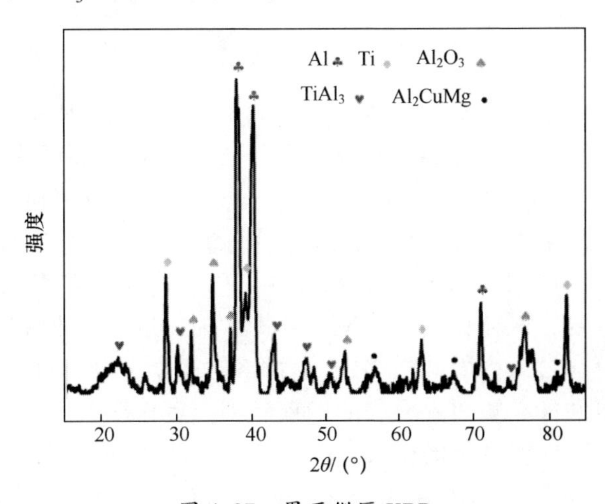

图 4.27　界面微区 XRD

Ti/Al 无针搅拌摩擦点焊过程中，随着热输入的不断增加，在接头界面处会形成钛元素和铝元素扩散的界面化合物层，为了探究界面处的两种元素的结合情况，明确焊接工艺参数对界面结构的影响，需要对 Ti/Al 结合界面展开分析，为研究接头在焊接过程中的形成机理奠定基础。

图 4.28 所示为焊接时间 60s 时的接头界面处的微观形貌，可以看出，界面处化合物层并不连续，只有局部的铝合金与钛板发生粘连，但是位于下板的铝合金出现了熔核区，说明温度已经超过铝合金的熔点。分析认为，没有形成持续界面化合物层与焊接时间短有很大关系。根据相关的扩散理论研究，元素扩散是一个需要时间的过程，虽然温度达到了，但是扩散时间不够就无法保证足够的原子扩散到界面位置，从而无法形成连续的化合物界面层。因此，只能看到界面处部分铝断断续续的粘连状况，如图 4.28（b）所示。

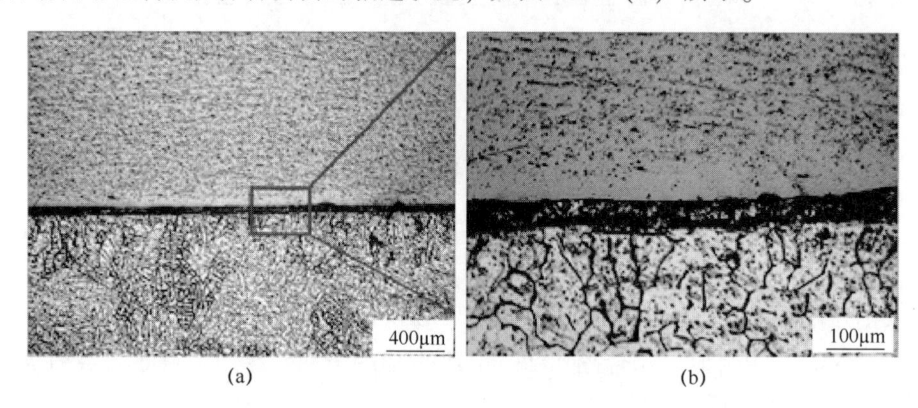

(a) (b)

图 4.28 焊接时间 60s 接头界面结合区微观组织图

（a）界面位置；（b）界面位置放大图。

不同焊接时间下的接头界面结合区 SEM 图如图 4.29 所示。随着焊接时间增加，界面发生熔钎焊反应的时间也逐渐增加，导致界面层化合物逐渐生长，因此界面层逐渐变厚，从图 4.29（a）、（b）、（c）可以明显看出。当焊接时间为 90s 时，从图 4.29（b）可以看出，界面结合层最为均匀且厚度仅为 1μm 左右；当焊接时间增加到 105s 时，从图 4.29（c）可以观察出界面层比较粗糙且有部分弥散复合颗粒在铝侧出现，分析认为，这是由于焊接时间过长导致界面处熔钎焊反应过久，因此过多 Ti 元素溶解扩散到铝液中。从上述现象可以发现，焊接时间的长短对界面层的生长起到一定作用。

不同搅拌头旋转速度下的接头界面结合区 SEM 结果如图 4.30 所示。当旋转速度为 750r/min 时，从图 4.30（a）中可以看出，在界面处存在很明显的缝隙、孔洞以及锯齿状的生长物等。分析认为，此时的旋转速度较低，界面的热输入相应较低，导致界面反应层生长缓慢。因此，可以看到呈锯齿状的生长现象，界面缝隙还未来得及扩散填充。当旋转速度为 950r/min，其界面结合

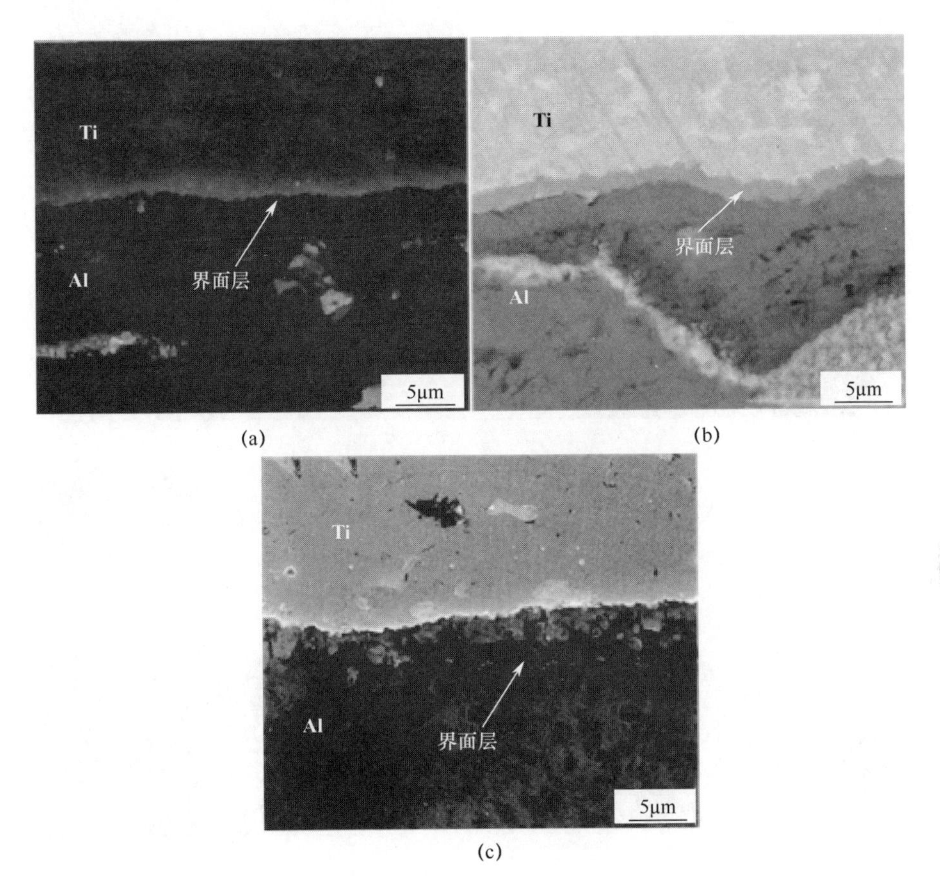

图 4.29　不同焊接时间的接头界面结合区 SEM 图
（a）75s；（b）90s；（c）105s。

层得到了进一步生长。在界面处不存在明显的缝隙和锯齿状生长物，只是存在部分小孔洞现象。分析认为，小空洞的形成与柯肯达尔孔洞效应有关，由于铝合金熔点低，在扩散过程中界面处晶体收缩不完全，在低熔点金属一侧会形成分散或集中的空位，当空位浓度逐渐聚集升高时，就会出现如图 4.30（b）所示的界面孔现象。随着旋转速度的进一步增加，界面温度上升，界面处熔钎焊反应逐渐加剧，界面层的生长逐渐接近均匀无缺陷的状态，如图 4.30（c）所示，此时界面结合层相对最好。当旋转速度达到 1500r/min 时，界面热输入较大，最终如图 4.30（d）所示，在界面处出现弥散分布的复合颗粒，而且相比于图 4.30（c）界面层明显厚度有所增加。旋转速度的增加，对界面热输入有很大影响，因此随着旋转速度的不同，界面结合层也会呈现出不同的形态分布。

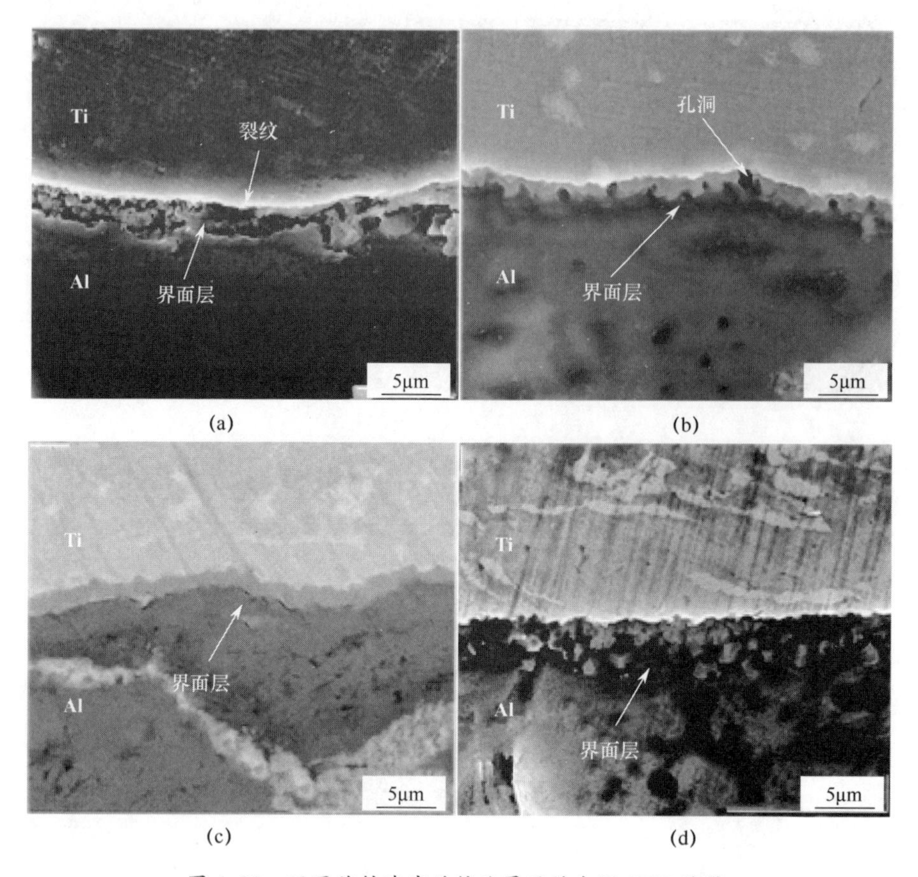

图 4.30 不同旋转速度的接头界面结合区 SEM 结果

(a) 750r/min；(b) 950r/min；(c) 1180r/min；(d) 1500r/min。

图 4.31 所示为不同下压量下接头界面结合区 SEM 图。当下压量为 0.1mm 时，如图 4.31（a）所示，在界面处局部区域未形成有效的结合区。分析认为，当搅拌头下压量较小时，会出现接头热输入不足的现象，根据前文接头铝侧组织所呈现的结果已经得到验证。随着下压量增加到 0.3mm 时，界面处出现较为均匀且无明显缺陷的化合物层，如图 4.31（b）所示，说明此时界面的热输入较为适中，有利于化合物层的形成。

从图 4.31（c）、（b）界面结合层的厚度来看，增加搅拌头下压量可使界面化合物层厚度相对变化更为明显。随着下压量增加到 0.7mm 时，从图 4.31（d）中可以看出，界面化合物层出现颗粒状的分布状态，厚度也明显增加。综上所述，相对于焊接时间和旋转速度来说，无针搅拌摩擦点焊过程中搅拌头下压量的大小对界面化合物层的生长状态有更大的影响。

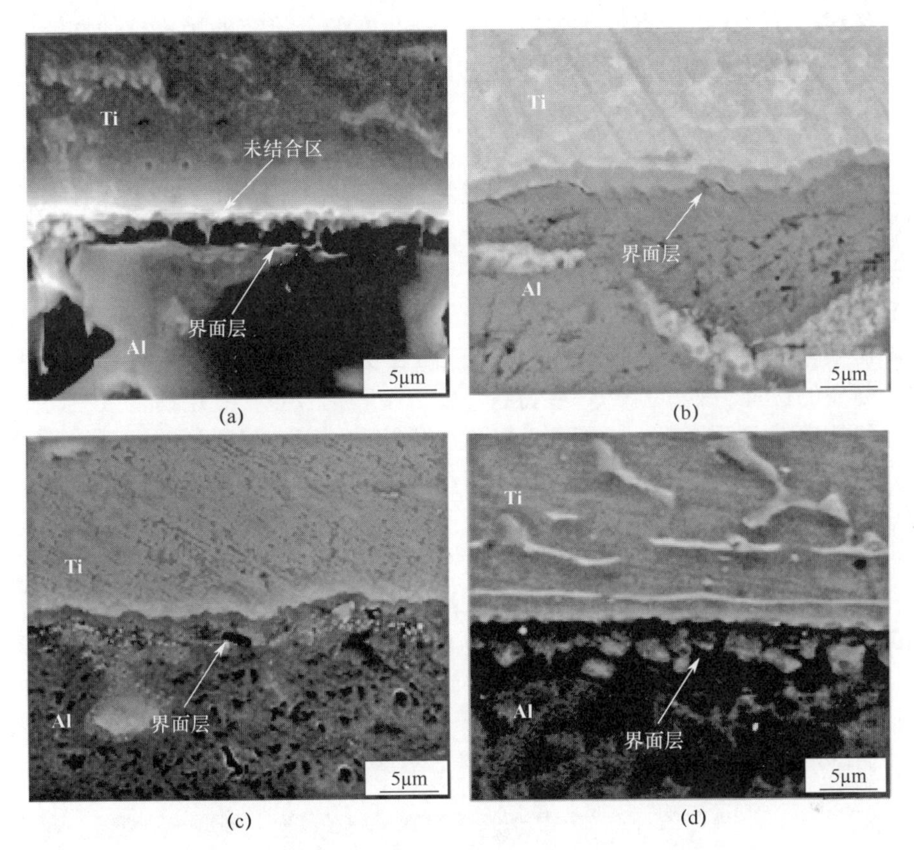

(a)　(b)　(c)　(d)

图 4.31　搅拌头不同下压量接头界面结合区 SEM 结果

(a) 0.1mm；(b) 0.3mm；(c) 0.5mm；(d) 0.7mm。

虽然界面化合物层的厚度随着热输入的增加，在逐渐生长变厚，但是过多的热输入会导致熔点较低的铝侧组织发生很大的变化，甚至出现大量的裂纹以及孔洞等缺陷，严重影响接头的力学性能。所以选择合适的热输入，才能使得界面化合物层能够较好地形成。

4.3　Ti/Al 搭接接头搅拌摩擦焊接接头的力学性能及断裂机制

本节研究了焊接工艺参数对无针搅拌摩擦点焊接头硬度分布以及拉剪性能的影响规律，并从接头微观组织以及界面结构等特征出发，进一步分析焊接参数与接头力学性能之间的关系，为获得高质量焊接接头提供理论依据。并结合研究领域内 Ti/Al 搭接点焊接头的拉伸性能与本部分研究的接头拉伸性能做对比分析，突出无针搅拌摩擦点焊接头的优势。

4.3.1 接头显微硬度分析

无针搅拌摩擦点焊接头焊点处因受热输入以及搅拌头压力的影响，钛板和铝板组织会发生一定程度的变化，因此其各个区域的硬度值会发生明显变化。另外，焊点的拉剪测试过程中的接头受力之后的变形协调性也与各个区域的硬度有直接的对应关系。一般来说，在硬度发生巨大变化的位置（如硬度值突然降低很多的区域），就是拉剪过程中应力容易集中的位置，从而更容易判断接头断裂的位置。本试验的焊接材料为钛合金和铝合金，鉴于钛合金材料本身的良好特性，在低热输入的影响下硬度变化较小，因此对于硬度试验的测试着重以熔点较低的铝合金为主。从接头组织分析中也可以看出，焊点处钛合金的影响程度较小，铝合金侧组织变化较大。

本节对无针搅拌摩擦点焊获得的接头铝侧显微硬度进行不同焊接参数下的对比分析，从硬度变化的角度表征接头的组织变化以及力学性能变化。铝合金侧硬度分布测试位置如图 4.32 所示。2Al2 是可沉淀强化合金，对于可沉淀强化合金，当接头受到热以及力的共同影响时，不但会发生晶粒粗大，同时还会伴随沉淀相的析出和溶解，因此，在该试验中晶粒变化、沉淀相变化、位错及溶质原子分布变化会同时影响接头硬度。

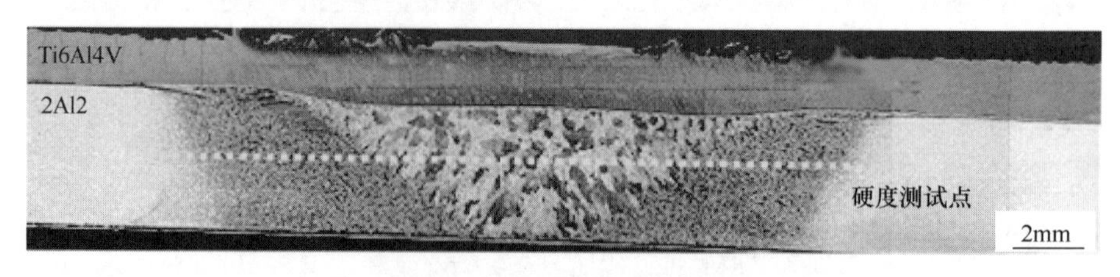

图 4.32 铝合金侧硬度分布测试位置

图 4.33 所示为不同工艺参数下接头截面不同区域的硬度分布结果图，通过对比分析可见，无针搅拌摩擦点焊接头的硬度分布呈现出典型的“W”形态分布。其中，母材区域硬度值最高，约为 150HV，位于两侧边缘，因为母材区域距离焊点处较远，未受到摩擦热以及搅拌头挤压的影响，因此硬度保持最初的供货状态。从图 4.33（a）、（b）、（c）中可以看出，从母材区向焊点区域逐渐靠近的热影响区的硬度值在逐渐下降，平均为 120HV 左右，因为热影响区的组织经历了摩擦热的影响，导致该区域的晶粒尺寸变得粗大，且越靠近焊点中心晶粒尺寸越大，因此出现硬度值下降的趋势。

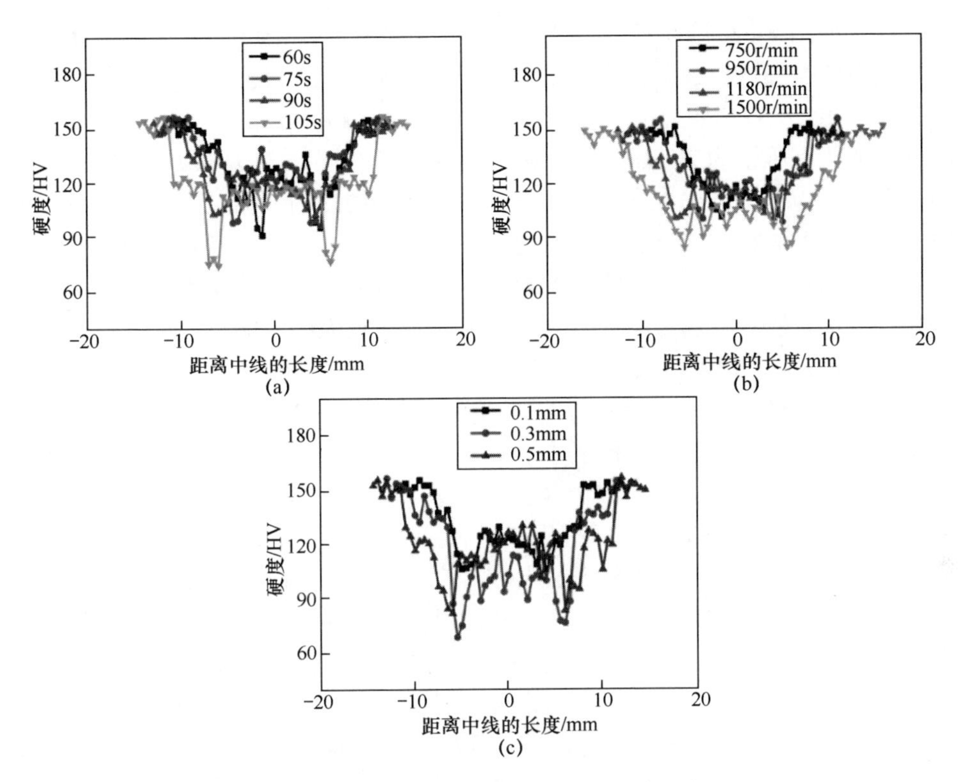

图 4.33　工艺参数对接头铝侧显微硬度的影响

(a) 不同焊接时间；(b) 不同旋转速度；(c) 不同下压量。

从图 4.33（c）中可以看出，从母材区到热影响区硬度值逐渐下降，最终出现硬度值最低的区域平均为 90HV 左右，该区域为熔合线区。从 4.2 节微观组织图中可以看出，该区域主要是柱状树枝晶为主，根据 Hall-Petch 公式，晶粒尺寸越大，就会导致该区域硬度值越低。该区域是熔核区与热影响区的过渡区域且由粗大的晶粒组成，因此硬度值为最低。

如图 4.33（a）、（b）、（c）硬度值测试结果所示，焊点熔核区的硬度值平均为 130HV 左右，低于母材区，但高于热影响区和熔合线区。分析认为，在焊接过程中，对于熔核区焊点处较高的摩擦热容易导致铝合金侧强化相的粗化、溶解和再沉淀，使得熔核区的硬度值低于母材区域。但是，熔核区被焊铝合金材料经历了摩擦热和挤压的效果，有利于位错密度的增加，进而硬度值相对得到提高，因此高于热影响区和熔合线区。另外，熔核区晶界处析出大量的共晶组织 Al_2Cu 和 Al_2CuMg，也会使该区域的平均硬度得到升高。

虽然不同焊接参数下接头的硬度分布形状大致一样，但是硬度数值存在一定差异。如图 4.33（a）所示，当焊接时间为 60s 时，硬度的总体数值相对焊接时间 105s 时的硬度值略高。类似地，从图 4.33（b）和（c）中也可以看出，当搅拌头旋转速度为 750r/min 时，其硬度值要略高于旋转速度为 1500r/min 的硬度值；下压量为 0.5mm 的接头铝侧硬度低于下压量为 0.1mm 时的硬度值。分析认为，由于焊接参数过大时，接头铝侧的热输入会增大很多，对于铝侧熔核区的强化相的粗化、溶解和再沉淀的影响程度是不一样的，因此会根据焊接参数的不同出现硬度数值上的差异。综上所述，接头热输入的大小对铝侧熔核区、熔合线区及热影响区的硬度值分布存在很大的影响。

根据 4.2 节对铝侧熔核区微观组织分析，发现在晶界处析出共晶组织，因此采用纳米压痕技术对其进行表征，其测试结果如图 4.34 所示。如图 4.34（a）所示，图中显示了在铝侧熔核区中晶界和晶粒区域的纳米压痕测试点，在抛光后的表面可以看到凹坑的扫描电镜图像，从 1 到 4 位置的凹痕清晰地显示出来。GA 和 GB 两个不同的区域分别表示为晶粒区域和晶界区域。图 4.34（b）为图 4.34（a）中 4 个点纳米压痕所测得的载荷-位移曲线，GA 和 GB 两个不同区域的荷载-位移曲线存在明显差异。根据图 4.34（b）可知，1 点和 2 点在最大平均深度为 500nm 时，最大载荷平均为 11mN，而 3 点和 4 点的平均最大载荷达到了 21mN 左右。这一结果说明，GB 表示的晶界区域的需要更大的载荷才能达到和 GA 表示的晶粒区域一样的深度，晶界区域的硬度明显高于晶粒区域。也验证了前面分析的晶界处有共晶组织的产生，正是由于共晶组织导致晶界的硬度明显增高。

从图 4.34（c）中可以看出，在这两个区域中，GB 区的最大显微硬度（5.54GPa）和弹性模量（117.66GPa）远远高于基体的硬度（2.42GPa）和弹性模量（93.23GPa）。硬度和弹性模量的提高是由于晶界处析出大量共晶组织，且该区域经历了较快的冷却过程，从而获得了较高的硬度和弹性模量。而 GA 区域为铝侧熔核区晶粒上，晶粒发生粗大导致其硬度和弹性模量的下降。

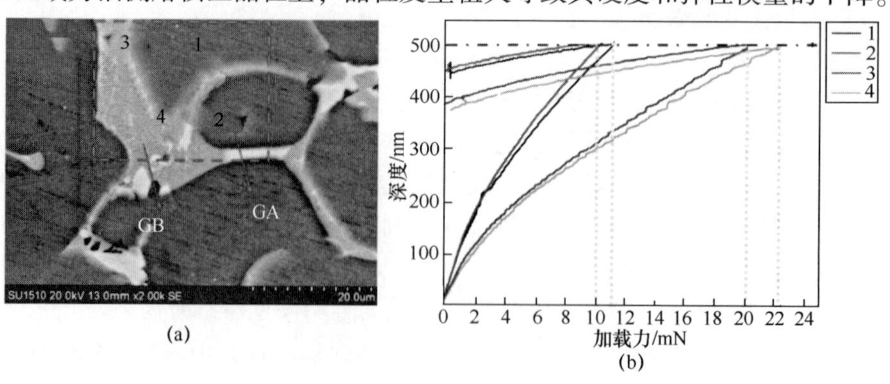

(a) (b)

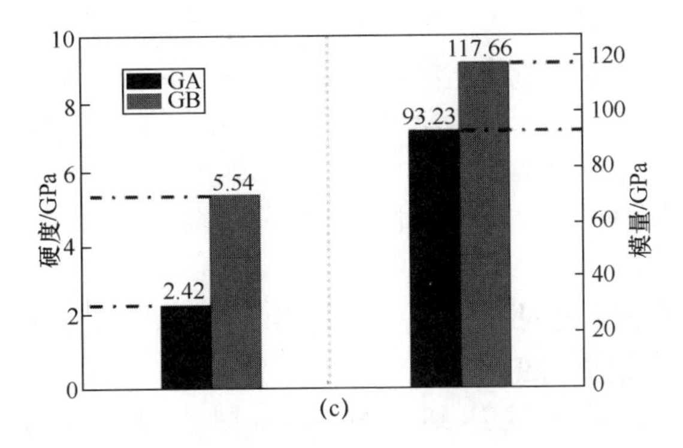

图 4.34 接头铝侧熔核区纳米压痕测试

（a）压痕位置；（b）载荷-深度曲线；（c）硬度-模量对比图。

4.3.2 接头拉剪性能分析

通过对本组试验的每个参数焊接 3 组式样，并对其进行拉剪试验，最终求其平均值，接头的拉剪力与焊接时间的关系曲线如图 4.35 所示。由图 4.35 可以看出，当搅拌头旋转速度和下压量一定时，随着焊接时间的增加，接头的拉剪力出现先增大后减小的趋势。当焊接时间为 90s 时，达到最大的拉剪力 19.20kN，但当焊接时间为 60s 时，接头拉剪力最小为 8.79kN，相比减小 54.22%左右。分析原因，认为焊接时间的长短与接头热输入有关，当焊接时间过小时，接头的热输入不足，焊接热循环在高温处的停留时间明显不足，从

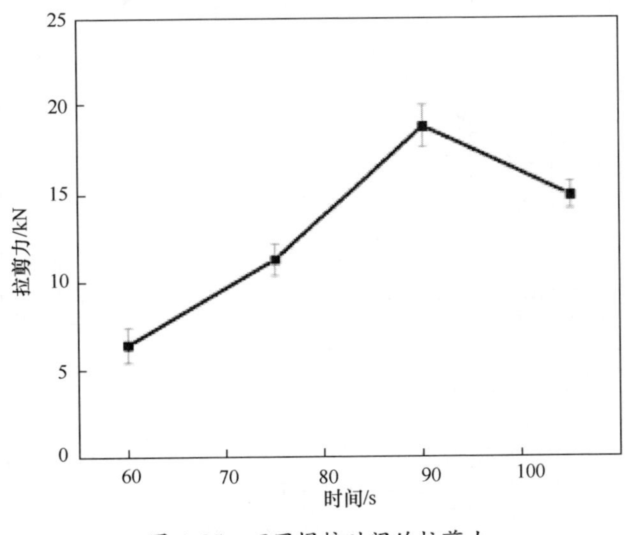

图 4.35 不同焊接时间的拉剪力

4.2 节界面微观图中可以看出，界面处原子扩散不充分，不能够满足 Ti/Al 界面冶金结合所需的能量。因此，焊接时间小于为 60s 时，接头的拉剪力较低为 5.78kN。但是过大的热输入也会降低接头拉剪力，当焊接时间增大为 105s 时，此时，拉剪力降低为 15.68kN。因为过大的热输入容易使铝板侧熔深过大，还会导致气孔和热裂纹的产生，因此，过长的焊接时间也会使接头的拉剪力降低。

搅拌头不同旋转速度对接头拉剪力的影响如图 4.36 所示，在焊接时间以及搅拌头下压量一定时，随着搅拌头旋转速度的增加，接头的拉剪力先增大后减小，当搅拌头旋转速度达到 1180r/min 时，接头拉剪力达到最大为 19.20kN。当旋转速度为 750r/min 时，接头拉剪力最小为 7.11kN。根据图 4.30 界面微观图可以看出，随着旋转速度的增加界面结合层逐渐生长，因此，旋转速度从 750r/min 增加到 1180r/min 时，接头拉剪力也在逐渐上升。当旋转速度继续增加到 1500r/min 时，接头拉剪力发生大幅下降。根据图 4.9 可以看出，旋转速度较大时，热输入过大导致位于下板的铝合金熔深超过铝板厚度且出现孔洞等缺陷，进而发生变形引起应力集中，最终断裂位置从铝板边缘开始。

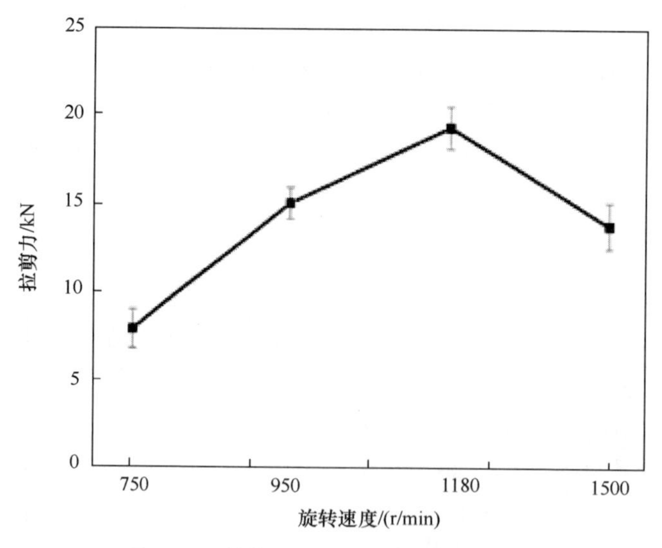

图 4.36 搅拌头不同旋转速度的拉剪力

图 4.37 所示为搅拌头不同下压量对无针搅拌摩擦点焊接头拉剪力的影响规律。从图中可以看出，在搅拌头不同下压量的情况下，接头的抗拉剪力整体呈现先上升再下降的趋势。搅拌头下压量为 0.1mm 时，此时，拉剪力最小为

4.6kN。当下压量增加到 0.3mm 时，此时，拉剪力达到最大 19.20kN，曲线的变化幅度较大，也从侧面反映出，接头拉剪性能对搅拌头下压量的变化很敏感。由图 4.31 下压量界面 SEM 图可以看出，下压量从 0.1mm 到 0.3mm 的界面变化很明显，证明 0.3mm 时的界面结合更好，因此拉剪力更高。继续增加下压量，接头的拉剪性能开始降低，但是降幅相对较小。分析认为抗拉剪力出现下降的主要原因是由于接头热输入过高以及搅拌头对铝板的压力过大，导致铝板发生很大程度的变形和缺陷的大量产生，从而引起应力集中，在拉剪力的作用下很容易产生裂纹而发生断裂。这恰恰说明，接头的拉剪力的大小与接头热输入的关系，只有保证一定的热输入，才能保证接头良好的力学性能。虽然过大的热输入会导致接头力学性能的降低，但是相对热输入不足的接头，其拉剪性能还是得到了一定的提升。

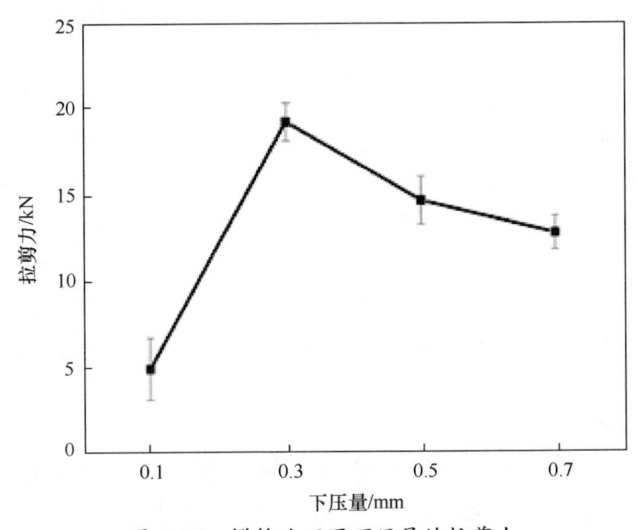

图 4.37　搅拌头不同下压量的拉剪力

无针搅拌摩擦点焊（Pinless Friction Stir Spot Welding，PFSSW）在钛合金与铝合金搭接点焊的应用中能否得到推广以及认可，其搭接接头的力学性能是一个很重要的衡量指标。因此，通过汇总对 Ti/Al 异质结构点焊接头的研究，对比无针搅拌摩擦点焊接头的力学性能，以突出该焊接方法的优势。因为本研究的 Ti/Al 异质结构点焊接头形式为搭接方式，所以在选择研究对比对象时，着重考虑获得接头焊接形式为搭接接头的焊接方法，如搅拌摩擦搭接点焊（FSSW）、搅拌摩擦搭接点焊-钎焊复合焊（FSSW-B）、可回抽试搅拌摩擦点焊（FSPW）、电阻点焊（RSW）以及超声波点焊（USW）等焊接方法。其对比结果如图 4.38 所示。

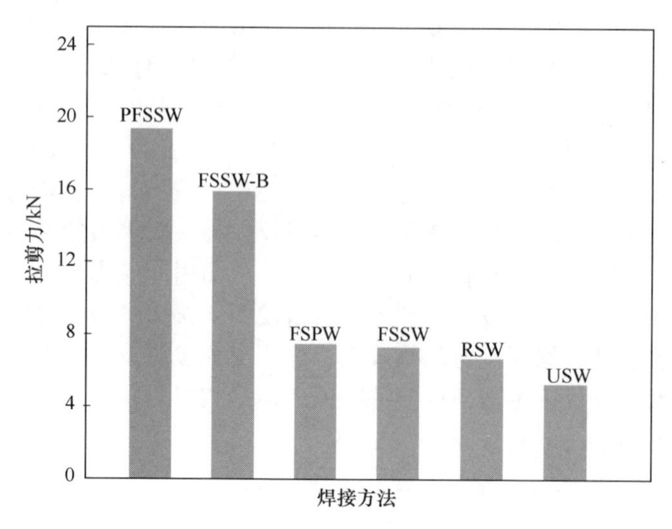

图 4.38　焊接方法拉剪力对比图

从图 4.38 中可以看出，传统的搅拌摩擦搭接点焊（FSSW）焊接 Ti/Al 异质结构时，所获得的接头的抗拉剪性能较低仅为 6.6kN 左右。导致传统搅拌摩擦点焊接头力学性能较低的主要原因：一方面，与两种金属在冶金结合反应过程中很容易产生大量的脆性金属化合物（以 $TiAl_3$ 为主），而脆性金属间化合物很容易导致接头开裂；另一方面，由于传统的搅拌摩擦点焊的搅拌头有很长的搅拌针，因此点焊过程中在被焊金属表面会形成很大的点焊孔（匙孔），该匙孔会导致应力集中以及结合面积的减小等问题。这些问题很大程度上降低了接头的承载能力。

相对于搅拌摩擦点焊，在其他焊接领域也开发了一些针对 Ti/Al 异质结构的搭接焊接方法。虽然能够获得冶金结合的良好焊接接头，但是其拉剪性能相对于无针搅拌摩擦点焊（PFSSW）接头还是存在一定的差距。从工艺操作角度来看，无针搅拌摩擦点焊的焊接过程相对简单，更适合实际生产应用。本研究所采用无针搅拌摩擦点焊的方法，解决了传统搅拌摩擦焊的缺点，并且接头结合形式发生了一定的变化，使其接头承载能力得到大大的提高。

4.3.3　接头拉剪断裂机制分析

焊接接头在服役过程中会经过不同形式加载力的影响，其中拉剪力是最常见的也是最基本的接头力学性能测试指标。对于无针搅拌摩擦点焊焊接 Ti/Al 异质结构的接头，一方面在界面处易产生金属间化合物，另一方面位于底部的铝板也会产生变形等缺陷影响接头的断裂方式。因此，本节从宏观到微观对接头的断口形式进行逐步深入的研究，研究不同焊接参数下的断裂机制并作比较分析，可以很好地为防止接头失效措施提供一定的理论基础。

表 4.3 汇总了不同旋转速度时无针搅拌摩擦点焊 Ti/Al 搭接接头拉剪试验断口宏观形貌。从表 4.3 中可以看出，当旋转速度较小为 750r/min 时，断裂位置主要发生在界面处，且在钛板侧可以发现黏连少量的铝。结合 4.2 节中提到的界面结合情况可知，由于旋转速度较小，界面热输入较小，界面的反应层生成较薄，导致钛板与铝板在界面处的结合面积较小且只有部分结合。因此，当受到拉剪力时，界面结合处较弱是导致断裂在界面处的主要原因。当旋转速度增加到 950r/min 时，断裂位置发生在铝侧熔核区，主要表现形式为铝侧熔核区被剥离出铝板。一方面，验证了铝侧硬度分析结果，在热影响区与熔核区之间过渡区域部分熔化区是力学性能较为薄弱的区域；另一方面，此时的界面结合力已经得到明显提升且超过铝侧部分熔化区铝合金的结合力。旋转速度为 1180r/min 时，断裂位置发生在铝板中部，根据抗拉剪曲线可知此时接头的抗拉剪力是最强的，已经达到 19.20kN。当旋转速度达到 1500r/min 时，由于接头热输入过大，出现铝板受变形的现象，因此易产生应力集中导致接头拉剪力学性能的下降。从表 4.3 中也可以看出，断裂位置从铝板变形的边缘处开始发生断裂。

表 4.3　不同旋转速度断口宏观形貌

750r/min	950r/min	1180r/min	1500r/min
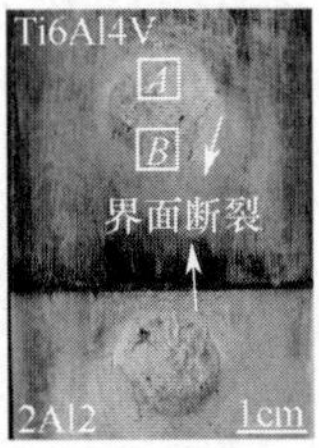 Ti6Al4V A B 界面断裂 2Al2 1cm	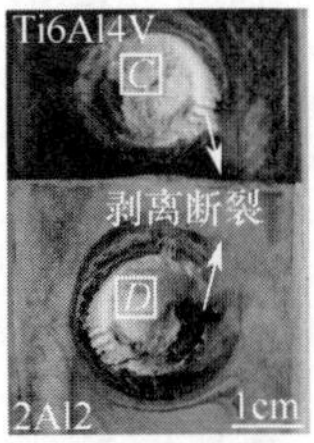 Ti6Al4V C 剥离断裂 D 2Al2 1cm	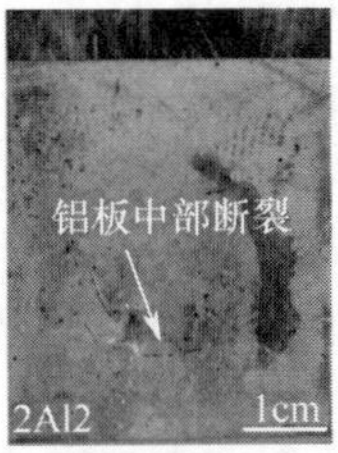 铝板中部断裂 2Al2 1cm	 铝板变形 铝板边缘断裂 2Al2 1cm

不同焊接时间下的拉伸断口宏观图如表 4.4 所列，其中也出现了 4 种断裂方式。当焊接时间为 60s 时，虽然铝板侧出线局部界面熔化区域，但是由于接头冶金反应所需的时间不足，因此界面处南以生成稳定的界面结合层，最终导致接头断裂在界面处。当焊接时间为 75s 时，接头的断口表现形式是剥离断裂，但是剥离铝侧熔核区相对于表 4.3 中旋转速度 950r/min 的被剥离的熔核区的面积略小。根据接头的宏观截面形貌图也可以看出，焊接时间 75s 时的接头铝侧熔核区面积要小于旋转速度为 950r/min 时铝侧熔核区的面积，因此出

现上述不同的剥离断裂现象。随着焊接时间进一步增加为 105s，热输入过大导致铝板侧变形严重，最终断裂在铝板侧边缘位置。其中当焊接时间为 90s 时，此时断裂位置在铝板中部，且铝板未发生明显变形，此时的拉剪力也是最大的。

表 4.4　不同焊接时间断口宏观形貌

60s	75s	90s	105s
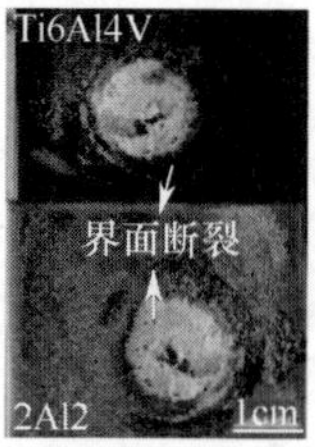 Ti6Al4V 界面断裂 2A12 1cm	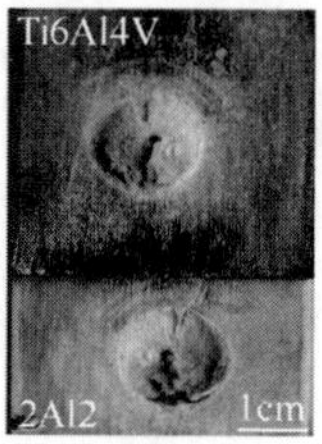 Ti6Al4V 2A12 1cm	 Ti6Al4V 铝板中部断裂 2A12 1cm	 Ti6Al4V 铝板边缘断裂 2A12 1cm

表 4.5 所列为搅拌头不同下压量时无针搅拌摩擦点焊 Ti/Al 搭接接头拉剪试验断口宏观形貌，其中断裂的主要表现形式只出现了界面断裂和铝侧断裂两种断裂方式，说明搅拌头下压量对接头的断裂形式影响比焊接时间和旋转速度的影响更大。从图 4.11 宏观截面图中也可以看出，当搅拌头下压量达到 0.3mm 时，铝侧熔核区的深度已经达到铝板的厚度，因此没有出现被剥离断裂的形式。如表 4.5 所列，当下压量 0.1mm 时，由于下压量较小，产生的摩擦热不足，因此界面结合层较弱，断裂位置发生在界面处。随着下压量的增大，分别为 0.5mm 和 0.7mm 时，从表 4.5 中可以看出，在铝板底部焊点处出现黑色的环状区域。分析认为，一方面由于下压量过大导致摩擦热加大，另一方面搅拌头对铝板的压力增大，使得铝板被熔透，最终在铝板底部出现黑色环状区域。此时，断裂位置发生在铝板边缘，因为边缘处变形较大产生应力集中，在拉剪力的作用下从边缘处开始断裂。

表 4.5　不同搅拌头下压量断口宏观形貌

0.1mm	0.3mm	0.5mm	0.7mm
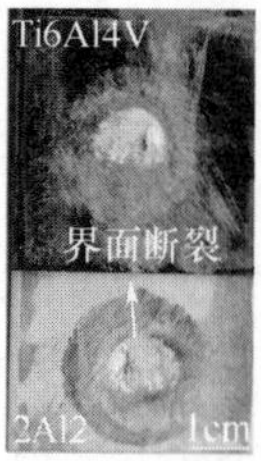 Ti6Al4V 界面断裂 2A12 1cm	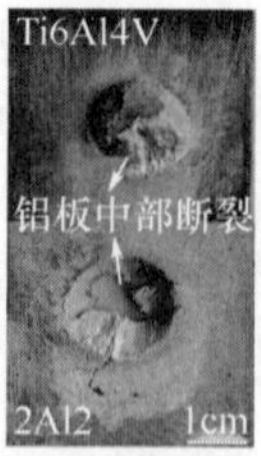 Ti6Al4V 铝板中部断裂 2A12 1cm	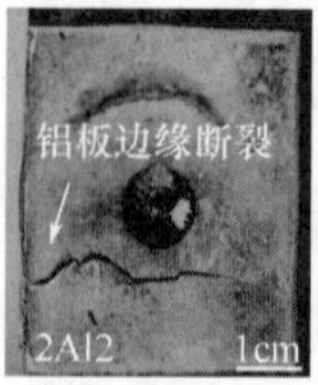 铝板边缘断裂 2A12 1cm	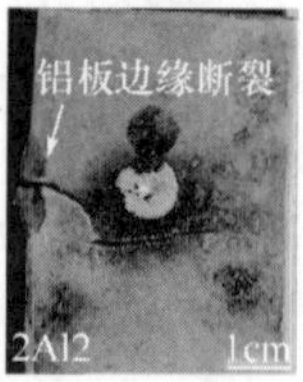 铝板边缘断裂 2A12 1cm

从以上的宏观断口形貌可以看出，不同的焊接参数会影响接头的断裂形式，Ti/Al 异质结构无针搅拌摩擦点焊接头的宏观断裂主要表现为 4 种形式，分别为界面断裂、铝侧熔核区剥离断裂、铝板中间断裂和铝板边缘断裂。

图 4.39 为断裂在界面位置局部区域的扫描电镜以及能谱分析结果。从图 4.39（a）中可以发现，裂纹是沿着界面进行扩展的。为了验证钛板表面有铝板的黏连，对图 4.39（a）中的局部区域进行元素能谱面扫分析。结果如图 4.39（c）所示，其中红色元素分布代表 Al 元素，绿色和黄色分别代表 Ti 元素和 V 元素，结合图 4.39（b）可以清楚地看出，红色分布的 Al 元素与钛侧黏连在一起，但只是部分粘黏。这一结果也很好的验证了宏观断口在界面处断裂的解释结果。

为了进一步分析 Ti/Al 异质结构接头的断裂机制，对接头的断口形貌进行微观 SEM 以及 EDS 分析，分析结果如图 4.40 所示。其中图 4.40（b）为表 4.3 钛板侧 A 区域的放大图，图 4.40（a）、（c）为图 4.40（b）所标区域的放大图。从图 4.40（a）、（b）中可以清楚地看到，有部分铝黏连在钛侧且有部分钛板未黏连，与图 4.39 结果形成对应。对图 4.40（b）部分区域进行进一步放大分析，如图 4.40（a）所示，沾黏的铝基体位于左上角部位且断口类型主要为准解理断口，从图中可以观察到明显的舌状物。图 4.40（c）则存在较明显的撕裂棱，也表现为准解理断裂的特征，说明该区域的断裂失效形式以脆性断裂为主。

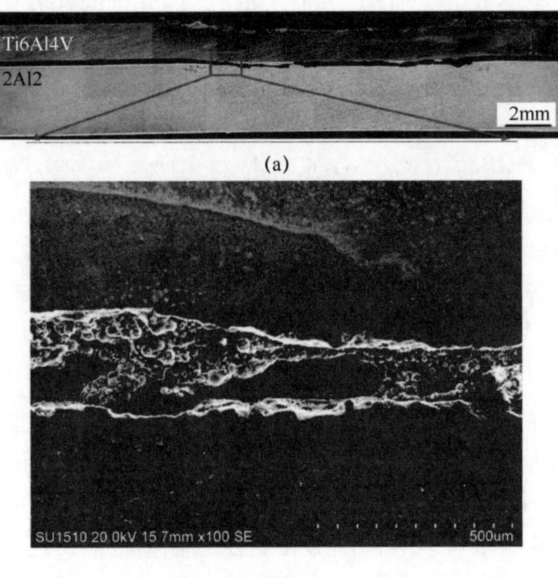

(a)

(b)

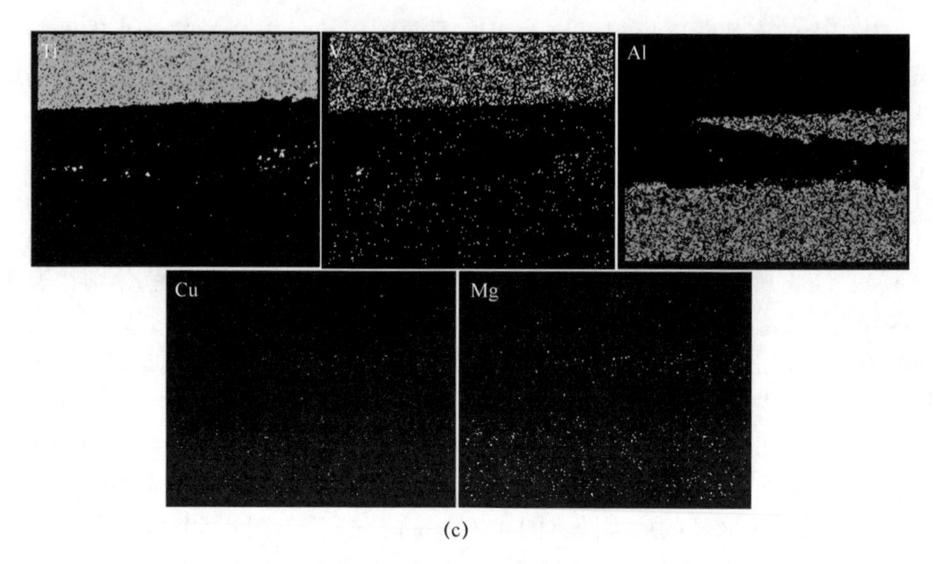

(c)

图 4.39 接头界面失效形貌图（见彩插）

（a）界面断裂横截面宏观图；（b）图（a）中区域放大 SEM 图；（c）图（b）EDS 面扫元素分布图。

图 4.40（d）为表 4.3 钛板侧 *B* 区域的放大图，此区域的沾黏的铝较少，主要是钛基体占主要部分。其中可以观察到明显的撕裂岭，也为准解理断裂的特征之一。图 4.40（e）、（f）分别为对应位置的放大图，从图 4.40（e）中可以看出，在钛基体表面会有微小的粘黏物，因此推断在界面处生成了较少的 $TiAl_3$ 金属间化合物，而由于结合不紧密因此部分断裂位置在金属间化合物层处断裂。为了验证这一推断，对图 4.40（c）、（f）局部点进行 EDS 能谱分析，其分析结果如图 4.40（g）所示。从图 4.40（g）中可以看出，P_1 点主要为钛基体，其中 Ti 元素占 47.03%，Al 元素占 33.01%；P_2 点为黏连的铝基体，其中 Al 元素占主要部分为 53.29%，Cu 元素占 26.38%，Cu 元素的增多分析认为是热输入影响导致 Cu 元素的析出所致；P_3 点靠近钛基体，但是表面存在白色物质，对其进行 EDS 能谱分析，发现在测量区域中，Ti 元素和 Al 元素的重量占比为 27.03%与 53.02%。参考前人的研究表明，接头中存在 Ti-Al 系金属间化合物。因此，结合前面界面微观组织的分析，可以推断界面断裂的部分位置一部分发生在黏连铝侧，另一部分发生在界面化合物层位置。

图 4.41 所示为无针搅拌摩擦点焊接头拉剪剥离断裂断口形貌，图 4.41（a）、（b）、（c）所示为断裂在钛侧区域的微观放大图，即表 4.3 中 *C* 区域，由于是剥离断裂，因此从图中可以看出断裂位置发生在铝板侧。通过图 4.41（a）可以看出准解理特征以及一些较深的二次裂纹，通过对区域的进一步放大，可以

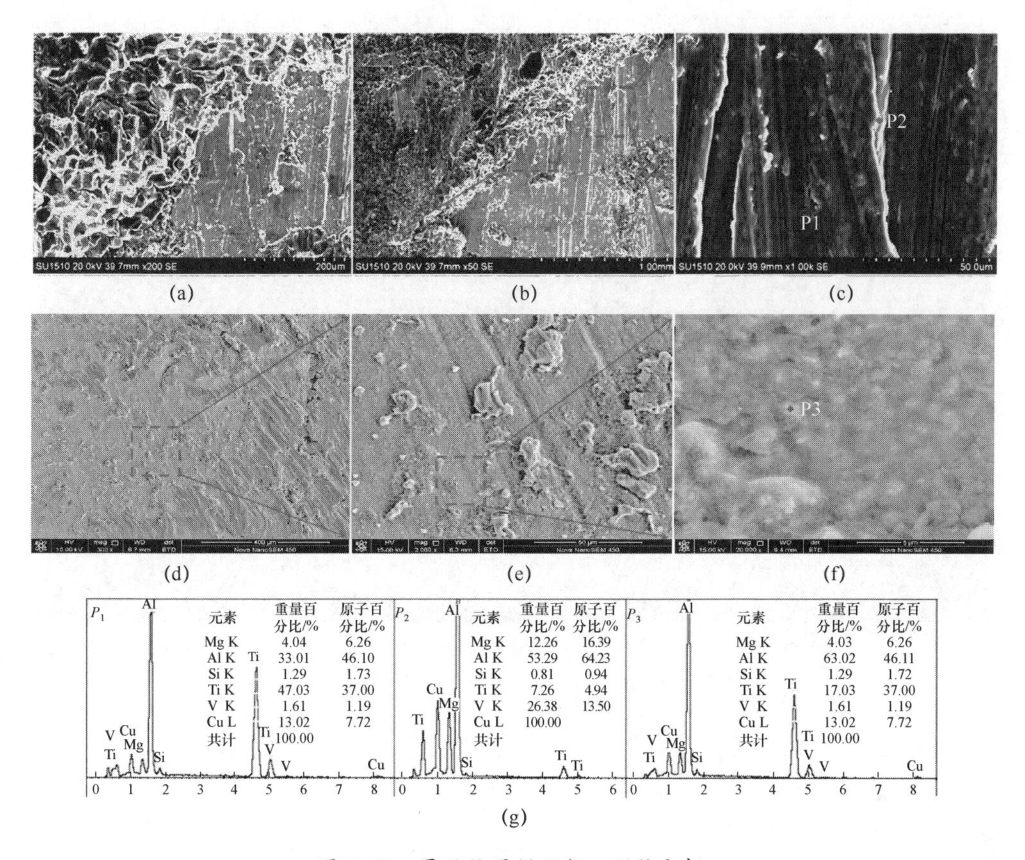

图 4.40　界面位置微观断口形貌分析

(a) 图 (b) 区域放大图；(b) 表 4.3 钛板侧 *A* 区放大图；(c) 图 (b) 区域放大图；(d) 表 4.3 钛板侧 *B* 区放大图；(e) 图 (d) 区域放大图；(f) 图 (e) 区域放大图；(g) EDS 点扫描分析。

观察到被剥离铝侧的熔化后再结晶的晶粒，以及发生的沿晶断裂模式。图 4.41 (d)、(e)、(f) 所示为断裂在铝侧局部区域的微观放大图，即表 4.3 中 *D* 区域，从图 4.41 (f) 中也可观察到裂纹在铝合金内部进行扩展，发现断口形貌为岩石状或冰糖状的沿晶断裂特征，结合前面的微观组织分析可以认为在焊接过程中由于热输入导致元素偏析使得晶界弱化而导致的。在其断口上几乎没有塑性变形的特征，晶界强度明显低于晶内强度而引起的，该结果与纳米压痕分析的结果相一致，在铝侧熔核区晶界处出现 Al_2Cu 和 Al_2CuMg 等共晶组织使晶界区域的力学性能降低。对图 4.41 (c) 的 P_4 区域进行 EDS 点扫描分析，其结果也显示存在部分 Mg 元素和 Cu 元素，如图 4.41 (g) 所示，Cu 元素占 14.38%，Mg 元素占 1.13%，其余基本全为 Al 元素。对图 4.41 (f) 的

P_5 区域进行 EDS 点扫描分析，也可以观察到 Mg 元素和 Cu 元素的存在，也验证了晶界断裂的推论。

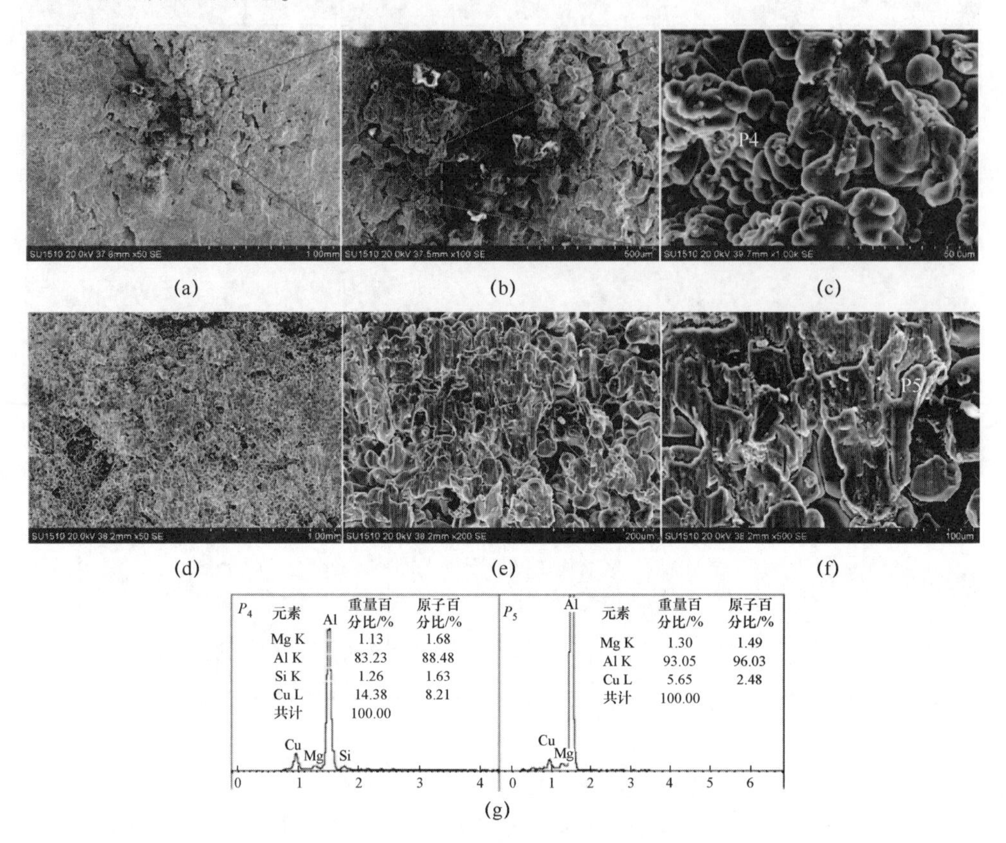

图 4.41　剥离接头拉伸断口形貌及 EDS 能谱分析

(a) 表 4.3 中 *C* 区钛侧断口形貌；(b) 图 (a) 中局部放大图；(c) 图 (b) 局部放大图；
(d) 表 4.3 中 *D* 区铝侧断口形貌；(e) 图 (d) 局部放大图；(f) 图 (e) 局部放大图；
(g) EDS 点扫描分析结果。

在拉剪力的作用下，铝母材晶粒会表现出较好的塑形且随着承载力的加大发生屈服变形，但是位于晶界处的共晶组织硬度较高塑形较差，因此无法随着承载力的增大而变形，导致应力集中使得裂纹萌生，随着变形量的进一步增大，脆硬的共晶组织最先开裂而铝晶粒在不断变形中也会出现部分 Al 晶粒被撕裂开，因此出现如图 4.41 中的断裂微观组织形貌。

图 4.42 (a) 所示为界面断裂的截面宏观图，从图 4.42 (b)、(c) 区域放大图中可以很清晰地看出少部分下板的铝合金在拉剪力的作用下黏连在上板

钛合金上。图 4.42（b）、（c）中发现焊点处并未出现熔化现象，只是铝侧晶粒在热输入作用下发生明显的长大现象。这一结果与 4.2 节分析的当焊接参数较小时，导致热输入较低，则未发生熔化区域的结果相一致。再结合微观界面的 SEM 分析结果，可以解释热输入低导致界面结合强度不高，因此最终断裂在界面处，如图 4.42 结果所示。可得出结论，在较低的热输入情况下，受拉剪力的影响，接头裂纹主要沿界面进行扩展并最终导致接头失效。

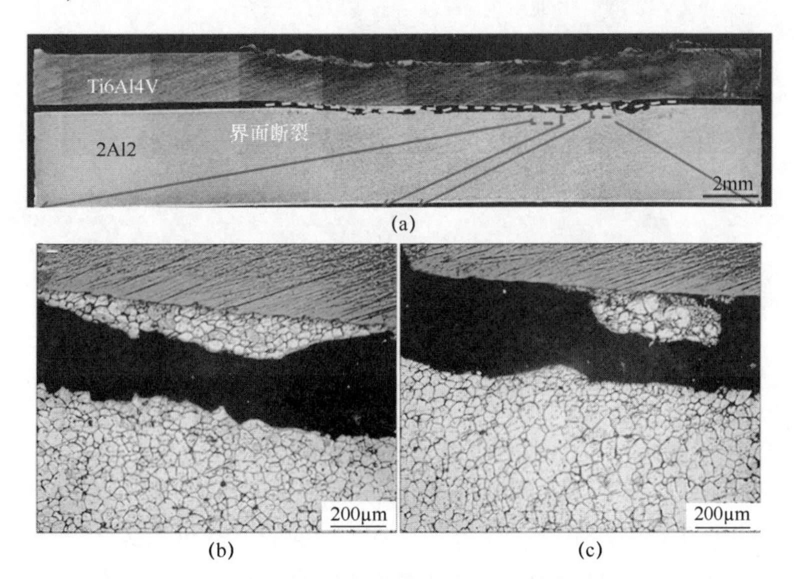

图 4.42　界面断裂宏观截面图及局部区域放大图

图 4.43 所示为接头剥离断裂宏观截面图及局部区域放大图，根据图 4.43（a）可以看出，裂纹在焊点下铝合金内部进行扩展，此时界面的结合力已经超过铝合金焊点处内部金属承载的抗拉剪力。根据图 4.43（b）、（c）可以看出，发生断裂的位置在焊点处熔核区以及部分熔核区的过渡区域。裂纹在扩展界面呈现锯齿状撕裂，部分断裂位置沿着晶界处，部分沿晶粒内部被撕裂。由于晶界的形成是不规则的曲线形式，而晶界区域由于形成大量的共晶组织导致该区域易发生断裂。此外，随着拉剪力的增加，焊点处铝合金侧晶粒也难以承受较大的拉剪力，因此会出现沿晶粒内部的断裂现象，这两方面导致断裂路径呈现锯齿的不规则形状。图 4.41 断口微观形貌的观察结果以及 EDS 的测试结果也验证了这一点。此外，图 4.43（a）中的断裂位置与焊点铝侧区域的硬度测试结果也形成对应，验证结果表明在焊点铝侧熔核区与热影响区的过渡区域熔合线区为力学性能薄弱区域。因此，后期可以采取一定的措施提高该区域的力学性能来进一步提高接头的抗拉剪性能。

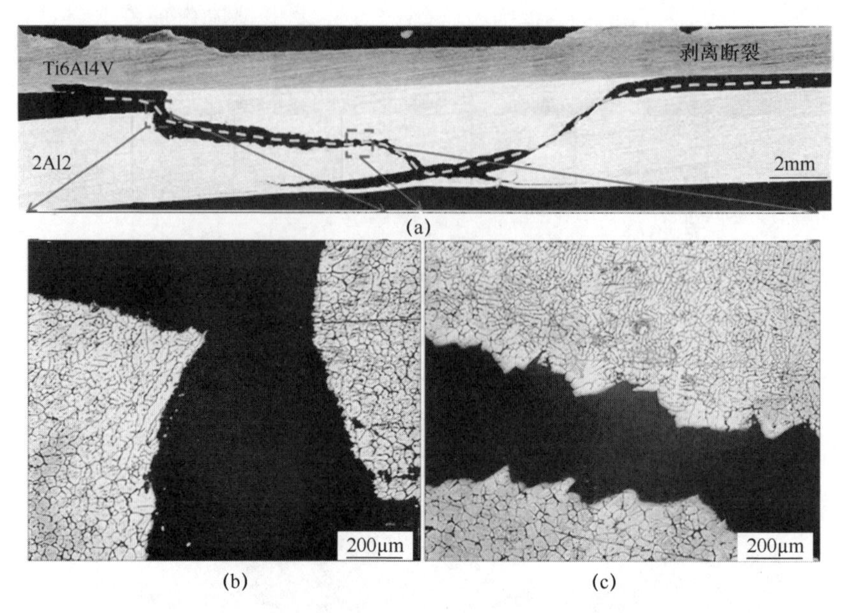

图 4.43 剥离断裂宏观截面图及局部区域放大图

图 4.44 为铝板中部断裂宏观截面图及局部区域放大图，从图 4.44（b）、（c）中可以看出，此时发生断裂的断裂位置与剥离断裂相比，其断裂位置相对距离熔核区较远，完全发生在熔合线区。该断裂方式也是接头承载拉剪力最

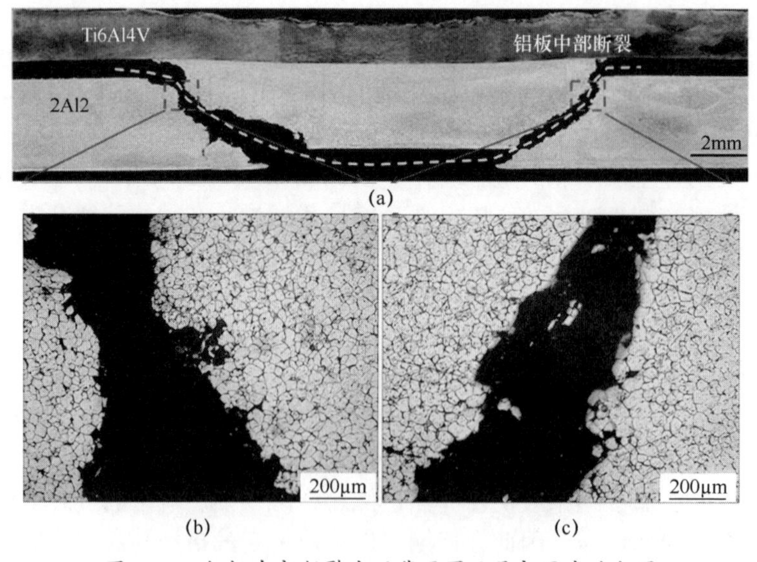

图 4.44 铝板中部断裂宏观截面图及局部区域放大图

高的一种断裂形式。分析认为这主要与接头的结合形式有关，在其界面两端存在结合区域与未结合区域的过渡区域，所以此处为在受到拉剪力作用下应力最大的一点。从图 4.44（a）中断裂起始位置也可以看出，发生在焊点界面两端位置。

图 4.45 所示为发生铝板边缘部断裂的宏观截面图及局部区域放大图。从图 4.45（a）中可以看出，热输入较大时在焊点熔合区会形成气孔以及热裂纹等缺陷，但是在拉剪力的作用下，断裂位置仍发生在焊点边缘的铝板侧。该现象说明，此时熔核区的缺陷并不是影响接头抗拉剪力的主要因素。当焊接热输入以及搅拌头下压量过大时，会出现铝板的严重变形，此时在变形处形成应力集中才是导致接头断裂的主要原因。

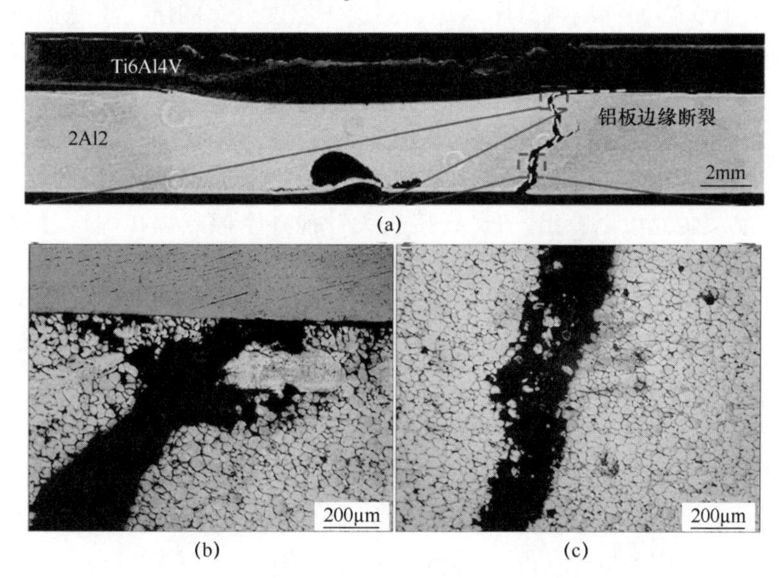

图 4.45 铝板端部断裂宏观截面图及局部区域放大图

综上所述，其接头的断裂裂纹在拉剪力的影响下，首先是在焊点下连接界面区域的两侧开始萌生。其次根据接头受热输入的影响，热输入较低时，易发生在连接界面处断裂。随着热输入增加界面结合力增加，断裂易发生在铝侧熔核区边缘与热影响区的过渡区域。随着热输入以及搅拌头的压力的进一步增加，下板铝板发生变形引起应力集中，使得断裂易发生在焊点边缘的铝板侧。由此可见，接头连接界面区域的微观组织状态以及接头铝侧的微观组织状态是影响接头力学性能以及裂纹扩展的主要因素。当发生铝板内部断裂时，铝侧组织中晶界与晶内的承载力的差异将决定断裂裂纹的趋势。

4.4 Ti/Al 搭接接头搅拌摩擦焊接接头的形成过程及界面特征

前面的研究已经表明，界面的温度变化是影响界面结合情况的关键，而界面结合情况的好坏又进一步影响接头的力学性能。当界面温度超过铝侧熔点而低于钛侧熔点时，界面达到固-液共存的状态下所形成的接头为典型熔钎焊接头，此时接头性能表现最优。因此，本部分研究将对这种典型的熔钎焊接头形成过程以及界面的特征分布情况进行分析研究，为该方法的应用奠定理论基础。本研究将从接头界面的温度分布入手，对接头温度分布的研究将是揭示接头形成过程的重要依据。结合无针搅拌摩擦点焊接头的产热模型以及 Ti/Al 异质结构间化合物形成热力学分析，探究无针搅拌摩擦点焊典型熔钎焊接头的界面特征。

4.4.1 点焊接头焊缝产热模型

根据前文研究可以看出，Ti/Al 接头无针搅拌摩擦点焊在焊接过程中接头界面反应所需的主要热量来源为无针搅拌头与位于上板的钛合金摩擦产生的热量。通过数学计算模型对接头的热输入做一个简单的计算，从一定程度上对接头热输入做定量的判断，为后期该方法的应用奠定很好的应用基础，也为探究接头界面特征提供理论的支撑。

无针搅拌摩擦点焊主要的产热方式是由搅拌头轴肩摩擦产生的热量，主要包括焊接过程中轴肩摩擦产热。介于产热过程比较复杂，因此在分析搅拌头焊接过程产热时，可通过微积分方法，单位面积上的摩擦产热可以表达为

$$dE = \beta\omega\gamma dF\mathrm{d}t = \beta\omega\gamma\tau_{\mathrm{shear}}\mathrm{d}A\mathrm{d}t = \beta\omega\gamma^2\tau_{\mathrm{shear}}\mathrm{d}\theta\mathrm{d}\gamma\mathrm{d}t \tag{4-1}$$

式中：$\mathrm{d}E$ 为单位面积摩擦产热功率；β 为修正系数；$\mathrm{d}t$ 为微元时间；ω 为所在位置搅拌头的角速度；γ 为微元体到旋转轴的距离；τ_{shear} 为接触点的切应力；$\mathrm{d}F$ 为微元体单位面积上的摩擦力；$\mathrm{d}A$ 为微元体单位面积。

进一步微积分计算：

$$E = \beta\int_0^R\int_0^{2\pi}\int_0^t \omega\gamma^2\tau_{\mathrm{shear}}\mathrm{d}\theta\mathrm{d}\gamma = \frac{2}{3}\pi\beta\omega R^3\tau_{\mathrm{shear}}t^2 \tag{4-2}$$

当焊接时间达到一定值时，分析认为，由于搅拌头与摩擦材料的摩擦关系会发生相应的变化，因此会出现接头的产热量达到一个平衡位置，此时产热量不在随着焊接时间的增加而增大，而是基本保持不变，所以此时接头的产热总量可以认为

$$E = \frac{2}{3}\pi\beta\omega R^3\tau_{\text{shear}} \tag{4-3}$$

此时，产热量是否增加与搅拌头的旋转速度以及搅拌头的压力即下压量有关。当焊接结束后，将搅拌头上提，此时搅拌头不在与钛板摩擦（$\tau_{\text{shear}}=0$，$E=0$），因此接头处于空冷状态，接头温度开始急剧下降。

综上所述，无针搅拌摩擦点焊接头在焊接过程中产生的总热量公式表达为

$$E_{总} = E_1 + E_2 + E_3 \tag{4-4}$$

升温阶段：

$$E_1 = \frac{2}{3}\pi\beta\omega R^3\tau_{\text{shear}}t^2 \tag{4-5}$$

保温阶段：

$$E_2 = \frac{2}{3}\pi\beta\omega R^3\tau_{\text{shear}} \tag{4-6}$$

降温阶段：

$$E_3 = 0 \tag{4-7}$$

根据式（4-5）和式（4-6）所示，在无针搅拌摩擦点焊过程中，焊点处热输入的大小取决于搅拌头的旋转速度、焊接时间以及搅拌头的下压量（即接触点的切应力），因此，这 3 个工艺参数也是本试验前期研究的重点。

4.4.2　工艺参数对界面温度的影响

无针搅拌摩擦点焊搭接材料在焊接过程中，主要是受到搅拌头与钛板的摩擦产生焊接所需要的热量，因此，焊接过程中界面结合层处温度的测定可以帮助更好地理解微观结构的演变。本节研究了不同焊接工艺参数对界面温度的影响。

图 4.46 为无针搅拌摩擦点焊接头的温度测量示意图，为了探究不同的焊接参数对界面结合区的温度分布影响，预先在底板铝合金侧打孔，将 K 型热电偶通过孔触碰到界面处并固定好。通过改变不同的焊接参数，观察界面温度的变化。

图 4.47 为采用 DSC 技术对 2Al2 进行熔点范围测试的结果，可以看出，所选被焊母材 2Al2 铝合金的熔化范围为 575～658℃。当焊点处 Ti/Al 界面温度达到 575℃时，位于下板的铝合金部分开始熔化，此时界面处于固-液共存状态即典型的熔钎焊接头。随着接头热输入的增加，以及热传导的作用，焊点处下板铝合金的熔化面积将逐渐增大，根据焊接参数的变化将会出现不同程度的组织变化。

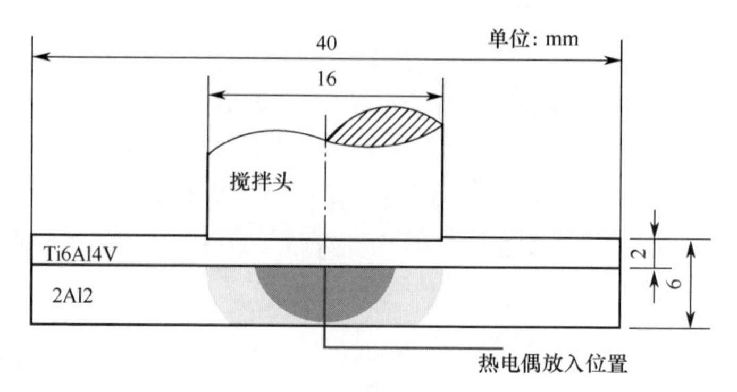

图 4.46　温度参数测试特定点位置示意图

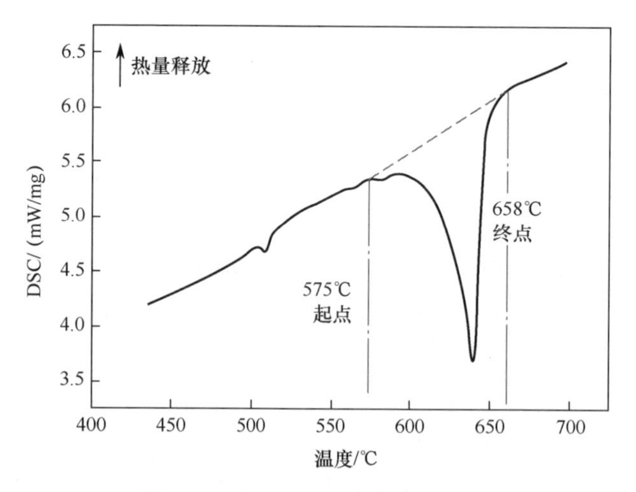

图 4.47　2Al2 DSC 熔点范围测试

图 4.48 为随着搅拌头旋转速度的变化接头界面中心位置温度分布曲线图，由图可知，界面中心位置的最高温度在逐渐上升随着搅拌头旋转速度的增加。当旋转速度为 750r/min 时，接头界面温度最高达到 510℃左右，但是达到最高温度所需的焊接时间为 54s 左右。当旋转速度为 950r/min 时，接头界面温度最高达到 590℃左右，此时，界面温度已经超过铝合金的最低熔化温度，因此，根据 4.2 节组织图也可以看出，当搅拌头旋转速度为 950r/min 时，界面确实出现熔化金属区域。此时，相比于 750r/min 达到最高温度的时间为 30s 左右，说明增加搅拌头旋转速度一方面增加了界面温度的最高值，另一方面也使得界面温度的上升速度得到提升。当搅拌头旋转速度达到 1500r/min 时，接头界面温度的最高值已经超过 658℃，根据其接头截面宏观图可以看出，此时，接头铝侧熔核区的深度已经超过铝板的厚度。当接头界面温度达到对应焊

接参数的最高值时，会保持基本不变，直到焊接结束搅拌头被提升，此时，接头界面温度开始下降。综上所述，搅拌头旋转速度的大小对界面热输入的大小有很大的影响，当旋转速度为 1180r/min 时，界面温度较为适中。此时，界面温度达到熔点 658℃左右，铝板部分熔化而钛板保持固态形成固-液界面反应的最佳状态，该焊接参数下接头的拉剪性能也是最高的。

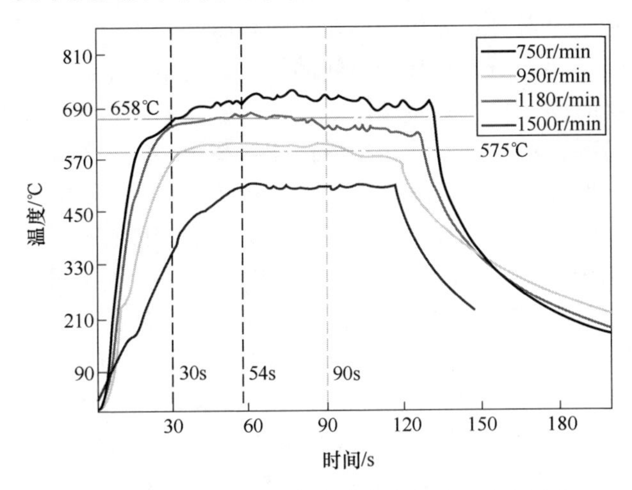

图 4.48　搅拌头旋转速度对接头界面温度的影响

图 4.49 为不同焊接时间对界面温度的影响曲线图，此时的搅拌头旋转速度以及下压量固定不变，因此只是焊接时间的影响。从图 4.49 中可以看出，焊接时间对接头界面的温度最高值影响和搅拌头旋转速度的影响情况是不一样的。当焊接时间小于 30s 时，接头界面温度随着焊接时间的增加处于上升的趋

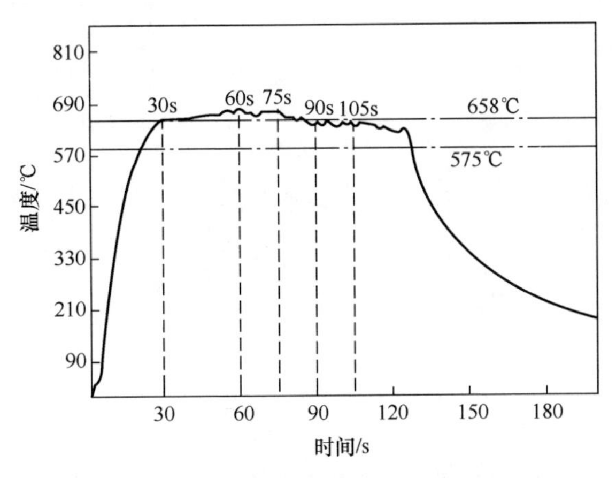

图 4.49　不同焊接时间对界面温度值的影响

势，当焊接时间大于 30s 时，接头界面温度基本保持最高温度不变。根据接头的产热模型分析结果，焊接时间在开始一定范围内对接头界面温度有促进作用，当搅拌头与钛板的摩擦达到一定程度时，会出现一个平稳期，此时焊接时间已经不是影响接头界面温度最高值的主要影响因素了。因此出现如图 4.49 所示，曲线先上升后平稳最终下降的变化现象。从图 4.49 中可以看出，焊接时间不同时的影响是对接头界面最高温度保持时间的影响，即界面处于高温下反应时间的影响。综上所述，焊接时间的长短会直接影响接头界面温度保持的时间，如果焊接时间不足，将直接影响接头热输入的总量进而影响接头界面化合物层的生成情况，最终反应接头拉剪性能的高低。这一结果可以很好地解释随着焊接时间的增加接头的拉伸性能的变化趋势。

当保持焊接时间与搅拌头旋转速度不变，只改变搅拌头的下压量时，接头界面处热循环曲线如图 4.50 所示。由图可知，当搅拌头下压量为 0.1mm 时，界面温度最高值低于 575℃，因此，说明界面处铝合金没有发生熔化即界面为固-固反应状态。当下压量达到 0.3mm 及以上时，界面温度很快达到铝合金熔点以上，也就达到固-液界面的熔钎焊接头的反应状态。结合 4.3 节接头的拉剪力的分析可以看出，固-液共存的界面状态的力学性能是明显好于固-固共存的界面反应状态的。另外，从焊接时间 15s 时可以看出，下压量达到 0.5mm 和 0.7mm 时，界面温度的上升速率明显高于下压量 0.1mm 和 0.3mm 的界面温度上升速率。这说明，搅拌头的下压量对接头的温度影响相对较大，下压量越大界面温度上升速率越快且达到的温度峰值也更高。有效的控制搅拌头下压量是控制界面反应温度的关键因素之一，过大的下压量会导致温度过高，从而引起接头焊点缺陷的大量产生。

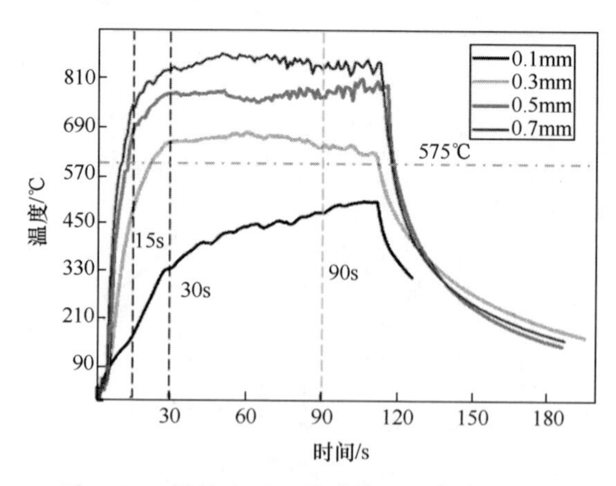

图 4.50　搅拌头下压量对界面温度值的影响

4.4.3　接头形成过程

无针搅拌摩擦点焊接头在焊接过程中主要经历4个阶段，首先是搅拌头发生高速转动，如图4.51（a）所示，然后快速下压，如图4.51（b）所示，此时位于上板的钛板会由于旋转挤压力发生部分金属的飞边，如黄色区域所示。当搅拌头下压到一定尺寸时，开始保持一定的转速对焊点处进行焊接，如图4.51（c）所示，由于热输入的影响在焊点处铝侧组织会发生明显变化，如红色区域所示。当焊接时间结束时，搅拌头会被提起，如图4.51（d）所示，此时完成焊接。接头被焊件在空气中冷却，完成后将其从夹具中取出，过程操作相对简单更适合批量生产的应用。

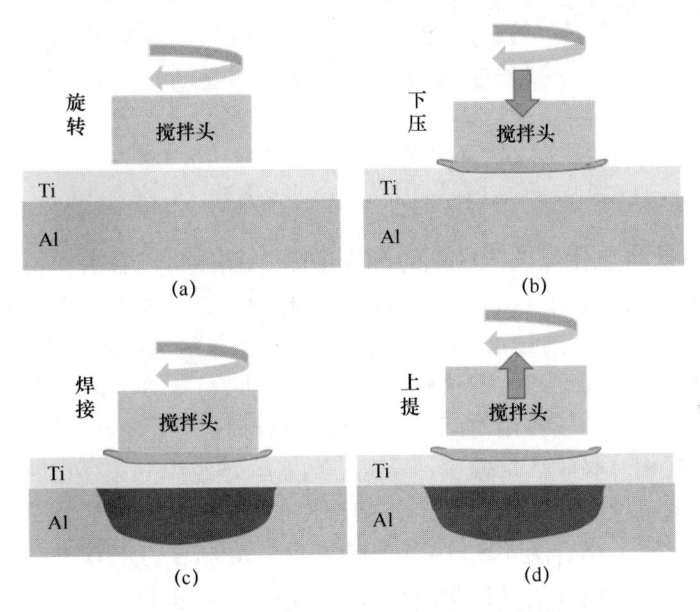

图4.51　点焊焊接过程示意图（见彩插）
（a）旋转；（b）下压；（c）焊接；（d）上提。

图4.52为铝板界面包铝层焊接后演变微观组织图，铝板本身具有一层致密的包铝层，如图4.52（d）所示，只有将致密较厚的包铝层去除才能使界面产生良好的反应环境。在焊接过程中，由于铝板位于下侧，钛板位于上侧，当搅拌头下压对钛板施加压力时，钛板会将压力以及由于旋转产生的摩擦热传递到界面处，在充足热量的影响下，母材表面的包铝层会得到软化，再加上足够的压力使得表面的包铝层被挤压出界面位置，结果如图4.52（a）、（b）、（c）所示。图4.52是处于界面中间位置，不存在包铝层，而图4.52（b）、（c）位

于焊点边缘，存在部分包铝层。无针搅拌摩擦点焊在焊接过程中会清除被焊材料的反应表面，从而为界面钛合金以及铝合金的冶金反应提供良好的环境。这一特点是无针搅拌摩擦点焊的方法优势所在，也是接头界面层形成的重要保障。相对于传统的焊接方法，很好地解决了包铝层影响接头性能的问题。

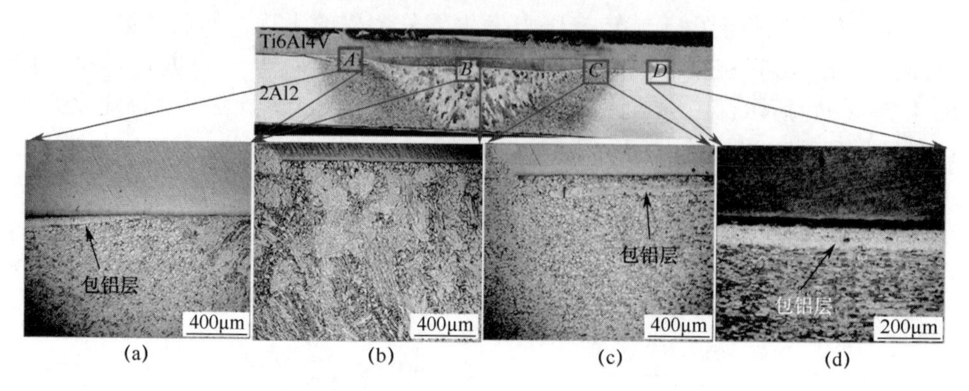

图 4.52 接头界面铝侧包铝层演变示意图
（a）界面左侧；（b）界面中部；（c）界面右侧；（d）界面边缘。

图 4.53 为焊点铝侧不同区域的 SEM 图，从图中可以看出，不同区域的晶粒组织存在很大的差别。图 4.53（a）为母材组织，图 4.53（b）为热影响区组织，主要为等轴晶，图 4.53（c）为部分熔化熔合线区，主要是柱状晶，图 4.53（d）熔核区主要为柱状树枝晶以及等轴晶等。Ti/Al 接头界面处铝合金吸收热量较多，高温作用时间长，有局部铝母材发生熔化。与之相反，中、下部区域金属相对吸收热量较少，从而导致各区域组织分布存在明显区别。根据不同区域的组织变化可以对其进行组织演变分析，图 4.54 为焊点铝侧组织的微观演变过程，结合图 4.53 中各个区域的 SEM 图，可以看出，铝侧组织主要经过 3 个过程。最开始母材受搅拌头摩擦热影响初步长大，随着热量的逐渐增大发生部分熔化，最终发生完全熔化。该过程对于焊点铝侧的同一区域或者不同区域都是适用的，只是根据热量的不同会出现阶段的不同。

为了分析 Ti/Al 接头界面各区域的金属间化合物的分布特征，选择接头界面中间部位图 4.55（a）、中间偏右部位图 4.55（b）和右边缘位置图 4.55（c）的 3 个区域。由于接头界面是左右对称的，因此选择以右边 3 个位置为主要分析位置，最终反映整个界面的化合物分布情况。图 4.55（a）为界面中心区域，图 4.55（a）中界面化合物层分布均匀连续，且呈长条状分布。另外，图 4.55（a）中铝侧白色区域主要在界面层下方铝板处随机分布，而图 4.55（b）中可以观察到铝侧有很多白色物质在向界面处聚集，图 4.55（c）白色物质几乎已经全

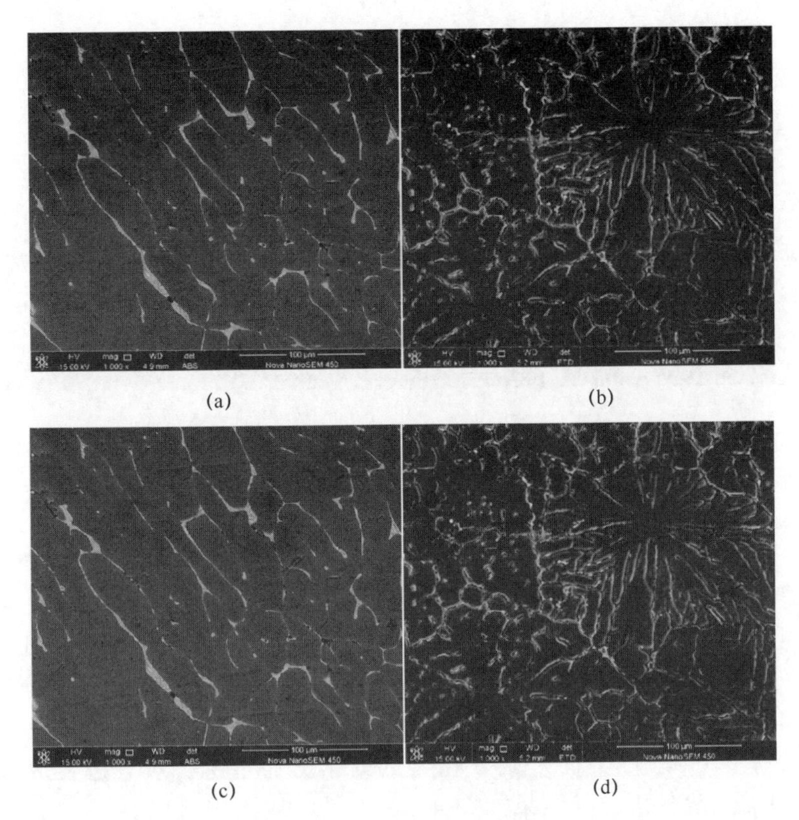

图 4.53 接头铝侧各区域的 SEM 图

(a) 母材区域；(b) 热影响区域；(c) 熔合线区域；(d) 熔核区域。

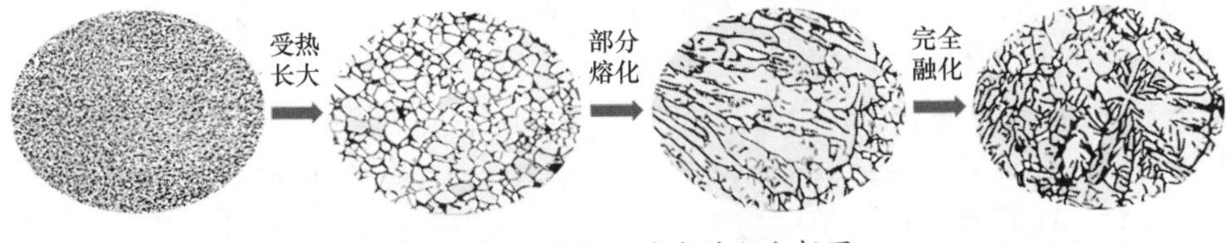

图 4.54 铝侧组织演变过程分析图

部聚集到界面位置。从图 4.55（b）、（c）中也可以看出，界面位置的金属间化合物层出现不连续的现象，而且厚度逐渐变薄。

分析认为，出现上述情况主要是因为接头界面各个位置的热输入不同以及搅拌头旋转挤压力的影响下导致的。从图 4.55 中界面宏观截面图可以看出，接头产热区域呈“倒三角”状分布，说明越靠近界面中心区域，则受到热影响越大；位于界面两边位置，由于热量越靠近边缘散失越严重，因此热输入相

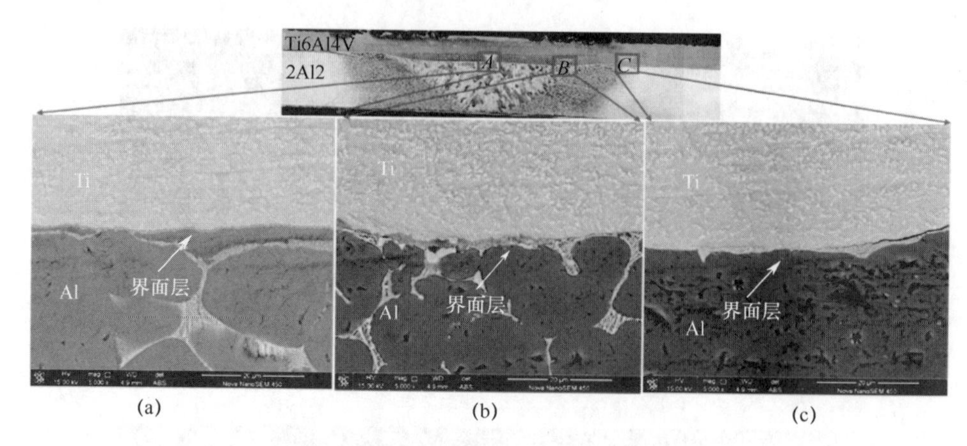

图 4.55 接头界面不同位置的 SEM 图
(a) 界面中部；(b) 界面偏右侧；(c) 界面边缘。

对较弱。热输入相对较低的区域易出现界面化合物生长不均匀的现象。铝侧白色共晶组织出现向接头边缘聚集的情况，是由于无针搅拌头在高速旋转以及下压时产生一定的旋转力和压力导致的。为了进一步分析接头界面边缘处元素的分布情况，所以对接头界面边缘的不同微观区域进行 EDS 元素扫描分析。结果如图 4.56 所示。

为了了解图 4.55 界面区域 *B* 位置的元素分布情况，对其进行放大并做 EDS 面扫描元素分析，其结果如图 4.56 所示。从图中可以看出，Al 元素与 Ti 元素在界面处互相扩散溶解发生冶金反应，形成了具有金属间化合物层的混合界面。另外，根据 Cu 元素的分布情况可以看出，在界面处有 Cu 元素的聚集。通过对界面区域的面扫描分析可看出元素的分布，但为了确认界面某些点区域的具体元素的含量，以进一步分析是否有化合物的产生，因此对其进行 EDS 点扫描分析。分析结果如图 4.56（c）所示。P_3 点为界面区域 Ti 元素与 Al 元素扩散层结合区域，根据元素结果 Ti 元素含量原子比为 18.31%，Al 元素含量原子比为 74.20%，元素占比接近 1:3，说明该区域为 Ti-Al 金属间化合物层，根据前面的分析该化合物主要为 $TiAl_3$。P_1 点接近铝侧，因此，可明显看出 Ti 元素的含量下降很多，原子比从 18.31%下降到 6.62%，也从另一方面说明，是 Ti 元素向 Al 侧进行扩散。P_2 点和 P_3 点一样都为界面化合物层区域，P_2 点 Ti-Al 元素的占比也接近 1:3，但是从元素分布来看，Cu 元素发生了变化，从 P_3 点的原子比 1.10%上升到 4.78%，说明越靠近界面边缘区域，Cu 元素有向界面移动聚集的趋势。此结果也与 EDS 面扫分析的结果相一致。

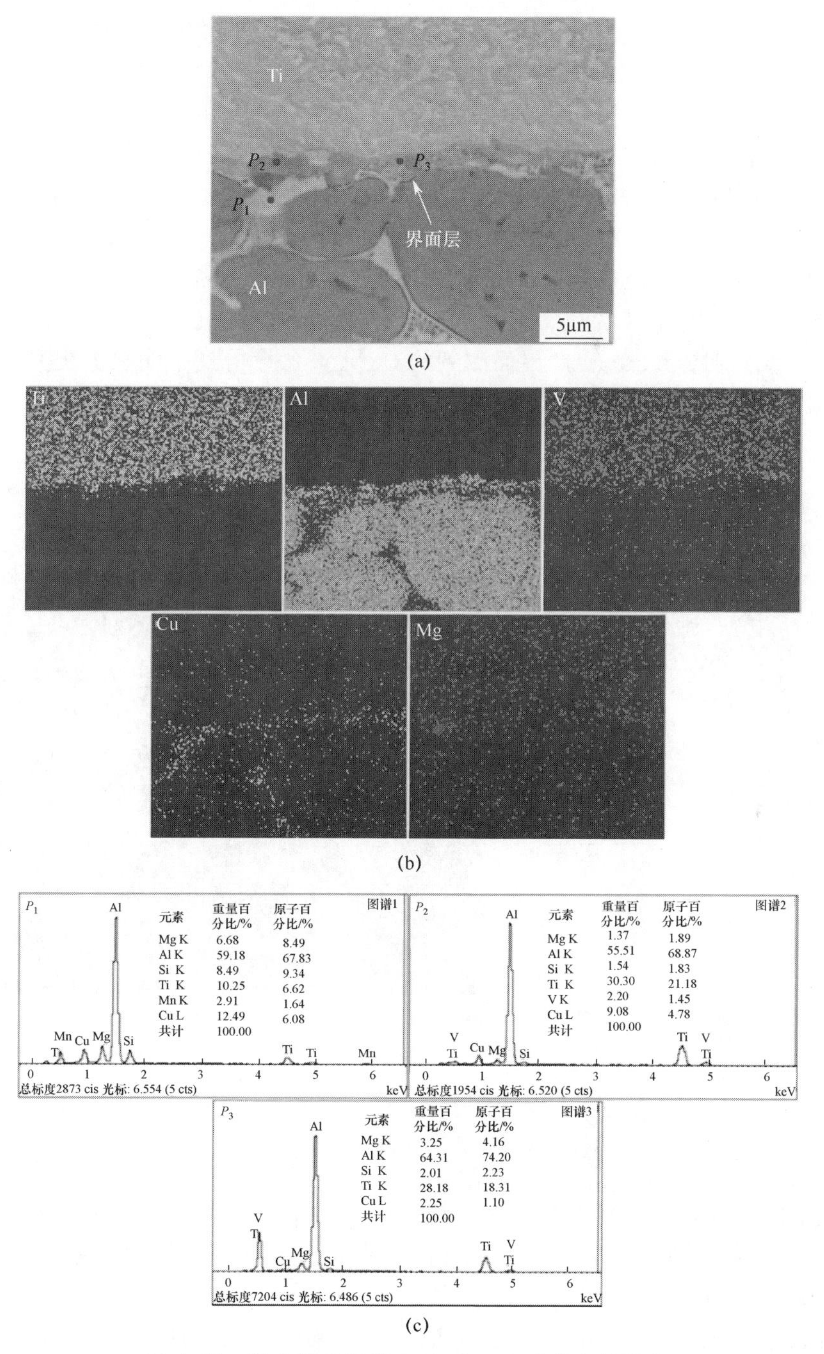

图 4.56　接头界面区域 SEM 及 EDS 元素分析结果

(a) 图 4.55 界面区域 B 位置局部区域放大图；(b) 元素面扫描分析结果；(c) 元素点扫面分析结果。

根据图 4.57 可以看出，界面边缘区域即 C 区主要聚集元素为 Al 和 Cu 元素。如图 4.57（b）所示，越靠近接头界面边缘区域，两种元素的含量逐渐增多，尤其是 Cu 元素。分析认为，这是由于搅拌头挤压和旋转力的影响，熔点较低的 Cu 析出后被挤压到边缘。另一方面，由于搅拌头的挤压和旋转力使界面中心位置杂质等元素被挤到边缘区域，使得铝板能与钛板更好地结合发生冶金反应。

对界面 P_1 点区域进行 EDS 点扫分析，可以进一步确认元素含量变化。从图 4.57（c）中可以看出，P_1 点扫描结果显示 Cu 元素含量原子占比为 36.57%，相对图 4.56（c）界面测到的 Cu 元素含量得到了明显的提升。推测该区域主要是 Al-Cu 两种元素的共晶组织，根据前面 4.2 节的分析可知，主要为 Al_2Cu 共晶组织。

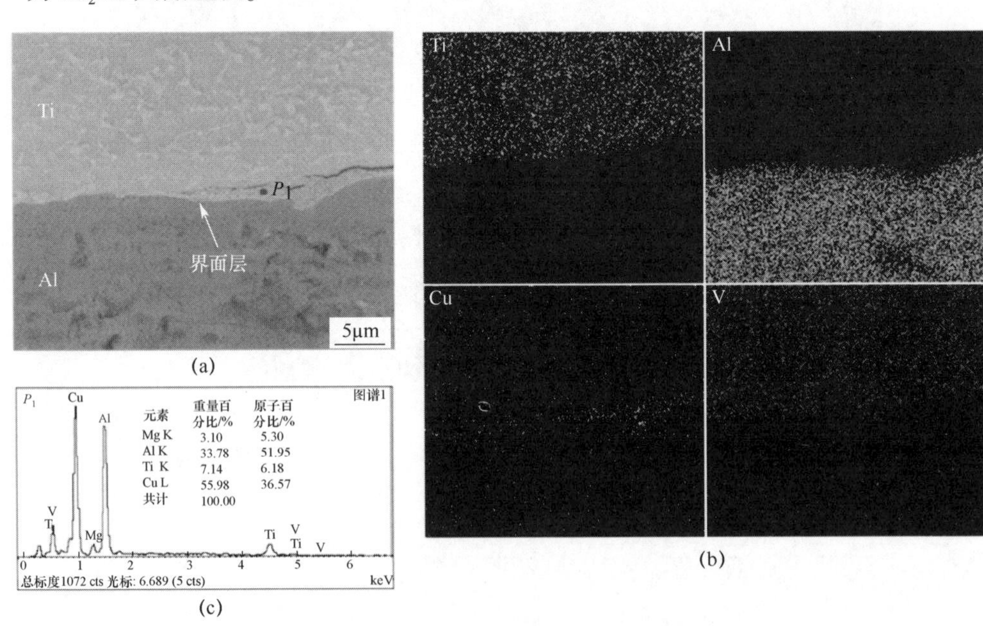

图 4.57 界面边缘区域 EDS 元素面扫描分析

（a）图 4.56 的 C 区放大图；（b）元素面扫描分析结果；（c）元素点扫结果。

图 4.58 所示为无针搅拌摩擦点焊接头界面反应层生长机制过程的演示图，具体过程可描述如下。首先，在无针搅拌头的高速旋转下产生摩擦热以及旋转力和挤压力的作用，使得界面处杂质元素被排挤到边缘区域，在界面区域形成 Al 原子与 Ti 原子相接触的环境，如图 4.58（a）所示。其次，界面区域被焊件铝板由于摩擦热的作用使得局部发生熔化而钛板保持固态，界面的温度没有

达到钛合金的熔点。从图 4.58（a）、（b）可以看出，Al 原子变得杂乱无章，而 Ti 原子仍保持规律排布。Ti 原子和 Al 原子由基体向固液界面处移动，如图 4.58（b）所示。由于固态 Ti 原子向液态 Al 中的扩散速度要快很多，所以界面生长方向是向铝侧生长，如图 4.58（c）所示。因为焊接时间以及热输入有限，导致界面元素的扩散距离也会受到影响，因此，随着焊接试验的停止，界面温度下降开始进入冷却凝固阶段。最终，形成界面 EDS 元素分布结果图，如图 4.58（d）所示，该结果与图 4.58（c）的简单模型分析结果基本一致。

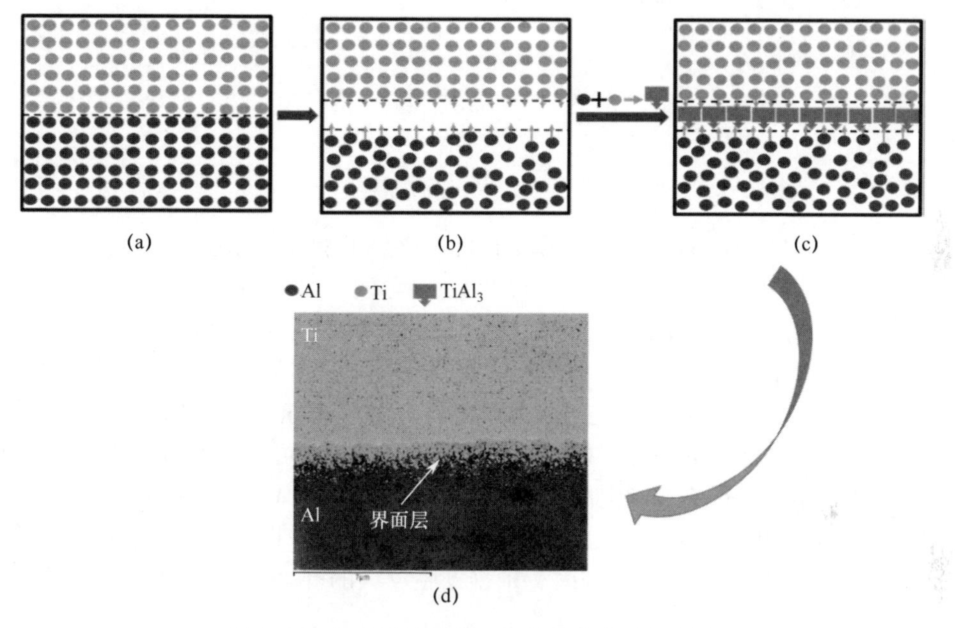

图 4.58　接头界面区化合物层形成过程演示图

根据 Ti-Al 二元相图 4.59 可知，Ti 和 Al 两种金属在发生冶金反应时会产生的金属间化合物包括 $TiAl_2$、Ti_2Al_5、Ti_3Al、TiAl 和 $TiAl_3$。根据相关文献报道，在 Ti、Al 两种金属有关反应金属间化合物中，只有 3 种化合物可直接由 Ti 原子和 Al 原子发生反应产生，即 Ti_3Al、$TiAl_3$ 和 TiAl。Ti_2Al_5 和 $TiAl_2$ 金属间化合物相则需要以中间产物 TiAl 化合物为基础，再经过固态到液态以及固态到固态的一系列复杂的化学反应才能产生。然而，在无针搅拌摩擦点焊过程中的界面反应是短暂的且处于非平衡的状态，很难满足第二阶段 $TiAl_2$ 和 Ti_2Al_5 反应的要求。因此，在本研究中 $TiAl_2$ 和 Ti_2Al_5 两种化合物不会产生。

根据相关学者关于 Ti-Al 金属间化合物的研究，提出了 Ti-Al 系化合物反应过程的自由能与温度关系的表达关系式，即

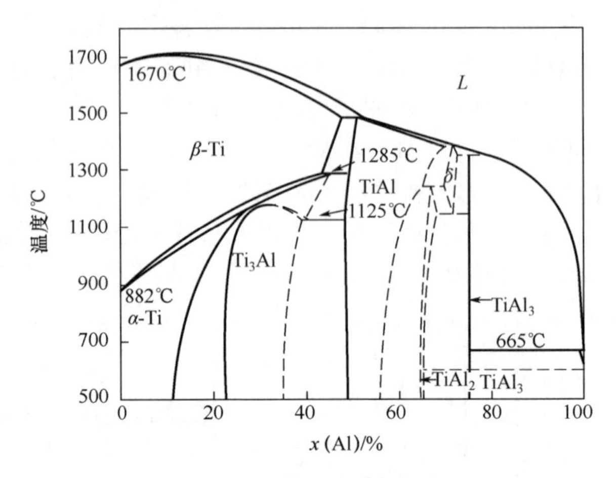

图 4.59　Ti/Al 二元相图

$$\mathrm{Al + Ti \rightarrow TiAl_3} \qquad \Delta G_f(\mathrm{TiAl_3}) = -40349.6 + 10.365T$$

$$\mathrm{Al + Ti \rightarrow TiAl} \qquad \Delta G_f(\mathrm{TiAl}) = -37445.1 + 16.794T$$

$$\mathrm{Al + Ti \rightarrow Ti_3Al} \qquad \Delta G_f(\mathrm{Ti_3Al}) = -29633.6 + 6.70801T$$

式中：ΔG_f 是形成的自由能；T 是开尔文温度。根据该关系式，可以得出 Ti-Al 金属间化合物生成的自由能与温度的关系图，如图 4.60 所示。图 4.60 中给出了 Ti-Al 金属间化合物的形成的自由能，根据图 4.60 可知，在 0～1000℃范围内，Ti 原子与 Al 原子直接生成的 TiAl、$TiAl_3$ 以及 Ti_3Al 金属间化合物中具有最低的生成自由能的是 $TiAl_3$。前文界面温度测量结果也显示，焊接过程中界面温度远低于 1000℃。与此同时，根据发生反应的环境分析，由于 Ti-Al 界面

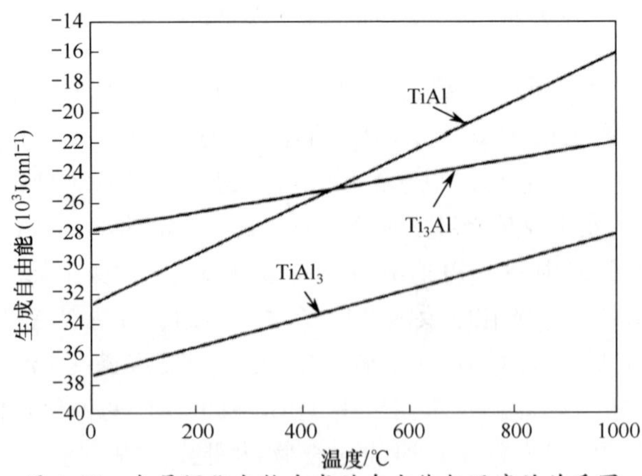

图 4.60　金属间化合物生成的自由能与温度的关系图

是熔钎焊反应，此时，界面处的铝合金为液态而钛合金为固态，界面是固-液反应。界面钛母材在液态铝中的扩散速度是相对较快的，根据相关研究表明，扩散物质渗入厚度 y 与扩散时间 t 呈抛物线规律：

$$y^2 = 2D_T t \tag{4-8}$$

式中：y 为扩散物质渗入深度（μm）；D_T 为温度 T 时的扩散系数（2mm/s）；t 为扩散过程的时间（s）。

固态金属在液态金属中的扩散系数约在 $10^{-5}cm^2/s$ 数量级，而液态金属在固态金属中的扩散系数为 10^{-9} ~ 10^{-8} 数量级，所以钛母材在液态铝中的扩散速度比铝母材向钛母材的扩散速度大得多。因此，焊接时间增长，钛母材的溶解量就越多。反应过程中，Ti 原子周围 Al 原子充足，因此富含 Ti 原子的化合物 Ti_3Al、TiAl 相难以生成。综上分析，钛基体与铝基体反应过程中只有 $TiAl_3$ 金属间化合物生成，这一分析结果与前文 EDS 能谱的分析结果以及微区 XRD 物相鉴定结果是一致的。

总结分析认为，金属间化合物 $TiAl_3$ 是无针搅拌摩擦点焊过程中 Ti-Al 界面的 Ti-Al 系唯一的化合物产物，且界面的形成和生长主要分为两个阶段：第一阶段，Al 和 Ti 原子的相互扩散溶解，界面上出现了大量的 $TiAl_3$ 形核晶粒；第二阶段，$TiAl_3$ 晶粒生长并随后在 Ti/Al 界面处聚结形成连续层。由于相邻晶粒阻碍了 $TiAl_3$ 晶粒的横向生长，其中部分 $TiAl_3$ 晶粒垂直于界面向铝片方向生长，这与界面微观图所观察到的结果也相一致。

本章小结

本章采用无针搅拌摩擦点焊的焊接新技术对 Ti/Al 异质结构进行钛板置上，铝板置下的搭接点焊连接试验，获得了性能可靠的 Ti/Al 异质结构搭接接头。通过对比分析焊后接头的宏观成形、微观组织以及力学性能，探究焊接工艺参数对接头微观组织结构以及力学性能的影响规律，总结出接头组织结构和界面化合物层的形成过程，从而得出了 Ti/Al 异质结构无针搅拌摩擦点焊搭接接头界面的形成特征。本章主要得出以下几点结论。

（1）采用无针搅拌摩擦点焊的焊接方法，实现了 Ti/Al 异质结构搭接接头的可靠连接。工艺参数采用控制单一变量的试验证明，当焊接时间为 90s、搅拌头旋转速度为 1180r/min 及搅拌头下压量为 0.3mm 时，接头截面成形良好没有明显的裂纹以及孔洞等缺陷。点焊接头焊点处主要分为钛侧焊点区、界面结合区以及铝侧焊点区。铝合金熔点较低受焊接热影响较严重，当焊接时间、搅拌头旋转速度以及搅拌头下压量过小时，接头铝侧由于热输入较小只形成热影响区和母材区；焊接参数过大时，形成熔核区、熔合线区、铝侧热影响区以及铝侧母材区 4 个区域且铝侧出现热裂纹及明显的孔洞等缺陷。

(2) 接头界面结合区在较小焊接参数下，呈现明显的固-固界面形式且界面化合物层形成不明显；随着焊接参数增大，界面反应形式为固-液形式，接头界面层出现明显的化合物层且呈带状分布；焊接参数过大时，界面反应仍保持固-液形式，此时，界面化合物层厚度明显增加但平均厚度远小于 5μm。

(3) 接头力学性能测试结果表明，铝侧母材硬度均高于各参数下铝侧接头各区域的硬度值，且横向硬度值分布呈规则“W”形，硬度值分布曲线相对接头中心线基本对称。铝侧熔核区晶界处的硬度值明显高于晶粒处，晶界硬度值达到 5.54GPa，而晶粒区硬度值仅为 2.42GPa。随着焊接时间、搅拌头旋转速度以及搅拌头下压量的增大，接头的拉剪力都呈现先增大后减小的趋势，当焊接时间为 90s、搅拌头旋转速度为 1180r/min、搅拌头下压量为 0.3mm 时，接头具有最高的抗拉剪性能，拉剪力达到 19.2kN。

(4) 采用无针搅拌摩擦点焊获得的搭接接头在剪切拉伸试验中，接头断裂形式主要分为界面断裂、铝侧剥离断裂、铝板底部断裂以及铝板边缘断裂 4 种断裂形式。对断裂处进行微观分析，发现断裂方式主要呈现脆性断裂，断口表面观察到明显的撕裂岭、较深的二次裂纹以及较明显的舌状物等特征，因此判断为脆性断裂特征。

(5) 界面温度的测量结果表明，焊接参数的变化直接影响接头热输入的大小进而影响界面温度的高低。随着焊接时间的增加，界面在高温停留的时间将增加。随着搅拌头旋转速度以及下压量的增加，界面温度峰值也逐渐增加。当热输入达到一定量时，Ti/Al 搭接接头界面处形成结合过渡区，该过渡区存在的主要金属间化合物为 $TiAl_3$。随着接头热输入量的增大，过渡区会发生生长，主要是 Ti 原子向铝侧扩散和溶解导致的。

第5章　中间层材料对 Ti/Al 异质结构搅拌摩擦焊接头组织及性能的影响

5.1　研究方法和手段

5.1.1　试验材料

试验材料选用 TC4 钛合金、2Al4 铝合金、加工态纯锌和纯镍，尺寸均为 200mm×80mm×3mm。有关 TC4 钛合金和 2Al4 铝合金的性能、特点、化学成分和母材组织已在第 3 章试验部分详细介绍，中间层材料分别采用 0.05mm 厚的箔状 Zn 片和 Ni 片。试验设备采用自制龙门式搅拌摩擦焊机。

5.1.2　试验方法

对钛合金进行 FSW 时，由于钛合金的导热系数小，故搅拌头轴肩产生的热量会在搅拌头周围集聚，无法较快地传递到钛合金底部，导致沿材料厚度方向的温度梯度变小，使焊缝根部金属无法充分流动，容易出现未熔合等缺陷。因此，钛合金搅拌摩擦焊搅拌头轴肩直径应尽量减小。对于 3mm 厚钛合金板来说，轴肩直径大小选择范围一般在 11～19mm，搅拌针端部直径在 3～8mm。铝合金熔点较低，为使轴肩产生的摩擦热分散，铝合金 FSW 的搅拌头多采用大的轴肩直径、小的搅拌针结构。综上所述，本部分研究采用圆柱形搅拌头，轴肩为 18mm，搅拌针直径为 6mm，针长为 2.6mm，采用左螺纹，电火花加工深度为 0.55mm。

钛合金和铝合金在物理、化学等方面存在较大差异，在搅拌摩擦焊过程中，搅拌针偏向的不同、偏移量的不同、前进边返回边选择的不同均会对焊缝中金属的塑化程度和流动行为产生影响。因此，偏移量是最重要的参数之一，决定试验的成败。在本部分研究中，偏移量的定义是：搅拌针轴线与 Ti/Al 接合面的距离。由于 TC4 钛合金具有熔点高、耐磨性好等特点，为了减小搅拌头的磨损，将搅拌针向 2Al4 铝合金一侧偏置。如图 5.1 所示，因为铝合金塑性好，所以将铝合金置于返回边时，可以利用搅拌针的搅拌作用将塑化的 2Al4 铝合金带到 TC4 钛合金一侧而形成紧密结合。反之，则易在接头中形成孔洞等焊接缺陷。Kundu 等研究同样发现：对于性能差异较大异种材料的搅拌摩擦焊，为了得到焊缝成形和性能较好的接头，搅拌头应偏向较软金属。因此，本部分研究搅拌头偏向铝合金且将 2Al4 铝合金置于返回边，焊接过程示意图如图 5.2 所示。

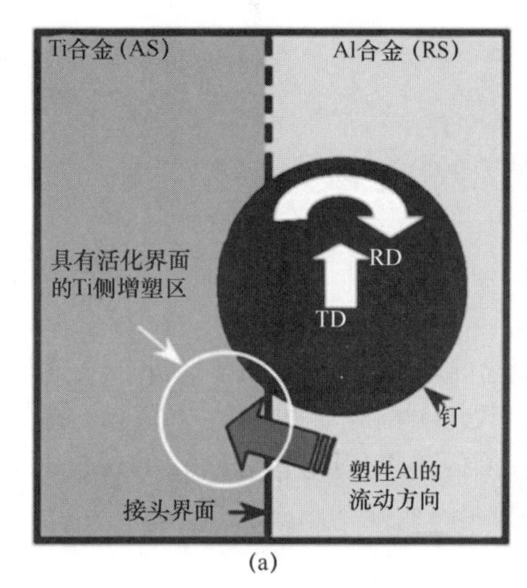

(a)

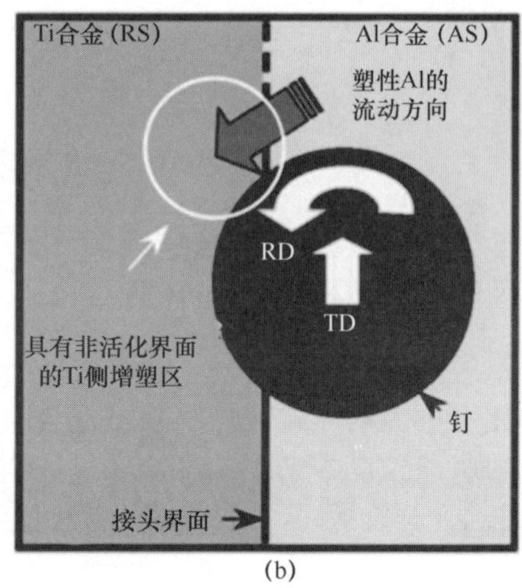

(b)

图 5.1 返回边选择示意图

(a) 铝合金置于返回边；(b) 钛合金置于返回边。

在前期“Ti/Al 异质结构 FSW 接头组织性能研究”基础上，偏移量设定为 2.5mm、下压量 0.2mm、倾角 2°，选择焊接速度 V = 60mm/min（此速度处于中间值，可调范围大），分别改变旋转速度；选择旋转速度 n = 600r/min 分别改变焊接速度，加入不同中间层材料（Zn 箔和 Ni 箔）来研究焊接速度、旋转速度、中间层材料类型对焊缝成形和接头力学性能及物相的影响。

5.1.3 接头性能测试

FSW 过程中，中间层材料的加入方式如图 5.2 所示。

为了得到较为准确的接头性能，制作拉伸试样时，使焊缝中心处于拉伸试样长度尺寸中心加工成拉伸试样。为了正确得到该工艺参数下的接头强度，每一组焊件采用线切割割取 3 个拉伸试样，拉伸试样的尺寸如图 5.3 所示。为避免应力集中，在进行拉伸试验前应采用干砂纸打磨以除去侧面的割痕缺陷，使拉伸试样侧面平整，在 WDW-50 型微机控制电子万能试验机上采用拉伸速率为 1mm/min 测试其拉断时的最大拉力，取 3 个试样拉伸结果的平均抗拉强度作为该接头的抗拉强度。

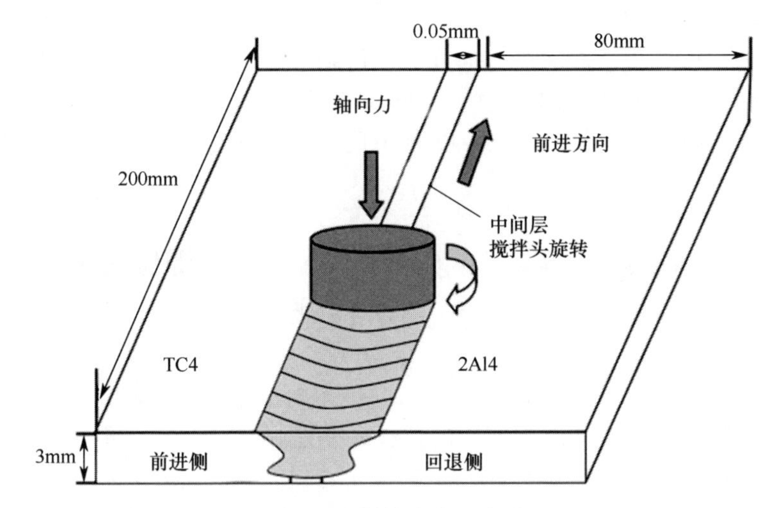

图 5.2　焊接方案示意图

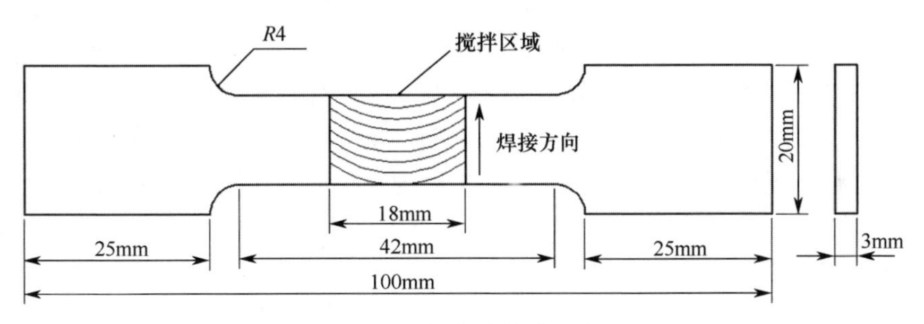

图 5.3　拉伸试样的尺寸

5.1.4　接头微观组织结构分析

拉伸试样的中间剩余部分作为金相试样，金相试样尺寸为 20mm×8mm×2.7mm，镶嵌并观察横截面。用金相砂纸逐级打磨、抛光，采用 Kroll 试剂（1mLHF+1.5mLHCL+2.5mLHNO$_3$+24mLH$_2$O）对钛/铝接头进行腐蚀、采用自制腐蚀液（15mLH$_2$SO$_4$+1mLHF+100mLH$_2$O）对铝/锌接头进行腐蚀。采用 4XB-TV 型倒置金相显微镜观察腐蚀后的焊缝形貌，分析焊缝形貌及显微组织。

采用 WT-401MVD 型显微硬度计测量焊缝横截面的显微硬度，得到接头硬度的分布特征。试验加载载荷钛侧为 200g，铝侧为 100g，加载时间为 10s，硬度测定点间距为 0.5mm。

用装配 EDS 附件的 Quanta 200 环境扫描电子显微镜观察金相试样的接头微观组织形貌、拉伸试样断口形貌等。采用 EDS 对接头中不同区域的组织或者颗粒物进行点、线、面能谱扫描分析，得到焊缝中某区域的元素组成、含量及分布情况。采用 D8X 射线衍射仪对同种工艺参数下添加不同中间层材料的接头横截面进行 XRD 分析测试，以对中间层材料对接头中物相的影响进行比较。

5.2 Al/Zn、Ti/Zn 异种金属 FSW 焊缝成形及接头力学性能

为了抑制通过原子扩散而产生的 Ti/Al 金属间化合物，提出了采用添加中间层材料进行阻隔的方法。中间层的选择必须遵循如下几点：不能引入新的脆性相；分别和钛、铝的相容性好，亦即相互之间的固溶度要高；经济性好，应具有廉价易得的特点。本部分研究首先采用 Zn 作为中间层材料。具体原因如下：图 5.4（a）为 Al/Zn 二元相图，锌的熔点为 419.5℃，在 Ti/Al 搅拌摩擦焊过程中，熔化的 Zn 在冷却到 382℃，Zn 的质量分数在 80.2%~94.9% 时发生共晶反应生成 $\gamma+\beta$ 共晶体，γ 相在 275℃时发生共析反应生成共析体 $\alpha(\mathrm{Al})+\beta(\mathrm{Zn})$，冷却到室温过程中分别析出稳定的固溶体 $\beta(\mathrm{Zn})$ 和 $\alpha(\mathrm{Al})$。由相图可知，无论温度的变化还是 Zn 含量的变化，均不会产生铝/锌金属间化合物。图 5.4（b）是 Zn/Ti 二元相图，从图中可以看出，Zn 和 Ti 在各个温度的反应简洁明了，在不同的 Zn 含量下所生成的 Zn-Ti 金属间化合物较单一，易于控制。

如上述分析可知，添加中间层 Zn 在理论上对 Ti/Al 异质结构的焊接时产生的金属间化合物具有一定的阻隔及调控作用。若能实现 Al/Zn、Ti/Zn 异种金属的焊接，则能实现 Ti/Zn/Al 的良好焊接。因此，研究 Al/Zn、Ti/Zn 异种金属的焊接具有重要意义。

5.2.1 Al/Zn 异种金属 FSW

由于铝及锌均属于低熔点、易氧化金属，故在传统熔化焊下进行铝/锌复合构件焊接时元素会剧烈蒸发，不仅对施工人员身体健康造成重大伤害，而且易使接头产生一系列缺陷而大大降低性能。

FSW 与传统的熔化焊相比，具有被焊材料不熔化及接头焊后残余应力小、不易变形等优点，是制备轻合金构件一种理想的焊接方法。目前，国内外尚无

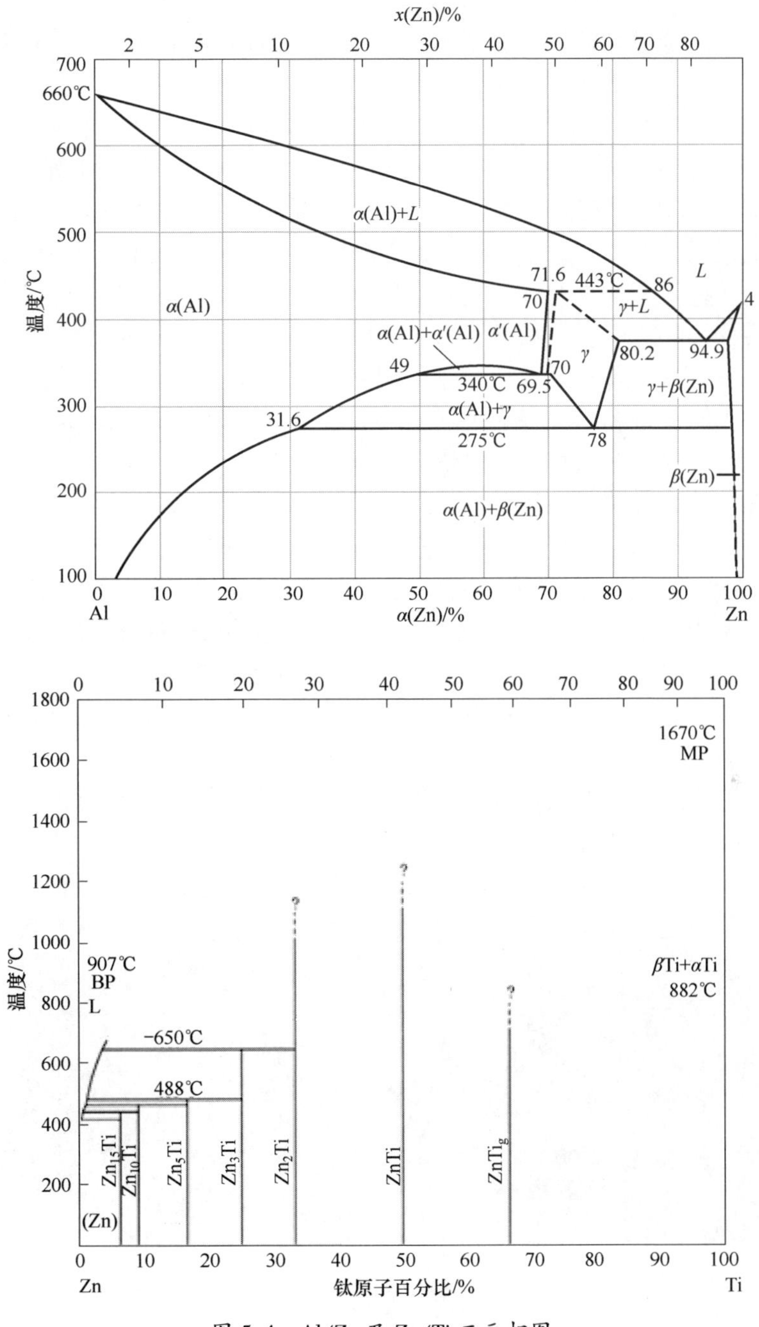

图 5.4　Al/Zn 及 Zn/Ti 二元相图

人对铝/锌焊接进行研究，锌更多的是作为一种中间层应用于其他异种金属的焊接。胡德安等采用添加纯金属 Zn 作为中间层的方式对镁合金和铝合金的焊接进行了研究，发现 Zn 和 Al 之间生成了性能良好的固溶体，且 Zn 减少了接头间脆性相的产生，从而提高接头性能。Balasundaram 等通过研究中间层 Zn 对 Al/Cu 超声波点焊接头的影响，同样发现 Zn 和 Al 之间能产生固溶体及共晶组织且阻碍 Al-Cu 金属间化合物的产生，使接头拉剪强度提高了 20%~170%。以上研究表明，Al 和 Zn 之间具有良好的互溶性。本部分研究提出使用固相连接技术——搅拌摩擦焊对 Al 和 Zn 进行连接，通过研究焊缝微观结构及工艺参数对接头性能的影响，以探究 Al/Zn 异种金属 FSW 的焊接性。

根据异种材料搅拌摩擦焊相关文献资料及试验经验可知以下两方面。①焊接速度较大时，金属塑化程度较低，不利于焊缝金属的塑性流动和焊缝成形；焊接速度较小时，输入焊缝的热量大，由于锌的熔点低，容易使锌发生熔化而焊接失败。故焊接速度相较于 Ti/Al 焊接时相应增加。②此焊接速度可调范围大，通过大量的预实验可知，焊接速度为 70mm/min 时比较合适。故选取轴肩直径为 16.5mm，搅拌针直径 6mm、长度为 2.6mm 的左螺纹圆柱形搅拌头在固定下压量为 0.2mm，焊接角度为 2°，焊接速度 70mm/min 时，选择不同旋转速度对 3mm 厚的 2Al4 铝合金和加工态纯锌板进行 FSW。

图 5.5 为旋转速度 $n=500$r/min、焊接速度 $V=70$mm/min、偏向铝侧偏移量为 1.5mm 时锌分别作为前进边和返回边时的焊缝表面成形，其中图 5.5（a）为将锌置于前进边时焊缝表面成形，图 5.5（b）为将锌置于返回边时焊缝表面成形。选择偏移量为 1.5mm 的原因是由于轴肩为主要产热源，且锌熔点低，故搅拌针应向铝侧偏移以防止产热过大发生锌的熔化现象。

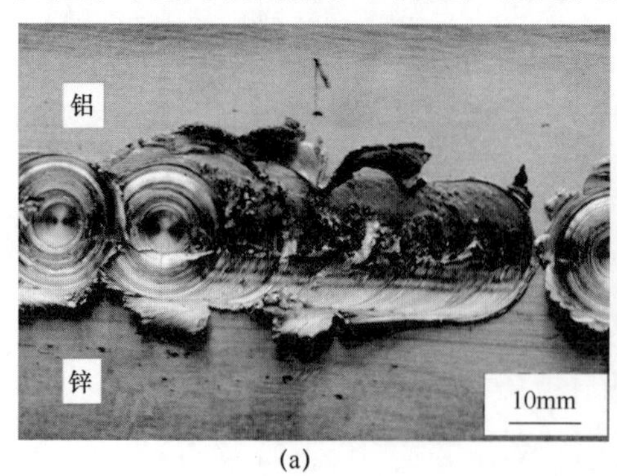

(a)

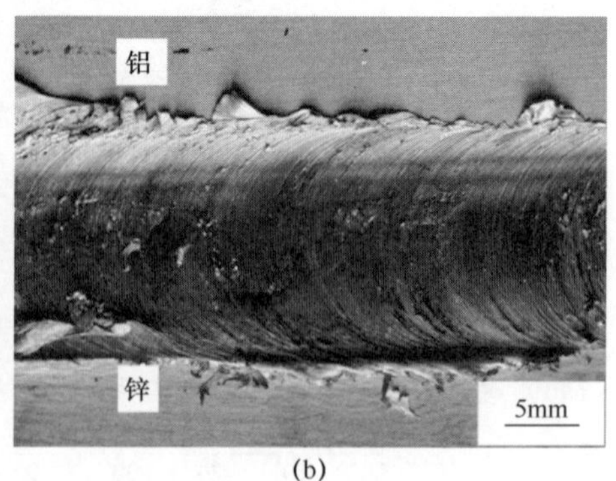

(b)

图 5.5　前进边选择对焊缝成形影响
（a）锌为前进边；（b）锌为返回边。

由图 5.5 可看出，当将锌作为前进边时，焊缝出现严重飞边，且出现贯穿整个焊缝的隧道型缺陷；将锌置于返回边时，焊缝飞边小且表面较光滑，未出现明显缺陷。分析原因是因为搅拌摩擦焊过程中返回边温度高于前进边，再加上搅拌针偏向铝合金一侧，使作为前进边的锌侧温度过低，热输入不够，使达到塑性化状态的材料不足，材料流动不充分而导致在焊缝中形成材料未完全闭合现象，从而引起隧道型缺陷。故应将铝合金选为前进边，如图 5.6 所示。

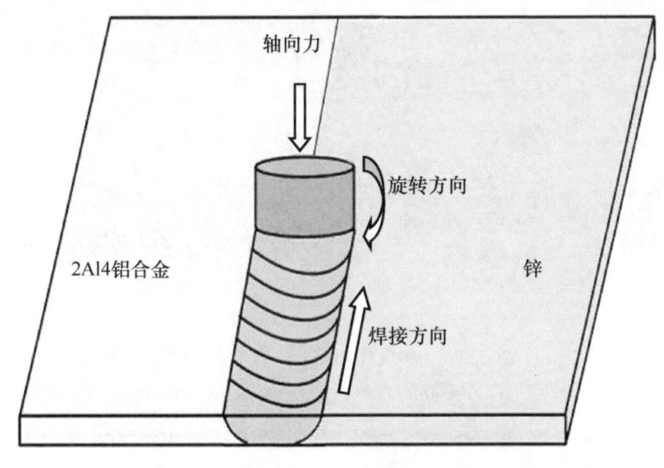

图 5.6 铝合金和锌相对位置示意图

图 5.7 所示为旋转速度是 500r/min 时不同焊接速度下焊接接头表面的宏观形貌。从图 5.7 可知，随旋转速度增加，焊缝表面粗糙度先变小后变大。在焊接速度为 50mm/min 时，焊缝尾部出现小段隧道型缺陷；当焊接速度增加到 60mm/min 时隧道型缺陷消失，但产生严重飞边；焊缝表面成形在焊接速度为 70mm/min 时达到最佳；继续增加焊接速度到 80mm/min 时，焊缝表面锌侧再度出现严重的飞边。通常认为，在旋转速度一定时，随旋转速度增加，焊接热输入量减小。因此，在焊速为 50mm/min 时热输入最大，而锌熔点只有 419.5℃，故搅拌摩擦焊过程中锌过度塑化而在轴肩的作用下被挤出，使焊缝中填充金属不足，易使焊缝出现隧道型缺陷。随着热输入的减小，焊缝金属在保证充分流动的情况下形成紧密结合。当热输入过小时，需加大下压量使铝和锌良好结合。此时，在搅拌针搅拌和轴肩挤压的双重作用下，焊缝中塑化金属易沿轴肩边缘溢出，再度形成飞边。

由图 5.8 可见，锌在搅拌针的作用下进入铝合金中并与之充分混合，形成焊核区，且界面处成双弯钩状，使得两者紧密结合。根据“抽吸-挤压”（图 5.9）理论可知，当采用左螺纹搅拌针进行焊接时，焊缝的上部会出现一瞬时低压区或空腔，在压力差的作用下，焊缝的下部局部区域形成较大的压力，使焊核区外围的金属受到挤压作用，导致外围金属在压力差的挤压作用下向上运动。向上运动的金属在轴肩的作用下反向运动，最终与向上运动的金属相遇而形成钩状形貌。

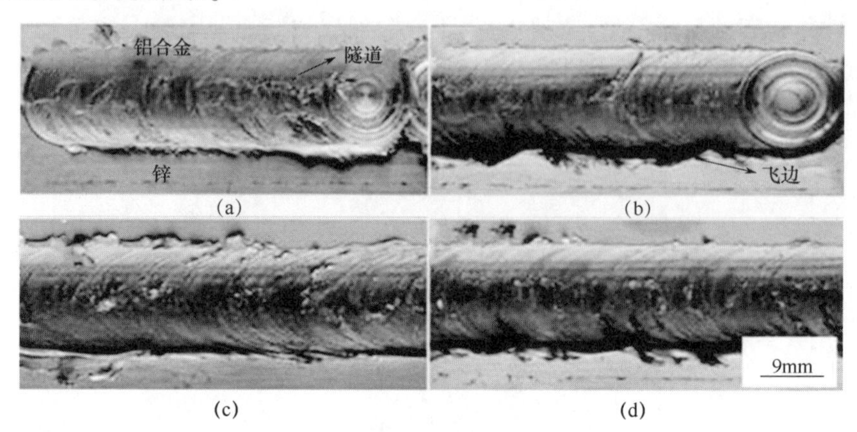

图 5.7 $n=500$r/min 接头宏观形貌

（a）$V=50$mm/min；（b）$V=60$mm/min；（c）$V=70$mm/min；（d）$V=80$mm/min。

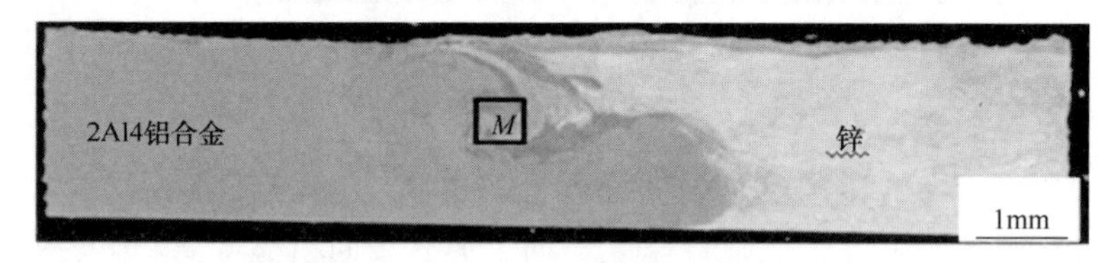

图 5.8 $V=70$mm/min 焊缝的横截面形貌

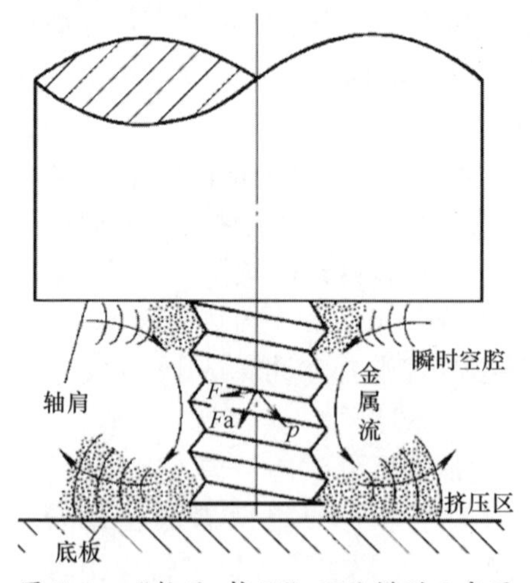

图 5.9 “抽吸–挤压”理论模型示意图

图5.10为图5.8中*M*区域扫描电镜图，其中图5.10（b）为图5.10（a）中区域3放大图。由图可看出，对接界面处铝合金和锌在搅拌针的作用下塑性流动充分，发生剧烈混合且交迭分布，形成了不同于母材组织的混合区。从图中可看出，经过腐蚀后图5.10（a）中呈现出不同颜色，可分为5类（图中区域1~5）。

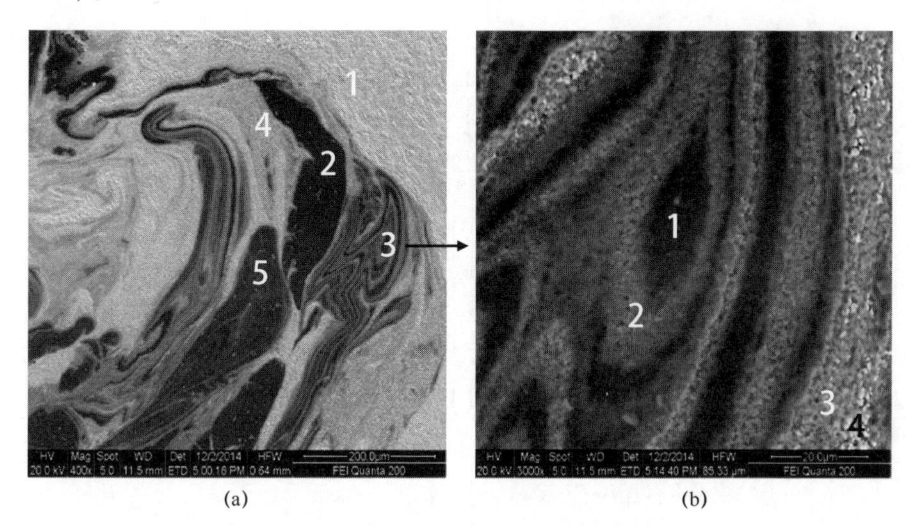

(a)　(b)

图5.10　钩状形貌扫描电镜图
（a）钩状区；（b）局部洋葱环放大图。

分别对区域1、2、3、4、5进行EDS分析，测试其所含元素的种类及含量，其结果如图5.11所示和表5.1所列。可以看出，亮白色的区域1为母材锌；黑色区域2的元素种类和含量与2Al4铝合金基本接近，因此是焊缝中的2Al4铝合金母材；灰色区域3中以Al元素为主，但含有一定数量的Zn，且Zn的质量百分比为29.42%，接近含Zn31.6%的Al基固溶体α(Al)；灰白色区域4中主要为Zn元素，同时含有大量Al，根据二者质量百分比可知，区域4可能存在固溶体、共析体等多种组织；暗灰色区域5中元素以Al为主，且含少量Zn，以铝基固溶体为主。

图5.10（b）为图5.10（a）中区域3放大图，由图可见，此区域成洋葱环状结构，分别对区域1、区域2进行能谱分析，测试其种类和含量，其结果如图5.12所示和表5.2所列。从中可看出，区域1同样呈现出暗灰色，其中元素以Al为主，且含微量的Zn，Al与Zn二者质量比与图5.10（a）中5区域接近；区域2颜色较区域1变浅，说明含有亮色的Zn增加，由能谱结果也可知，此区域Zn的含量达到将近50%。区域1、2中均以铝基固溶体为主。区

域3、区域4颜色均更为明亮，其中区域4中有鱼鳞片状亮白色物质，说明Zn的含量相较于区域1和2来说进一步上升，由能谱结果可知，Zn含量上升到主要地位，这两个区域中以锌基固溶体为主。

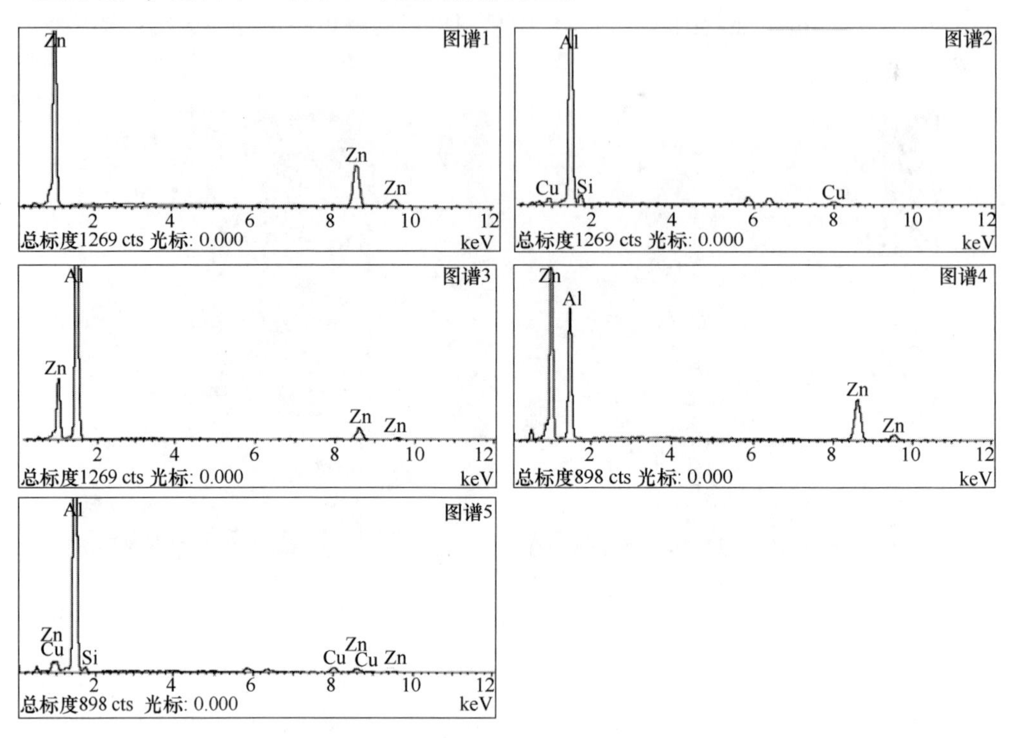

图5.11 钩状界面能谱分析结果

表5.1 钩状界面区域各部位元素含量（wt%）

区域\元素	Al	Zn	Cu	Si
1	—	100	—	—
2	85.30	—	6.88	7.82
3	70.58	29.42	—	—
4	36.79	63.21	—	—
5	80.99	7.78	9.19	2.04

分析原因认为，锌和铝合金均为流动性好的金属，当在搅拌头和轴肩的作用下发生塑性流动时，焊缝中界面处金属受到多种力的复合作用，导致焊缝中金属塑性流动复杂，使得界面处既存在小区域的洋葱环（区域3），又存在冲

击平原状（区域 5）等形貌。在热作用下，相互混合的两种金属形成不同类型的固溶体。由前文分析可知，Al/Zn 在搅拌摩擦焊时焊缝中会形成不同类型的固溶体，说明 Al/Zn 异种金属搅拌摩擦焊的焊接性良好，接头强度理论上较高。

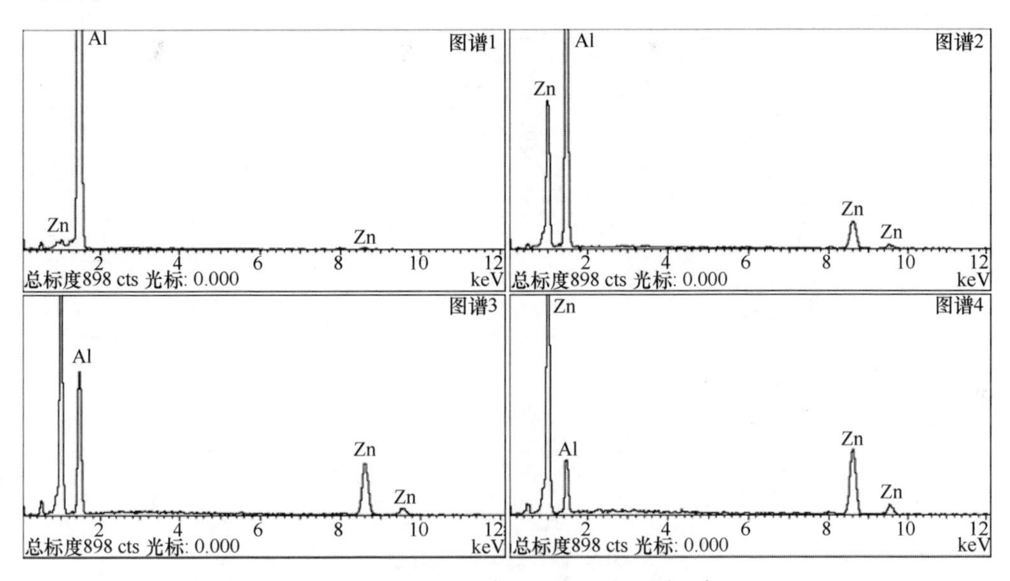

图 5.12　图 5.10（b）中所示各区域能谱分析结果

表 5.2　图 5.10（b）中各区域元素含量（wt%）

区域 \ 元素	Al	Zn
1	96. 60	3.40
2	57.90	42.10
3	34.52	65.48
4	16.21	83.79

由于在焊接速度为 50mm/min 时接头出现明显隧道型缺陷，故不再对此参数下接头进行力学性能测试，只对剩下接头进行抗拉强度测试。图 5.13 为不同工艺参数下接头抗拉强度曲线图。从中可看出，接头抗拉强度随着焊接速度的增加呈先升高后降低的趋势。接头抗拉强度最大值在焊接速度为 70mm/min 时获得，达到 152.7MPa，达到母材锌的 80.4%。断裂位置如图 5.14 所示，断裂面呈“S”形。结合图 5.7 分析认为是因为大量塑化金属在轴肩的挤压作用下向焊缝边缘溢出导致的严重飞边，使得焊缝中填充金属减少，故焊缝填充不

充分、组织不致密且接头减薄，最终导致接头抗拉强度下降。当焊接速度为70mm/min 时焊缝边缘处飞边较少，且从接头横截面形貌可知，两种金属在界面处呈“双钩状”形貌，二者结合紧密，力学性能优异。此结果也说明选取的工艺参数是合适的。

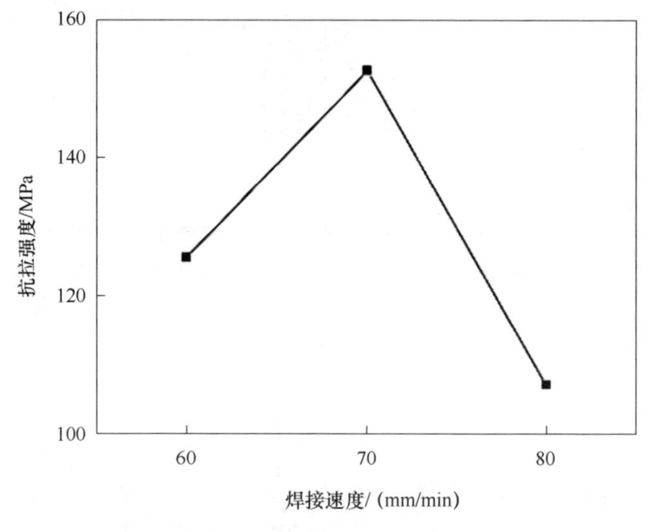

图 5.13　接头抗拉强度

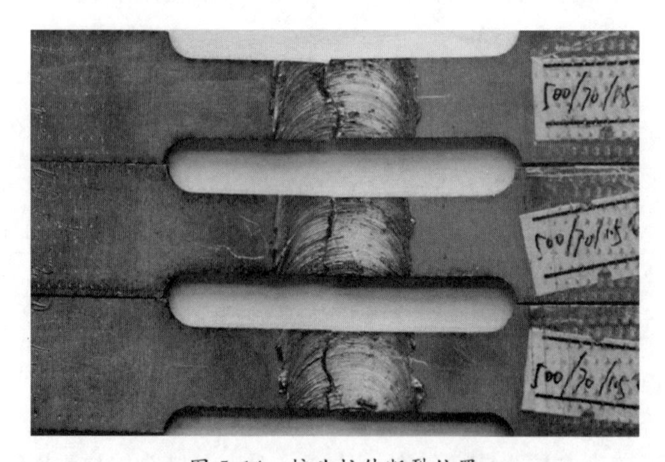

图 5.14　接头拉伸断裂位置

图 5.15 为接头断裂位置及断口形貌。图 5.15（b）为断口铝侧形貌，图 5.15（c）为图 5.15（b）局部放大图，由此可看出，断口处出现明显韧窝及大量撕裂棱，为典型韧性断裂。通过对韧窝及撕裂棱进行能谱分析发现，韧

窝由锌和锌基固溶体组成，说明 Al 和 Zn 界面形成了紧密结合。此结果和前文接头界面分析相符。

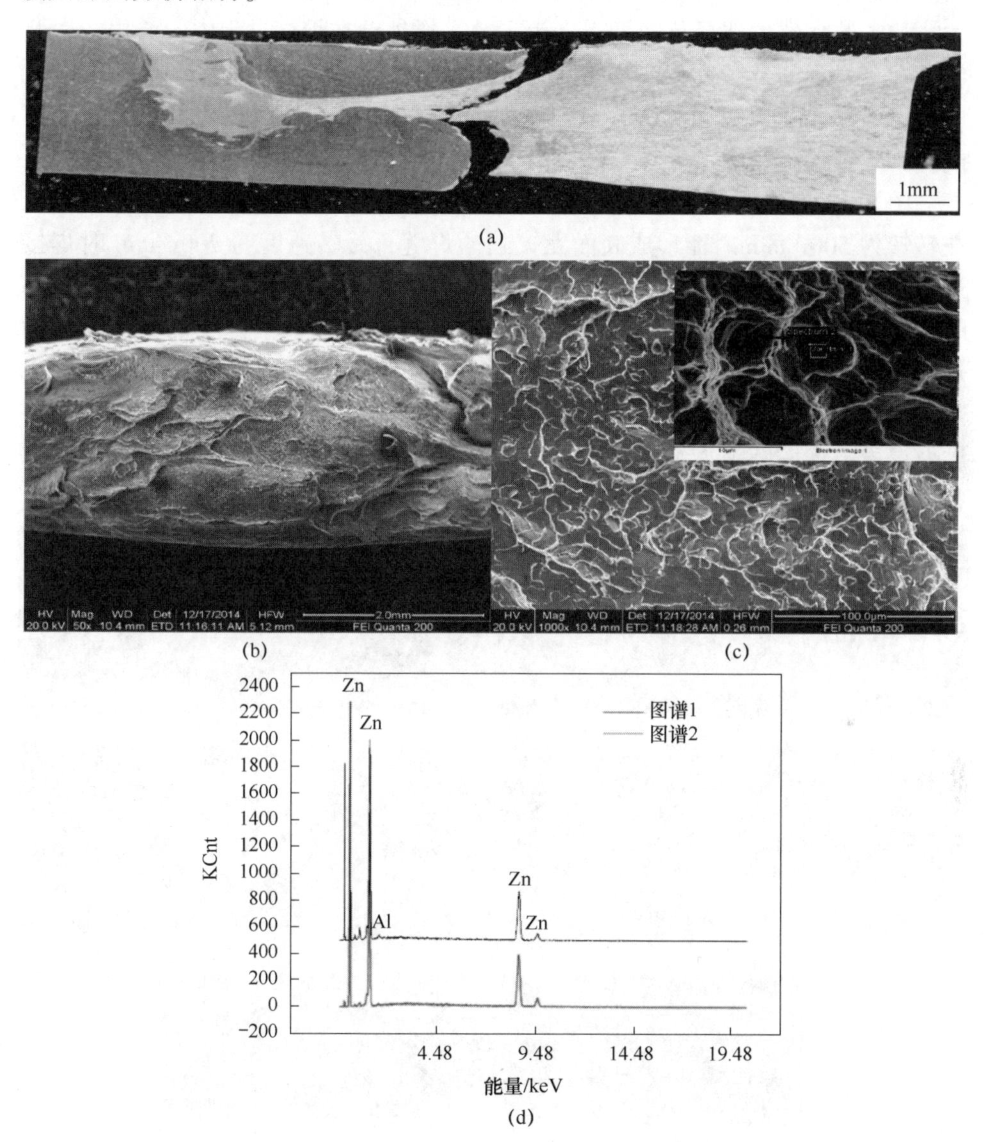

图 5.15　断口形貌及相应 EDS 分析

5.2.2　Ti/Zn 异种金属 FSW

由前面铝/锌异种金属搅拌摩擦焊试验可知，在锌熔点较低情况下，焊接过程中搅拌头旋转速度应尽可能小以保证锌不会发生熔化。焊接速度应尽可能大以降低热输入。由于钛合金熔点（1668℃）与锌熔点（419.5℃）相差极大，故工艺参数的选择范围极小。为了减小搅拌针在焊接过程中的磨损，以及保证焊接过程的持续进行以及使两者形成结合，选择搅拌针向锌侧偏移 2mm、下压量为 0.2mm、倾角为 2°，搅拌头的选择和铝/锌搅拌摩擦焊试验中所使用搅拌头一致。

图 5.16 为旋转速度对焊缝成形的影响。当焊速选择为 50mm/min 时，仅在转速为 500r/min 时能形成表面无缺陷的焊缝；旋转速度为 700r/min 时焊接过程不稳定，在焊缝后段出现隧道型缺陷。为了验证在旋转速度为 700r/min 时焊缝成形情况，选择焊速为 60mm/min。因为隧道型缺陷产生的主要原因为热输入量过大，保持旋转速度不变的情况下，增加焊接速度能减小焊接过程中热输入量。焊缝表面成形如图 5.16（e）所示，由图可知，产生了贯穿焊缝长度及厚度方向的隧道型缺陷。此结果说明，在旋转速度为 700r/min 时焊接过程极其不稳定，难以获得成形良好的接头。

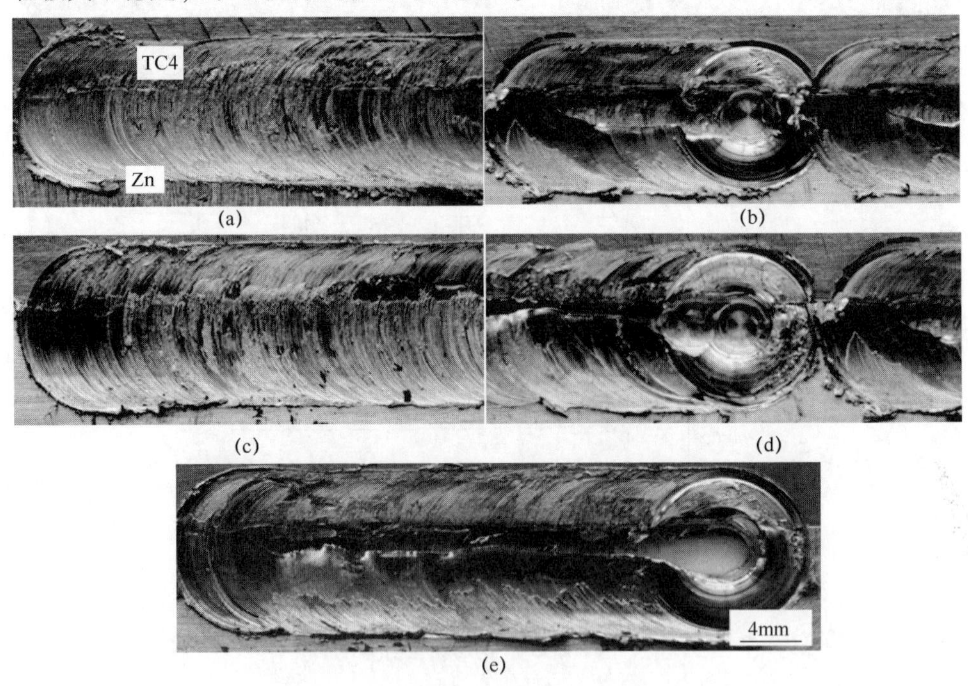

图 5.16　旋转速度对焊缝表面成形影响

（a）n=500r/min，V=50mm/min；（b）n=600r/min，V=50mm/min；（c）n=700r/min，V=50mm/min；（d）n=800r/min，V=50mm/min；（e）n=700r/min，V=60mm/min。

为了研究焊接速度对焊缝成形的影响，旋转速度选择经过工艺优化后的 500r/min。图 5.17 为旋转速度是 500r/min 时不同焊接速度下焊缝表面成形。当焊接速度为 40mm/min 时，钛合金和锌界面处未闭合，形成宽度大致与搅拌针直径大小相等的沟槽，导致焊接失败。随着焊接速度的增加，焊缝表面成形更美观，但在焊接速度 60mm/min 时，焊缝表面出现较多块状凸起。在焊接过程中，随着焊接速度的增加，被焊材料焊后温度越来越低，当焊接速度为 60mm/min 时，被焊材料表面基本无温度，温度低说明搅拌头和工件间的产热不足，难以使工件材料充分塑化而形成有效连接，故不再进行焊接速度继续提高的试验。后文中对接头进行的抗拉强度测试也说明，当焊接速度超过 50mm/min 后，随着焊接速度的增加，接头抗拉强度呈下降趋势。分析原因是因为钛合金和锌的物理化学性能相差过大，可行的工艺参数范围区间较小，当热输入量大时，锌发生熔化，而当热输入量小时，焊缝中金属塑性流动不充分，导致黏附在轴肩上的金属在表面形成块状凸起。

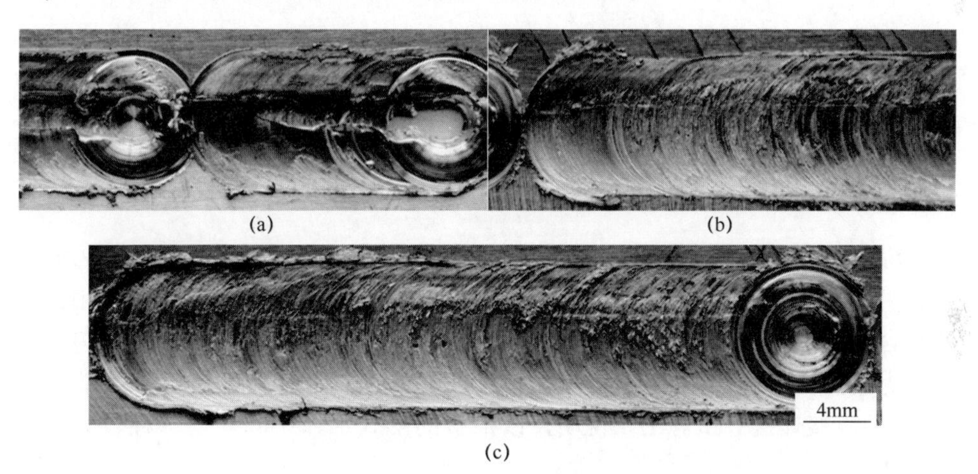

(a)　(b)　(c)

图 5.17　n=500r/min 时焊接速度对焊缝表面成形影响

(a) V=40mm/min；(b) V=50mm/min；(c) V=60mm/min。

由工艺参数对焊缝表面成形的影响可知，旋转速度 500r/min 时最佳。图 5.18 为接头在旋转速度 500r/min 时接头抗拉强度随焊接速度的变化曲线。由图可看出，接头抗拉强度随焊接速度先增大后减小，在焊速为 50mm/min 时接头抗拉强度达到最大值 75.9MPa，为母材锌抗拉强度的 39.5%。接头抗拉强度的变化和前文中焊缝成形分析是一致的：在焊接速度为 40mm/min 时，n/V 值大，热输入大，使锌黏性急剧下降，无法随搅拌针流动到钛侧发生紧密结合；随着焊接速度的增加，n/V 值逐渐下降，锌塑性流动性处于一个较好的状态，能够随搅拌针的运动而运动，与前进边的钛产生紧密结合而提高接头抗拉强度；当焊接速度过大时，n/V 值过小，热输入量不足，使金属塑性流动不充分，二者无法形成致密结合使接头抗拉强度下降。虽然钛和锌的搅拌摩擦焊能够形成完整的焊缝，但接头抗拉强度过低，这主要是因为二者物理化学性能差异过于悬殊而使二者在搅拌摩擦焊过程中界面处无法形成冶金结合，二者以机械咬合的方式形成接头，故接头抗拉强度低，无法达到预期目标。

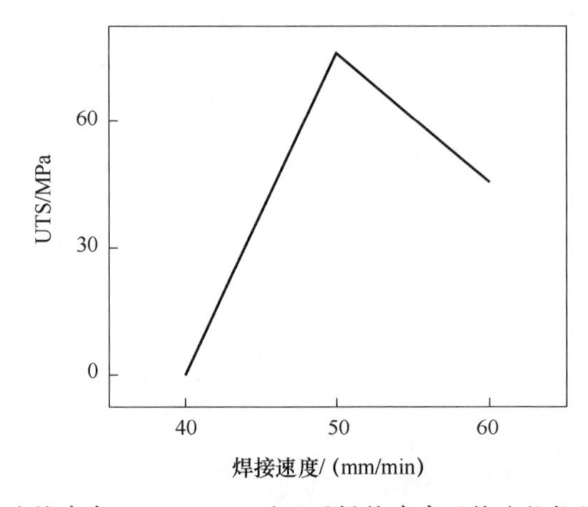

图 5.18　旋转速度 $n=500$r/min 时不同焊接速度下接头抗拉强度曲线图

综上可知，在一定的工艺参数范围内，能够得到力学性能优异的 Al/Zn 接头；由于 Ti 和 Zn 本身的物理化学性能差异过大，二者无法形成满足使用要求的复合构件。这说明，若想通过添加中间层 Zn 的方式对 Ti/Al 异质结构搅拌摩擦焊接头中脆性相进行阻隔或调控，中间层的厚度应尽可能小，以避免 Ti 和 Zn 的直接连接。试验结果说明，以箔状的形式加入中间层是一种较为理想的方法。

5.3　中间层材料对 Ti/Al 异质结构 FSW 接头组织性能的影响

众多国内外研究学者对 Ti/Al 复合构件研究认为 $TiAl_3$ 是影响接头强度最主要的因素。但 Kim 等人经过研究发现，影响 Ti/Al 复合构件接头强度最主要的因素为界面处金属间化合物层的厚度，当金属间化合物层 $TiAl_3$ 的厚度在临界值 5μm 时，接头具有良好的抗拉强度和屈服强度，若金属间化合物层厚度超过 5μm，则接头性能急剧下降。

既然钛、铝异种金属的连接时接头中金属间化合物难以控制，那我们可以考虑以一种全新的思维来提高接头强度：不拘泥于控制金属间化合物的数量，而是控制金属间化合物的种类，如尽可能得到韧性好的TiAl相，减少脆硬的$TiAl_3$相。若能采用加入中间层的方式，对接头中焊接时易产生的金属间化合物种类进行调控，从而使脆硬的$TiAl_3$相减少，那么，同样可以达到提高其力学性能的目的。为了研究中间层对Ti/Al异质结构搅拌摩擦焊接头的影响，本部分研究从组织及力学性能对Ti/Al接头进行研究，为Ti/Al异质结构连接过程中脆性相的控制提供一种全新的研究思路。

5.3.1　中间层Zn对Ti/Al异质结构FSW接头组织性能影响

图5.19为焊接速度为60mm/min时不同旋转速度下接头宏观形貌。从图5.19可知，当焊接速度一定时，随旋转速度增加，焊缝表面成形先变光滑后变粗糙，在旋转速度为375r/min时，焊缝整体比较粗糙且表面有较大环状凸起；增大旋转速度到475r/min时，焊缝整体形貌相较于旋转速度为375r/min有所改观，高凸起的塑性环减少；当旋转速度增加到600r/min时，焊缝边缘产生飞边，对比旋转速度分别为375r/min和475r/min时焊缝边缘可看出，前两者边

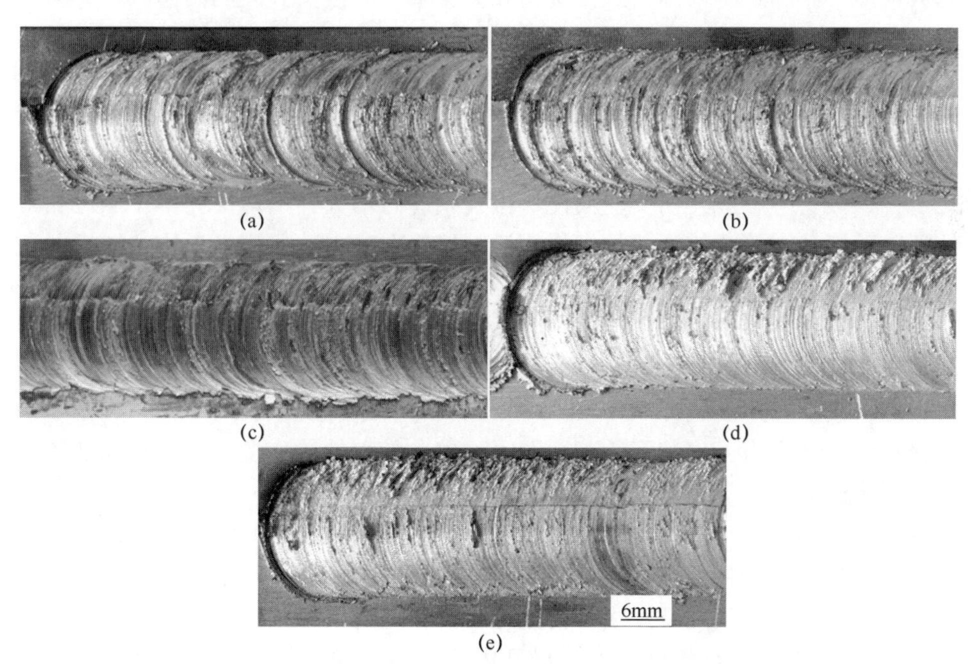

图5.19　V=60mm/mim时不同旋转速度下接头的宏观形貌

（a）n=375r/min；（b）n=475r/min；（c）n=600r/min；（d）n=750r/min；（e）n=950r/min。

缘处飞边成碎屑状，而在旋转速度为 600r/min 时飞边成整体连续性，说明金属被塑化；当旋转速度为 750r/min 时，焊缝表面出现起皮现象，且可以看出，焊缝上表面呈光亮的银白色，与铝合金颜色一致，说明在此旋转速度下铝合金可能发生了熔化，熔化的铝合金在搅拌针的旋转和轴肩的挤压共同作用下被带到焊缝表面，凝固后即产生这种现象；当旋转速度为 950mm/min 时，搅拌头在焊接过程中出现红热、黏结现象且接头中钛合金/焊核界面上出现了贯穿焊缝中心的纵向裂纹。

通常认为，在焊接速度一定时，随旋转速度增加，n/V 值增大，单位面积上焊接热输入增大，使得焊缝金属塑性流动更加充分，结合更加致密，因此成形更好（对比旋转速度为 375r/min、475r/min 和 600r/min 可知）。但旋转速度过高时，n/V 值过大，使得单位线能量过大，焊缝金属过度塑化；在搅拌针搅拌和轴肩挤压的双重作用下，塑化金属易沿轴肩边缘溢出，形成飞边。当旋转速度增加到 950r/min 时接头开裂，产生纵向裂纹，根据 Ti/Al 异质结构的焊接特点，分析原因认为有如下 3 点。①随着旋转速度的增大，输入焊缝的热量增多，为脆性相的生成提供了足够的热量和反应时间，可能使得接头中脆性相的数量及尺寸都有所增加，致使接头脆化，增大了接头开裂的倾向性。②由于 Ti/Al 异质结构在导热系数和线膨胀系数等反面存在较大的差异，焊缝金属随旋转速度的增大，输入热量增多，焊接残余应力大（焊后试板出现向上弯曲的现象），大量金属间化合物的存在使得接头比较脆，容易造成焊缝开裂，形成平行于焊接方向的纵向裂纹。③由于大量金属被挤出，使得焊缝中填充金属减少，在接头中形成几何突变而使焊接残余应力增大，当焊接完毕，撤掉加紧装置以及搅拌头等对接头的拘束作用后，接头在应力的作用下形成裂纹扩展最终导致开裂。

固定下压量为 0.2mm，焊接角度为 2°，由图 5.19 旋转速度对焊缝成形影响可知，当焊接速度为 60mm/min 时，焊缝表面形貌在旋转速度为 600r/min 时最好，故旋转速度选择 600r/min。图 5.20 为旋转速度为 600r/min 时，不同焊接速度下接头表面宏观形貌。由图可看出，随着焊接速度的增加，焊缝边缘处的飞边逐渐减少。分析认为，这是因为随着焊接速度的增加，单位焊缝长度上的热输入逐渐减小，搅拌头周围温度降低，被塑化的金属减少，因此，被挤出的金属量下降。

在所进行的一系列试验中，得到的接头在进行抗拉强度测试时，接头断裂位置均在钛合金/焊核界面。为了得到中间层材料加入后对接头强度、物相的影响，选取了性能相对较好的两组参数进行了对比分析：焊接速度分别为 V=60mm/min 和 V=750mm/min，旋转速度为 375~950r/min。

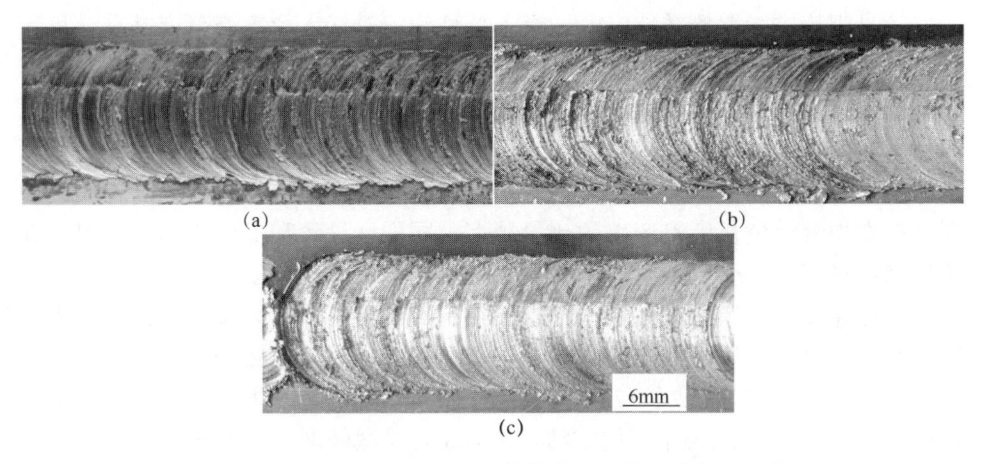

图 5.20 $n=600$r/min 时不同焊接速度下接头的宏观形貌
（a）$V=60$mm/min；（b）$V=75$mm/min；（c）$V=95$mm/min。

图 5.21 所示为焊接速度分别是 $V=60$mm/min 和 $V=750$mm/min 时接头抗拉强度随旋转速度变化曲线图。从图中可以看出，在同一焊接速度下，旋转速度越大，接头抗拉强度越低。接头抗拉强度由旋转速度 375r/min 时的 237.3MPa 降低到旋转速度为 950r/min 时的 10MPa。分析认为，焊缝中存在的裂纹是使接头抗拉强度低于 10MPa 的主要原因。当旋转速度一定时，焊接速度越大，接头抗拉强度越高。焊缝最大抗拉强度 237.3MPa 约为 2Al4 铝合金母材的 56.7%。

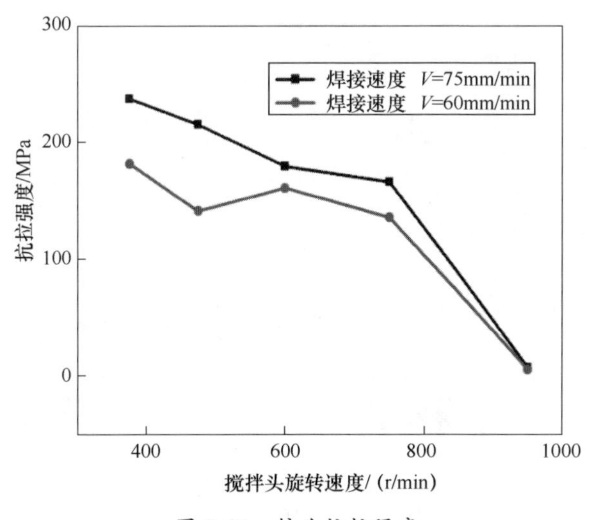

图 5.21 接头抗拉强度

这是因为，随着旋转速度的增大，单位线能量增大，焊缝温度升高，可达到 500℃左右，而锌的熔点只有 419.5℃，热输入量过大时锌容易发生熔化，熔化的锌在搅拌针的搅拌和轴肩的挤压双重作用下被挤出焊缝，从而在两板之间残留间隙，间隙将由焊缝中其他金属来填充，从而易导致焊缝组织不致密以至于接头力学性能下降。在旋转速度一定时，焊接速度越小，n/V 值越大，即搅拌头在焊缝单位长度上产生的热量越多，同样会导致和上述一样的情况。在旋转速度过高时，会导致焊缝温度过高，促使钛合金和铝合金之间的 Ti、Al 原子扩散速度加快，形成大量脆性相，在高的焊接残余应力作用下，接头容易出现裂纹，进而使接头强度急剧下降甚至无法形成有效连接。

图 5.22 为工艺参数为 375r/min、75mm/min 时分别添加中间层 Zn 和不添加中间层 Zn 的接头横截面距上表面 1.5mm 处显微硬度分布曲线。从图中可以看出，在靠近界面处的焊核中，显微硬度值总体高于焊缝其他区域。分析原因，是因为铝基中分布着大量的位错线，并且这些位错线彼此缠结在一起，对接头的强度起到强化作用。位错线附近的能量较高，在受到搅拌头的作用而发生剧烈的塑性变形后，往往是铝合金动态再结晶的发源地，形成超细晶粒。超细晶粒的存在、位错的塞积等都能提高接头的显微硬度，但所起的作用并不是很明显。当接头添加 Zn 后，焊缝近钛侧显微硬度较未添加 Zn 时有所下降（图中 N 区所示），且在 M 点出现硬度值极大的异常点。在焊接过程中，被搅拌针搅拌破碎的 Ti 颗粒随着搅拌针的运动而规律性的分布于焊缝中，且在热作用的影响下与铝合金相互之间发生原子扩散，生成金属间化合物，对焊缝强

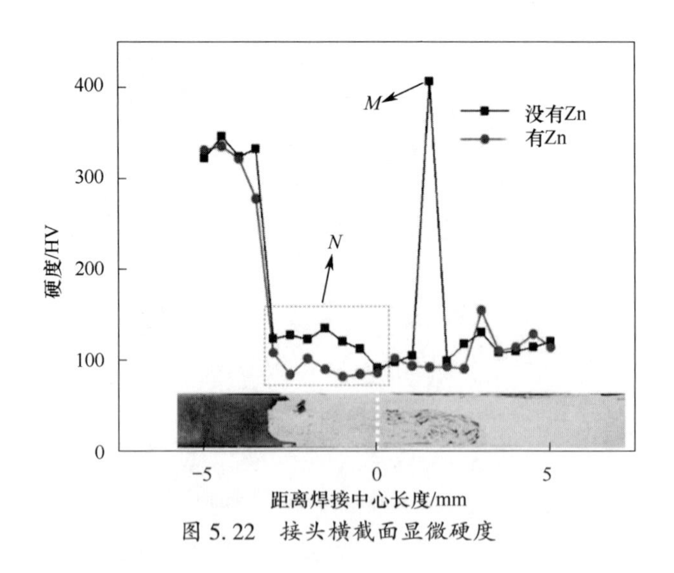

图 5.22 接头横截面显微硬度

度和硬度均有一定程度上的增强作用。当添加中间层 Zn 后，Zn 的存在在一定程度上减少焊缝中的 Ti 颗粒或 Ti-Al 金属间化合物，使得焊缝硬度和强度均出现下降。图 5.23 为焊缝显微组织，由图 5.23（a）可以看出，硬度值异常点 *M* 发生在焊缝中条状物上，经过对接头的宏观和微观分析认为，分布于近铝侧的钛颗粒与铝合金生成了如图 5.23（b）所示的厚度层较大的脆性相，使得硬度出现急剧上升并高于母材钛。

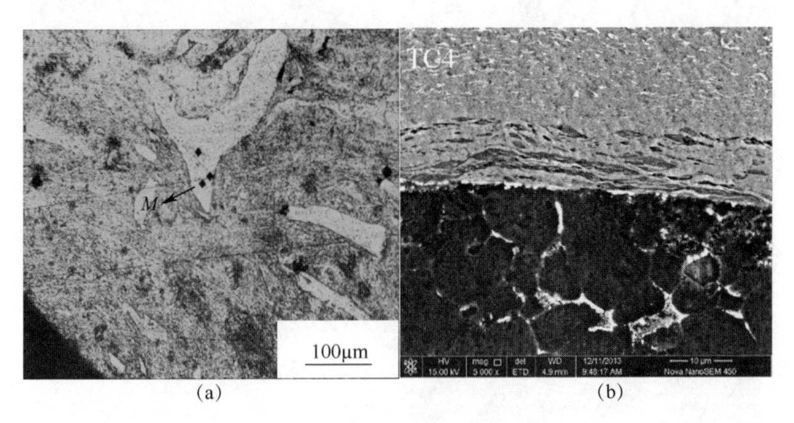

(a)　　　　(b)

图 5.23　焊缝显微组织
（a）异常点；（b）脆性层。

图 5.24 为工艺参数为 375r/min、75mm/min 时接头微观组织。其中图 5.24（a）、（b）、（c）为添加中间层 Zn 后 Ti/Zn/Al 接头横截面微观图，图 5.24（d）为未添加中间层 Zn 时接头横截面微观图。图 5.24（a）为焊缝上部近钛侧微观图，可以看出，焊缝中无规律分布着大颗粒的钛，且由于钛颗粒的存在，阻碍了铝合金的塑性流动，产生了未熔合缺陷，从而产生严重的应力集中，严重影响接头性能。图 5.24（b）为接头交界处中部微观图，可以看出，Ti/Al 界面较光滑，机械咬合现象不明显。图 5.24（c）为焊缝近铝侧，可分为 3 个区域：受搅拌针和热量共同影响形成的热机影响区（TMAZ），其晶粒发生不完全动态再结晶；受热输入影响而发生晶粒长大的热影响区（HAZ）；母材区（BM）。对比图 5.24（d）和图 5.24（a）可以发现，未添加中间层 Zn 时接头中铝合金流动更加充分，且钛侧形成了“Hook 钩”，其能在一定程度上提高接头性能。

图 5.25 分别是在旋转速度 375r/min、焊接速度 75mm/min 下 Al/Ti 接头的断口形貌，其中图 5.25（a）为未添加中间层材料 Zn 时断口表面断裂形貌，图 5.25（b）为图 5.25（a）中所示区域放大图；图 5.25（c）为添加中间层

材料 Zn 时断口表面断裂形貌，图 5.25（d）为图 5.25（c）中区域 *A* 放大图。由图 5.25（a）及其放大图（b）可以看出，整个断口光滑平整，未发现韧窝形貌，是典型的脆性断裂。图 5.25（c）、（d）为添加中间层 Zn 的接头断口形貌，显然，断口的中下部分光滑平整，而上部分出现韧窝，是塑性断裂+脆性断裂的混合型断裂。

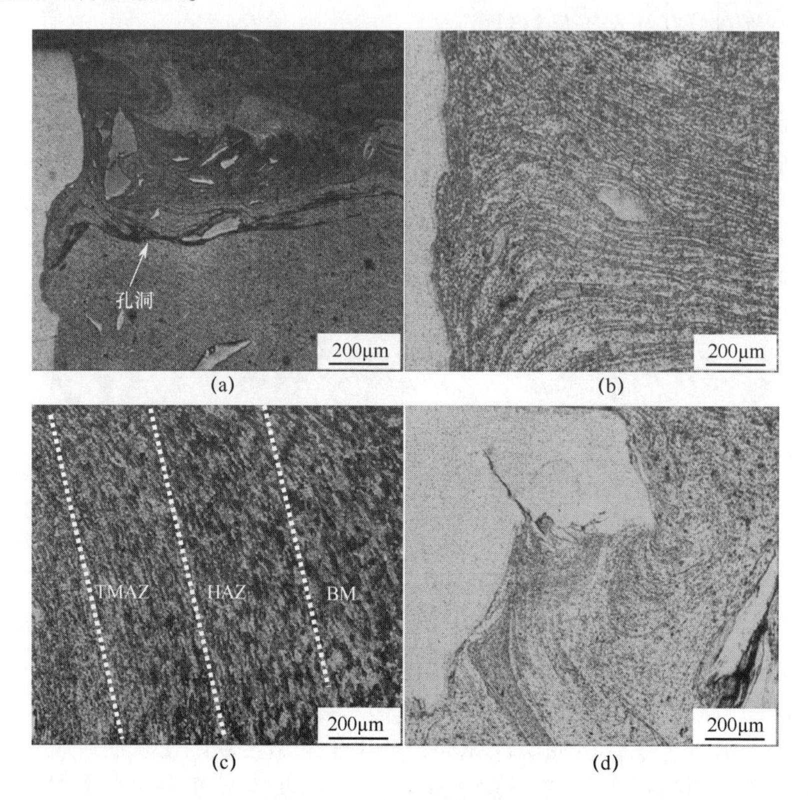

(a) (b) (c) (d)

图 5.24　接头横截面形貌

（a）添加中间层 Zn 时界面上部；（b）添加中间层 Zn 时界面中部；（c）添加中间层 Zn 时焊缝近铝侧；（d）同参数下未添加中间层 Zn 时界面上部。

图 5.26 为能谱分析结果，其中图 5.26（a）为图 5.25（a）中所示区域能谱分析结果，图 5.26（b）为图 5.25（d）中所示区域能谱分析结果，由图可以看出，当不添加中间层材料 Zn 时，接头中生成了 Al-Ti 金属间化合物。由图 5.26（b）可知，颗粒物由 Al、Cu 元素组成，为铝基体中的强化相 Al_2Cu。由于焊接热作用，T4 态铝合金会析出强化相 θ 相（Al_2Cu）或者原有的强化相颗粒长大削弱了对基体的固溶强化效果。对比加入中间层 Zn 和不添

加时的接头显微硬度及断口可知，Zn能在一定程度上减少接头中金属间化合物的产生，这样有利于防止裂纹的产生和接头脆性断裂，具体表现为加入中间层Zn后接头断裂方式转变为塑性断裂+脆性断裂的混合型断裂，且在断口韧窝区很少发现钛。

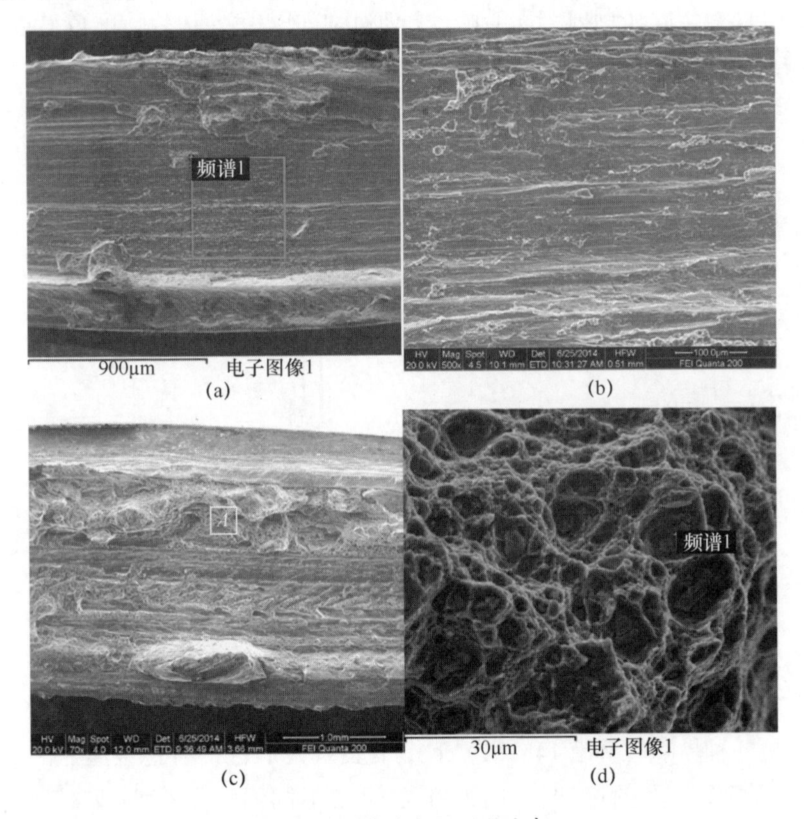

图5.25　接头断口形貌分析

(a) 未添加中间层Zn时断口；(b) 图(a)中所示区域放大图；(c) 添加中间层Zn时断口；(d) 图(c)中所示*A*区域放大图。

由上述对接头的组织性能分析可知，当加入中间层Zn后接头断裂方式由不加Zn时的脆性断裂转变为韧性+脆性混合断裂，且在一定程度上减少了接头中Ti-Al金属间化合物，但接头力学性能出现了一定程度的降低。分析原因可能是因为Zn的熔点过低，在搅拌摩擦焊过程中容易熔化后被挤出，在界面处留下一定的间隙，进而降低了接头力学性能。

根据Al系及Ti系二元相图可知，没有发现有元素能分别与Al及Ti相互无限固溶，即使与二者之一固溶度较好的元素也极难获得。Zn在理论上来说是很好的异种中间层材料，但是熔点太低，容易熔化而影响接头力学性能。添加中间层材料 Zn 以提高 Ti/Al 异质结构搅拌摩擦焊接头强度的试验失败说明，所加入的中间层材料应尽可能满足以下几点：①熔点较高，在铝合金熔点之上；②若无法满足与 Ti 或 Al 固溶度上的要求，则其与 Ti、Al 所生成的金属间化合物应具有较好的韧性，而非脆性；③工业制造工艺成熟，廉价易得，经济性好。

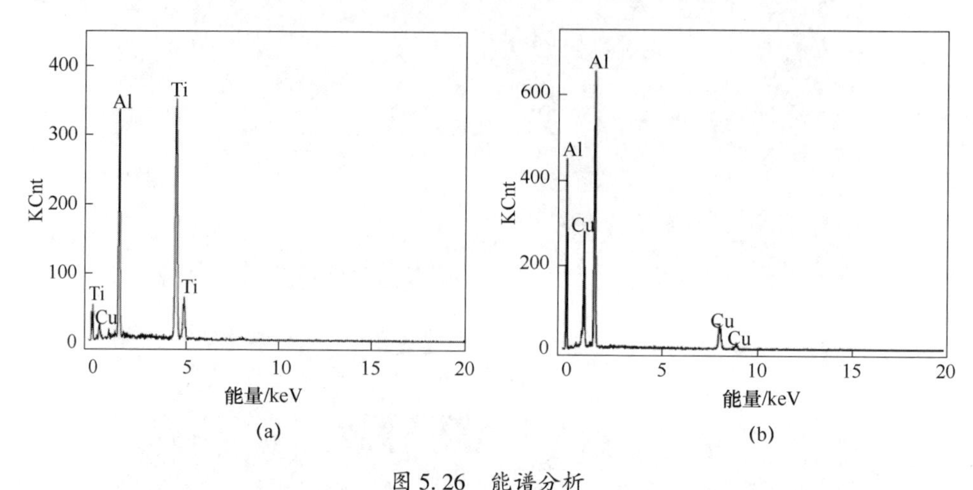

图 5.26　能谱分析

(a) 图 5.25 (a) 所示 A 区域能谱；(b) 图 5.25 (d) 所示区域能谱。

5.3.2　中间层 Ni 对 Ti/Al 异质结构 FSW 接头组织性能影响

Ni 是一种熔点较高（1453℃）且具有良好延展性的有色金属。图 5.27 为 Ti-Ni 二元相图，由图可知，Ti 和 Ni 之间在不同温度下会形成 Ti_2Ni、TiNi、$TiNi_3$ 等 Ti-Ni 金属间化合物，但是这些金属间化合物无明显的脆性，而是具有很好的塑性，可以制成各种半成品，包括箔和丝，且 TiNi 形状记忆合金以其优异的性能，广泛应用于医疗器械、电子制造和航空宇航等领域。因为 Ti-Ni 金属间化合物的这些特点，使得 Ni 中间层在 Ti 与其他金属材料的异种连接中发挥着重要的作用。

赵贺等以镍箔作为中间层材料，在真空环境下对 TC4 和 ZQSn10-2-3 进行了扩散连接，得到了最大剪切强度为 135MPa 的接头，接头断口为带有一定塑性的结晶状形貌。通过扫描电镜对接头的界面组织结构进行分析，确定了 TC4/Ni/ZQSn10-2-3 接头的界面结构是 TC4/β-Ti/Ti_2Ni/TiNi/$TiNi_3$/Ni/Cu (Cu,Ni) /ZQSn10-2-3。

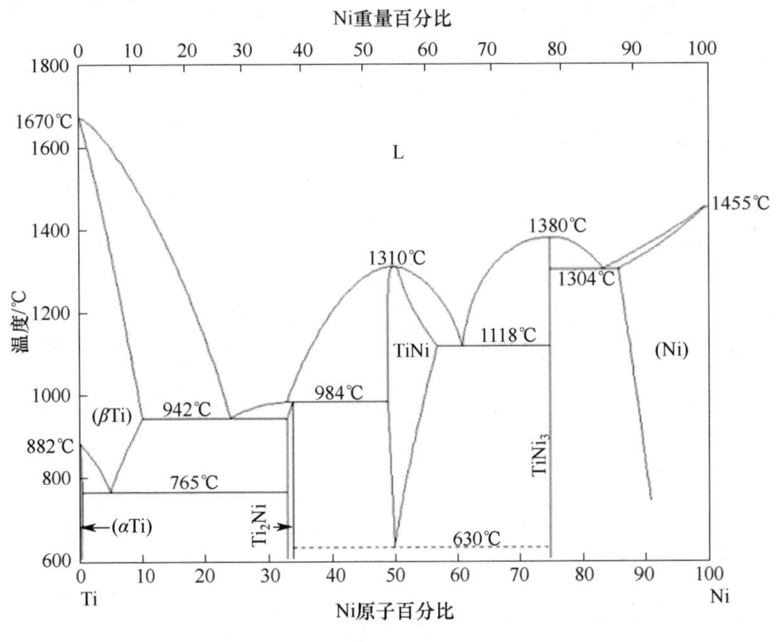

图 5.27　Ti/Ni 二元相图

李小强等对加镍过渡层钛合金/不锈钢网的扩散连接进行了研究，并发现，若参数选择不当，扩散层由较薄单层 TiNi 或较厚 Ti_2Ni/TiNi/$TiNi_3$ 组成时，接头的抗拉强度偏低；当过渡层镍箔厚度为 30μm 时，在连接温度 $\theta=850$℃、连接比压力 $p=10$MPa、连接时间 $t=10\sim15$min 下，接头剪切强度达到 146MPa，比直接进行连接时提高近 1 倍，且连接试样无明显变形。主要是因为 Ti_2Ni、TiNi、$TiNi_3$ 等金属间化合物含量较低时具有一定塑性，所加入的中间层镍起着钝化层的作用，阻碍了钛-铁等元素间金属间化合物的生成。

图 5.28 为 Al-Ni 二元相图，由图可知，二者在不同温度及原子百分比下会形成 Al_3Ni、Al_3Ni_2、Al_3Ni_5 等金属间化合物。其中像 Al_3Ni 相常被用来细化铝合金晶粒以提高其性能。同样，镍也经常被用来作为铝基材料连接时的中间层材料，薛栋民等进行了铝/镍/铜 UBM 厚度对 SnAgCu 焊点的力学性能及形貌影响的研究，通过改变阻挡层 Ni 和浸润层 Cu 的厚度，结合推拉力测试试验，探究了 SnAgCu 焊点的力学性能，并发现，随着阻挡层 Ni 和浸润层 Cu 厚度增加，推拉力值随之上升、焊球的可靠性得以提升。

综上所述，镍作为一种经济性较好的材料，已作为中间层材料被广泛地应用于 Ti 与其他金属、Al 与其他金属的连接中并取得很好的增强接头性能的作用。根据以 Zn 作为中间层材料的实验结果而提出的中间层材料的选材依据可知，Ni 基本满足所提选材依据，在 Ti/Al 异质结构的搅拌摩擦焊中作为中间层材料较为合适。

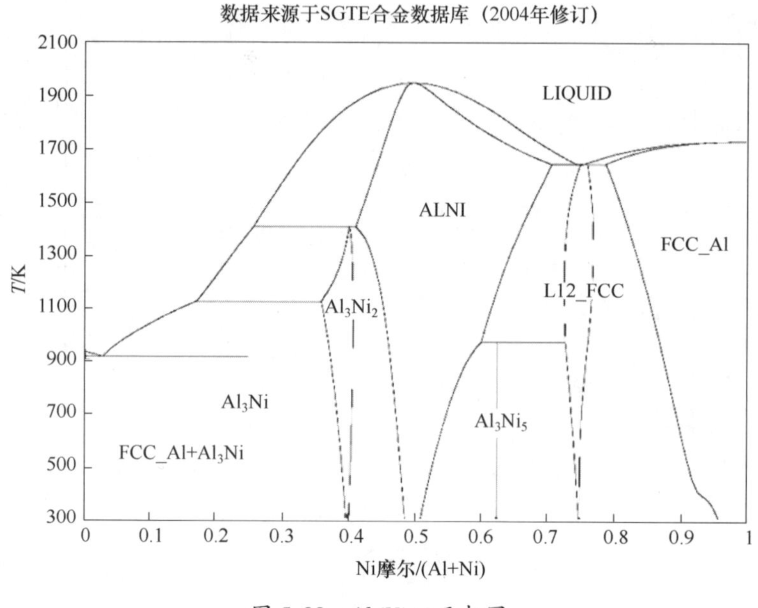

图 5.28　Al/Ni 二元相图

经过中间层材料 Zn 对 Ti/Al 异质结构搅拌摩擦焊性能影响研究可知，当旋转速度一定时，焊接速度为 75mm/min 下接头抗拉强度高于焊接速度为 60mm/min。故本节在焊接速度为 75mm/min 下研究了中间层材料 Ni 对 Ti/Al 异质结构搅拌摩擦焊组织性能的影响。

图 5.29 所示为焊接速度为 75mm/min、下压量为 0.2mm、焊接角度 2°时，旋转速度对接头表面宏观形貌的影响。由图可看出，当旋转速度为 375r/min 时，焊缝表面整体较为美观，飞边较小且呈碎屑状，但在焊缝表面铝侧出现少许起皮现象。主要是因为此时热输入量较小，未使焊缝金属达到完全塑性状态。增大旋转速度到 475r/min 时，焊缝表面边缘处飞边呈明显塑化后凝固状，且在钛/铝界面处出现明显犁沟状分界线，焊缝表面钛侧出现金属聚集黏着现象。分析原因认为是随着搅拌头旋转速度的增加，n/V 值增大，焊缝单位长度上热输入量增加，使焊缝金属发生塑化现象，易在焊缝表面黏着聚集，塑化的金属在搅拌针搅拌和轴肩挤压的共同作用下沿搅拌头周围溢出，形成塑化后凝固状飞边，同时，被挤出的金属导致了焊缝中填充金属的不足，使得钛/铝界面处出现犁沟状分界线。继续增加旋转速度到 600r/min，焊缝表面犁沟状分

界线较旋转速度为475r/min时整齐，焊缝钛侧出现金属剥离缺陷。分析原因认为是当旋转速度为600r/min时，焊缝单位长度上热输入量进一步增加，使得金属黏度增加，易附着在搅拌针及搅拌头表面，使得焊缝表面出现金属剥离现象。当旋转速度达到750r/min时，犁沟状分界线消失，焊缝表面铝侧呈光亮状，钛侧仍有金属剥离现象发生。分析原因认为是过大的热输入导致了熔点较低的铝合金的熔化，熔化的铝合金在轴肩的旋转挤压作用下在焊缝表面呈光亮弧形状。

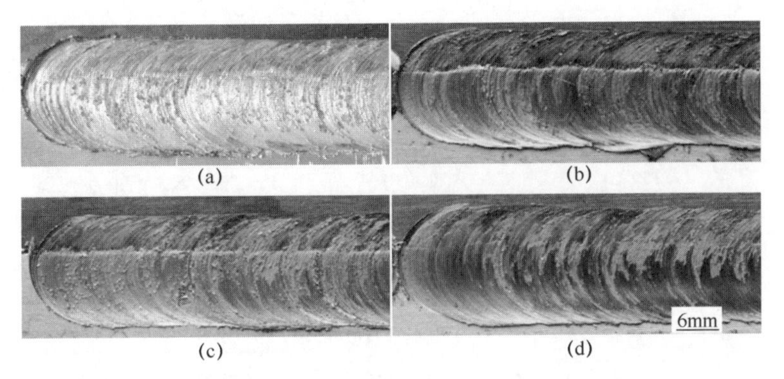

图5.29　V=75mm/mim时不同旋转速度下接头形貌

（a）n=375r/min；（b）n=475r/min；（c）n=600r/min；（d）n=750r/min。

图5.30为焊接速度是75mm/min时，接头抗拉强度随旋转速度变化曲线图。由图可以看出，接头抗拉强度曲线规律性不强，可能是由于当加入中间层材料Ni后，接头对工艺敏感性增加，且对焊接过程中的装夹、下压过程控制等要求更严格，使得工艺参数外的人工因素影响增加。当工艺参数选为旋转速度n=375r/min、焊接速度V=75mm/min、焊接角度2°、下压量0.2mm时，接头力学性能最佳，抗拉强度最大值达到293.3MPa，平均抗拉强度为285.3MPa，达到2Al4铝合金母材抗拉强度的68%。

结合焊缝表面宏观形貌对接头抗拉强度变化进行分析，当旋转速度为375r/min时，接头表面成形整体性最好，表面除轻微起皮外，无明显外观缺陷；当旋转速度为475r/min时，钛铝结合界面处出现明显较深的犁沟缺陷，又因为结合界面处在接头中属于最薄弱部位，深犁沟缺陷的出现使得界面承载面积减小，抗拉强度下降。在旋转速度为600r/min时，接头抗拉强度出现上升的原因是因为焊缝表面犁沟缺陷变浅，且飞边也较少，使得界面处结合面积增大，故抗拉强度相较于旋转速度为475r/min时出现上升。当旋转速度增加至750r/min时，焊缝中金属出现熔化现象，虽然此时焊缝中金属流动性及填充性更好，但钛铝两者金属在物理化学性能上的巨大差异，使得这种情况下接头残余内应力较大，且金属的熔化-凝固过程中易产生微裂纹等缺陷，进而影响接头的力学性能。

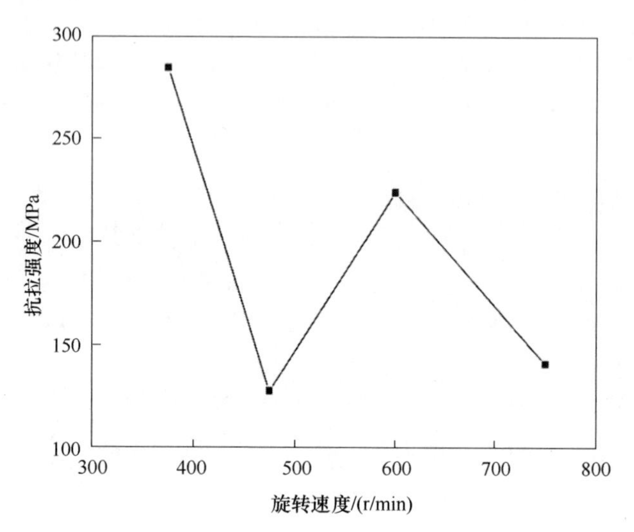

图 5.30　焊接速度 75mm/min 时不同旋转速度下接头抗拉强度

图 5.31 为旋转速度 375r/min、焊接速度 75mm/min 时接头横截面宏观形貌图，由图可知，钛侧在搅拌针的搅拌作用下形成“C”形界面，且被搅拌针搅碎的钛随搅拌针的旋转以颗粒状分布于焊核，呈洋葱环状。由于中间层 Ni 的熔点较高，在搅拌摩擦焊过程中 Ni 没有发生熔化现象，同样以颗粒状分布于焊缝中。

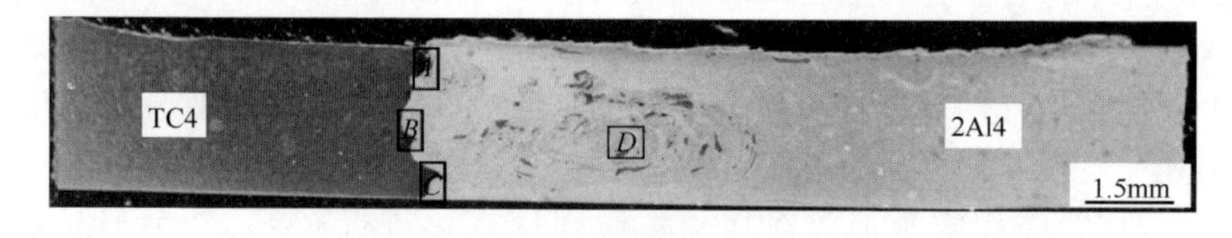

图 5.31　接头横截面宏观形貌

图 5.32 为图 5.31 中各区域局部放大图。由前文中提到的搅拌摩擦焊过程中的“抽吸-挤压”理论可知，焊缝中搅拌针根部由于会形成一个瞬时空腔，需要由其他部位的金属来填充，属于缺陷形成高发区。图 5.32（a）为图 5.31 中区域 *A* 放大图，由图 5.32（a）可知，此参数下搅拌针根部界面处金属结合良好，并无明显缺陷。图 5.32（b）为图 5.31 中区域 *B* 放大图，由图可看出，界面处结合致密，塑性金属在搅拌针的作用下，铝侧出现明显

流线。图 5.32（c）为图 5.31 中区域 C 放大图，由图可知，接头底部存在未受搅拌针作用而发生破碎的中间层材料 Ni，且钛/镍界面并未形成冶金结合，存在一定间隙。这是因为搅拌摩擦焊过程中，搅拌针端部与接头底面存在一定距离，使得中间层材料 Ni 底部小段所受搅拌针作用不大，只是发生了较大程度的变形，而并未像其他部位一样被搅拌针搅拌破碎。又由于搅拌针绝大部分（5.5mm）处于铝合金一侧，故塑化的铝合金在搅拌针的作用下能与中间层 Ni 形成致密结合，而此区域钛合金所受搅拌针作用有限，故钛/镍界面存在一定间隙。存在的此间隙将成为整个接头性能最薄弱部位，严重影响接头力学性能。

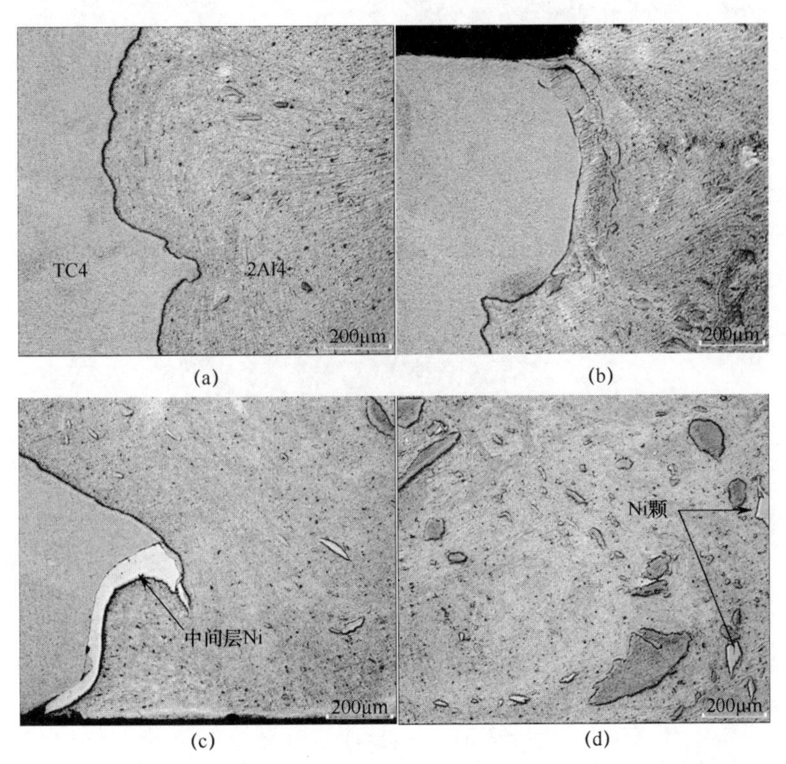

图 5.32　图 5.31 中横截面各区域微观图

（a）A 区域放大图；（b）B 区域放大图；（c）C 区域放大图；（d）D 区域放大图。

图 5.33 为搅拌头旋转速度 375r/min、焊接速度 75mm/min 时铝合金侧断口形貌扫描电镜图。为便于分析，将图 5.33（a）分为两个区域：区域 A（接头下半段）和区域 B（接头上半段）。图 5.33（b）为区域 A 放大图，图 5.33（c）为区域 B 放大图。由图 5.33（a）可知，断口呈双“C”形，与接头横截面界

面处形貌相符，说明接头沿界面处断裂。由图 5.33（b）可看出，断口区域 *A* 中出现一亮色带状区域，且带状与右侧结合致密，但与左侧结合界面处出现孔洞缺陷。此区域断裂表面光滑平整，属脆性断裂，而区域 *B* 中的沟槽部分经过放大后可看出属于韧性断裂。综上可知，此参数下接头断裂方式为韧性+脆性混合型断裂方式。韧性断裂保证了接头具有一定的韧性，脆性断裂保证了接头具有一定的强度，故接头强度较高。

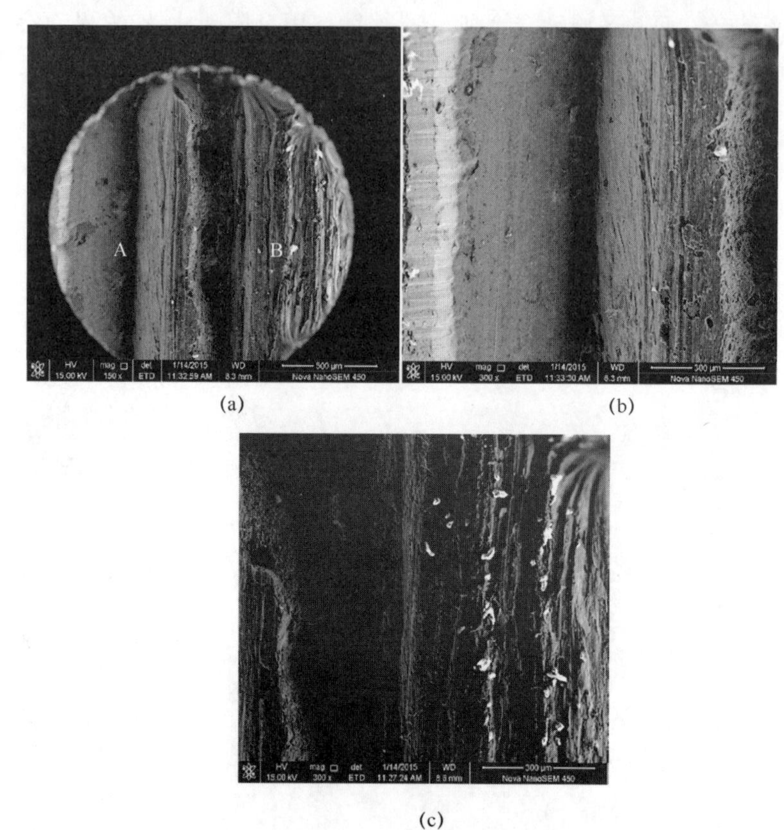

图 5.33　断口扫描电镜图

（a）铝侧断口图；（b）图 5.33（a）中 *A* 区域放大图；（c）图 5.33（a）中 *B* 区域放大图。

图 5.34 为断口中不同区域能谱分析，其中图 5.34（a）为亮色带状区域放大图及其能谱分析结果；图 5.34（b）为沟槽中韧性断裂区任选区域放大图；图 5.34（c）为经过亮色带状区域能谱先扫面；图 5.34（d）为沟槽中块状剥离区放大图；图 5.34（e）为图 5.34（b）中所示两个区域能谱；图 5.34（f）为图 5.34（d）中所示区域能谱及元素比。

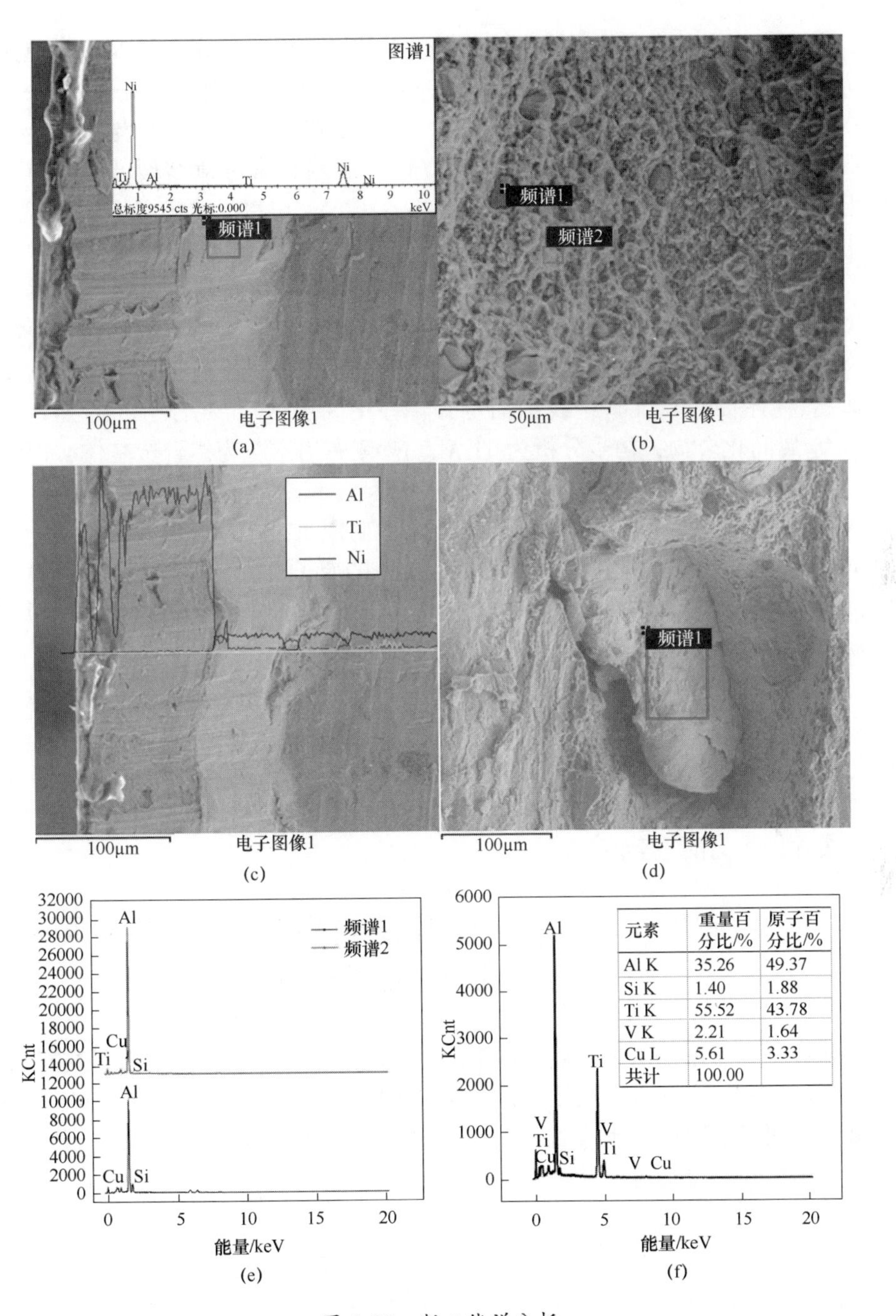

元素	重量百分比/%	原子百分比/%
Al K	35.26	49.37
Si K	1.40	1.88
Ti K	55.52	43.78
V K	2.21	1.64
Cu L	5.61	3.33
共计	100.00	

图 5.34　断口能谱分析

(a) 亮色带状区及能谱结果；(b) 区域 *B* 沟状区局部放大图；(c) 线扫描结果；(d) 大颗粒剥落区放大图；(e) 图 5.34 (b) 中所示能谱采样点结果；(f) 图 5.34 (d) 中所示区域能谱结果。

由图 5.34（a）能谱分析可知，亮色带状区域中主要元素为 Ni，含有少量 Ti，说明亮色带状为所加入中间层材料 Ni，结合接头横截面可知，在接头底部存在未被搅拌针搅碎的 Ni，且与铝合金侧形成致密结合，而 Ni 与钛合金未完全形成冶金结合，在进行抗拉强度试验时，Ni 与钛合金侧断裂，在断口上形成上面所示的亮色带状区。由图 5.34（b）可知，韧窝区的韧窝小而浅，且韧窝中存在较大颗粒状物质。由图 5.34（e）的能谱结果可知，颗粒状中含有 Al、Cu、Si、Ti 等元素，其中 Cu、Si 元素为 2Al4 铝合金所含元素，各峰值强度可知，颗粒中所含 Ti 非常少，不属于 Ti-Al 金属间化合物，故颗粒物可能是铝合金在热作用下析出的强化相与 Ti 的混合物。分析点 2 说明此区域物质为基体铝。由图 5.34（c）中线扫描可知，在中间层 Ni 与铝合金界面处存在一 Ti-Al 金属间化合物，初步分析为 Ti_3Al。Ni 侧右边本应为铝合金基体，但线扫描结果显示含铝极少，钛同样含量很少，而 Ni 元素却较稳定。这说明，中间层 Ni 确实对 Ti/Al 界面起到了阻隔的作用。对图 5.34（d）中大颗粒状物质进行元素分析，由图 5.34（f）可知，Al 和 Ti 的原子百分比接近 1:1，应属于金属间化合物 TiAl，而 Si、Cu 属于铝合金所含元素，V 属于钛合金所含元素，说明颗粒状物质应为金属间化合物 TiAl 与 TC4 的混合物。

由上述可知，虽然接头中仍存在 Ti-Al 金属间化合物，且对接头性能造成不利影响，但在加入中间层材料 Ni 后，Ni 对金属间化合物的形成起到了一定的阻隔作用，使金属间化合物更多以 TiAl 形式存在，而金属间化合物 TiAl 在塑性上要优于 Ti_3Al、$TiAl_3$ 等其他金属间化合物。这也是加入中间层材料 Ni 后接头强度提高的重要原因之一。

5.4 中间层材料对 Ti/Al 异质结构 FSW 接头金属间化合物调控机制分析

前节分别根据加入中间层 Zn 和 Ni 对 Ti/Al 异质结构组织力学性能的影响进行了研究，但当加入中间层 Zn 时接头强度较低，当加入中间层 Ni 时，接头强度提升明显。因此，本章通过力学性能、微观结构对两种接头进行对比分析，得到中间层材料对接头中脆性相的影响规律。

5.4.1 力学性能对比

图 5.35 为在焊接速度 75mm/min、偏移量 2.5mm、下压量 0.2mm、焊接角度 2°时，不同旋转速度下分别加入中间层材料 Zn 和 Ni 时接头抗拉强度对比图。由图可知，加入中间层 Zn 后接头强度随旋转速度变化而变化的规律明

显，加入中间层 Ni 后接头强度变化趋势无明显规律性，但与加入 Zn 时一样，总体呈下降趋势。加入中间层材料 Ni 后接头抗拉强度整体优于加入 Zn。

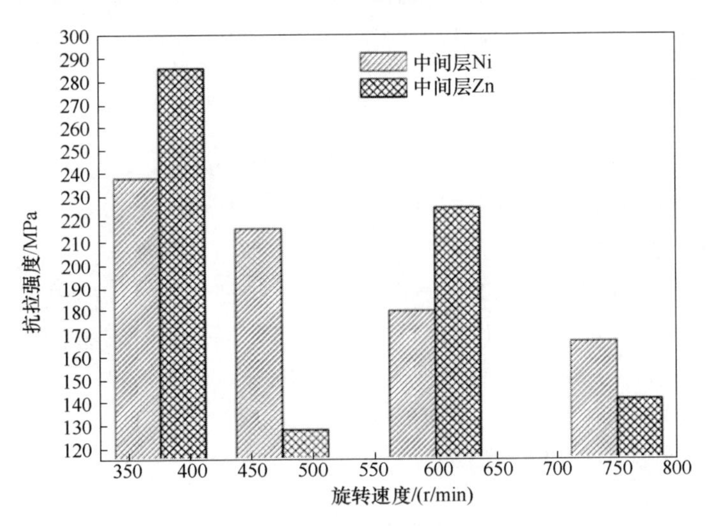

图 5.35　接头抗拉强度对比图

分析原因，可能是所加两种中间层材料熔点存在较大差异所致。虽然两种中间层材料在理论上来说都能对 Ti/Al 异质结构搅拌摩擦焊过程中所产生的脆性相进行阻隔，但由于中间层材料 Zn 熔点低、质软，故在搅拌摩擦焊过程中极易发生熔化并被搅拌针和轴肩挤出焊缝，使其对接头无法产生作用，并且易导致接头界面处产生缺陷而降低接头力学性能。中间层材料 Ni 熔点较高，在搅拌摩擦焊过程中不会发生熔化现象，能对接头中脆性相进行有效阻隔。

5.4.2　焊接温度数学模型

根据王大勇等提出的搅拌摩擦焊热输入数值模型可知，搅拌摩擦焊的热功率由 3 部分组成：搅拌头轴肩与被焊工件上表面之间的摩擦热功率 P_S、搅拌针侧面与被焊材料接触面之间的摩擦热功率 P_f 和搅拌针端面与其正下方被焊材料之间的摩擦热功率 P_e。其表达式分别为

$$P_S = n\int_0^{2\pi}\int_{\frac{d_3}{2}}^{\frac{d_2}{2}} \frac{4\mu F_z}{\pi d_2^2} 2\pi r^2 \mathrm{d}\theta \mathrm{d}r = \frac{2\pi\mu n F_z(d_2^3 - d_3^3)}{3d_2^2}$$

$$P_f = \frac{\mu n F_x d_3}{2}$$

$$P_e = n\int_0^{2\pi}\int_0^{\frac{d_3}{2}} \frac{4\mu F_z}{\pi d_2^2}2\pi r^2 \mathrm{d}\theta \mathrm{d}r = \frac{2\pi\mu n F_z d_3^3}{3d_2^2}$$

搅拌摩擦焊过程中总的热功率为上述 3 式之和，即

$$P = P_S + P_f + P_e = \mu n d_3\left(\frac{F_x}{2} + \frac{2\pi b F_z}{3}\right)$$

式中：d_2 为搅拌头轴肩直径；d_3 为搅拌针直径；μ 为工具与工件之间的摩擦因数；n 为搅拌头单位时间内的旋转转速；F_x 为搅拌头的进给阻力；F_z 为搅拌工具的轴向压力。

在搅拌摩擦焊过程中，所输入的热功率不断进行着热输出，主要有以下几个途径：工件的吸热和向工件附近材料的传热；搅拌头的吸热和通过夹持柄向铣床主轴的传热；工件表面和搅拌头表面的散热。其中通过第三种途径所散出的热量相对前两种较小，可以不予考虑。

单位时间内工件吸收的热量为

$$Q_{p1} = c_p\rho_p V_p \nu\Delta\theta = c_p\rho_p l\frac{\pi d_3}{2}\nu\Delta\theta$$

式中：ρ_p 为被焊材料的密度；c_p 为被焊材料的质量定压比热容；l 为搅拌针长度；V_p 为搅拌针在进给单位长度上所加热的被焊材料的体积；$\Delta\theta$ 为稳定状态时的温升；ν 为搅拌头的进给速度。

因为流到搅拌针后半侧的材料温度达到了焊接温度，故只有搅拌针前半侧面的材料参与传热，其面积为

$$S_c = \frac{\pi l d_3}{2}$$

根据 Fourier 传热定律可知，单位时间内通过工件传出的热量为

$$Q_{p2} = -\lambda_p S_c\frac{\mathrm{d}\theta}{\mathrm{d}r} = -\lambda_p l\pi d_3\frac{\Delta\theta}{2\Delta r}$$

式中：λ_p 为工件的热导率；$\Delta\theta/\Delta r$ 为平均温度梯度；Δr 为搅拌针边缘到工件上温度降到室温时的距离；“-”为传热方向与温度梯度方向相反。

搅拌头的温度达到焊接温度时，焊接过程达到稳定状态，并且随着焊接过程的进行基本保持不变。因此，它不再吸热，即 $Q_{s1}=0$。

单位时间内通过搅拌头向铣床主轴所传导的热量为

$$Q_{s2} = \lambda_t S_t\frac{\mathrm{d}\theta}{\mathrm{d}z} = \lambda_t\frac{\pi a^2 d_3^2}{4}\frac{\Delta\theta}{\Delta z}$$

式中：λ_t 为搅拌头工具所采用材料的热导率；S_t 为搅拌头夹持柄横截面面积；

Δz 为搅拌头到铣床主轴上温度降到室温时的距离。

在焊接过程达到稳定状态时，单位时间内总的热输出量为

$$Q = Q_{p1} + Q_{p2} + Q_{s1} + Q_{s2} = \pi d_3 \Delta\theta\left(\frac{c_p\rho_p l\nu}{2} + \frac{\lambda_p l}{2\Delta r} + \frac{\lambda_t a^2 d_3}{4\Delta z}\right)$$

稳定状态时，单位时间内热功率的输入与输出达到平衡，此时，$P=Q$，即

$$\mu n d_3\left(\frac{F_x}{2} + \frac{2\pi b F_z}{3}\right) = \pi d_3 \Delta\theta\left(\frac{c_p\rho_p l\nu}{2} + \frac{\lambda_p l}{2\Delta r} + \frac{\lambda_t a^2 d_3}{4\Delta z}\right)$$

由此可得

$$\Delta\theta = \frac{\mu n}{\pi}\left(\frac{6F_x + 8\pi b F_z}{6c_p\rho_p l\nu + \dfrac{6\lambda_p l}{\Delta r} + \dfrac{3\lambda_t a^2 d_3}{\Delta z}}\right)$$

若室温为 θ_0，则焊接温度为

$$\theta = \theta_0 + \Delta\theta = \theta_0 + \frac{\mu n}{\pi}\left(\frac{6F_x + 8\pi b F_z}{6c_p\rho_p l\nu + \dfrac{6\lambda_p l}{\Delta r} + \dfrac{3\lambda_t a^2 d_3}{\Delta z}}\right) \tag{5-1}$$

假设被焊材料全为 2Al4 铝合金，设 θ_0 为 20℃，将 $\mu=0.3$，$n=375\text{r/min}=6.25\text{r/s}$，$c_p=1089\text{J/(kg·K)}$，$\rho_p=2.8\times10^3\text{kg/m}^3$，$l=2.6\times10^{-3}\text{m}$，$\nu=75\text{mm/min}=1.25\times10^{-3}\text{m/s}$，$\lambda_p=160\text{J/(m·s·K)}$，$\lambda_t=5014.2\text{J/(m·s·K)}$，$a=1$，$b=3$，$d_3=6\times10^{-3}\text{m}$，$\Delta r=8\times10^{-2}\text{m}$，$\Delta z=0.4\text{m}$，$F_x=1500\text{N}$，$F_z=3500\text{N}$。代公式（5-1），可得 $\theta=465.9$℃，根据王希靖等的研究发现，3mm LY12 铝合金搅拌摩擦焊时，距焊缝中心 6mm、上表面 1.5mm 处温度约为 440℃。由于本实验是钛和铝异种金属的搅拌摩擦焊，而 TC4 钛合金导热性较小，故热输出比全为铝合金时要小，即焊接时所达到的温度较所计算出的理论值更大。

由 Zn/Ti 二元相图可知，温度在 420~486℃时 Zn 发生熔化，原子运动剧烈，会与 TC4 钛合金通过原子扩散进行反应，产生金属间化合物 $Zn_{16}Ti$。当不添加中间层材料时，随着焊接温度的升高，Ti、Al 元素的扩散系数逐渐变大，扩散能力增强，Al 元素在 Ti 中的溶解度变大，因此两者会形成 α-Ti 固溶体和 Al（ss,Ti）固溶体，即 Ti+Al→αTi；Ti+Al→Al（ss,Ti）。随着反应的进一步进行，Al 与 Ti 发生如下反应：Ti+Al→Ti-Al，生成 Ti-Al 金属间化合物。金属间化合物有多种，如 Ti_3Al、TiAl、$TiAl_2$、Ti_2Al_5 及 $TiAl_3$ 等，这些脆硬的金属间化合物严重地影响了接头的抗拉强度。经过研究发现，接头中金属间化合物的生成具有一定的先后顺序。图 5.36 为根据 Kattner 等计算出来的 Ti-Al 二元系统反应 Gibbs 自由能曲线，由图可以看出，600℃以下时，自由能由低到高

依次为 $TiAl_2$、Ti_2Al_5、$TiAl_3$、TiAl、Ti_3Al。自由能越低，说明此种化合物越稳定，同时也越容易获得。故 Ti-Al 金属间化合物的形成顺序应为 $TiAl_2$、Ti_2Al_5、$TiAl_3$、TiAl、Ti_3Al。根据 Ti-Al 二元相图可知，TiAl 相为中间产物经过固相反应才能获得 $TiAl_2$ 和 Ti_2Al_5 相，所以在 Ti/Al 固相扩散反应中，初生相为 $TiAl_3$ 相。Xu 等为计算金属间化合物形成顺序，将 MEHF 理论模型引入到 Ti-Al 系领域，得出金属间化合物形成顺序为 $TiAl_3 \rightarrow TiAl \rightarrow Ti_3Al$，预测结果与试验结果很好地吻合。

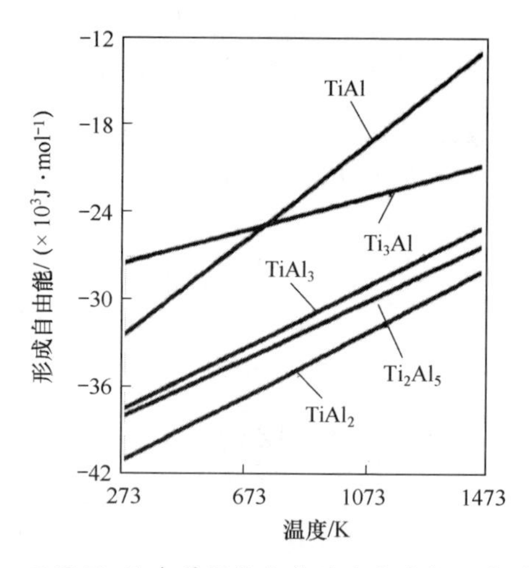

图 5.36 不同 Ti-Al 金属间化合物的自由能与温度关系曲线

5.4.3 调控机制分析

选择搅拌头旋转过程中一瞬态进行研究，假设被焊工件在厚度方向还未发生金属流动行为。图 5.37 为搅拌头旋转过程中搅拌针前沿瞬态示意图。如图 5.37 所示，在搅拌针前沿，钛、镍、铝仍保持装夹时状态，在轴肩的作用下此处处于热作用下，可用扩散焊相关理论来进行研究。

研究发现，不同原子在相互扩散时，晶体结构是重要的影响因素之一。若晶体结构相似，则互扩散系数越大。Al 与 Ni 的晶体均属于面心立方结构，而 TC4 为密排六方+体心立方结构，说明 Al 与 Ni 互溶性较好，互扩散系数大。二者通过原子互扩散发生如下反应：$3Al+Ni \rightarrow Al_3Ni$、$Al_3Ni+Ni \rightarrow Al_3Ni_2$，生成 Al_3Ni 和 Al_3Ni_2 相，由于 Al_3Ni 相不稳定，故绝大多数 Al-Ni 金属间化合物以稳定的 Al_3Ni_2 相形式存在，且 Al_3Ni_2 相在搅拌针的作用下在接头中弥散分布，对接头强度起增强作用。由前文可知，当搅拌摩擦焊接过程达到稳定状态时，接头中总能量保持平衡。在 Al 和 Ni 相互之间发生原子互扩散的过程中，需要

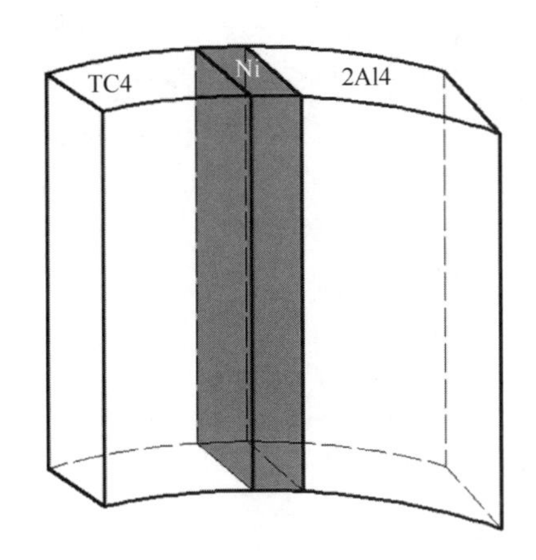

图 5.37　搅拌针前沿瞬态模型图

一定的激活能，使得用于 Ti 和 Al 之间进行原子互扩散的能量减少，即最先生成的 $TiAl_3$ 相会减少。

由上述可知，当加入中间层材料 Ni 后，Ni 会在 Ti-Al 金属间化合物生成之前先与 Al 生成金属间化合物，且由于 Ni 以箔状形式存在，量较少，故 Al-Ni 金属间化合物在搅拌针的作用下弥散分布于接头中。由于 Ti 向 Al 中的扩散能力要远强于 Al 向 Ti 的扩散能力，故在接头中整体热能下降的情况下，Ti 向 Al 中扩散形成的 $TiAl_3$ 相会减少。

图 5.38 为在旋转速度 375r/min、焊接速度 75mm/min、偏移量 2.5mm、下压量 0.2mm、焊接角度 2°时接头 XRD 图，其中图 5.38（a）为未添加中间层材料，图 5.38（b）为添加中间层材料 Zn，图 5.38（c）为添加中间层材料 Ni。由图 5.38（a）可以看出，接头中产生了 $TiAl_3$、TiAl 等金属间化合物及析出的铝合金强化相 Al_2Cu、$AlCu_3$。当加入中间层材料 Zn 后，接头中仍存在 $TiAl_3$ 和 TiAl 相，但相较于未添加中间层材料时，生成了 $TiAl_2$ 相，同时产生了新的金属间化合物 $Zn_{16}Ti$（与根据相图预测的结果相符）以及 Ti_3Al、$TiAl_2$。当加入中间层材料 Ni 时，接头中金属间化合物种类较简单，除生成共有的 $TiAl_3$ 相外，和加入中间层材料 Zn 一样，生成了 Ti_3Al 相，此外，被搅拌针搅拌破碎的 Ni 颗粒与焊缝中铝合金生成 Al_3Ni_2 相。由前文中横截面形貌图可知，Ni 颗粒在焊缝中呈弥散状分布，对接头强度起到一定的增强作用。

为验证 $TiAl_3$ 相对接头力学性能的影响，测试了此参数下不添加中间层时接头抗拉强度，得到接头平均抗拉强度为 257.6MPa，高于添加中间层材料 Zn 时，但低于添加中间层材料 Ni。Ni 在替代 Ti 与 Al 优先进行互扩散时，会使 Ti 与 Al 通过原子扩散形成的 $TiAl_3$ 相减少。$TiAl_3$ 相数量是影响 Ti/Al 接头强度的主要因素，故加入中间层材料 Ni 后接头强度得到了提高。加入中间层材料 Zn 后接头强度出现下降的原因是因为接头中出现了种类较多的金属间化合物，且 Zn 在 FSW 过程中发生熔化，使接头出现缺陷。

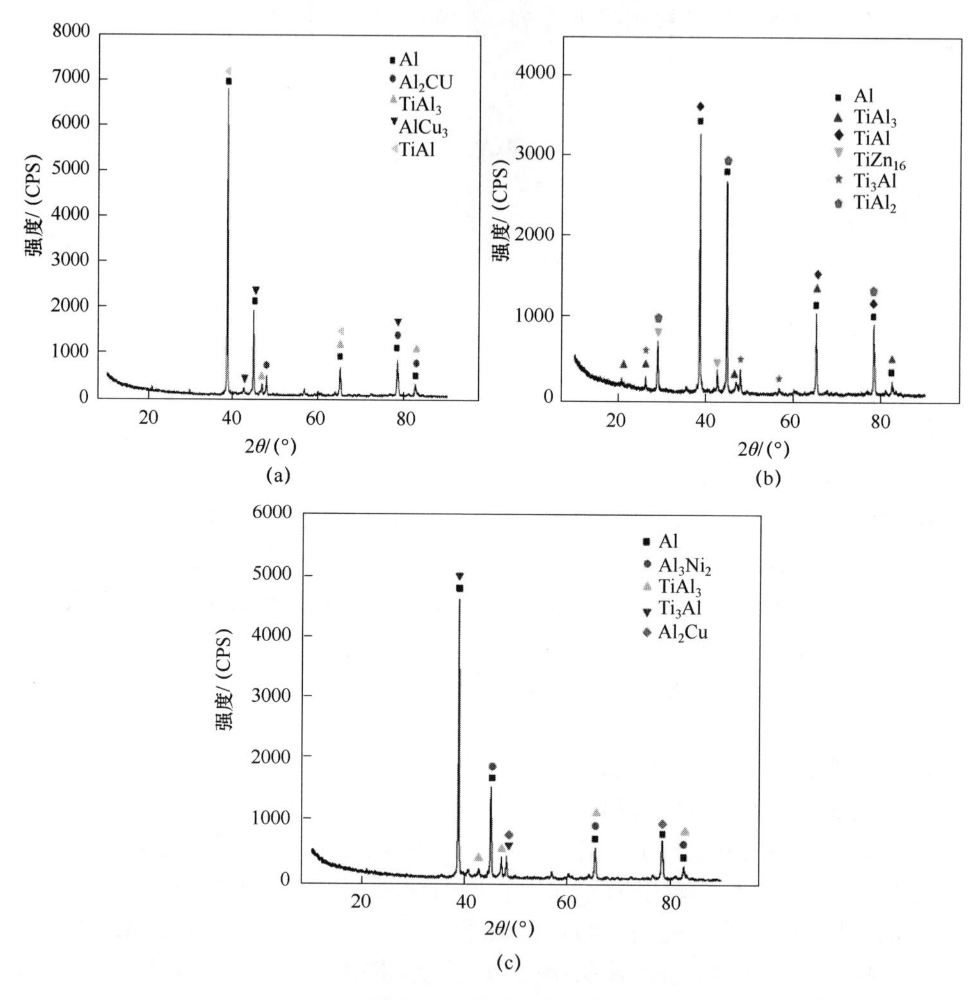

图 5.38 接头 XRD 图

(a) 未添加中间层材料；(b) 添加中间层材料 Zn；(c) 添加中间层材料 Ni。

综上所述，对于 Ti/Al 异质结构的 FSW，TiAl 相由于共价电子密度高，故强度高于 $TiAl_3$ 相，因此，接头中的脆性相 $TiAl_3$ 对接头影响最大。添加中间层材料 Zn 时，Zn 发生熔化，容易在接头中造成孔洞及较大残余应力，且接头中金属间化合物种类较多，影响了接头力学性能，使其低于不添加中间层材料时接头。当加入中间层材料 Ni 时，Ni 在替代 Ti 与 Al 优先进行互扩散时，会使 Ti 与 Al 通过原子扩散形成的 $TiAl_3$ 相减少。$TiAl_3$ 相数量是影响 Ti/Al 接头强度的主要因素，故 $TiAl_3$ 相的减少有助于接头强度的提高，并且呈小颗粒状弥散分布的 Al_3Ni_2 相对接头强度起到一定的增强作用，得到综合性能较好的接头。

本章小结

采用搅拌摩擦焊技术，通过添加中间层材料的方式，成功实现了 Ti/Al 异质结构的良好连接，得到了成形较优、力学性能较好的焊缝。研究了焊接工艺参数对焊缝成形、微观组织结构及接头抗拉强度的影响规律，分析了不同中间层材料对接头力学性能及微观组织结构的影响，并讨论了中间层材料对接头中金属间化合物的调控机制，得到以下结论。

（1）对于 Al/Zn 异种金属的搅拌摩擦焊，当工艺参数为 500r/min、焊速为 70mm/min 时，界面处结合致密，形成双弯钩状形貌，此时接头抗拉强度达到最大值 152.7MPa，为母材锌的 80.4%，且在所获得的接头中并未明显发现金属间化合物生成。对于 Ti/Zn 异种金属的搅拌摩擦焊，由于二者物理化学性能差异过大，使得接头的工艺参数范围窄。二者以机械咬合的方式形成连接。接头抗拉强度最大值在工艺参数为旋转速度 500r/min、焊接速度 50mm/min 时获得，为 75.9MPa，仅为母材锌抗拉强度的 39.5%。

（2）当接头添加中间层材料 Zn 后，焊缝显微硬度下降。在工艺参数为旋转速度 375r/min、焊速 75mm/min 时，接头拉伸强度达到最大值 237.3MPa，为 2Al4 铝合金母材的 56.7%。中间层材料 Zn 的加入在一定程度上能减少 Al-Ti 金属间化合物的生成，促使接头由脆性断裂向韧性+脆性复合断裂的方式转变。但由于中间层材料 Zn 容易发生熔化，故易使界面处产生缺陷，降低了接头的力学性能。

（3）加入中间层材料 Ni 后，接头抗拉强度在旋转速度 375r/min、焊接速度 75mm/min 时达到最大值 285.3MPa，为铝合金母材抗拉强度的 68%。接头底部中间层材料 Ni 由于所受搅拌针作用较小，只发生较大程度变形，并未被搅拌成颗粒状。底部 Ni 与 Ti 之间存在的未熔合间隙成为接头薄弱部位。通过对接头断口进行分析，得到接头断裂方式为韧性+脆性混合型断裂。中间层材料 Ni 的加入使接头中脆性相尤其是 $TiAl_3$ 相减少，而生了较多韧性优于 $TiAl_3$ 相的 Ti_3Al 相，使接头的抗拉强度得到提升。

（4）Ti/Al 接头所生成的 Ti-Al 金属间化合物中，$TiAl_3$ 相对接头抗拉强度的影响最大。不添加中间层材料时，接头中 TiAl 相含量较多，而 $TiAl_3$ 含量较少；当添加中间层材料 Zn 时，接头中含量最多的仍为 TiAl 相，但相较于未添加中间层材料时，$TiAl_3$ 相含量增加，且生成了较多的 $TiAl_2$ 相；当添加中间层材料 Ni 时，相较于未添加中间层材料及添加中间层材料 Zn 时，$TiAl_3$ 相含量显著减少。这也是添加中间层材料 Ni>不添加中间层材料>添加中间层材料 Zn 时接头抗拉强度的原因所在。

第6章　Ti/Al异质结构“搅拌摩擦焊-钎焊”复合焊接界面及组织性能

6.1　研究方法和手段

6.1.1　试验材料及设备

试验材料选用TC4钛合金与2Al4铝合金，尺寸均为80mm×34mm×3mm。有关TC4钛合金和2Al4铝合金的性能、特点、化学成分和母材组织已在第3章试验部分详细介绍。使用纯锌作为钎料主要是因为搅拌摩擦钎焊温度相对于常规钎焊温度较低，纯Zn熔点为419.5℃，本研究选择厚度为0.05mm的Zn箔，尺寸为40mm×40mm，钎料的抗拉强度为192MPa。用于喷涂的Zn85Al为丝状材料，直径为1.6mm，熔点稍低于纯Zn，为395℃。

试验设备采用自制龙门式搅拌摩擦焊机。夹具采用自制夹具，夹具由底座、压板、压块构成，压板中间有预留孔，搅拌头从预留孔穿过进行焊接。

6.1.2　试验方法

在本部分研究的试验中，搅拌头采用的是GH4169高温合金。搅拌头轴肩为16mm、搅拌针上加工有M5的左螺纹，搅拌针长度为4mm，轴肩部分采用电火花加工成凹槽，加工深度为0.5mm，粗糙的表面能增大搅拌头与铝合金的摩擦。

电弧喷涂是利用燃烧于两根连续送进的金属丝之间的电弧来熔化金属，用高速气流把熔化的金属雾化，并对雾化的金属粒子加速使它们喷向工件形成涂层的技术。电弧喷涂机型号为佛山科喆机械设备有限公司生产的PT-600。喷涂前需要对钛合金表面进行喷砂处理，喷砂机选用鑫哲机械厂生产的6050型号喷砂机，喷砂材料为棕刚玉颗粒，将钛合金板放入喷砂机中，调整喷枪喷嘴与钛合金板成45°夹角进行喷砂，待表面喷砂均匀后，取出钛合金板，用丙酮擦拭后吹干，再进行电弧喷涂处理。电弧喷涂时，匀速移动喷枪，保证喷涂层厚度均匀。

将 TC4 板浸入 780℃的纯铝溶液中，使用箱式电阻炉保温 25min，使纯铝渗入钛板当中，取出待试样冷却后打磨多余的毛刺，再按钎焊焊接步骤对渗铝后的钛板表面进行处理。

本部分研究采用焊接形式为搭接点焊，铝合金位于上侧，钛合金位于下侧，搭接宽度为 35mm，中间添加钎料。前期预试验对工艺参数进行了探索，搅拌头旋转速度为 600~1500r/min，而焊接时间为 12~30s。

6.1.3 接头性能测试

焊接后的试样直接在 WDW-50 型微机控制电子万能试验机上测试，拉伸速率为 1mm/min。对同一参数下获得的接头，取 3 个试样进行测试，将获得的 3 个值取平均值。

分别选取 Ti/Al 搅拌摩擦点焊和钛合金焊前渗铝后的搅拌摩擦点焊-钎焊的最佳工艺参数下的焊接接头，在疲劳试验机上进行疲劳试验，疲劳试验机型号为长春仟邦设备有限公司生产的 QBG-50，最大静负载荷为 50kN，最大动负载为 25kN。利用疲劳结果绘制 *F-N* 曲线，根据疲劳试验数据和 *F-N* 曲线分析渗铝后的搅拌摩擦点焊-钎焊接头与直接搅拌摩擦点焊接头疲劳性能的差异，讨论不同因素对 Ti/Al 搅拌摩擦焊-钎焊焊接接头疲劳强度的影响，通过对疲劳断口分析研究 Ti/Al 搅拌摩擦点焊-钎焊疲劳断裂特征。

焊后沿焊点的直径纵向进行线切割，切割出一块 22mm×7mm×3mm 的矩形块，而后使用热镶嵌法进行镶嵌，镶嵌后逐级打磨、抛光，采用 Kroll 试剂（1mLHF+1.5mLHCL+2.5mLHNO_3+24mLH_2O）对 Ti/Al 接头进行腐蚀，腐蚀后用 4XB-TV 型倒置金相显微镜观察，分析焊缝形貌及显微组织。

扫描电镜分析采用的设备是配备 EDS 的 Quanta 200 环境扫描电子显微镜以及 Nova Nano SEM 场发射扫描电子显微镜。采用 SEM 分析试样的微观组织、界面结构、拉伸试样断口形貌等。同时，采用 EDS 对接头中不同区域进行点、线、面能谱扫描分析，以此来判断焊缝中不同区域的元素组成、含量及分布情况。

6.2 钎料添加方式对 Ti/Al 异质结构“搅拌摩擦焊-钎焊”复合接头形成的影响

要想在 Ti/Al 搅拌摩擦点焊过程中同步实现钎焊连接，找到一种合适的钎料非常关键，文献表明，在搅拌摩擦焊时，轴肩区域温度不会超过 500℃，相对钎焊温度较低，所以选择钎料的熔点必须控制在500℃以内，同时又要满足钎料与铝合金和钛合金的润湿性都较好。搅拌摩擦点焊-钎焊由于焊接时间短、钎焊温度低，同时不能添加钎剂来除去氧化膜，这对钎料对界面的润湿性提出了更高的要求，所以很多满足真空钎焊的钎料都不能用在本试验上。

异种金属搅拌摩擦钎焊都采用Zn箔作为钎料，理论上，Zn也能作为Ti/Al搅拌摩擦点焊-钎焊的钎料，Zn与Al润湿性较好，较低温度下能发生相互溶解。同时，Zn和Ti都为密排六方结构，容易发生相互扩散，由Ti/Zn二元相图可知，温度在420℃时Zn就会与Ti发生扩散反应形成金属间化合物。本章选取了0.05mm厚的纯Zn箔和Zn85Al丝状材料作为钎料，分别通过焊前直接装夹在Ti/Al之间、钛合金表面渗铝后再装夹在Ti/Al之间以及电弧热喷涂在钛合金表面的3种形式进行添加，焊接完成后，分析界面组织及断口，得到钎料在不同添加形式下对轴肩区域钎焊接头形成的影响。

6.2.1　直接添加Zn箔钎料的FSSW-S

与直接Ti/Al搅拌摩擦点焊类似，采用铝合金板在上钛合金板材在下的方式进行搭接点焊。焊接前需要对钛合金和铝合金焊接部分进行打磨、化学除去氧化膜等焊前处理，清理过的Zn箔钎料加入两板之间，按照图6.1所示的步骤装夹焊接，焊后横截面形貌如图6.2所示。

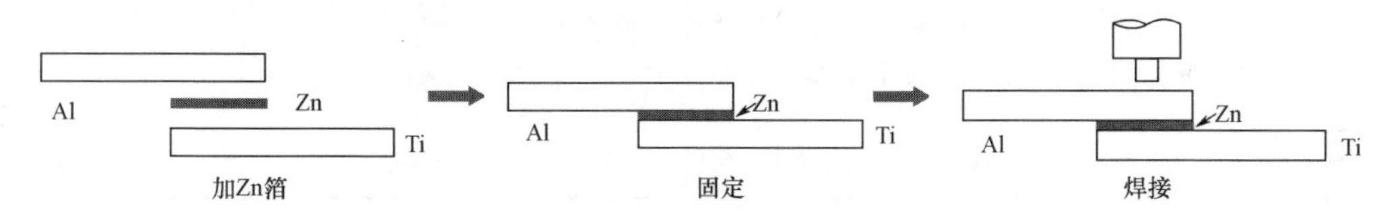

图6.1　直接加Zn箔钎料的FSSW-S流程图

图6.2　加Zn箔钎料FSSW-S的横截面形貌

图6.3为搅拌头转速为1200r/min，焊接时间为24s时，直接添加Zn箔钎料的复合接头中轴肩以下的界面微观形貌，图6.3（a）为图6.2中靠近匙孔

M 区域的界面 SEM 图，图中可以看出，铝合金和钛合金之间有明显的间隙，宽度大约为 20μm，在铝侧边缘发现有白亮色的区域，且与铝层界面分界模糊，猜测可能是 Zn 箔钎料。对分界面上的 1 区域和白亮色的 2 区域进行能谱分析，如表 6.1 所列。从表中可知，白亮色区域 Zn∶Al 含量接近 1∶1，为 (Zn,Al) 固溶体组织。分界面上的模糊区域含 Zn 量仅为 9.12%，含量较少。分析认为，该区域为靠近搅拌针区域，温度较高，在轴肩挤压下大部分 Zn 熔化被挤出，少量熔化的 Zn 向铝合金中扩散形成铝基固溶体。

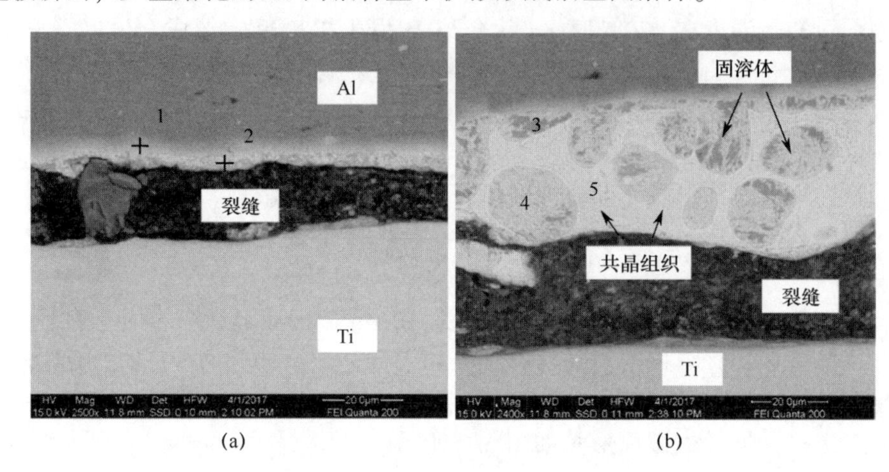

(a) (b)

图 6.3 加 Zn 箔钎料轴肩区域界面形貌
(a) 靠近匙孔 *M* 区域；(b) 轴肩边缘 *N* 区域。

表 6.1 图 6.3 中各区域元素含量 (wt%)

区域＼元素	Al	Zn
1	90.88	9.12
2	49.80	50.20
3	57.06	42.97
4	23.11	76.89
5	6.10	93.90

图 6.3 (b) 为图 6.2 中轴肩区边缘 *N* 区域的 SEM 图，从图中可以看出，该区域 Ti/Al 之间的钎料厚度比靠近匙孔区域要厚，达到了 50μm，Zn 钎料与上板铝合金结合较好，与下板钛合金之间的裂缝依然存在，宽度略有增加，大约为 30μm。钎缝组织中分布着较多的椭圆形组织，在椭圆形组织间的白色区

域上还可以看到细小的柱状晶，钎料与 Al 结合面上有灰白相间的组织。对图中 3、4、5 区域进行能谱分析，如表 6.1 所列，由表可知，在 Zn/Al 界面上灰白相间的组织与图 6.3（a）中的 2 区域类似，都为（Zn,Al）固溶体。圆形的组织则为含 Zn 量为 76.89% 的 Zn 基固溶体，白色组织上的 Zn 含量高达 93.90%，由 Zn/Al 二元相图可知，该区域为（Zn,Al）共晶组织。轴肩边缘由于受挤压较小，钎料厚度相对较厚，熔点较低的（Zn,Al）共晶组织被挤出堆积在此，同时共晶组织与 Al 继续发生溶解，界面 Al 大量向 Zn 中溶解扩散，形成固溶组织，根据 Al 溶解在 Zn 中的量的不同，形成了成分不同的（Zn,Al）固溶体，在界面处由于溶解 Al 较多，固溶体中 Zn 含量相对较低。

由以上可知，裂缝一直贯穿整个钎焊区，且开裂位置都为钎料与钛合金之间的界面上。分析认为，在 FSSW-S 时，Zn 钎料在热、力作用下熔化并被挤向轴肩外，在挤出过程中熔化的 Zn 与上板 Al 发生溶解扩散反应，形成了钎焊界面，而与钛合金未发生润湿反应，焊接完成后铝合金冷却收缩，钎料随铝合金向上收缩，导致在钎料和钛合金界面形成裂缝。

从图 6.4 中可以看出，断口主要分为 3 个区域，点焊断裂区、钎焊断裂区和热影响区。加 Zn 钎料的断口在钛合金侧的钎焊区域会存在少量亮白色的残留 Zn，点焊断裂区的断口周围存在残留铝合金，而 Zn 箔钎料完全贴合在铝侧，在钎焊区域外的热影响区由于中间 Zn 箔钎料熔化挤出以及该区域热输入不足，Zn 箔钎料在热影响区形成褶皱。

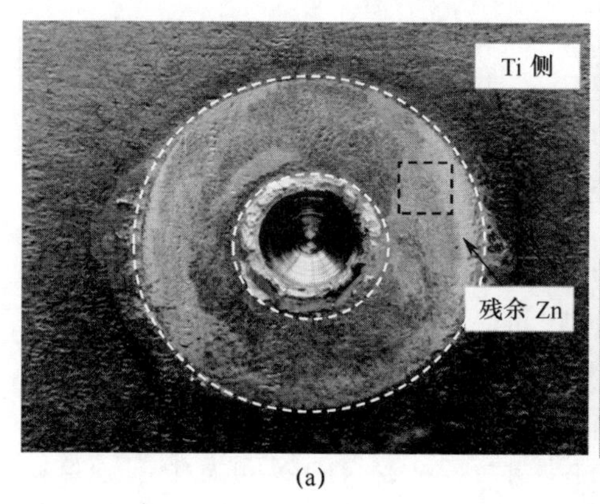

(a)

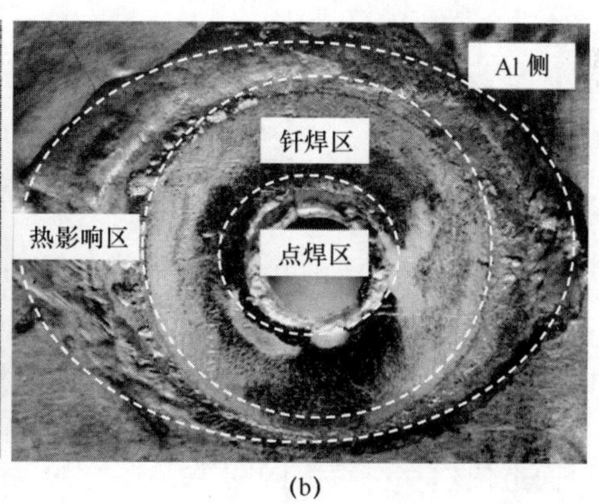

(b)

图 6.4　添加 Zn 箔钎焊断口形貌
（a）Ti 侧；（b）Al 侧。

对钛合金侧的钎焊区亮白色区域进行 SEM 放大分析，如图 6.5 所示，发现 TC4 上有少量残余的 Zn，能谱分析发现 1、2 点的残余 Zn 层比较薄，能检测到下层的 Ti 元素，同时发现 Al 含量超过 TC4 钛合金中的含量，原因是 Zn 钎料中溶解了上层中的 Al，形成的（Zn,Al）固溶体。在钎焊区域能检测到残余 Zn 钎料，说明局部区域 Zn 润湿了 TC4，而从图 6.4（b）中铝侧的宏观图上可以看到，断口比较光滑，没有撕裂痕迹，结合前文界面结构分析，直接加 Zn 箔钎料的 FSSW-S 复合焊接接头轴肩区域未形成钎焊连接（表 6.2）。

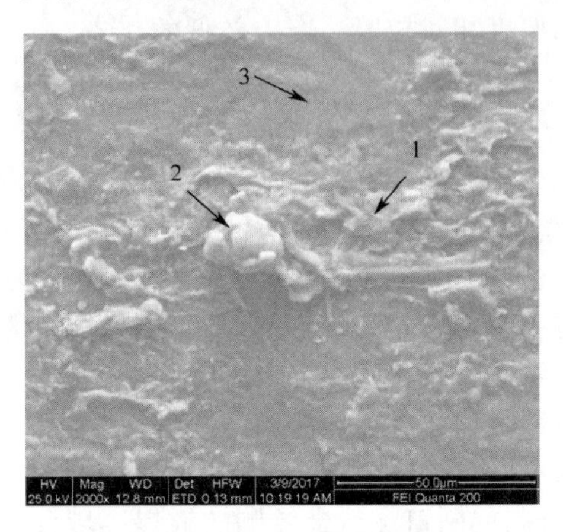

图 6.5 图 6.4（a）中钎焊区域放大图

表 6.2 图 6.5 中各区域元素含量（wt%）

区域＼元素	Al	Zn	Ti	V
1	23.44	54.04	21.21	1.30
2	37.82	58.69	3.49	—
3	5.78	—	90.30	3.92

直接在 Ti/Al 中间加 Zn 箔钎料的方法效果并不理想，其主要原因还是当薄片状钎料加到 Ti/Al 之间，薄片与两板之间存在间隙，间隙将影响上板向铝中的热传导，同时，由于钛合金表面氧化膜的存在，使钎料无法润湿母材。

分析认为，当钎料直接加入到 Ti/Al 之间，在装夹固定好后，微观区域的界面上依然存在很大的间隙，在搅拌头下压时，Zn 箔与两板间发生部分点接触，在与 Al 板点接触的瞬间，在热作用下接触面形成低熔共晶，共晶化合物迅速填充 Zn/Al 界面，同时在热传导中 Zn 钎料全部熔化，随后在挤压作用下钎料向轴肩外流动。同样，Zn 和 Ti 的接触面也为点接触，由于熔化的 Zn 不能与温度较低的 Ti 界面直接反应，会导致 Zn 钎料与钛合金界面始终存在间隙，焊接时间较短，Zn 钎料将无法与钛合金发生润湿反应。

另一个原因是钛合金和铝合金都是极易被氧化的金属，在焊前不论怎样对试样进行除氧化膜处理都无法完全将氧化膜去除。文献表明，钛的化学活性大，在常温空气中约 1μs，就会在新鲜表面生成 1nm 厚的氧化膜，并在 1min 内增加到 5~10nm，这一层致密的氧化膜阻碍钛合金进一步氧化，也使的钎料很难与其发生润湿反应，铝合金在焊前处理后同样容易被氧化，但液态 Zn 与固态的 ω(Al) 在 500℃有将近 30%的溶解度，熔化的 Zn 钎料能从 Al 母材表面氧化膜间隙渗入膜下，再由它和母材的互溶与润湿以及钎料的流动来带走铝合金氧化膜。钛合金表面形成的致密 TiO_2 氧化膜化学稳定性高，导致 Zn 很难与其发生扩散反应，钎料冷却时在铝板收缩应力作用下形成裂缝。

6.2.2　电弧喷涂预置 Zn85Al 钎料的 FSSW-S

上一节对直接在 Ti/Al 板中加 Zn 箔添加钎料的方式进行了研究，发现钎料与钛合金界面间隙是影响钎焊反应的主要原因。为了寻找一种能与钛合金界面贴合较好的方式进行钎料的添加，采用电弧热喷涂的方式将钎料喷涂到钛合金表面，如图 6.6 所示，喷涂材料选择 Zn85Al，这种材料的熔点为 395℃，经过喷砂处理的钛合金表面氧化膜除去较好，更利于钎料与钛合金的润湿反应。

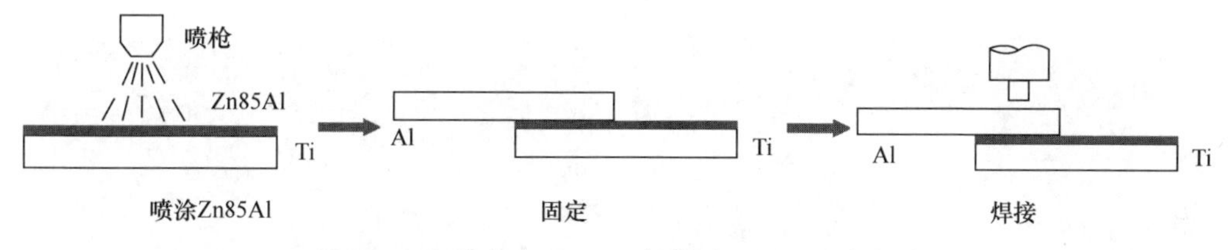

图 6.6　电弧喷涂 Zn85Al 钎料的 FSSW-S 流程图

喷涂后喷涂层如图 6.7（a）所示，图中可以看出，涂层厚度大约为 200μm，涂层比较致密，涂层上分布着少许孔洞缺陷，这是由于在电弧喷涂的过程中，熔化的 Zn85Al 是以不连续的形式喷涂到钛合金表面，因此会在喷涂层上形成孔洞缺陷。放大喷涂层界面，如图 6.7（b）所示，图中可以看出，喷涂层与钛合金表面结合良好，没有间隙和脱落的迹象。相比直接添加 Zn 箔钎料的方式，热喷涂的方式能使钎料与钛合金母材结合更加紧密，通过喷砂处理后的钛合金表面氧化膜除去效果更佳，便于钎料和钛合金的润湿反应。

图 6.8 为热喷涂 Zn85Al 钎料后搅拌摩擦点焊接头轴肩区域内的界面放大图，其中图 6.8（a）为靠近匙孔区域的组织，图中可以看出，该区域有一条宽度大约为 10μm 的裂缝，在裂缝中有细小颗粒夹杂物，能谱表明细小颗粒物为 Al_2O_3，为抛光剂成分，在铝合金侧有 10μm 厚的钎料层。图 6.8（b）为轴

肩中心区域界面结构，图中可以看出，在铝合金和钛合金之间同样有一条大约为 10μm 的裂缝，但是在靠近铝侧的钎料层厚度却达到 30μm。

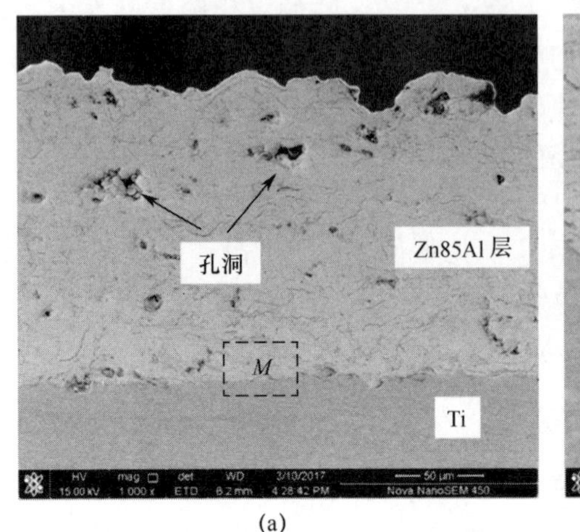

(a)

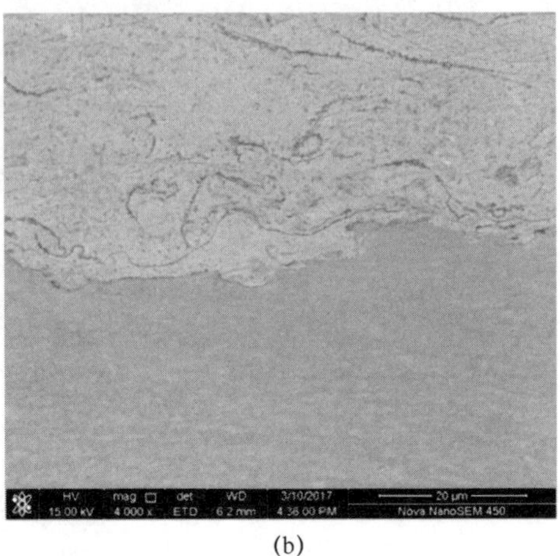

(b)

图 6.7 喷涂层的形貌

(a) 喷涂层 SEM 图；(b) 界面 M 区放大图。

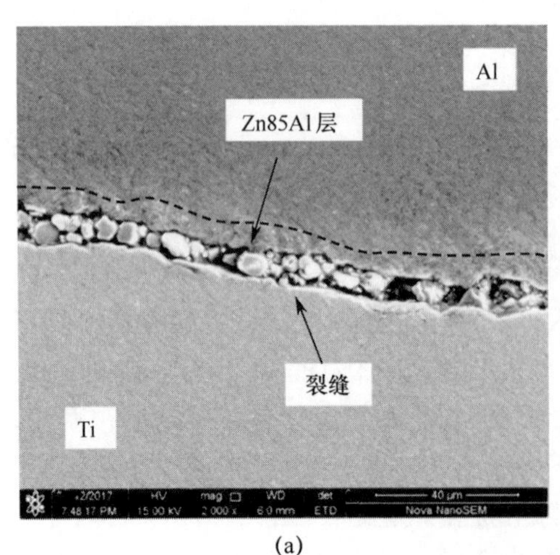

(a)

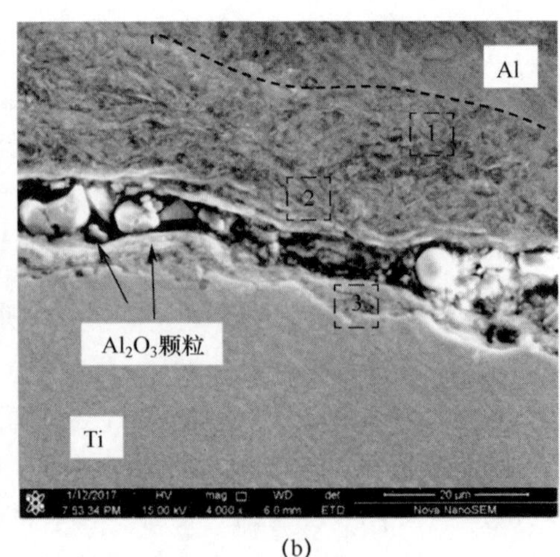

(b)

图 6.8 钎焊区域界面组织

(a) 靠近匙孔区域；(b) 轴肩中心区域。

由图 6.7 可知，钛合金表面喷涂厚度约为 200μm，钎料层中存在孔洞缺陷，焊接完成后在靠近搅拌针轴肩区域却只有 10μm，而轴肩中心区域也仅有 30μm。此时的组织已经十分致密，无孔洞缺陷。分析认为，靠近轴肩中心区域，温度较高，受轴肩挤压力较大，钎料受热熔化后被挤出，在此过程中钎料重新凝固，在压力作用下，组织变得致密，不再有孔洞缺陷。轴肩中心区域，受挤压相对较小，钎料厚度相对较厚。

由图6.8（b）可以看出，重新凝固的Zn85Al钎料组织无缺陷产生，且与上层铝合金结合紧密，无明显的分界线，而与下层钛合金存在宽度为10μm的裂缝，在裂缝下侧的钛合金表面依然有钎料附着。结合图6.8（a）发现，裂缝几乎贯穿整个钎焊区，而喷涂上的钎料层虽与TC4是机械结合，但结合紧密，无间隙和脱落迹象，尽管如此，焊后还是出现裂缝。分析认为，可能是由于钎料未与钛合金发生润湿反应，而与铝合金之间结合良好，焊接完成后铝合金冷却收缩时带动中间层钎料在结合面产生收缩裂纹（表6.3）。

表6.3 图6.8（b）中各区域元素含量（wt%）

区域＼元素	Al	Zn
1	67.56	32.44
2	55.45	44.55
3	47.67	52.33

对图6.8（b）中1、2、3三个区域进行EDS分析，发现从上到下Zn含量变化逐渐增加，靠近上层2Al4铝合金处的1区域Zn含量仅仅为32.44%，接近含Zn量为31.6%的Al基固溶体α(Al)；2处的Zn含量为44.55%；附着在TC4钛合金上的钎料3区域Zn含量为52.33%，根据相图分析2、3区域的组织应该为α(Al)固溶体与β(Zn)固溶体的混合组织。能谱发现Zn含量始终小于原始钎料中含量的85%，分析认为，钎料受热熔化后，在轴肩的挤压下向轴肩外流动的过程中，上层铝合金会不断溶解在钎料中，导致Zn含量降低，由于轴肩区域热作用和挤压程度不同，使得钎缝组织不同区域形成不同类型的固溶体。

图6.9为喷涂Zn85Al钎料的搅拌摩擦点焊-钎焊接头断口图，图中可以看出，钎焊区断裂发生在喷涂层与钛合金界面处，钎料主要附着在铝合金侧，而钛合金侧的钎焊区残留有少量的钎料。对钛侧断口进行SEM放大，如图6.9（c）所示，发现该区域凹凸不平，主要是喷涂前的喷砂处理引起的表面不平整，对突起部分2区域进行能谱分析发现，该区域主要为残留的Zn基钎料，1区域也有少量的钎料，说明Zn85Al钎料仍然没有与钛合金发生润湿反应，残留的Zn仅仅为附着在粗糙表面的钎料（表6.4）。

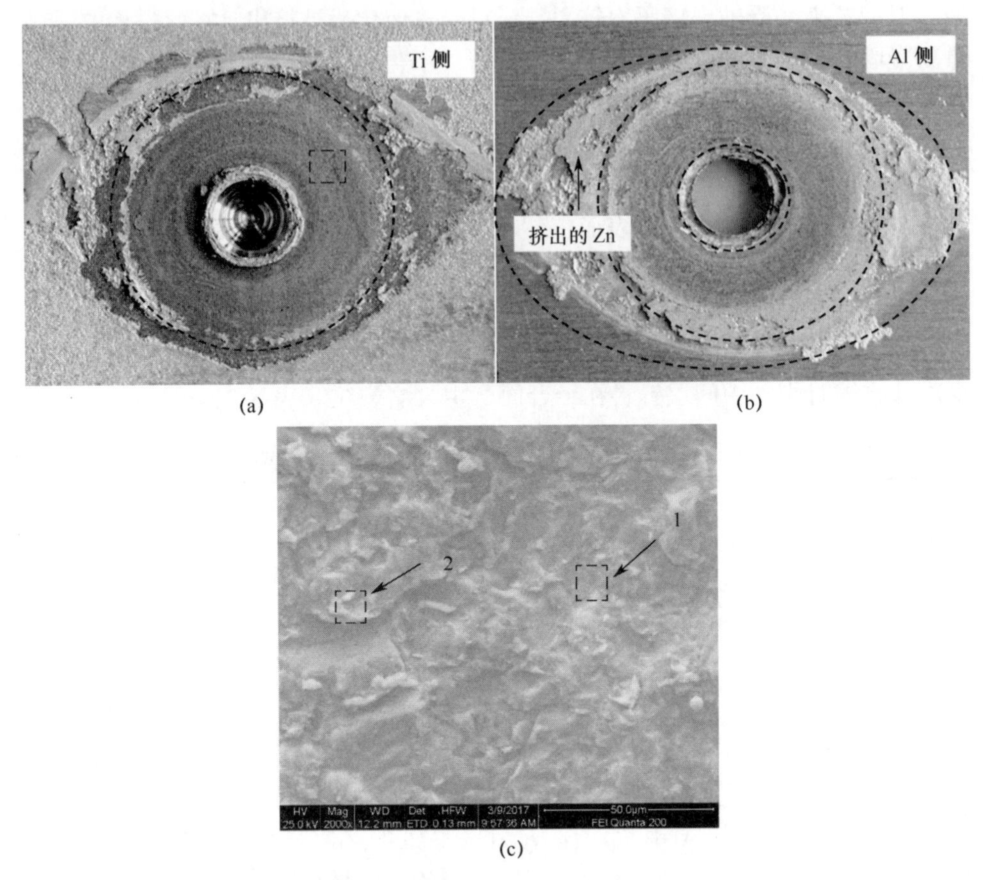

(a) (b) (c)

图 6.9 喷涂 Zn85Al 钎料断口形貌

(a) Ti 侧；(b) Al 侧；(c) 图 6.9 (a) 中轴肩区域放大图。

表 6.4 图 6.9 (c) 中各区域元素含量 (wt%)

区域 \ 元素	Al	Zn	Ti	V
1	19.10	7.99	70.39	2.53
2	34.81	44.51	19.67	1.01

通过在 TC4 表面喷涂 Zn85Al 钎料后，在喷涂前经过喷砂处理，氧化膜除去相对较好，同时喷涂处理消除了接头钎料层与钛合金表面之间的间隙，但是复合接头钎焊区域仍然没有形成钎焊连接，分析其主要原因为焊接过程中钎料与钛合金钎焊表面温度相差太大。钛合金的熔点高，热容量和热导性差，当上

板铝合金温度达到钎料熔化温度 T_m 时，钎料熔化，并在轴肩挤压作用下向轴肩边缘流动。在此期间，铝合金与流动的 Zn 基钎料发生润湿溶解反应，而钛合金依然处在低温 T_0 状态，由于焊接时间比较短（30s 以内），轴肩与铝合金摩擦产生的热量很难通过热传导方式传到钛合金表面，导致熔化的钎料在下板钛合金表面遇冷凝固或者使接近钛表面的钎料流速变缓，而无法与钛合金表面发生润湿反应。图 6.10 为该过程示意图。焊接完成后，钎料迅速冷却，由于钎料与下板钛合金未润湿反应，而与上层铝合金结合良好，铝合金线膨胀系数较大，冷却后体积收缩导致钎缝在与钛合金接触面形成裂缝。

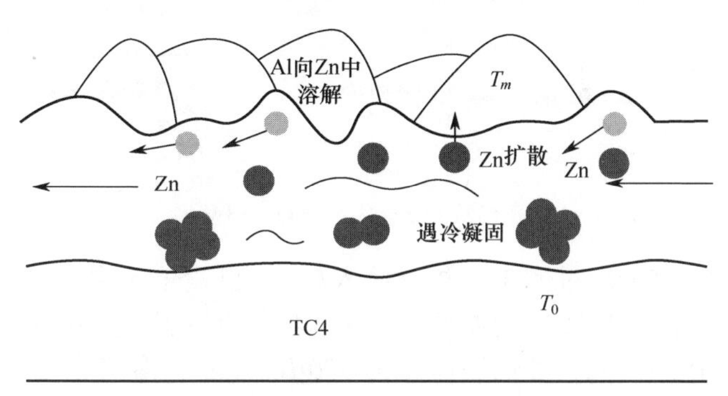

图 6.10　轴肩作用区钎焊过程的物理模型

6.2.3　钛合金表面焊前渗铝后加 Zn 箔钎料的 FSSW-S

上一节对热喷涂预置 Zn 基钎料的 FSSW-S 的界面进行研究，结果发现，钎焊界面同样存在裂纹，分析其主要原因是钎料与钛合金母材在温度较低、时间较短的焊接条件下难以实现润湿反应，导致在钎焊区形成裂缝。通过对以上问题的深入分析，发现如果改变钛合金表面性状就可以解决这个问题。在前面的试验中发现，Zn 和 Zn 基钎料对 Al 的润湿性非常好，所以首先考虑在钛合金表面进行镀铝，但由于钛合金导电性较差，电镀方式很难在钛合金上形成镀铝层，所以选用工业中常用的渗铝工艺。通过对 TC4 表面渗铝，既能改变钛合金表面氧化问题，同时也能改变钎焊时 TC4 表面温度过低的问题，从而实现 Ti/Al 的搅拌摩擦点焊-钎焊。图 6.11 为钛合金表面渗铝后添加 Zn 箔钎料的 FSSW-S 流程图。

钛合金表面渗铝工艺一般被用在防腐上，有时也被用于提高钛合金的性能，如硬度、耐磨性、抗氧化性等。林凯等通过热浸方法在 TC4 表面浸镀了 55%Al-Zn 合金，在热浸温度为 670℃、浸镀时间为 7min 的条件下，能在钛合金表面形成稳定的镀层。韩玉强研究了 TC4 钛合金在在 750℃ 和 800℃ 下，不同渗铝时间下渗层的显微组织与成分结构，发现在渗铝温度为 800℃下，渗层厚度随渗铝时间增加而增加，但在渗铝温度为 750℃时，渗层厚度随渗铝时间的增加变化不大。

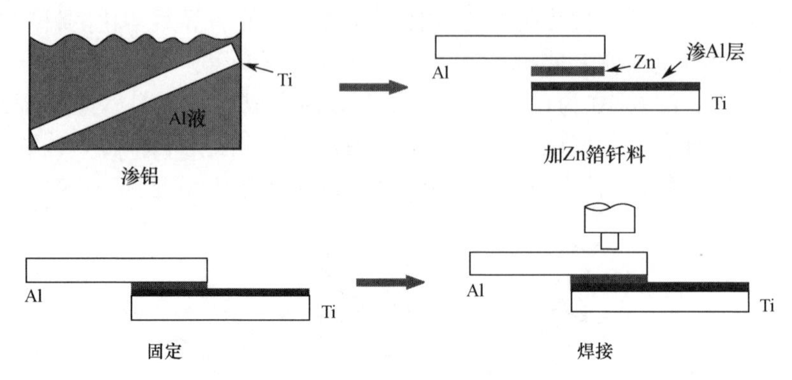

图 6.11　渗铝后加 Zn 箔钎料的 FSSW-S 流程图

参照文献，将处理过的 TC4 板材放入熔融状态下的纯铝熔液中，780℃条件下保温 25min，匀速取出，空冷后打磨掉多余的毛刺。图 6.12（a）为渗铝界面结构，从图中可知，渗铝层厚度为 200μm 左右，渗铝层与下层钛合金结合紧密，渗铝层中均匀分布着许多的颗粒。能谱显示，这些颗粒为 $TiAl_3$ 金属间化合物。渗铝时，在 780℃的高温下，铝向钛中发生扩散，形成均匀分布的 $TiAl_3$ 颗粒，这些颗粒均匀分布在渗铝层中。由于渗铝温度较高，界面生成金属间化合物是不可避免的，但是有学者研究表明，金属间化合物的厚度能控制在 10μm 以内，对接头性能影响不会太大。图 6.12（b）为图 6.12（a）中渗铝界面 *N* 区域局部放大图，图中可以看出，界面的 $TiAl_3$ 层厚度大约为 10μm，

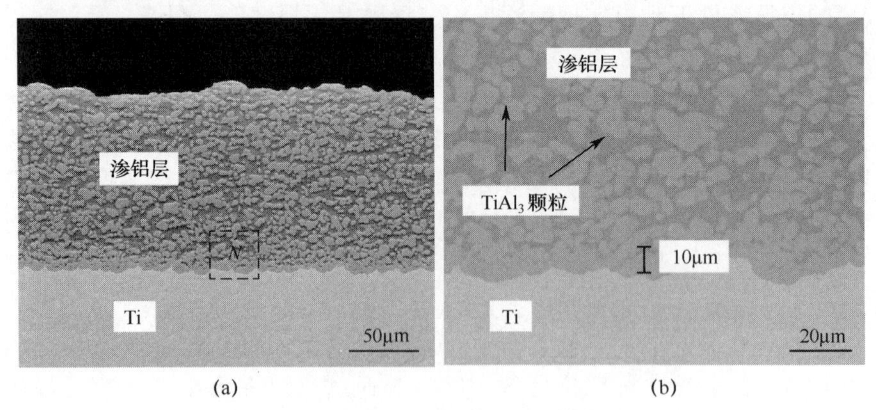

图 6.12　渗铝界面的形貌
（a）渗铝层 SEM 图；（b）界面 *N* 区域放大图。

$TiAl_3$ 金属间化合物颗粒弥散分布在渗铝层中，对界面影响较小。

图 6.13 为渗铝后加 Zn 箔钎料 FSSW-S 接头的钎焊区的界面组织，其中图 6.13（a）为轴肩靠近搅拌针区域界面放大图。图中可以看到，上层铝与渗铝层结合较好，界面上没有发现 Zn 钎料的存在。对界面区域进行能谱分析，结果如图 6.14（a）、（b）所示。能谱结果可以看到，在 *A* 点未发现有 Zn 的存在，元素含量为 100%Al，原因是 2Al4 为超硬铝合金，在表面有包铝层。在靠近渗铝层界面的 *B* 点发现 Zn，但含量仅为 8.17%。分析认为，搅拌针前端与钛合金摩擦以及搅拌针侧面与铝合金的摩擦，导致靠近搅拌针的区域温度较高，大量的 Zn 熔化并在压力作用下被挤出，剩余的少量 Zn 在高温下向上层铝和渗铝层中扩散。图 6.13（b）为轴肩中心区域界面组织放大图，在上层铝和渗铝层之间有白色物质存在，猜测可能为 Zn 层。对界面进行能谱分析，结果如图 6.14（c）、（d）所示。从能谱结果上可以看到，在界面白色区域上的 *C* 点 Zn 达到了 42.13%，*D* 点能谱显示为 Al : Ti 元素之比大约为 3:1，但还有少量的 Zn，说明 Zn 已经扩散进入渗铝层中。

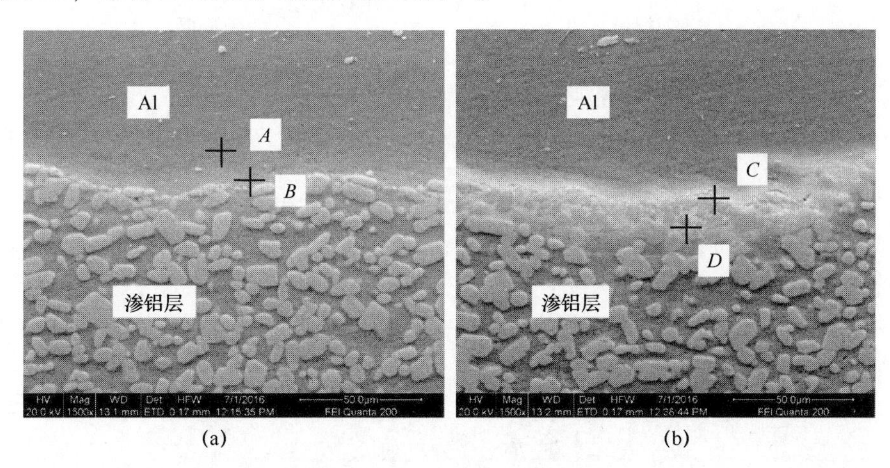

图 6.13　钎焊区域界面组织
（a）靠近匙孔区域；（b）轴肩中心区域。

以上分析说明，渗铝后加 Zn 的 FSSW-S 接头在轴肩钎焊区域界面结合良好，无裂纹等缺陷生成，实现了钎焊连接。加入的 Zn 钎料在点焊过程中大量被挤出，在钎焊区域的界面上只发现了少量的 Zn。Zn 箔钎料在界面上能与 Al 反应形成低熔共晶化合物，同时在钎料被挤出的过程中，界面上氧化物等能随共晶化合物一起被挤出，净化了界面，而剩余的未被挤出的 Zn 在两板之间的界面上，填充了界面间隙，同时铝界面润湿扩散，形成钎焊接头。

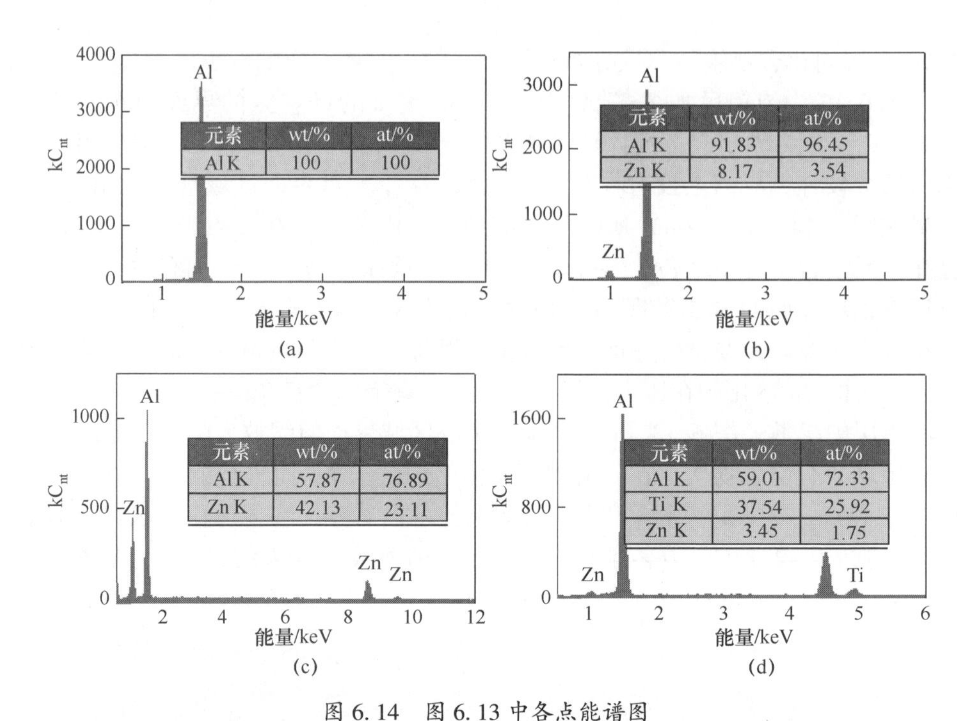

图 6.14 图 6.13 中各点能谱图

(a) *A* 点 EDS 分析结果；(b) *B* 点能谱分析结果；(c) *C* 点能谱分析结果；(d) *D* 点能谱分析结果。

图 6.15 为钛合金表面渗铝后加 Zn 箔钎料的 FSSW-S 接头拉伸断口图，图中可以看到，拉伸断裂区域为混合断裂，在中心区域为沿渗铝层与钛合金结合面的断裂，而在轴肩周围区域为沿渗铝层表层的断裂。说明钎焊区域在拉剪力实验时承受了较大的载荷，钎焊结合区结合强度超过了渗铝层与铝合金的结合强度。

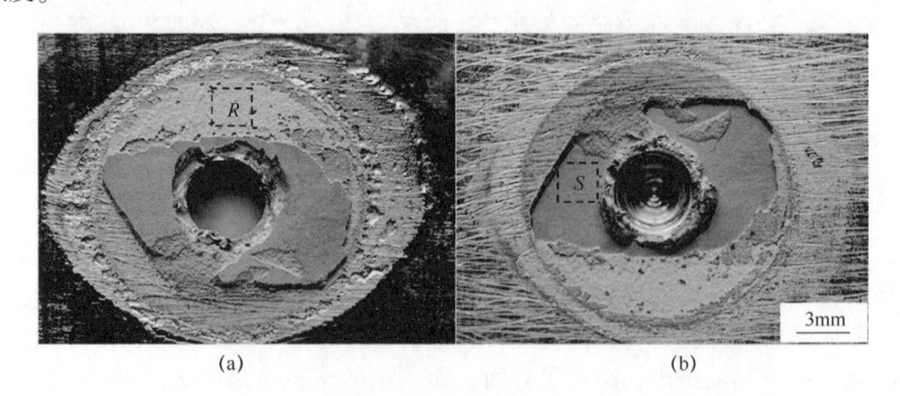

图 6.15 钛合金焊前表面渗铝加 Zn 后的 FSSW-S 断口形貌

(a) 铝侧；(b) 钛侧。

图 6.16 为图 6.15 中断口区域的 SEM 图，其中图 6.16（a）为图 6.15（a）中 R 区域的 SEM 放大图，图中可以看见，该区域有大量韧窝和撕裂的痕迹，还存在较大的颗粒物，对韧窝和颗粒物进行能谱分析，结果如表 6.5 所列，发现 2 区域的颗粒物为 $TiAl_3$，而 1 区域则含有 29.29%的 Zn，说明 Zn 已经扩散进入了渗铝层中。图 6.16（b）是图 6.15（b）中 S 区域的放大图，此处有大量细小颗粒物，EDS 检测白色区域 3 和 4 发现 Al：Ti 原子比大约为 3:1，主要是界面生成的金属间化合物。

图 6.16　渗铝断口放大图

（a）图 6.15（a）中 R 区域放大图；（b）图 6.15（b）中 S 区域放大图。

表 6.5　图 6.16 中各点的元素含量（wt%）

区域 \ 元素	Al	Ti	Zn
1	67.69	3.02	29.29
2	70.79	29.21	—
3	76.61	23.39	—
4	73.73	26.26	—

6.3　Ti/Al 复合接头微观组织及形成机理

上一节只是对接头钎焊界面区域进行简单的分析，复合接头在组织特征与传统点焊接头有无区别以及渗铝层是否会在 Hook 区域形成缺陷都还不是很清楚，本节主要对钛合金表面渗铝后加入 Zn 箔钎焊的 FSSW-S 复合接头的微观组织及界面结构进行分析，同时分析复合接头形成机理。

6.3.1 复合接头微观组织结构研究

图 6.17 为旋转速度 1200r/min、焊接时间 24s 时焊接接头横截面形貌，从图中可以看出，在该工艺参数下，接头成形较好，无缺陷存在，搅拌头下压作用下，多余的铝被挤出，形成飞边。当搅拌针接触到钛合金时，由于钛合金强度硬度较高，钛合金没有大面积塑化变形，只有与高速旋转的搅拌针接触的钛合金受到摩擦和挤压双重作用下，斜向上插入上面的铝合金中，形成 Hook 区域，这与两种硬度相差不大的材料搅拌摩擦点焊有所不同。搅拌针退出后留下与搅拌针直径大小一致的匙孔。

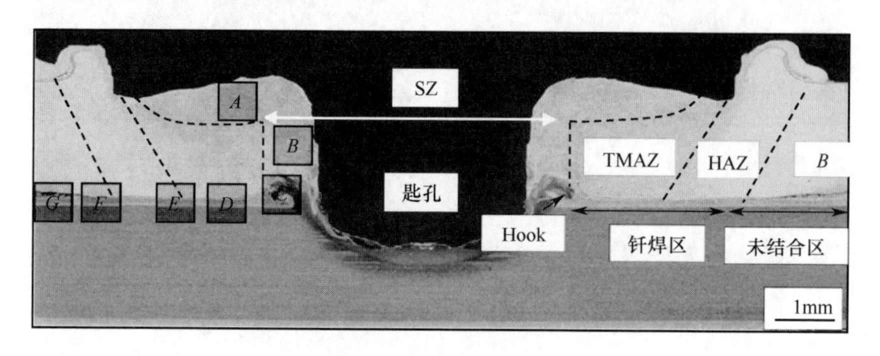

图 6.17 复合接头横截面形貌

复合接头大致分为焊核区（Stirred Zone，SZ）、热机影响区（Thermo Mechanically Affected Zone，TMAZ）、热影响区（Heat Affected Zone，HAZ），但是对于性能相差较大的两种材料的搅拌摩擦点焊还存在明显的 Hook 区。对于轴肩钎焊区可分为钎焊区、部分结合区和未结合区。

图 6.18 为搅拌区的放大组织，图 6.18（a）为图 6.17 中 *A* 区域的放大组织，该区域在轴肩下方，为轴肩搅拌区，图中可以看到，该区域晶粒比较细小，存在较多的裂纹，其中还发现了钛合金颗粒。对同为搅拌区的 *B* 区域进行放大，如图 6.18（b）所示，图中发现这里也分布着被搅碎的 Ti 颗粒，同时也存在较多裂纹。分析认为，在 Ti/Al 的搅拌摩擦点焊中，轴肩与上板接触时，轴肩下方的铝合金受热塑化，根据 Fujimoto 等人的理论模型，塑化的铝合金会沿轴肩凹面流动到搅拌针的根部，再沿搅拌针流动到搅拌针尖端，塑性金属在搅拌针尖端受挤压后向外边缘流动，此时，在搅拌针尖端塑化的钛合金与轴肩的铝合金混合，沿搅拌针外边缘向上流动，一部分被带到了轴肩下部分区域。Ti/Al 异质结构搅拌摩擦点焊中，铝合金在塑性流动过程中由于 Ti 合金的

搅入，会造成流动不充分的现象，在焊核区出现裂纹（图6.19）。

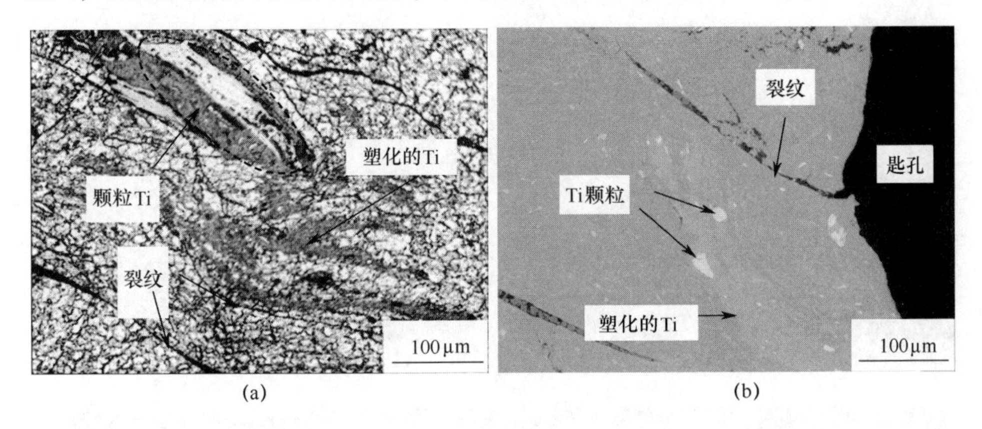

图6.18 搅拌区放大图
（a）图6.17中A区域；（b）图6.17中B区域。

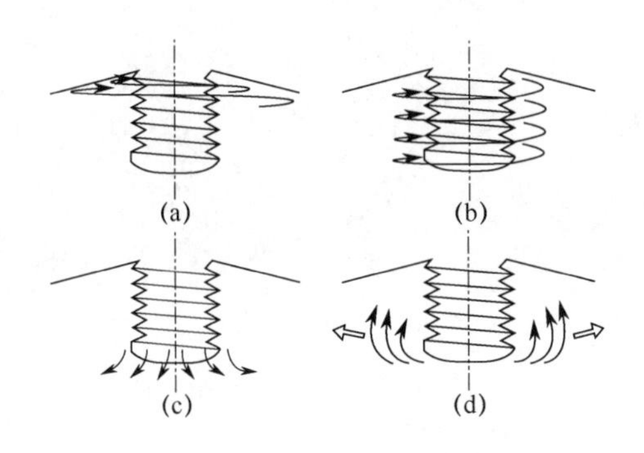

图6.19 搅拌摩擦点焊塑性流动示意图
（a）沿轴肩流动；（b）沿搅拌针流动；（c）流动到尖端；（d）搅拌区的形成。

图6.20（a）~（d）分别是搅拌区、热机影响区、热影响区、母材的显微组织。从图6.20（a）可知，搅拌区边缘组织受搅拌作用，晶粒被打碎，形成细小的晶粒，黑色的$CuAl_2$析出相被搅碎后弥散分布在晶界上，同时，由于搅拌针区域的塑性流动，导致该区域存在微细裂纹。热机影响区位于搅拌区和热影响区之间，组织形态如图6.20（b）所示，该区域并未受到搅拌针的搅拌，但受搅拌头的热机作用和轴肩摩擦热作用，晶粒相对于热影响区更为细小，原因是热机影响区受搅拌针摩擦热作用和轴肩挤压作用发生了动态再结晶。热影响区受到了热循环作用，组织形态如图6.20（c）所示，图中可以看出，热影响区晶粒受热开始出现长大的趋势。图6.20（d）为母材组织，经过轧制晶粒

呈条状分布，黑色析出相均匀分布在组织中。

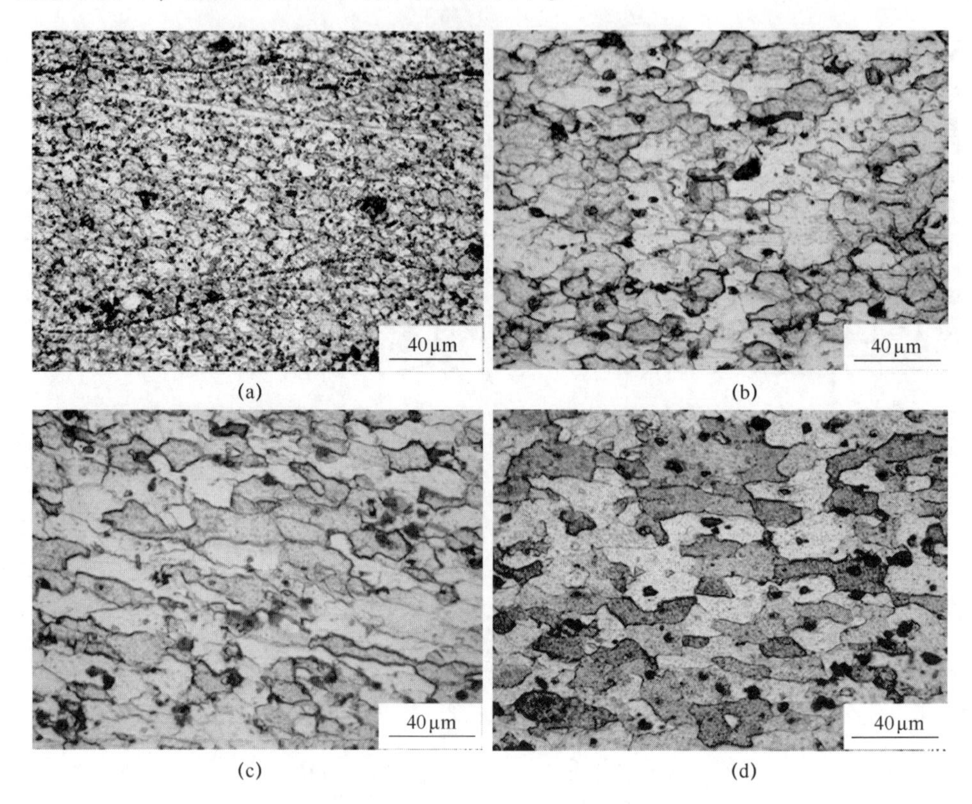

图 6.20 点焊接头各区域组织
(a) SZ 区域；(b) TMAZ 区域；(c) HAZ 区域；(d) BM 区域。

图 6.21 (a) 为图 6.17 中 C 区域 Hook 的宏观图，从图中可以看到，Hook 区域钛合金呈现“勾状”插入在铝合金中，Hook 尖端指向背离匙孔方向，与材料性能相差不大的 Al/Al、Al/Mg 搅拌摩擦点焊不同，这里的 Hook 勾非常明显。分析认为，高速旋转的搅拌针与钛合金接触产生大量的热，使与搅拌针尖端接触的钛合金受热塑化，同时在搅拌针的挤压作用下斜向上插入铝合金中，形成 Hook。图 6.21 (b) 为图 6.21 (a) 中 H 区域放大图，这里为 Hook 末端区域，图中可以看到，在 Hook 末端与铝合金之间存在一层 10μm 厚的渗铝层组织，渗铝层与钛和铝的结合较好，没有发现缺陷的存在，在勾状区的末端有分散的颗粒钛。分析认为，在搅拌针下压过程中，渗铝层先与搅拌针接触，在搅拌针旋转挤压作用下，渗铝层被挤向四周，随着钛合金一起被挤入铝中，由于渗铝层的基体组织为纯铝组织，所以在塑性状态被挤压进入铝中后与结合较好。

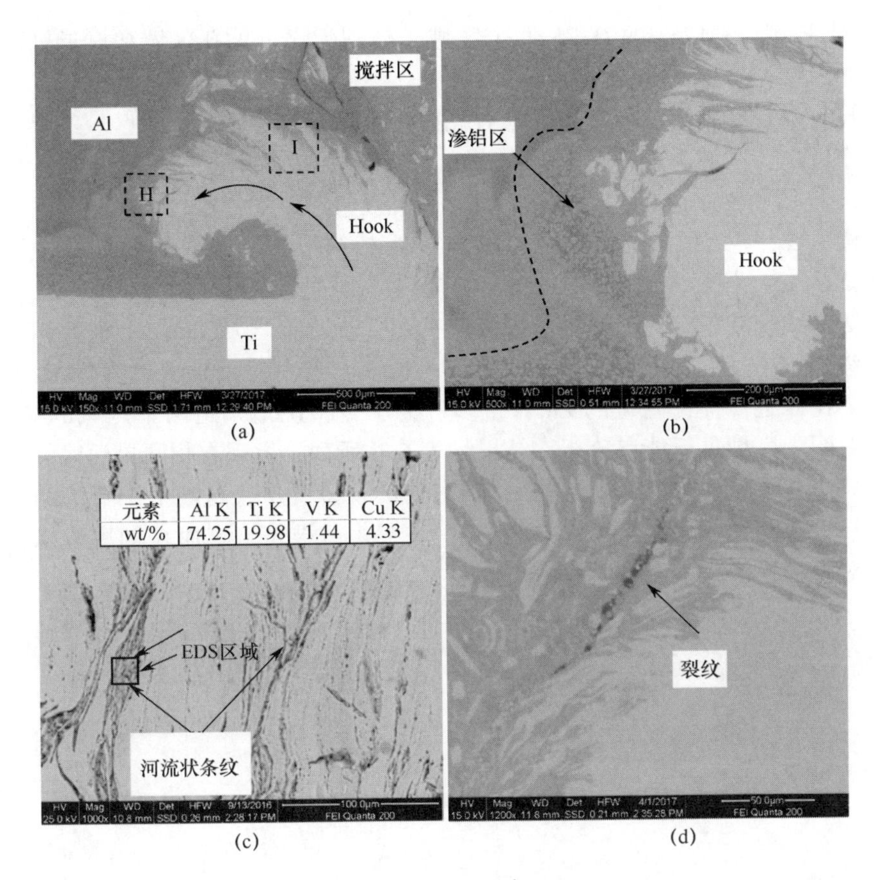

元素	Al K	Ti K	V K	Cu K
wt/%	74.25	19.98	1.44	4.33

(a)　(b)　(c)　(d)

图 6.21　Hook 区域组织

(a) 图 6.17 中 *C* 区域放大图；(b) 图 (a) 中 *H* 区域放大图；
(c) 图 (a) 中 *I* 区域放大图；(d) Hook 上部末端界面放大图。

图 6.21 (c) 为图 6.21 (a) 中 *I* 区域放大图，图中可以看到，Hook 区域的钛合金组织上出现了河流状条纹，EDS 检测灰色条纹区域主要含铝元素，同时也含有一部分 Ti 元素，分析认为，塑性的钛合金在轴肩挤压向四周插入铝合金的过程中，部分塑化的铝也随搅拌针的作用从搅拌区域进入钛中，沿塑性流动方向形成河流状条纹。图 6.21 (d) 为 Hook 上部分与铝合金交界处，图中可以看到，在钛合金 Hook 勾边缘组织上存在微细裂纹，这是由于钛合金在末端区域的流动不充分导致的。

6.3.2　复合接头界面结构研究

图 6.22 为复合接头轴肩区铝合金与渗铝层界面处的金相组织。图 6.22 (a)、

(b) 对应为图 6.17 中的 *D*、*E* 两个区域，分别为靠近匙孔区域和靠近轴肩边缘的界面结构。由图 6.22 (a) 可以看出，渗铝层与上层铝合金结合紧密，界面上没有发现钎料层，但在界面上有亮白色区域。靠近轴肩边缘区域的界面结合与靠近匙孔区域类似，在界面上没有看到明显的钎料层，而是铝合金与渗铝层的直接紧密结合，但是该区域的白亮色区域较图 6.22 (a) 中更宽。分别对图 6.22 中的两图的亮白色区域进行线扫描分析，结果如图 6.23 所示，图 6.23 (a) 为图 6.22 (a) 中线 1 的线扫结果，图 6.23 (b) 为图 6.22 (b) 中线 2 的线扫结果。对比两图分析可以得出，在界面区域 Zn 向上板的铝和下板的渗铝层中发生了扩散，厚度大约为 20μm，且在靠近轴肩边缘区域的 Zn 含量要比靠近搅拌针附近的 Zn 含量多。为了更精确地知道两个区域的 Zn 含量，对图中区域进行能谱分析，结果如表 6.6 所列，发现在相同界面区域，位于轴肩边缘区域的界面 Zn 含量相比轴肩处的含量要多，这与上一节的结果类似，靠近搅拌针区域受热力作用较多，Zn 熔化后被挤出，而在轴肩边缘区挤压相对较小，接头中 Zn 含量较多。

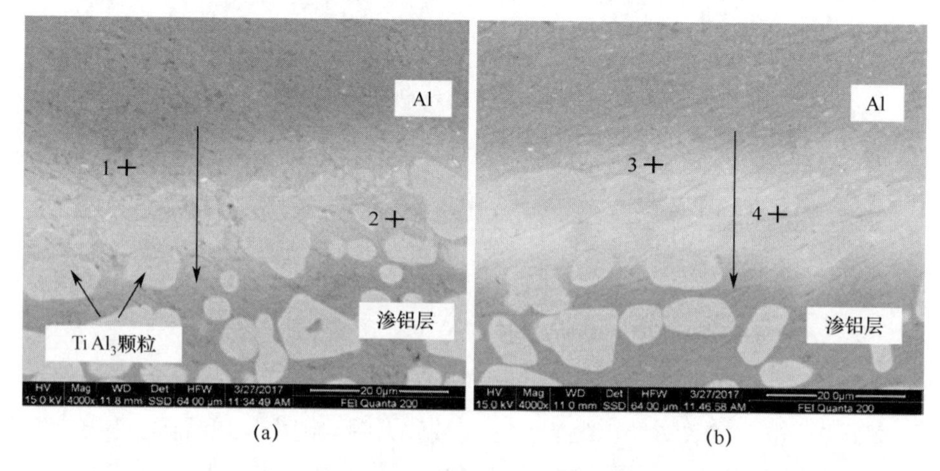

图 6.22　轴肩界面区域 SEM 图

(a) 图 6.17 中 *D* 区域；(b) 图 6.17 中 *E* 区域。

以上结果表明，在钎焊结合区域没有形成常规钎焊接头中的钎缝结合，而是上下结合面的直接贴合，钎料在结合面上扩散。分析认为，FSSW-S 的钎焊界面区别于常规的钎焊界面，常规的钎焊界面是钎料在钎缝中流动，与母材润湿反应而形成的钎焊接头，而 FSSW-S 接钎焊界面是在轴肩热、力作用下瞬时形成的，轴肩下压上板到 0.2mm 的一瞬间，轴肩区域形成的 (Zn, Al) 低熔共晶在压力作用下被挤出，在共晶钎料被挤出时，界面残余油污和氧化物被带走，界面得到净化，未被挤出的残余 Zn 在两板之间，填充了两板间的间隙，在轴肩保持过程中，上下面的 Al 不断向 Zn 中溶解、扩散，直到界面界限消失。

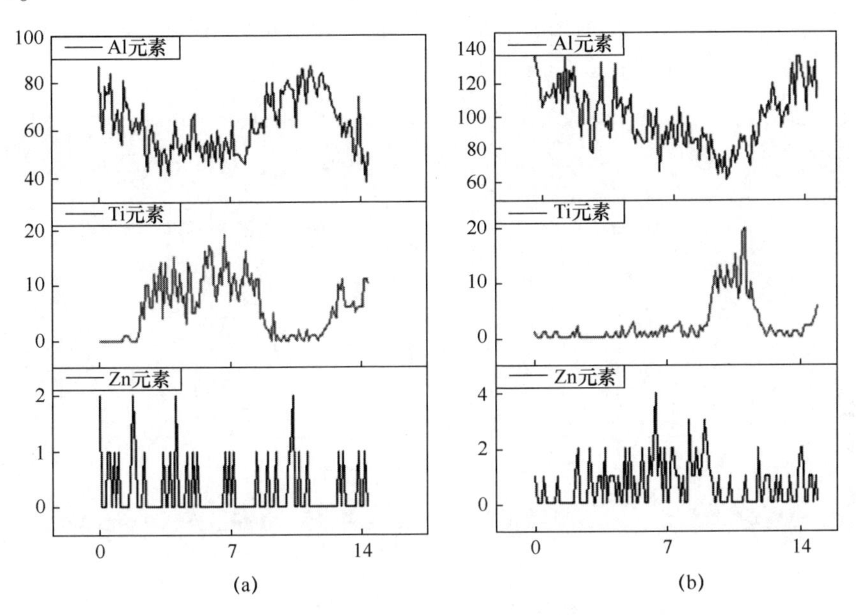

图 6.23 线扫描元素分布图

(a) 图 6.22 (a) 线扫结果；(b) 图 6.22 (b) 线扫结果。

表 6.6 图 6.22 中各区域元素含量 (wt%)

区域 \ 元素	Al	Zn
1	86.94	13.06
2	83.11	16.89
3	76.84	24.16
4	71.96	28.04

图 6.24 为轴肩外区域的界面 SEM 图，其中图 6.24 (a) 为图 6.17 中 *F* 区域的放大图，可以看到钎焊界面有明显的裂纹。分析认为，该区域为轴肩以外的区域，受到的摩擦热和轴肩压力较小，界面结合强度不高，焊接后由于 Ti/Al 在线膨胀系数上的巨大差异，上板铝合金在冷却收缩时产生的应力使其开裂。图 6.24 (b) 为图 6.17 中 *G* 区域的放大图，图中可以看到，该区域有大量被挤出的 Zn 钎料，厚度超过 100μm，钎料中有较大的孔洞缺陷，在钎料

和渗铝层的界面上有裂缝的存在，同时可以看到，熔化的 Zn 钎料扩散进入到渗铝层中。分析认为，在轴肩下压过程中，熔化的 Zn 被挤出堆积在该区域，由于流动不充分，冷却后形成气孔和裂纹缺陷，同时可以看到，挤出的钎料与铝板结合较好，而与下面的渗铝层之间出现裂缝。对图 6.24（b）中的 *J*、*K* 区域进一步放大，如图 6.25（a）、（b）所示。

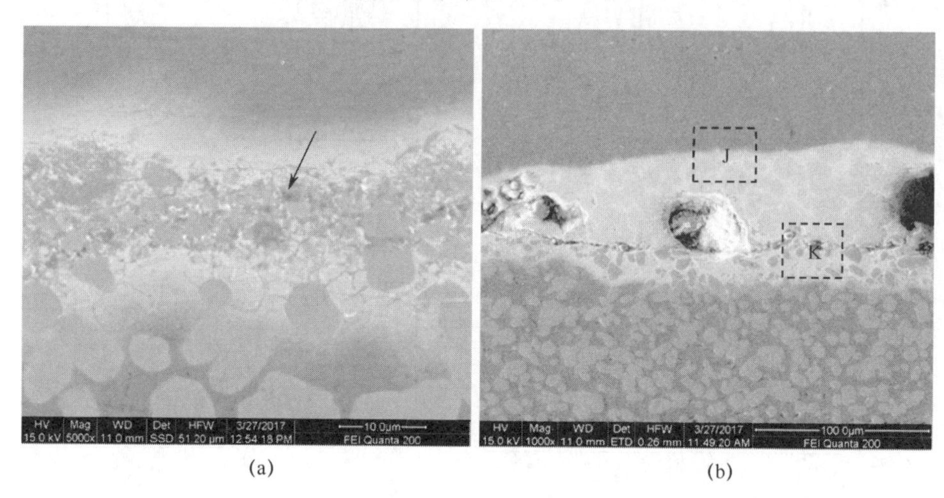

(a) (b)

图 6.24 轴肩外区域 SEM 图

（a）图 6.17 中 *F* 区域；（b）图 6.17 中 *G* 区域。

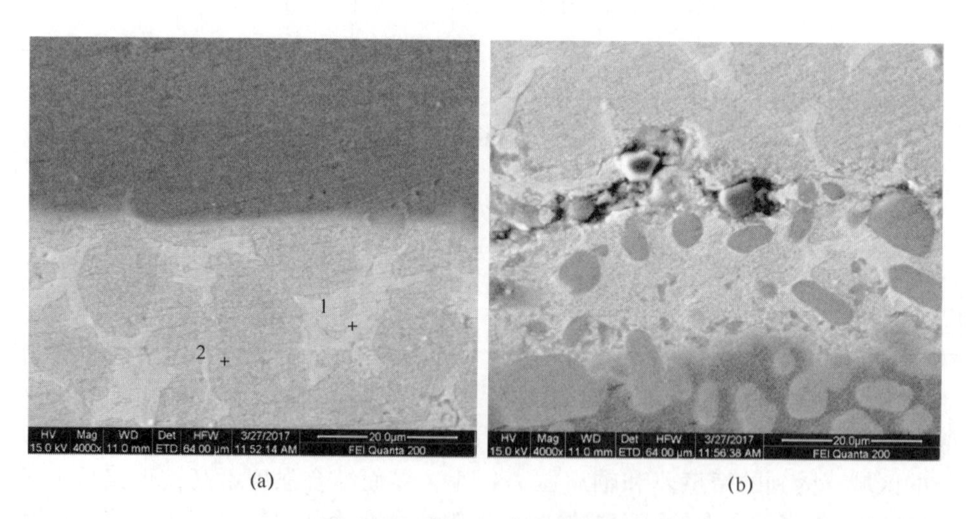

(a) (b)

图 6.25 图 6.24 中区域放大图

（a）图 6.24（b）中 *J* 区域；（b）图 6.24（b）中 *K* 区域。

从图 6.25 中的放大图可以看到，钎料与 Al 之间的结合界面良好，而与渗铝层之间有一条明显的裂缝，钎料组织上有亮白色区域，对其不同部位进行能谱分析，结果如表 6.7 所列，发现白亮色区域 Zn 含量为 94.93%，得出亮白色组织为共晶组织，而颜色较暗的组织 Zn 含量为 69.58%，为（Zn,Al）固溶体组织，这里得到的结果与上节中直接添加 Zn 箔钎料的轴肩边缘区域的钎料组织类似。由图 6.25（b）可以看到，Zn 钎料扩散进入渗铝层中，扩散深度大约为 20μm。

表 6.7　图 6.25（a）中各区域元素含量（wt%）

区域 \ 元素	Al	Zn
1	5.07	94.93
2	30.42	69.58

6.3.3　Ti/Al 复合接头形成机理研究

在摩擦点焊过程中，其热输入量和塑性金属的流动形态是决定焊点质量的两个关键因素。摩擦点焊焊接过程中，热输入过程十分复杂，包括搅拌针压入过程和焊接过程，其中搅拌针压入过程的热输量为

$$E_1 = 2\pi\mu\varpi PR_1^2 vt_1 \tag{6-1}$$

压入后的热输入量分为轴肩摩擦产热 E_2 和搅拌针摩擦产热 E_3，即

$$E_2 = \frac{2\pi\varpi\mu P}{3}(R_1^3 - R_2^3)t_2 \tag{6-2}$$

$$E_3 = 2\pi\mu\varpi PR_2^2 Ht_2 \tag{6-3}$$

在不考虑热损失的条件下，搅拌摩擦点焊的总热输入 E 为

$$E = E_1 + E_2 + E_3 \tag{6-4}$$

式中：P 为搅拌头的轴向压力（kN）；v 为搅拌针的插入速度（m/s）；μ 为搅拌头与材料之间的摩擦因数；ω 为搅拌头的角速度（rad/s）；R_1 为搅拌针直径（m）；R_2 为轴肩直径（m）；H 为搅拌针长度（m）；t_1 为压入过程所用时间（s）；t_2 为焊接过程的时间（s）。

由式（6-1）、式（6-2）和式（6-3）可知，在摩擦点焊过程式中，焊点热输入量的大小取决于搅拌头的轴向压力 P、轴肩直径 R_2、搅拌头的旋转速度 ω 和焊接时间 t_2。搅拌头的轴向压力以及摩擦系数取决于被焊材料，当焊接的材料相同时，搅拌头的轴向压力和摩擦系数在焊接过程中的变化是相同的，

所以搅拌摩擦点焊-钎焊热输入量取决于旋转速度 ω 和焊接时间 t_2。

对焊接过程中 Ti/Al 异质结构搅拌摩擦点焊-钎焊的点焊和钎焊区的形成过程可以分为 3 个过程，即 Hook 的形成阶段、钎料的熔化挤出、钎焊接头形成。

第一阶段：Hook 的形成阶段。与常规搅拌摩擦点焊类似，高速旋转的搅拌针在顶锻力的作用下向钛合金中压入，渗铝层在搅拌针带动下向铝中挤入，搅拌针继续下压接触到下层钛合金，此时摩擦产热加剧，与搅拌针接触的钛合金一部分被高速旋转的搅拌头带到轴肩表面，一部分在搅拌针挤压作用下斜向上插入铝合金中，形成 Hook。由于钛合金强度较高，Hook 尖端指向背离匙孔的方向。由于该阶段的钛合金受摩擦时间较短，塑型流动不充分，压入铝合金中的钛合金呈现连续的河流状和不连续的颗粒状。在搅拌针接触到 Zn 钎料和渗铝层前，搅拌针周围铝合金发生凹陷，而轴肩处铝合金上翘，在界面上形成钎焊间隙，搅拌针附近的钎料受热融化向轴肩外流动（图 6.26）。

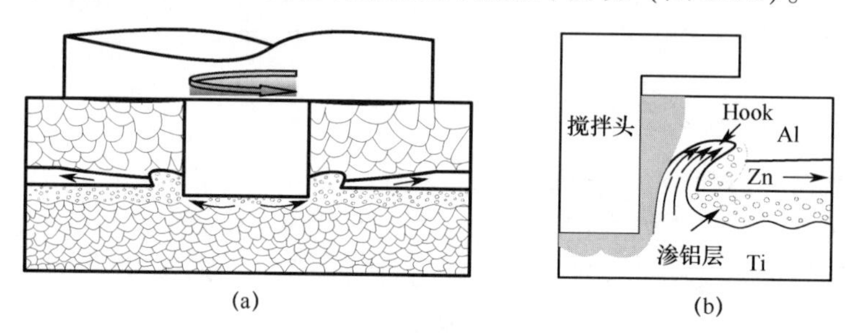

图 6.26 FSSW-S 复合接头 Hook 形成阶段示意图

（a）搅拌头下压；（b）Hook 的形成。

第二阶段：钎料的熔化挤出阶段。搅拌头轴肩刚好接触到上板铝合金时到轴肩压入上层铝中 0.2mm 阶段。高速旋转的搅拌头与轴肩摩擦产生大量的热，Zn 箔钎料与 Al 接触面形成低熔共晶，在压力作用下被大量挤出，液态 Zn 钎料在向轴肩外流动过程中，溶解表面 Al 层，带走了表面氧化层和油污，净化了界面，起到了钎剂的作用（图 6.27）。

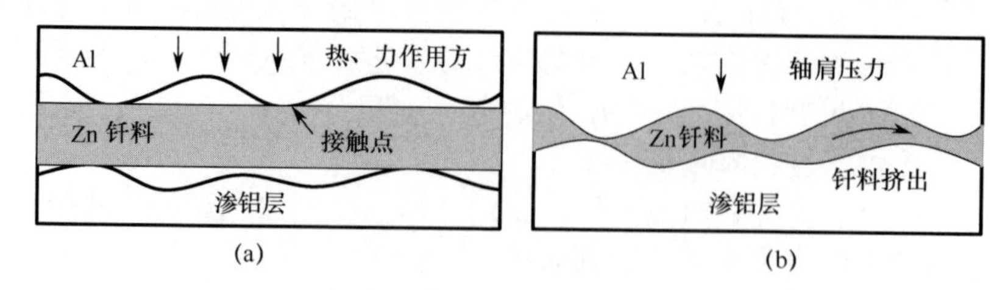

图 6.27 FSSW-S 复合接头钎料挤出阶段示意图

（a）接触钎料；（b）钎料被挤出。

第三阶段：钎焊接头形成阶段。该阶段期间搅拌针下压已经结束，搅拌头轴肩与上层铝合金摩擦产生大量的热，未被挤出的 Zn 已经完全填充在 Ti/Al 界面，由于钛合金表面有渗铝层，铝的导热性较好，熔化的 Zn 通过热传导能迅速让钛合金达到钎料熔化温度。此时，由于渗铝层的组织不致密，液态 Zn 大量向渗铝层中扩散，前文发现在轴肩处 Zn 向渗铝层中的扩散层厚度达到了 20μm，而在温度和压力作用下，铝板和渗铝层界面中的 Al 溶解在液态 Zn 中，同时 Zn 也会不断向 Al 中扩散，直至形成无缺陷间隙的钎焊界面（图 6. 28）。

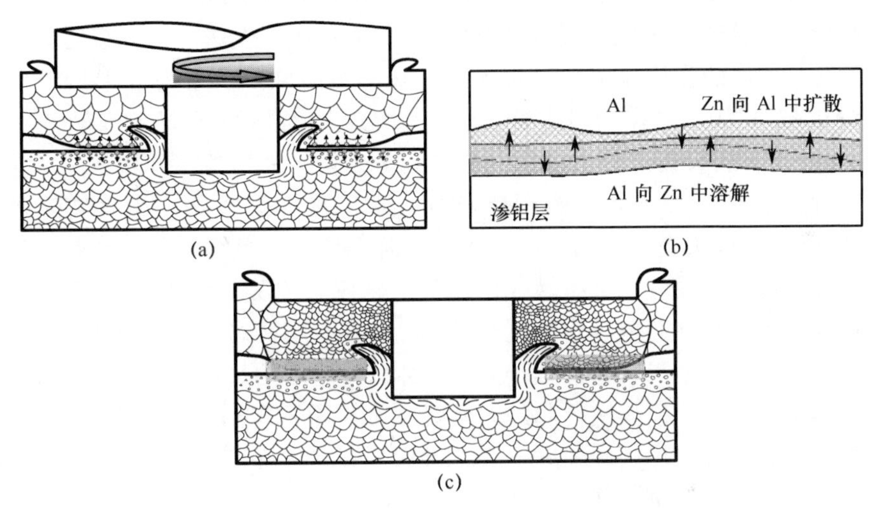

图 6. 28　FSSW-S 复合接头形成阶段示意图
（a）总体示意图；（b）界面反应；（c）接头形成。

6. 4　Ti/Al 复合接头的力学性能

搅拌摩擦点焊-钎焊作为一种新的焊接方法实现了 Ti/Al 异质结构的连接，但是其力学性能还不明确。本部分研究采用 FSSW-S 复合焊接方法，使用的搅拌头尺寸和焊接工艺参数都与传统 FSSW 相同。为了揭示工艺参数对 FSSW-S 复合接头抗拉剪力的影响规律，本章通过将 FSSW-S 与常规 FSSW 进行对比研究，分析工艺参数对两种不同接头力学性能的影响规律，同时将在最优工艺下得到的接头进行疲劳测试，对比分析两种接头的疲劳性能。现有文献中，对搅拌摩擦焊的研究大都集中在工艺参数、性能测试上的研究，对焊后疲劳性能研究相对较少，深入分析复合接头的疲劳寿命以及疲劳裂纹起源与常规搅拌摩擦点焊的不同，将对其今后在航空航天领域的应用提供相关依据。

6.4.1 复合接头拉剪性能

搅拌摩擦点焊-钎焊焊接不同于搅拌摩擦点焊，需要依靠搅拌头轴肩与母材摩擦产热来实现钎焊焊接，产热多少与搅拌头旋转速度和摩擦时间有很大的关系，因此，焊接时间和旋转速度是搅拌摩擦点焊-钎焊较为重要的焊接参数。本试验设定的焊接时间为 18s（当搅拌头轴肩接触上层铝合金时开始计时），下压量为 0.2mm，搅拌头旋转速度在 600~1500r/min 变化。

搅拌头旋转速度对接头剪切强度的影响如表 6.8 所列，当焊接时间不变时，传统 FSSW 接头抗拉剪力变化不大，接头最高抗拉剪力为 6.45kN/p。复合接头抗拉剪力随着搅拌头旋转速度的增加先增加再下降，当转速小于 1200r/min 时，接头抗拉剪力较低，与传统 FSSW 接头相当。分析认为，当转速较低时，轴肩与铝合金摩擦产热较少，未实现钎焊接头。当旋转速度为 1200r/min 时，接头强度达到 13.87kN/p，但旋转速度继续增加时，强度略有下降。分析认为，随着搅拌头转速的增加，轴肩与上层铝合金摩擦产热增加，在搅拌区域实现搅拌摩擦点焊的同时轴肩区域实现了钎焊，钎焊接头使接头整体强度大大提高。但当转速继续增大时，相同时间内的热输入增大，导致上层铝合金塑化较多，在搅拌头提起的时候黏在轴肩上被带出，导致 Hook 区铝合金减少，从而导致点焊区域强度下降，进而导致整体强度的下降，传统 FSSW 在 1500rpm 时也强度也出现了下降（图 6.29）。

表 6.8 不同转速下的接头抗拉剪力

组别	旋转速度 V（r/min）	焊接时间 T/s	拉剪力 F/(kN/p)	
			FSW	FSSW-S
1	600	18	4.34	4.02
2	900	18	5.82	6.07
3	1200	18	6.08	13.87
4	1500	18	5.25	11.06

焊接时间对接头拉剪力影响如表 6.9 所列，当旋转速度为 1200r/min 时，常规 FSSW 接头抗拉剪力基本保持不变。原因是在搅拌头以相同的速度和相同的下压时间压入时，由上一节中的搅拌摩擦产热模型可知，接头在前期热输入相同，由于常规 FSSW 在轴肩区域没有形成钎焊连接，后期保持阶段热输入多

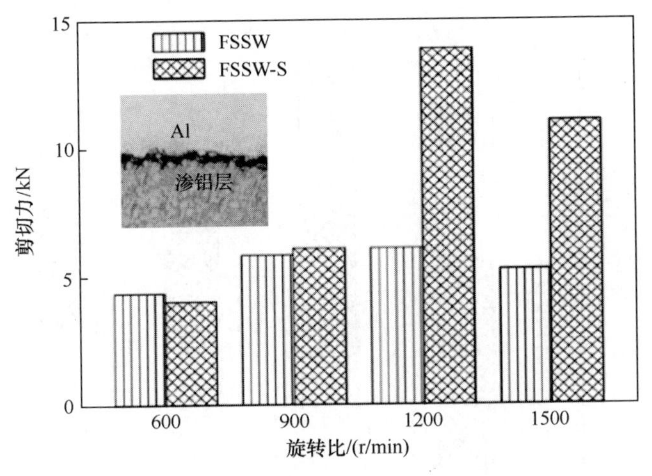

图 6.29　转速对接头拉剪力的影响

少对接头性能几乎没有影响，所以焊接时间对拉剪力影响不大。复合接头抗拉剪力随着焊接时间的增加先增加再下降，当转速小于 18s 时，接头强度较低，原因是在这种情况下焊接时间较短，轴肩区域未形成钎焊接头。当焊接时间为 18s 时，拉剪强度最高，而当焊接时间继续增加时，强度略有下降，但基本保持不变。分析认为，随着焊接的增加，搅拌头与上层铝合金摩擦产热增加，在搅拌区域实现搅拌摩擦焊的同时在轴肩区域实现了钎焊，钎焊接头使接头强度大大提高。继续增加焊接时间，钎焊区强度未得到提高，而轴肩热输入过多会降低点焊区域的接头强度，从而导致复合接头整体强度的下降（图 6.30）。

表 6.9　不同焊接时间下的接头抗拉剪力

组别	旋转速度 V（r/min）	焊接时间 T/s	拉剪力 F/(kN/p)	
			FSSW	FSSW-S
1	1200	12	5.92	7.19
2	1200	18	6.08	13.87
3	1200	24	6.58	12.41
4	1200	30	6.56	12.38

图 6.31 为 Ti/Al 复合接头和常规 FSSW 接头拉伸载荷与变形曲线图，从图中可知，两种接头都没有出现塑性变形阶段，表现为脆性断裂，传统 FSSW 接头力学性能较低，曲线比较光滑，而 FSSW-S 接头在中间出现了一次瞬时降

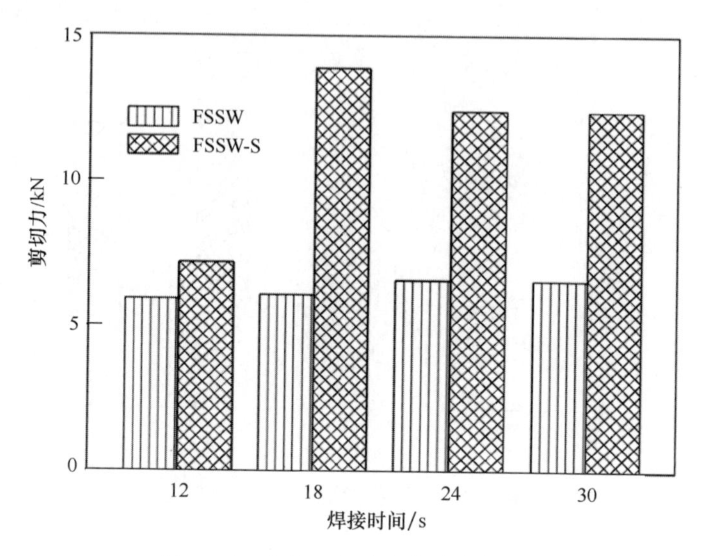

图 6.30　焊接时间对拉剪力的影响

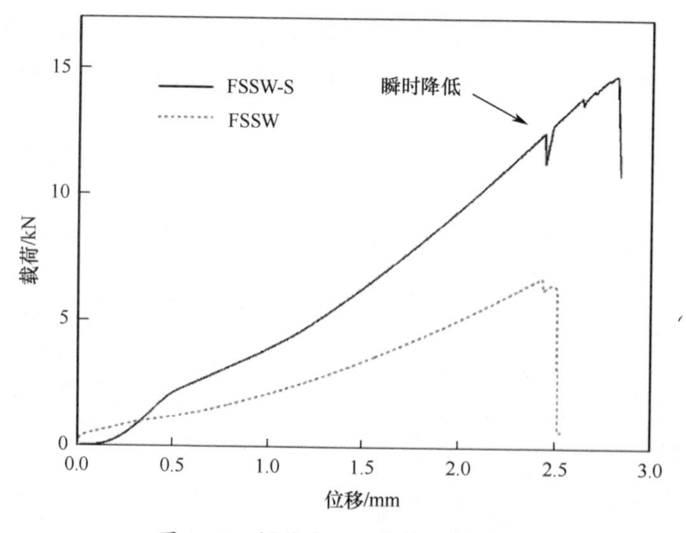

图 6.31　焊接接头的拉伸变形曲线

低，然后载荷又继续随位移增加，直到接头断裂。

分析认为，常规 FSSW 的接头在拉伸试验时，在载荷加载方向，裂纹容易沿两板之间的裂纹尖端扩展，故接头力学性能较低。在复合接头的拉伸试验中，由于钎焊区域的存在，钎焊接头不仅能承受部分载荷，还能消除轴肩区域的间隙，减缓裂纹尖端在轴肩区域的扩展，能极大地增加接头抗拉剪力。图中曲线的波动点为钎焊界面断裂时导致的强度下降。

6.4.2　疲劳结果统计及分析

上一节中渗铝后的 TC4 与 2Al4 铝合金的 FSSW-S 复合接头抗拉剪力比传统 FSSW 提高了 1 倍，分析认为，主要是钎焊区域对强度提高起到了关键作用，但是工程应用中的焊接接头往往在交变载荷下服役，因此对接头的疲劳性能提出了要求。理论上，接头的静拉伸强度越高，接头的疲劳性能也相应越高。选取旋转速度为 1200r/min、时间为 18s 参数下的接头进行疲劳测试。如表 6.10、表 6.11 所列是 Ti/Al 搅拌摩擦点焊和 TC4 表面渗铝后的 Ti/Al 搅拌摩擦点焊-钎焊疲劳试验结果，具体如下：

表 6.10　常规搅拌摩擦点焊疲劳数据

试样编号	最大载荷/N	静载荷/N	动载荷/N	频率/Hz	循环周次/周	断裂情况
F-6	4080	2240	1840	87.2	1000	拉断
F-7	4080	2240	1840	86.0	1500	拉断
F-12	4080	2240	1840	85.0	1600	拉断
F11	3500	1925	1575	89.5	19000	拉断
F-1	3500	1925	1575	84.8	15000	拉断
F-13	3500	1925	1575	85.2	7000	拉断
F-3	2100	1155	945	86.6	84700	未断
F-4	2100	1155	945	87.1	79200	未断
F-5	2100	1155	945	87.0	51200	未断
F-9	1360	748	612	87.2	1563700	未断
F-10	1360	748	612	87.0	1275000	未断
F-15	1360	748	612	87.0	1407000	未断

表 6.11　搅拌摩擦点焊-钎焊复合接头疲劳数据

试样编号	最大载荷/N	静载荷/N	动载荷/N	频率/Hz	循环周次/周	断裂情况
B-12	7300	4015	3285	87.3	5800	拉断
B-3	7300	4015	3285	86.0	2300	拉断
B-9	7300	4015	3285	86.4	4000	拉断
B-15	6100	3355	2745	86.8	2800	拉断
B-16	6100	3355	2745	91.5	13500	拉断

续表

试样编号	最大载荷/N	静载荷/N	动载荷/N	频率/Hz	循环周次/周	断裂情况
B-4	6100	3355	2745	90.2	6600	拉断
B-14	4880	2684	2196	90.9	267700	未断
B-10	4880	2684	2196	90.0	128000	未断
B-5	4880	2684	2196	89.9	201700	未断
B-7	3500	1925	1575	90.1	1814000	未断
B-10	3500	1925	1575	90.2	1720000	未断
B-2	3500	1925	1575	90.0	1438000	未断
B-6	3100	1155	945	91.3	6453000	未断
B-11	2500	1155	945	91.5	6834700	未断

疲劳试验是一件极其费时的试验，要得到 *S-N* 曲线需要进行大量的疲劳试验，所以在精度要求不高的情况下，就采用拟合的方式来获得 *S-N* 曲线，而工程中绝大多数都采用幂函数公式进行拟合：

$$S^{\alpha}N = C \tag{6-5}$$

本试验中，由于复合接头和传统 FSSW 焊接接头在搭接面积上的差异，采用 *F-N* 曲线来对比接头疲劳性能。*F-N* 曲线的拟合公式与 *S-N* 曲线类似：

$$F^{\alpha}N = C \tag{6-6}$$

式中：α 与 C 为常数，与材料本身的性能有关，其中 C 为材料常数，α 为 *F-N* 曲线的斜率。由于疲劳试验数据符合正态分布，通过 n 次试验可以确定对数均值和其标准偏差的对数估算值，疲劳 *F-N* 曲线的斜率 α 利用最小二乘法原理拟合各组试样的 *F-N* 曲线获得，对式（6-6）两边取对数再变换得

$$\lg F = -1/\alpha \lg N + 1/\alpha \lg C \tag{6-7}$$

令 $\lg N$ 为 x，$\lg F$ 为 y，$-1/\alpha$ 为 a，$1/\alpha \lg C$ 为 A，所以式（6-7）可以变换为

$$y = A + ax \tag{6-8}$$

中值疲劳寿命 N_{50} 可由式（6-8）得出

$$\overline{X} = \lg N_{50} = \frac{1}{n}\sum_{i=1}^{n}\lg N_i = \frac{1}{n}(\lg N_1 + \lg N_2 + \cdots + \lg N_i) \tag{6-9}$$

式中：N_i 为每组试验中第 i 个试样的疲劳寿命；n 为每组试验的试样个数；N_{50} 具有 50%存活率的疲劳寿命。

将表 6.10 中的数据利用最小二乘法对 $\lg F$ 和 $\lg N$ 进行线性拟合，得到 $\lg F$-$\lg N$ 的方程为

$$y = 1.1544 - 0.1655x \tag{6-10}$$

所以对比式（6-10）和式（6-7）得出 Ti/Al 搅拌摩擦点焊 F-N 曲线方程为

$$N = 10^{6.973} F^{-6.0401} \tag{6-11}$$

同样，对表 6.11 中的数据进行拟合，得到搅拌摩擦点焊-钎焊的 $\lg F$-$\lg N$ 的拟合方程

$$y = 1.33548 - 0.12896x \tag{6-12}$$

得到 Ti/Al 搅拌摩擦点焊-钎焊的 F-N 曲线方程为

$$N = 10^{10.3557} F^{-7.7543} \tag{6-13}$$

图 6.32 为 Ti/Al 搅拌摩擦点焊与 Ti/Al 搅拌摩擦点焊-钎焊接头疲劳性能的 F-N 曲线图，从图中可以看出，随着疲劳载荷的减小，接头疲劳寿命逐渐提高，这复合一般铝合金搅拌摩擦焊接疲劳性能。FSSW-S 复合接头疲劳性能明显优于常规 FSSW 接头的疲劳性能，结合表 6.10 和表 6.11 分析得出，疲劳载荷较高时，接头在疲劳后发生断裂，而随着载荷降低疲劳后接头不发生断裂。通过对比以上数据和拟合的曲线可以得出，在疲劳载荷为抗拉剪力为 30%的条件下，常规 FSSW 接头的疲劳循环次数为 4.8×10^4，而 FSSW-S 复合接头的疲劳循环次数为 1.9×10^5，复合接头比常规 FSSW 接头疲劳性能提高了一个数量级；在疲劳载荷为 3.5kN 下，常规 FSSW 的疲劳循环次数为 4.8×10^4，而 FSSW-S 复合接头的疲劳循环次数为 6.4×10^6，复合接头比常规 FSSW

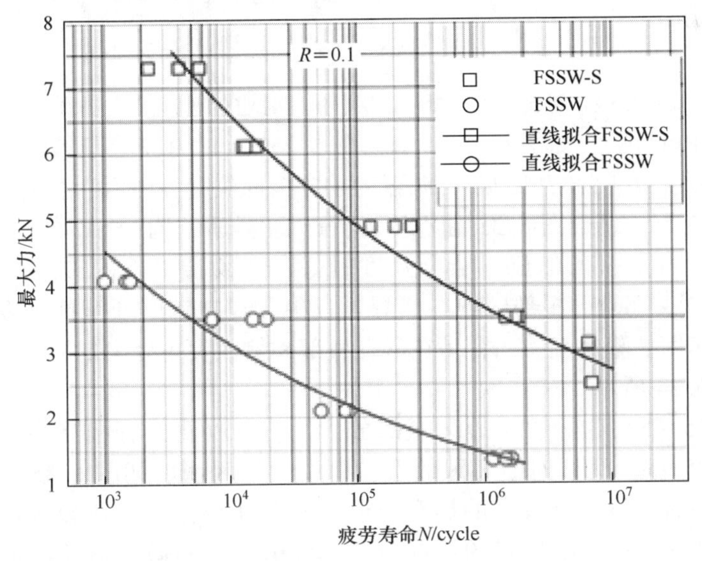

图 6.32　常规 FSSW 接头与 FSSW-S 接头 F-N 曲线

接头疲劳性能提高了 2 个数量级。在对应疲劳循环次数为 2×10^6 时，常规 FSSW 与 FSSW-S 接头的疲劳载荷分别为 1.45kN 和 3.65kN，在相同的疲劳载荷下，复合接头的疲劳寿命比单一点焊接头高得多。

6.4.3 疲劳断口分析

图 6.33 为常规 FSSW 接头的疲劳断口图，从图中可以看到，疲劳裂纹贯穿整个 Hook 区域，但是无法观察到裂纹是从两板之间的裂纹尖端还是匙孔的根部，按照铝合金的搅拌点焊疲劳裂纹的扩展规律，裂纹应该是从两板之间的裂纹尖端开始扩展的，但是 Ti/Al 异质结构的 FSSW 疲劳是否也是这样，还需进一步研究。

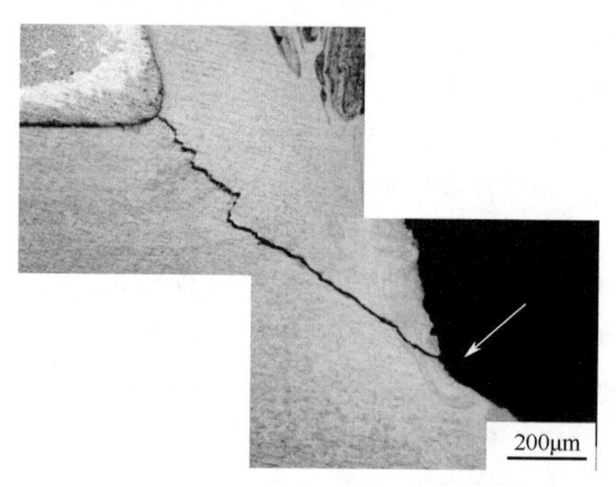

图 6.33 常规 FSSW 疲劳裂纹破坏区

选取在疲劳载荷 3.5kN，循环 1.9×10^3 周次的疲劳接头，采用扫描电子显微镜观察断口形貌，如图 6.35 所示，图 6.35（a）为疲劳断口的宏观图，图中可以明显看出疲劳断口的疲劳源区为匙孔根部位置，然后沿载荷加载方向向 Hook 根部扩展。结合图 6.33 分析认为，Ti/Al 异质结构 FSSW 的 Hook 区域由匙孔处的钛合金挤出形成，结合强度较好，裂纹沿界面的裂纹尖端无法向 Hook 上扩展，而匙孔根部区域在点焊过程中与搅拌针剧烈摩擦，表面钛合金在搅拌针作用下塑化流动，容易在匙孔底部和侧面尖角处出现缺陷，形成裂纹源，如图 6.34 所示。

图 6.35（b）为裂纹扩展区域的放大图，可以看到有相互平行的疲劳条带，图 6.35（c）为瞬时断裂区的形貌，放大该区域后如图 6.35（d）所示，可以看到瞬时断裂区有较多的韧窝，说明疲劳断裂在瞬时断裂区域为韧性断裂。综上所述，在裂纹扩展的不同阶段，疲劳断口的微观形貌特征有显著的差异。

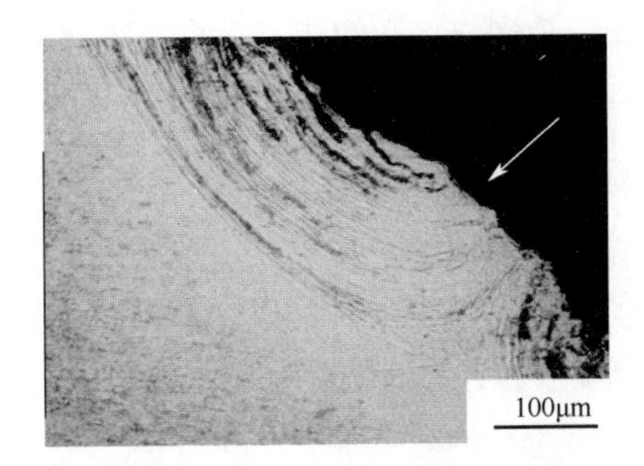

图 6.34　常规 FSSW 点焊匙孔底部

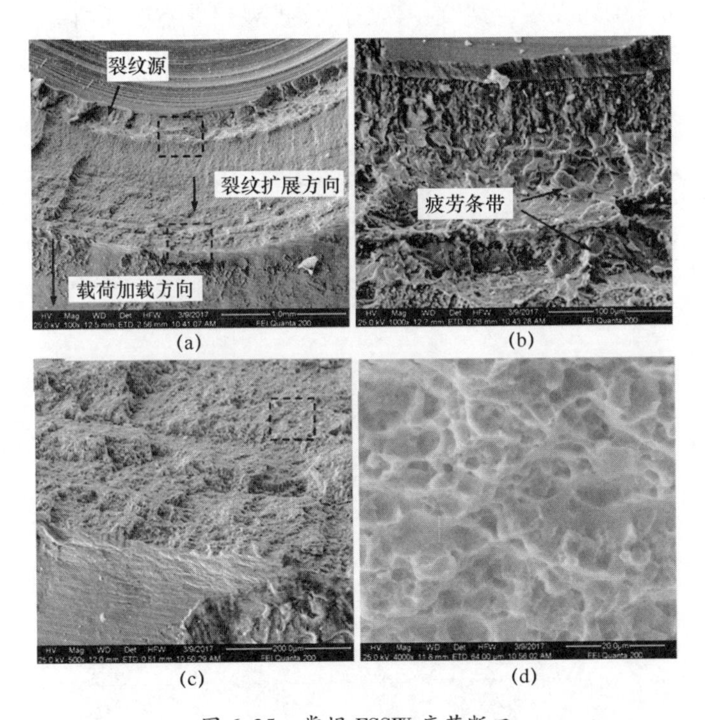

图 6.35　常规 FSSW 疲劳断口

（a）断口宏观图；（b）裂纹扩展区；（c）瞬时断裂区；（d）瞬时断裂区放大图。

图 6.36（a）为复合接接头在疲劳载荷 4.8kN、循环 2.6×10^5 周次时的疲劳断口横截面图，图中在 Hook 区域也没有发现明显的疲劳裂纹，而是在 Hook 区域的两边的铝中发现有疲劳裂纹。对图中 I、II 区域放大，分别如图 6.36（b）和（c）所示，图中可以看到，在铝合金上有一条向匙孔中心倾斜的疲劳裂纹，裂纹长度大约为 1mm，与钎焊界面成 45°，而钎焊界面上也存

在裂纹，同时在 I 区域发现裂纹在渗铝层与钛合金界面上也有扩展。

分析认为，由于钎焊界面的存在，复合接头在疲劳载荷下不会直接在 Hook 勾上启裂，而是沿钎焊区轴肩外区域开始扩展，通过对图 6.36（b）和（c）的分析认为，复合接头在钎焊区的扩展至少分为 3 个阶段。第一阶段是疲劳裂纹从轴肩外区域的薄弱区沿钎焊界面向中心扩展。但裂纹扩展到钎焊区的中部区域的 *M* 点或 *N* 点时，由于界面结合较好，裂纹无法再沿界面扩展，在载荷作用下开始沿界面 45°方向向铝合金中扩展，该过程为第二阶段。当裂纹在铝合金中扩展一定的距离后，界面吸收能量，又开始在界面点 *M* 和 *N* 点开始启裂，裂纹再一次沿界面扩展，一直扩展到 Hook 区域，这为第三阶段。在图 6.36（b）中还发现，裂纹在第三阶段扩展到 *P* 点时又再一次向渗铝层中扩展，使渗铝层与钛合金界面出现裂纹，但是在图 6.36（c）中没有发现这一现象。

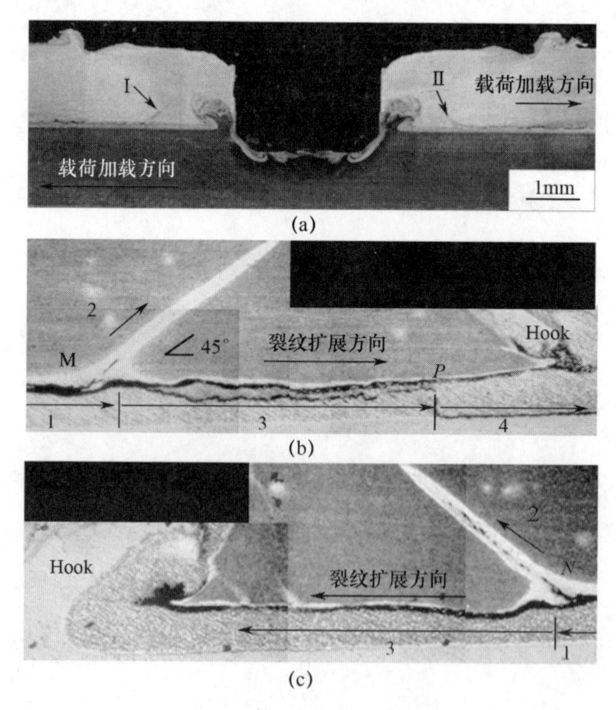

图 6.36 复合接头疲劳破坏

（a）断口横截面宏观；（b）图（a）中 I 区域放大图；（c）图（a）中 II 区域放大图。

图 6.37 为复合接头疲劳断口图，图 6.37（a）为渗铝层断口在点焊断裂区的 SEM 图，断口发现点焊断裂区的 Hook 被整体从铝中剥离，图 6.37（b）

为 Hook 断裂区，在匙孔周围区域为脆性断裂。复合接头裂纹源沿钎焊裂纹经过几个阶段扩展到 Hook 根部，在载荷作用下，沿 Hook 区域发生断裂，断口呈现剥离断裂，即整个 Hook 从铝中被拔出。在靠近匙孔区域，发现局部脆性断裂区域。

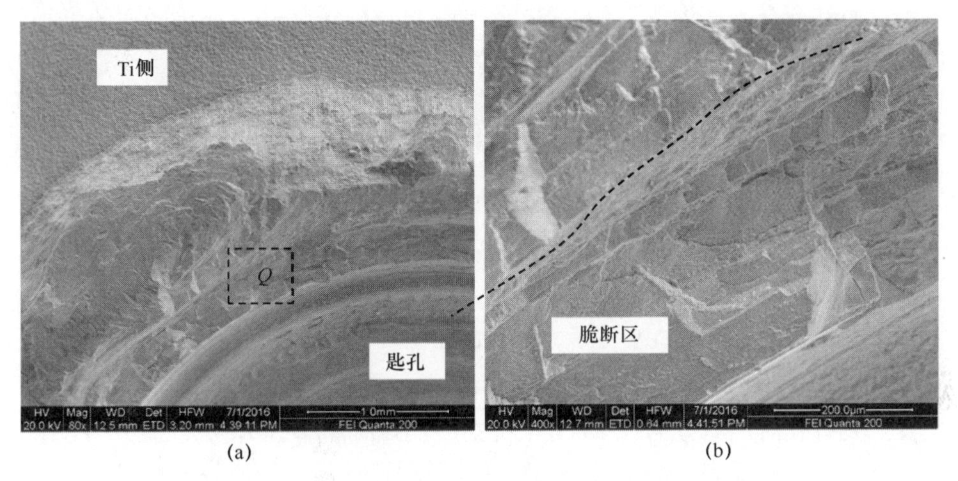

图 6.37　复合接头疲劳断口 SEM 图

（a）疲劳断口 Hook 区；（b）图（a）中 Q 区域放大。

本章小结

采用搅拌摩擦点焊-钎焊技术对 2Al4 铝合金和 TC4 钛合金进行焊接，探索钎料的添加方式对 Ti/Al 异质结构搅拌摩擦点焊-钎焊接头性能的影响，分析钛合金表面渗铝后 FSSW-S 接头性能和界面结构，对比分析常规 FSSW 和表面渗铝后的 FSSW-S 接头力学性能，主要得到了如下结论。

（1）对于直接添加 Zn 箔钎料、钛合金表面喷涂预置 Zn85Al 钎料和钛合金表面焊前渗铝后添加 Zn 箔钎料这 3 种钎料添加方式，在前两种钎料添加方式下的轴肩界面区，钎料层与铝合金结合良好，与钛合金之间存在间隙，钎料与钛合金未发生润湿反应；第三种钎料添加方式下的轴肩区界面结合紧密，接头在轴肩区域的断裂方式为混合型断裂，靠近匙孔周围区域断裂位于渗铝层与钛合金结合面，轴肩边缘区域断裂位于界面下的渗铝层表层。

（2）钛合金表面焊前渗铝后添加 Zn 箔钎料的 FSSW-S 复合接头形成过程可分为 3 个阶段：第一阶段为搅拌针下压时 Hook 的形成；第二阶段为钎料受热熔化在轴肩力作用下被挤出；第三阶段为剩余钎料在轴肩界面区的溶解、扩散反应。Zn 钎料受热熔化在轴肩力的作用下被大量挤出，剩余的液态 Zn 填充了铝合金和渗铝层之间的间隙，在温度和压力作用下，两侧的 Al 不断向 Zn 中溶解，同时也伴随着 Zn 向 Al 中扩散，直到最后形成无缺陷和间隙的界面。

（3）常规 FSSW 焊接接头抗拉剪力随搅拌头转速和焊接时间的增加变化不大，而钛合金表面渗铝后的 FSSW-S 接头抗拉剪力随着搅拌头转速的增加先增加后减小，随着焊接时间的增加先增加后减小再基本保持不变。在搅拌头转速为 1200r/min、焊接时间为 18s 时，复合焊接接头的抗拉剪力达到最高，为 13.87kN/p，是相同焊接条件下常规 FSSW 接头的最大抗拉剪力的 2.1 倍，是目前国内外文献中 FSSW 接头最大抗拉剪力的 1.9 倍。

（4）Ti/Al“搅拌摩擦点焊-钎焊”复合焊接接头中钎焊界面的存在改变了裂纹在接头中的扩展方式，使得疲劳载荷和疲劳寿命大幅提高。在对应疲劳循环次数为 2×10^6 时，传统 FSSW 接头与 FSSW-S 复合接头的疲劳载荷分别为 1.45kN 和 3.65kN，在疲劳载荷为 3.5kN 时，复合接头的疲劳寿命比常规 FSSW 提高了 2 个数量级。常规 FSSW 接头疲劳断口的裂纹源为匙孔根部位置，裂纹沿疲劳载荷加载方向往 Hook 根部扩展，瞬时断裂区为韧性断裂。FSSW-S 复合接头裂纹沿钎焊界面扩展经历了 3 个阶段，开始从轴肩外的钎焊界面向匙孔中心扩展，然后与界面呈 45°方向向铝中扩展，最后再沿钎焊界面扩展，直到扩展到 Hook 根部，断口呈现 Hook 剥离断裂，在靠近匙孔区域为脆性断裂。

第7章　Ti/Al 异质结构电阻点焊界面及组织性能

7.1　研究方法和手段

7.1.1　试验材料

本部分研究中采用的材料是应用较为广泛的 TC4 钛合金和 2Al2 硬铝，其中，钛合金为轧制退火态，铝合金为自然时效态，有关 TC4 钛合金和 2Al2 铝合金的性能、特点、化学成分和母材组织已在第3章、第4章试验部分详细介绍。母材尺寸为 80mm×28mm×2mm，长度方向上的搭接量为 28mm，其搭接示意图如图 7.1 所示。

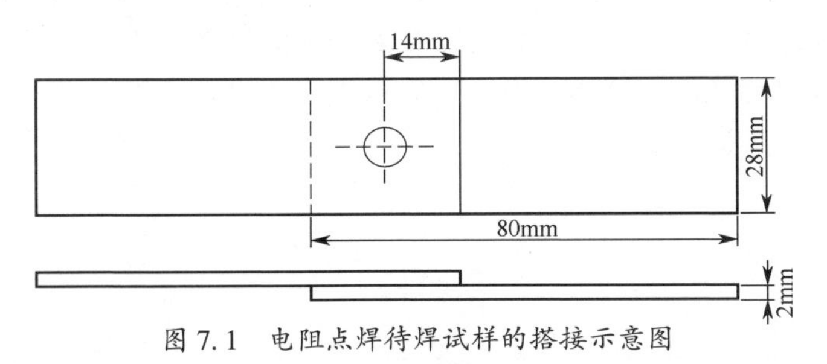

图 7.1　电阻点焊待焊试样的搭接示意图

7.1.2　试验方法及设备

本次试验采用英国 BRITISH FEDERAL 制造的 SP-150MF 逆变电阻焊机，该焊机的施压系统采用伺服电机控制，伺服电机控制系统如图 7.2 所示，采用该系统可以精确控制焊接过程中压力的大小，可实现低电极压力加载，有利于保证工件的表面质量及焊接初期的电极压力的稳定性。该焊机可以实现基本电阻点焊程序、滚点焊程序、缝焊程序（二元加热），试验中的随机热处理就是在二元加热的基础上进行的。

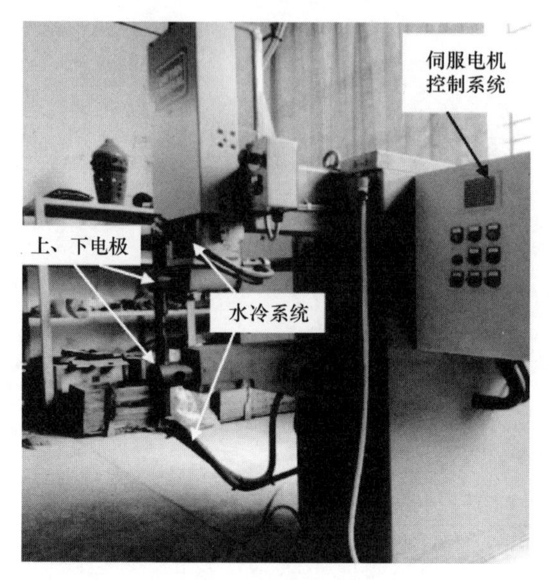

图 7.2 逆变电阻点焊机

采用化学方法分别对 TC4 钛合金和 2Al2 铝合金的待焊区进行除氧化膜处理。清洗完毕之后，将待焊试件放入丙酮中除去表面脏污，然后用吹风机吹干，将处理好的试样放在干燥洁净的环境中等待焊接。本次试验主要研究焊接电流、焊接时间、电极压力对 Ti/Al 异质结构电阻点焊接头组织及力学性能的影响，点焊试验在型号为 SP-150MF 电阻点焊机上进行，焊接中将待焊的铝合金试样放在钛合金上部，并夹持在上、下电极的中间，焊接过程如图 7.3 所示。

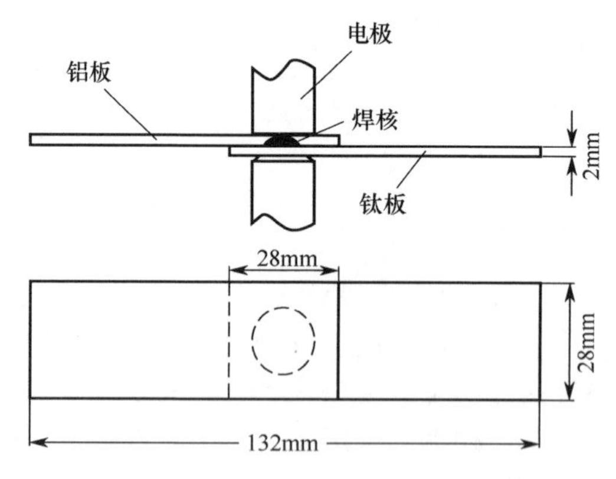

图 7.3 电阻点焊过程示意图

试验采用的拉伸机型号为 WDW-50，拉伸速率为 1mm/min，由于焊接接头为搭接试样，为了使接头在拉伸过程中仅受到剪切力，最大限度地降低由于试验过程引起的误差，在试样的夹持区分别加入两个与工件等厚的垫片。

采用 WT-401MVD 型显微硬度计测试接头的硬度，试验中设置加载时间为 10s，由于铝合金和钛合金的硬度值相差较大，钛侧载荷为 200g，铝侧载荷为 100g，测试硬度两点间距为 0.5mm，显微硬度测试曲线如图 7.4 所示。

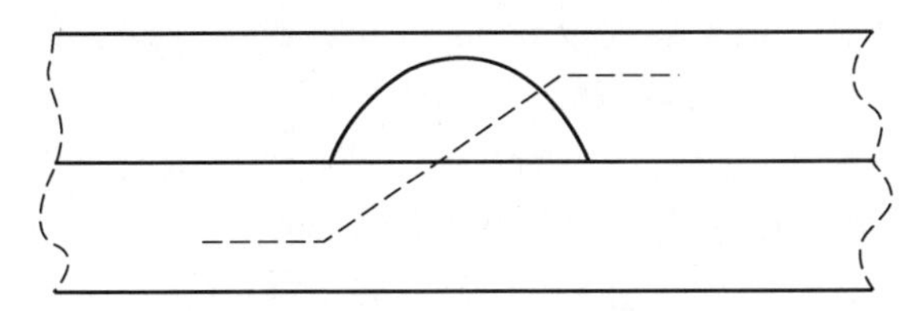

图 7.4　显微硬度测试位置示意图

使用 D8X 型射线衍射仪测试物相，以确定接头中金属间化合物的种类。使用线切割机床在点焊接头的中心部位截取金相试样，镶嵌并观察横截面。对试样进行磨抛处理，抛光后采用的 Kroll 试剂对点焊接头进行腐蚀。采用 MR5000 型倒置金相显微镜观察腐蚀后的焊缝形貌，分析焊缝显微组织。用装配 EDS 附件的 S-3400N 型扫描电子显微镜观察 Ti/Al 界面微观形貌和拉伸试样断口形貌，并对不同区域组织进行点、线、面能谱扫描分析，得到焊缝中元素组成、含量及分布情况，确定金属间化合物层的厚度。

7.2　工艺参数对 Ti/Al 电阻点焊接头组织性能的影响

本部分研究通过改变焊接电流、焊接时间和电极压力，研究工艺参数对 Ti/Al 异质结构电阻点焊接头拉剪力的影响规律，结合点焊接头的宏、微观组织和界面特征，探索不同工艺参数下点焊接头拉剪力变化的内在因素，找出工艺参数、点焊接头界面连接特征以及接头拉剪力之间的联系，从而为提高接头的力学性能、实现电阻点焊技术在连接 Ti/Al 复合结构件中的应用提供必要的理论基础。

7.2.1　软规范下工艺参数对 Ti/Al 点焊接头力学性能的影响

电阻点焊中焊接电流与焊接时间之间不同的配比决定了焊接过程中的加热速率。根据焊接手册可知，对于 2mm 厚的可热处理强化铝合金，一般焊接电流在 50~60kA 范围内才能实现其有效的连接，对 2mm 厚钛合金而言，焊接电流一般只需要 9~10kA。由此可见，由于两者之间在电阻率、熔点和导热性能等方面的巨大差异，导致电阻点焊技术焊接两种金属时，所采用的焊接规范相差悬殊，想要更为系统地研究焊接工艺参数对 Ti/Al 异质结构电阻点焊接头性能的影响时，不能拘泥于某一种金属的焊接规范，本节设定软规范条件，研究不同焊接参数对接头力学性能的影响。

电阻点焊是利用电阻热对工件进行加热，在电极压力的作用下，使两者金属达到原子间的结合。根据公式 $Q=I^2Rt$ 可知，电阻点焊过程中焊接区域产热与电流的平方成正比，单从物理学的角度来说，焊接电流对于焊接过程中 Q 的影响最大，因此，研究焊接电流对 Ti/Al 异质结构电阻点焊接头组织与性能的影响，对于 Ti/Al 异质结构电阻点焊质量控制具有重要的意义。焊前设定焊接时间为 250ms，电极压力为 5kN，焊接电流在 5~11kA 之间变化，焊接参数如表 7.1 所列。

表 7.1　Ti/Al 电阻点焊工艺规范及焊点拉剪力

组别	焊接电流 I_1/kA	焊接时间 T_1/ms	电极压力 F_w/kN	拉剪力 F/kN
1	6.62	250	5	3.02
2	8.67	250	5	3.59
3	10.6	250	5	4.01

图 7.5 为不同焊接电流下所得到的 Ti/Al 异质结构点焊接头表面形貌，从图中可以看出，钛合金表面的淡黄色的区域面积约等同于铝合金表面压痕直径，当焊接电流较小时，钛合金淡黄色区域和铝合金表面压痕直径为 5.63mm，当焊接电流增大到 10.6kA 时，钛合金侧和铝合金侧表面压痕加深。

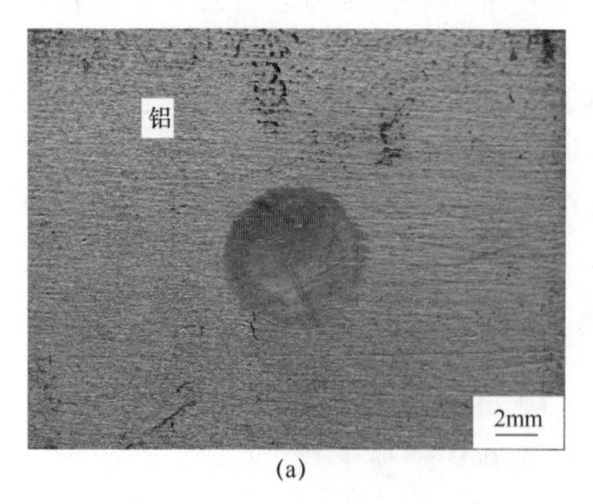

(a)

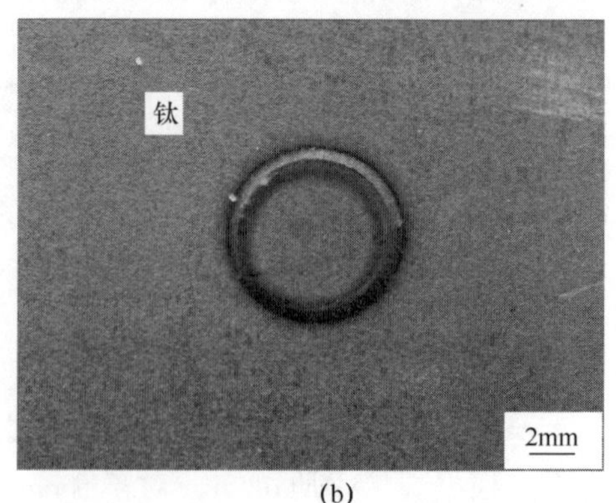

(b)

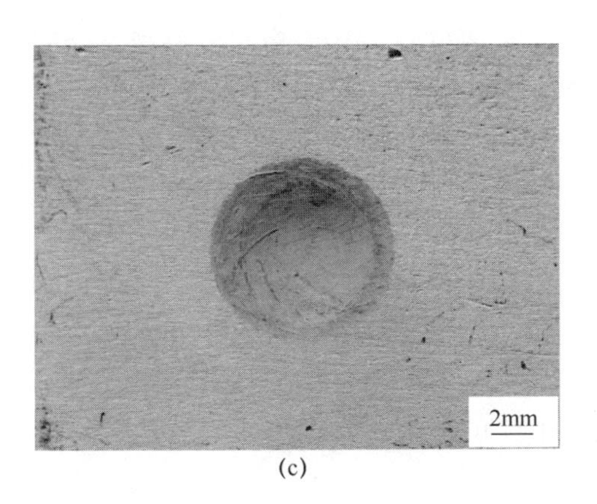

(c)

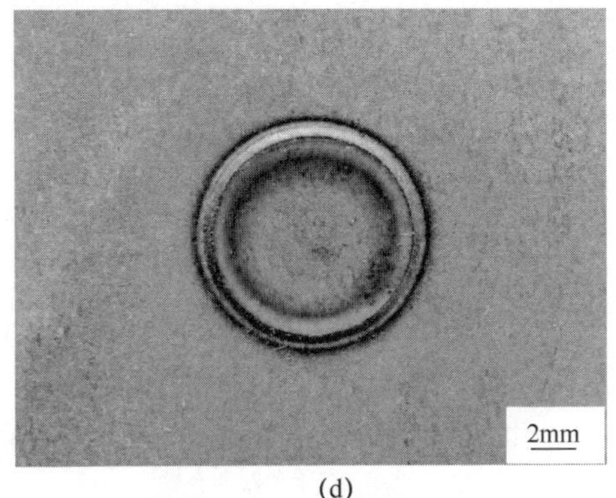

(d)

图7.5 不同焊接电流下Ti/Al异质结构点焊接头的表面形貌（见彩插）
（a）、（b）I=6.62kA；（c）、（d）I=10.6kA。

图7.6为不同的焊接电流下，Ti/Al异质结构电阻点焊接头横截面宏观形貌，由图可知，铝侧焊核直径随着焊接电流的增大而增大。有研究表明，钛合金和铝合金之间的电阻点焊接头会出现“双熔核”现象，这种情况在铝/钢异种金属电阻点焊接头中同样出现。在所有的焊接电流下，钛侧熔核呈矩形，焊核中心铝合金略微向钛侧凸起，分析认为，这是由铝侧熔核内部膨胀力、电极压力以及界面处钛合金变形抗力三者共同作用引起的。当焊接电流大于8.67kA时，铝侧熔核内部开始出现宏观裂纹缺陷，焊接电流增加到10.6kA时，铝侧熔核内部宏观裂纹缺陷增多，并且开始出现缩孔缺陷，分析认为，焊

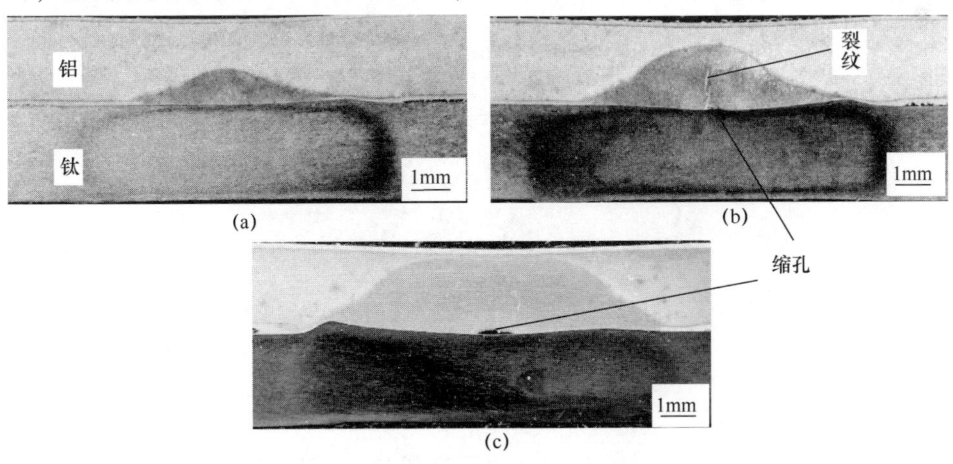

图7.6 不同焊接电流下点焊接头横截面形貌
（a）I=6.62kA；（b）I=8.67kA；（c）I=10.6kA。

接过程中电流较大，铝合金的熔化量较多，在凝固过程中没有足够的液态金属填充，所以会产生缩孔缺陷。由于铝合金的塑性较好，因此电阻点焊过程中，出现冷裂纹的可能性较小，结合缺陷产生的位置，可以判定为热裂纹，这是由于液态金属冷却过程中发生溶质偏析和热应力造成的。在焊接时间为 250ms 和电极压力 5.0kN 的条件下，继续增加焊接电流，会引起较大的内部飞溅，导致接头的拉剪力显著降低，在工程应用上应予以避免。

由于点焊过程中接头温度场分布不均匀，会导致接头中 Ti/Al 界面反应的程度不同，为了便于研究均取接头中心位置。图 7.7 给出了不同焊接电流下 Ti/Al 点焊接头界面 SEM 照片，随着焊接电流的增加，界面反应层的连续性增加，反应层的厚度也随之增加。

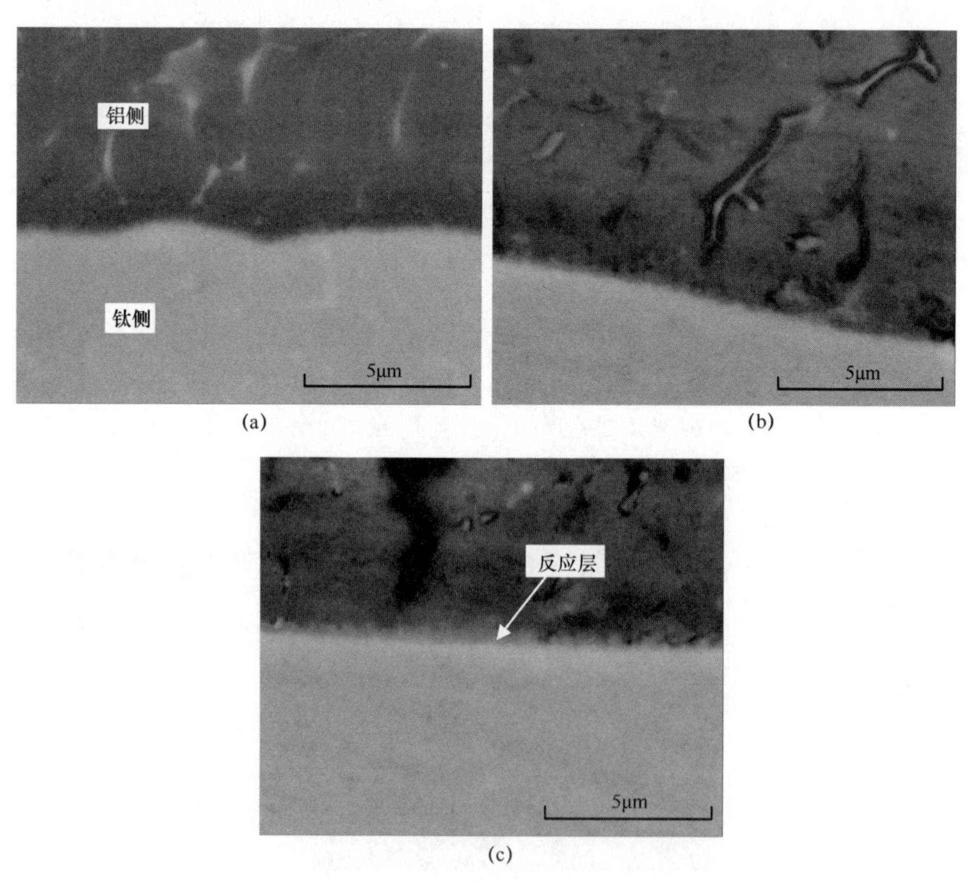

图 7.7　不同焊接电流下 Ti/Al 点焊接头界面 SEM 照片

(a) I=6.62kA；(b) I=8.67kA；(c) I=10.6kA。

从图 7.8 中可以看出，当焊接电流由 6.6kA 增加到 10.6kA 时，焊接接头的拉剪力和焊核直径均随焊接电流的增大而增大，拉剪力最大为 4.01kN，这是因为电阻点焊中的热量来源于电阻热，当电流增大时，热输入呈二次方增大，因此熔化的金属随之增多，焊核直径随之增大，拉剪力的大小和焊核直径有直接的联系。在对接头施加载荷时，更大的焊核直径能够承受更大的载荷，试验过程中，当焊接电流继续增大时，会产生严重的内部飞溅，飞溅会带走熔核内部的部分热量，不利于界面的反应。另一方面，飞溅的产生会导致接头中出现缩孔缺陷，在施加载荷过程中，实际的承载面积会变小，因此导致点焊接头拉剪力降低。

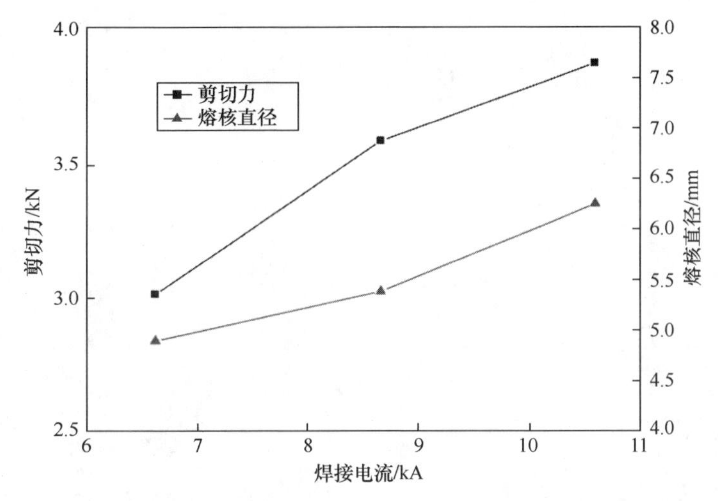

图 7.8　焊接电流对 Ti/Al 接头拉剪力和焊核直径的影响

焊接时间影响接头的析热和散热，研究表明焊接时间对接头性能的影响仅次于焊接电流，所以本节研究不同焊接时间下点焊接头的宏、微观形貌及力学性能。焊前设定焊接电流和电极压力分别为 8.67kA 和 5kN，焊接时间在 150~350ms 进行变化，焊接参数如表 7.2 所列。

表 7.2　Ti/Al 电阻点焊工艺规范及焊点拉剪力

组别	焊接电流 I_1/kA	焊接时间 T_1/ms	电极压力 F_w/kN	拉剪力 F/kN
1	8.67	150	5	3.32
2	8.67	250	5	3.59
3	8.67	350	5	3.82

图 7.9 给出了焊接时间对 Ti/Al 接头表面形貌的影响，当焊接时间为 150ms 时，表面的压痕浅且小，表面质量良好，当焊接时间为 350ms 时，钛侧表面出现明显的氧化环，铝侧表面压痕大而深，但焊点中心部位并未出现宏观裂纹等缺陷，焊接时间不显著影响点焊接头的表面质量。

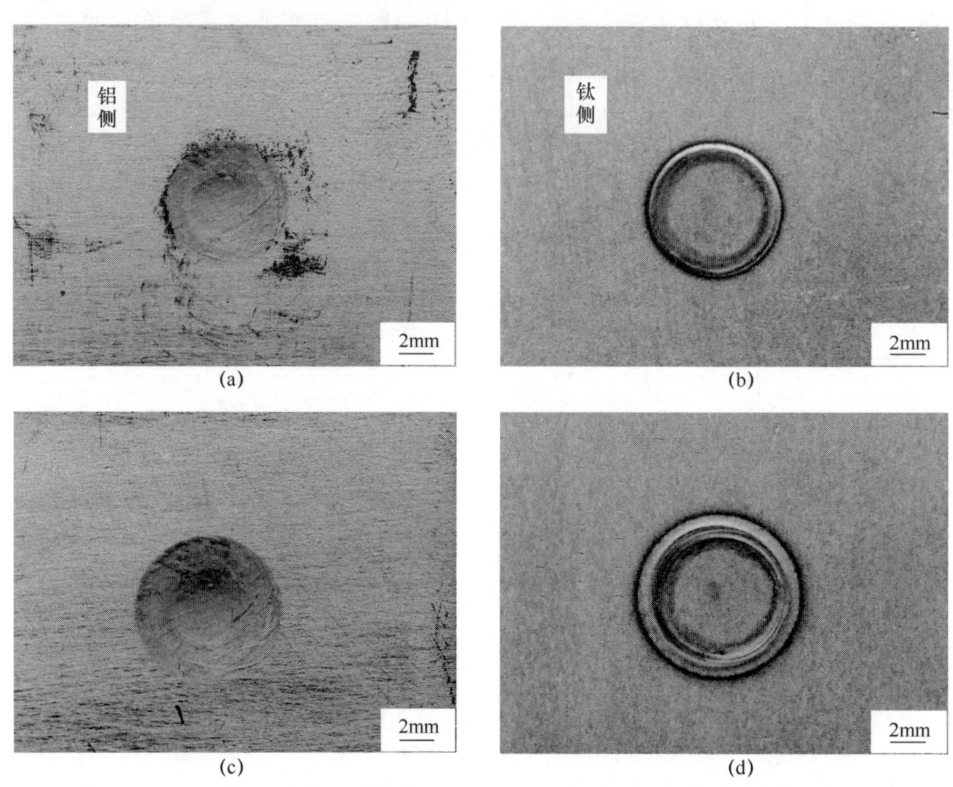

(a) (b) (c) (d)

图 7.9 不同焊接时间下 Ti/Al 异质结构点焊接头的表面形貌
(a)、(b) $T=150$ms；(c)、(d) $T=350$ms。

图 7.10 为不同焊接时间下 Ti/Al 点焊接头的横截面形貌，由图可以看出，随着焊接时间的延长，界面处铝侧焊核直径和钛侧焊核直径均增大，焊接时间为 150ms 时，铝合金熔核中未发现裂纹和缩孔等缺陷，继续增加焊接时间时，铝侧熔核出现了明显的缩孔和裂纹等缺陷。此处缺陷产生的原因与较大焊接电流下 Ti/Al 接头中缺陷产生的原因相似。

图 7.11 给出了不同焊接时间下 Ti/Al 异质结构电阻点焊接头界面 SEM 照片，当焊接时间为 150ms 时，界面存在反应层，但是反应层的连续性不好，随着焊接时间的延长，反应层厚度略微增加，并且反应层均匀连续，反应层的厚度均小于 1μm。

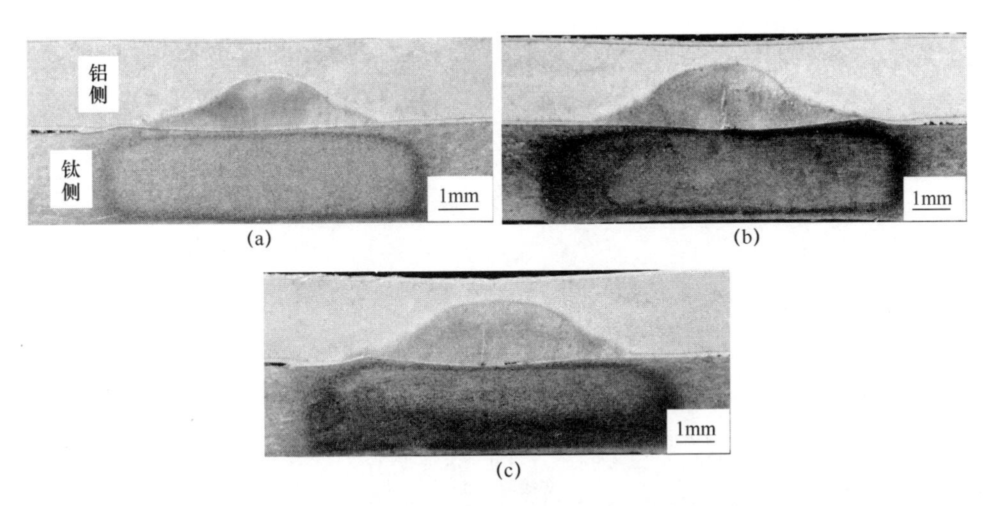

图 7.10　不同焊接时间下 Ti/Al 点焊接头横截面形貌
（a）150ms；（b）250ms；（c）350ms。

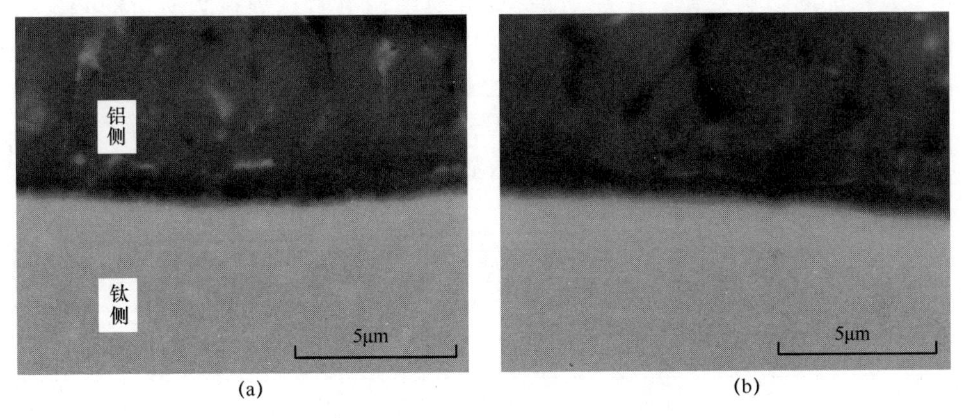

图 7.11　不同焊接时间下 Ti/Al 点焊接头界面 SEM 照片
（a）$T=150$ms；（b）$T=350$ms。

图 7.12 给出了焊接时间对 Ti/Al 异质结构电阻点焊接头拉剪力和焊核直径的影响，由图可知，焊接时间在 150～350ms 变化时，随着焊接时间增加，点焊接头拉剪力持续增加。在焊接时间为 150ms 时，拉剪力为 3.32kN，当焊接时间为 350ms 时，拉剪力 3.82kN，增幅为 15%，焊核直径增幅为 10%，在此过程中，拉剪力的增幅和焊核直径的增幅相当。

电阻点焊中电极压力扮演着重要的角色，在焊接前期，电极压力决定了电极与工件，工件与工件之间的接触状态，在焊接过程中，电极压力决定了塑性环扩展的速度、电流密度以及接触电阻。因此，深入研究电极压力对点焊接头

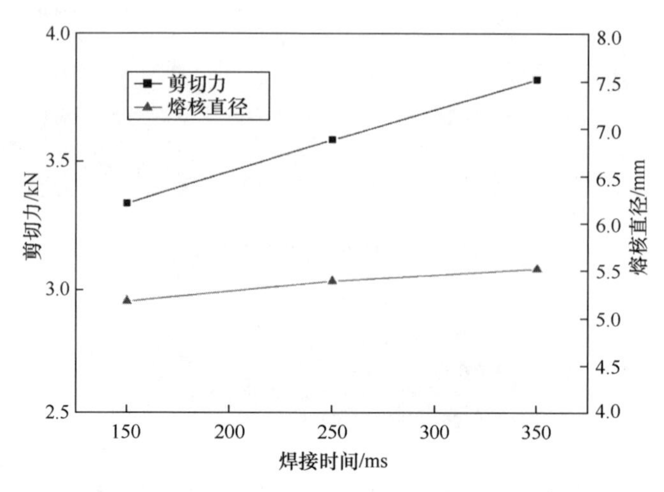

图 7.12　焊接时间对 Ti/Al 接头拉剪力和熔核直径的影响

组织及性能的影响规律，是控制 Ti/Al 异质结构电阻点焊接头质量的必要前提。焊前设定焊接电流和焊接时间分别为 8.67kA 和 250ms，电极压力在 3～7kN 范围内进行变化，通过分析不同电极压力下所得到的点焊接头的表面形貌、横截面形貌、熔核直径及拉剪力等，总结出电极压力对 Ti/Al 异质结构电阻点焊接头性能的影响规律，焊接参数如表 7.3 所列。

表 7.3　Ti/Al 电阻点焊工艺规范及焊点拉剪力

组别	焊接电流 I_1/kA	焊接时间 T_1/ms	电极压力 F_w/kN	拉剪力 F/kN
1	8.67	250	3	3.82
2	8.67	250	5	3.59
3	8.67	250	7	2.96

如图 7.13 所示，电极压力在 3～7kN 变化时，电极压力对点焊接头表面形貌并没有显著的影响，这和学者们对钢/铝异种金属电阻点焊所得到的结果相似，主要是因为电极压力不直接参与接头析热，在焊接过程中，电极压力通过影响电流密度、散热速率以及接触电阻来间接影响接头的形成。

图 7.14 给出了不同电极压力下的 Ti/Al 异质结构电阻点焊横截面形貌，由图可以看出，随着电极压力的增加，钛侧熔核直径显著增加，但铝侧熔核体积不发生明显变化，当电极压力过小时，铝侧熔核内部容易产生缩孔缺陷，适当增大电极压力可以减少裂纹和缩孔缺陷。

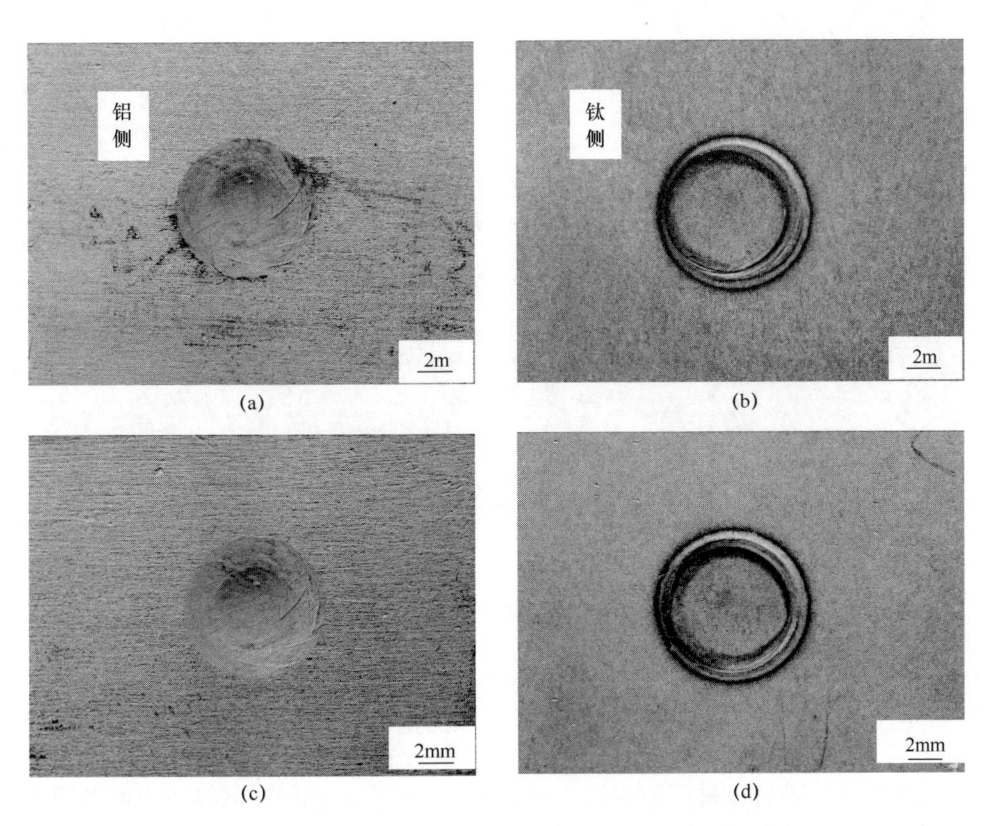

图7.13 不同电极压力下Ti/Al点焊接头的表面形貌
(a)、(b) $F=3$kN;(c)、(d) $F=7$kN。

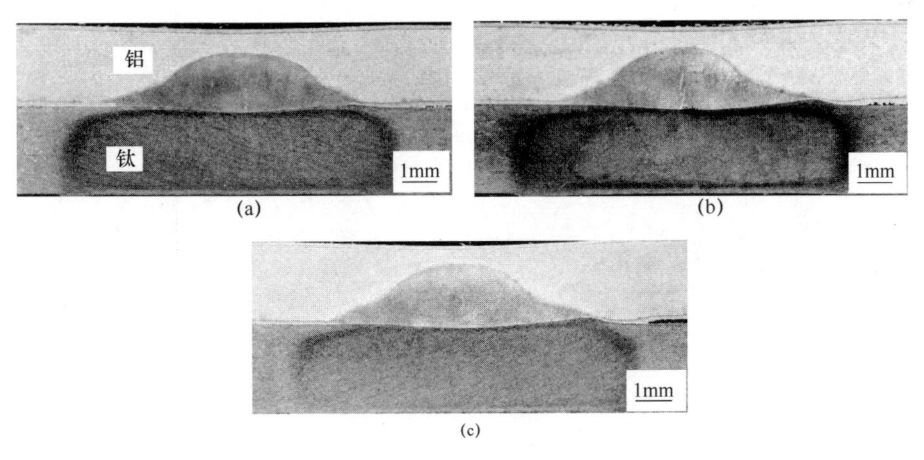

图7.14 不同电极压力下Ti/Al点焊接头的横截面形貌
(a) 3kN;(b) 5kN;(c) 7kN。

不同的电极压力下所得到的接头界面 SEM 照片如图 7.15 所示，由图可以看出，不同的电极压力下均形成了厚度约为 1μm 的反应层，随着电极压力增加，反应层的厚度有所减小。

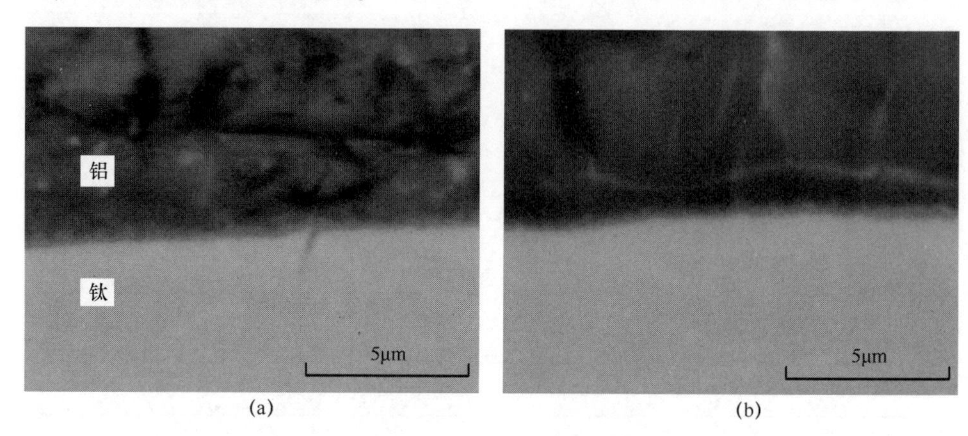

图 7.15 不同电极压力下 Ti/Al 点焊接头界面 SEM 照片
（a）F=3kN；（b）F=7kN。

图 7.16 表示电极压力对点焊接头熔核直径以及焊透率的影响规律，由图可知，电极压力由 3kN 增大到 7kN 时，熔核直径基本不发生变化，接头拉剪力逐渐降低，结合电极压力对接头横截面形貌的影响，增加电极压力可以消除熔核中裂纹和缩孔等缺陷，但在此过程中是不会减少结合界面直径，与此同

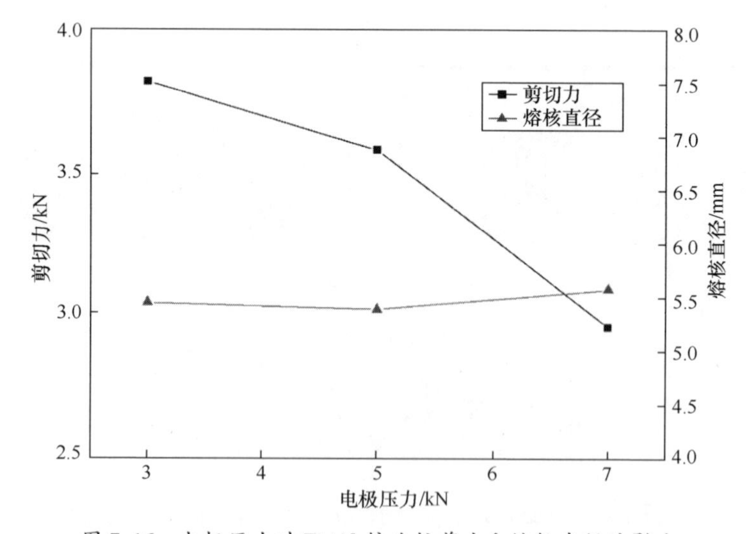

图 7.16 电极压力对 Ti/Al 接头拉剪力和熔核直径的影响

时，接头拉剪力的减幅为 22.5%，此种情况下，影响接头的拉剪力的主要因素已不是焊核直径。张伟华等在研究铝、钢异种金属电阻点焊时，发现电极压力对拉剪力的影响主要受界面处界面反应层厚度的影响，电极压力过大引起接触电阻较小，导致接触电阻析热减少，降低了界面反应的温度，因此接头拉剪力会降低。当电极压力较小时，且不产生前期飞溅的情况下，随着电极压力的减小，界面处的反应层厚度会逐渐增加，导致点焊接头拉剪力先增大后降低。本部分研究的结果也符合这样的规律。另一方面，较大的电极压力会增加电极头与工件的接触面积，铜电极散热量增加，界面反应温度降低所致。

7.2.2　硬规范下工艺参数对 Ti/Al 点焊接头形貌及拉剪力的影响

想要更为全面地了解工艺参数对接头力学性能的影响，必然需要改变焊接规范，但是由于电极压力的改变范围是 3～7kN，焊接时间可调范围是 0～999ms，焊接电流可调范围为 4.3～31kA，如果全部进行研究，必然带来庞大的试验量。此外，电流对接头拉剪力的影响规律主要表现在对焊接过程中析热、散热以及冶金反应的影响。相关研究结果表明，电极压力和焊接电流具有一定的相关性，并且电极压力不参与焊接过程中的析热。结合预试验的结果，将电极压力确定在 3kN，前一节研究中将焊接时间控制在 250ms，由于析热量与时间成正比，与电流的二次方成正比，为了避免硬规范下焊接时间对析热影响过大，因此将焊接时间设定为 30ms，焊接电流在 20～24kA 进行变化，研究焊接电流对接头力学性能的影响，焊接参数如表 7.4 所列。

表 7.4　Ti/Al 电阻点焊工艺规范及焊点拉剪力

组别	焊接电流 I_1/kA	焊接时间 T_1/ms	电极压力 F_w/kN	拉剪力 F/kN
1	20	30	3	3.89
2	22	30	3	5.5
3	24	30	3	4.89

如图 7.17 所示，铝合金表面压痕深度随着焊接电流的增加而增加，钛合金侧的变形量也随之增加，对比软规范下的表面形貌质量可以发现，硬规范条件下能够得到更好的表面质量。

图 7.18 表示了不同的焊接电流下，Ti/Al 异种合金电阻点焊接头横截面宏观形貌，从图中明显可以看出，硬规范参数下，随着焊接电流的增大，钛合金侧熔核体积与铝合金侧熔核体积均明显增加，铝合金侧熔核的熔透率较低，钛合金侧熔核的熔透率接近 1，熔核产生了较为明显的偏移。有研究指出，熔核

偏移的主要原因是由于析热散热不对称导致，点焊的熔核偏向析热多，散热缓慢的金属，铝合金导电导热性远远大于钛合金，因此会产生如此严重的熔核偏移，这也是物理性能相差较大的异种材料电阻点焊中很难避免的问题。由图还可以看出，焊接电流超过 22kA 时，接头开始发生飞溅，但是飞溅的产生并未导致裂纹和缩孔等缺陷。可能的原因有两个：一是焊核熔化的金属量较少，在电极压力的作用下，因飞溅而导致的体积减小可以得到补充；二是焊接前期由于接触电阻析热过多导致了前期飞溅的产生，随着焊接过程的进行，熔核趋于稳定。

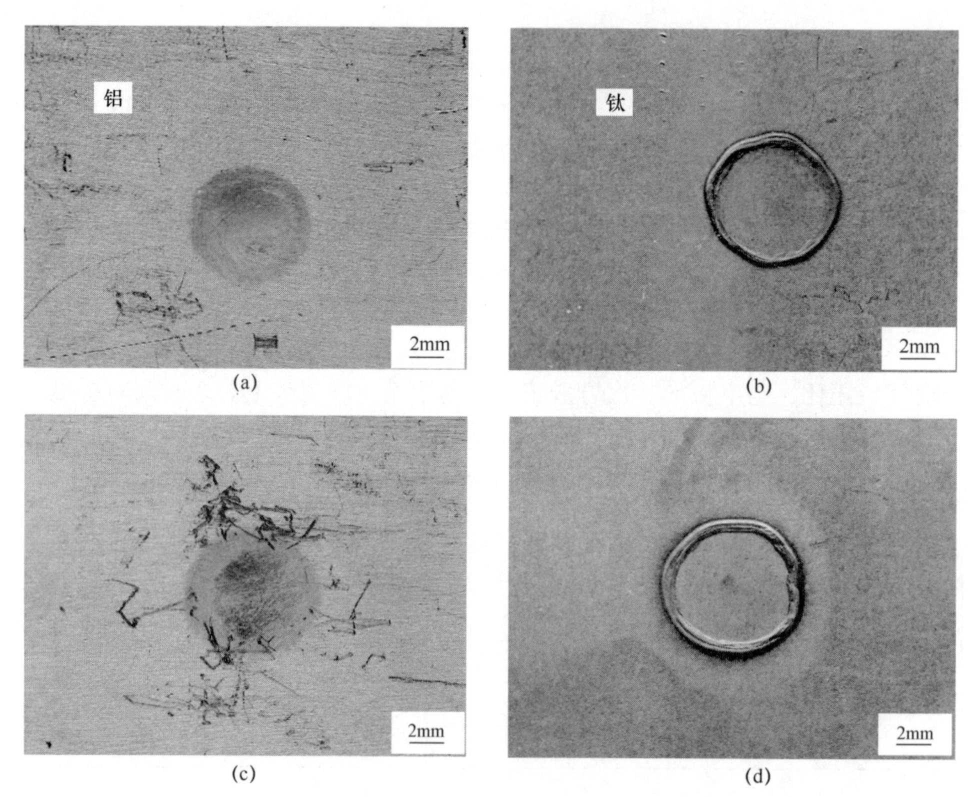

(a)　(b)

(c)　(d)

图 7.17　不同焊接电流下 Ti/Al 点焊接头的表面形貌

(a)、(b) I=20kA；(c)、(d) I=24kA。

由图 7.19 可知，不同的焊接电流下的接头界面处凸凹不平，钛合金与铝合金之间界面致密，没有出现未焊合缺陷。当焊接电流为 20kA 时，界面并未发现有可见的反应层，当焊接电流增加到 24kA 时，粗糙的界面处生成了不连续的反应层，其厚度小于 1μm。

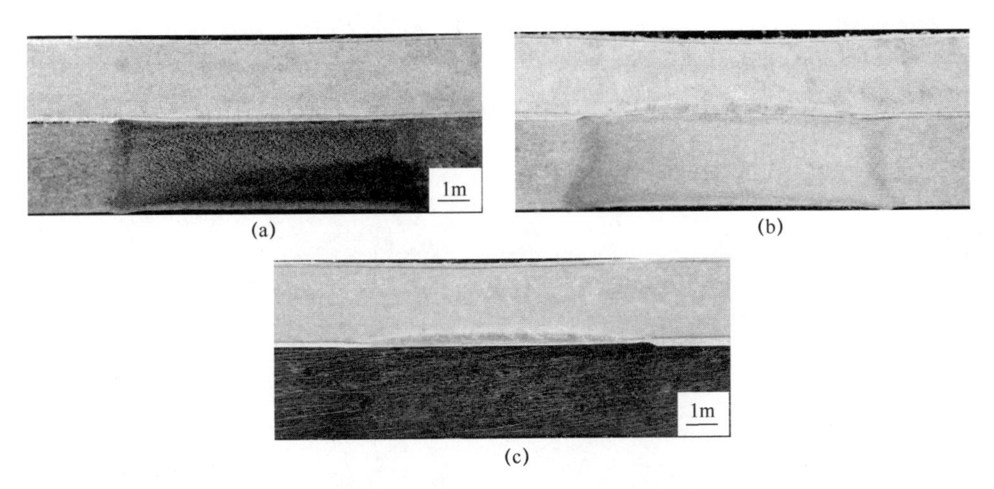

图 7.18　不同焊接电流下 Ti/Al 点焊接头的表面形貌
（a）I=20kA；（b）I=22kA；（c）I=24kA。

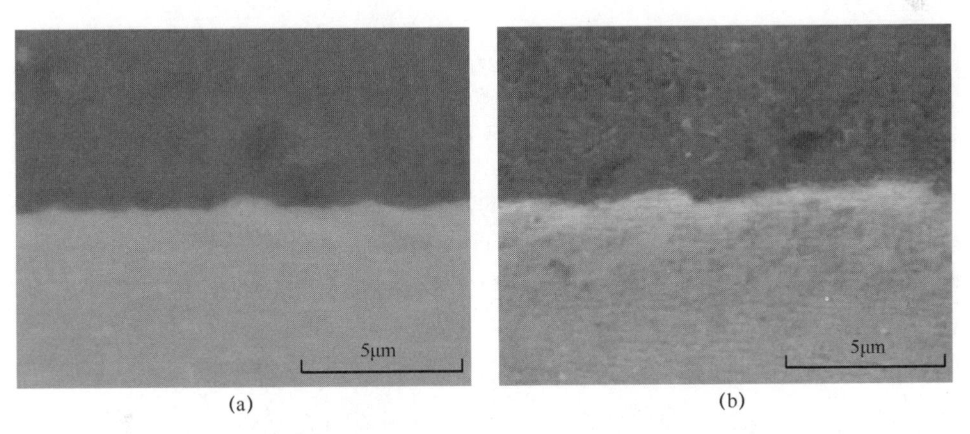

图 7.19　不同焊接电流下 Ti/Al 点焊接头界面 SEM 照片
（a）I=20kA；（b）I=24kA。

由图 7.20 可以看出，随着焊接电流的增加，接头拉剪力先升后降，焊核直径的增幅并不明显。在焊接电流为 20～24kA 范围内，拉剪力的峰值为 5.5kN，出现在焊接电流为 22kA 处，结合图 7.18 中接头横截面形貌，解释为：当采用较大的焊接电流时，熔核形成的速度极快，由于塑性环形成的速度小于熔核体积增加的速度，因此会产生前期飞溅，所以当焊接电流为 22kA 时已经发生了少量的飞溅，但是此时飞溅的产生并未降低点焊接头的拉剪力，相比于焊接电流为 20kA 时得到的点焊接头，其拉剪力提高了 41%，当焊接电流继续增加到 24kA 时，接头的拉剪力降低了 25%，但是比在焊接电流为 20kA 时提高了 25%。因此，在硬规范条件下，焊接初期发生的飞溅，有可能对于清理焊件表面的氧化膜有一定的作用，能够使焊件新鲜的表面接触，促进了界面的反应，所以得到的焊点的拉剪力具有大幅度的提升。

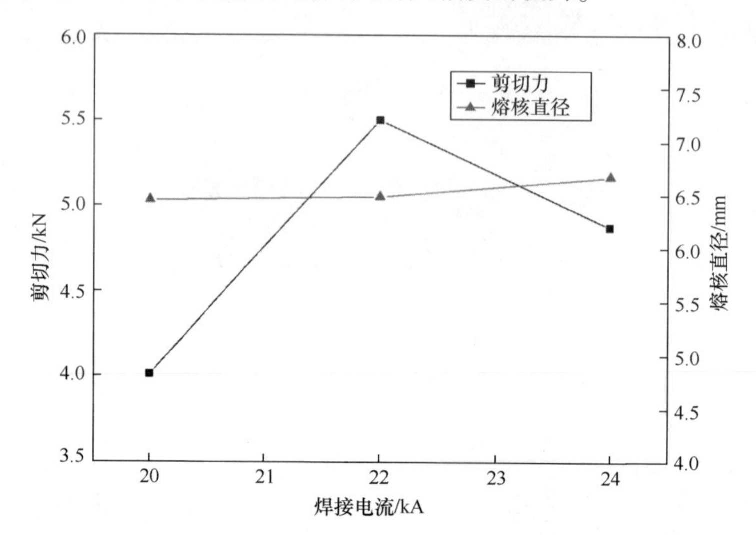

图 7.20　焊接电流对 Ti/Al 点焊接头拉剪力和焊核直径的影响

由上一节的研究结果可知，不同的规范下，焊接参数对 Ti/Al 异质结构电阻点焊接头宏、微观形貌和力学性能的影响相差悬殊，当焊接电流大于 22kA 时，接头中产生了飞溅。为了避免飞溅对接头力学性能的影响，在研究焊接时间时设定焊接电流为 20kA、电极压力为 3kN，焊接参数如表 7.5 所列。

表 7.5　Ti/Al 电阻点焊工艺规范及焊点拉剪力

组别	焊接电流 I_1/kA	焊接时间 T_1/ms	电极压力 F_w/kN	拉剪力 F/kN
1	20	30	3	3.89
2	20	40	3	6.59
3	20	50	3	5.59

如图 7.21 所示，当焊接时间为 30ms 时，工件表面质量良好，铝侧和钛侧的变形量均不大。当焊接时间为 50ms 时，铝合金侧压痕增加，钛合金侧表面氧化严重。由此可以看出，过长的焊接时间不利于保证接头的表面质量。

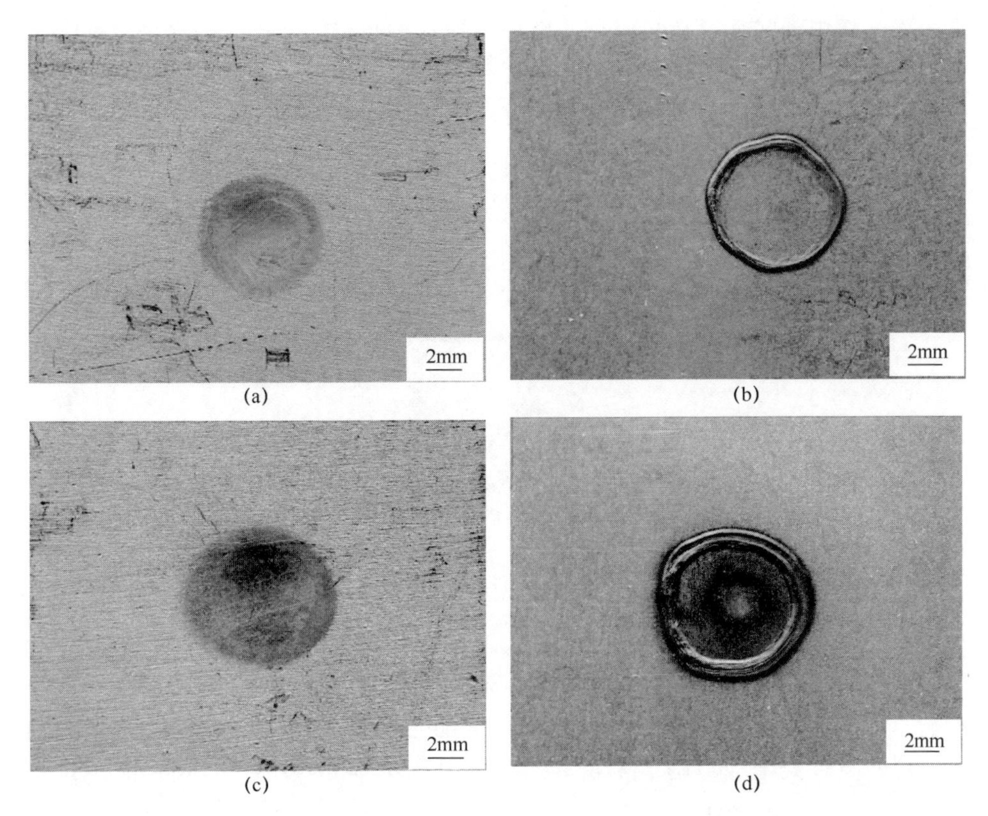

图 7.21　不同焊接时间下 Ti/Al 点焊接头的表面形貌
(a)、(b) $T=30$ms；(c)、(d) $T=50$ms。

图 7.22 给出了不同的焊接时间下 Ti/Al 异质结构电阻点焊接头横截面形貌，从图中明显可以看出，随着焊接时间的增加，铝合金侧熔化的金属量逐渐增加，焊接过程中产生了内部飞溅，在熔核内部出现了裂纹和缩孔等缺陷。焊接时间主要通过影响焊接过程中体电阻析热量来最终影响接头的性能的，焊接时间增长以后所产生的飞溅在本质上不同于焊接电流增加导致的飞溅，此处产生飞溅的原因是在液态熔核形成以后，塑性环扩展的速度小于液态金属体积增加的速度所致，在冷却过程中，没有足够的金属来填充飞溅部分的体积，因此导致了裂纹和缺陷的产生。

硬规范条件下，焊接时间对 Ti/Al 电阻点焊接头界面的影响如图 7.23 所示，随着焊接时间的增加，界面粗糙度变小，当焊接时间为 50ms 时，界面处钛合金边界趋于平整，反应层的厚度也是随着焊接时间的增加而增加。由此也可以看出硬规范条件下，界面层厚度对焊接时间更为敏感，这是由于点焊过程中由于焊接电流较大，单位时间内会析出更多的热量，界面反应是由界面温度和高温保持时间共同决定的，较长的焊接时间能够增加界面反应的程度。

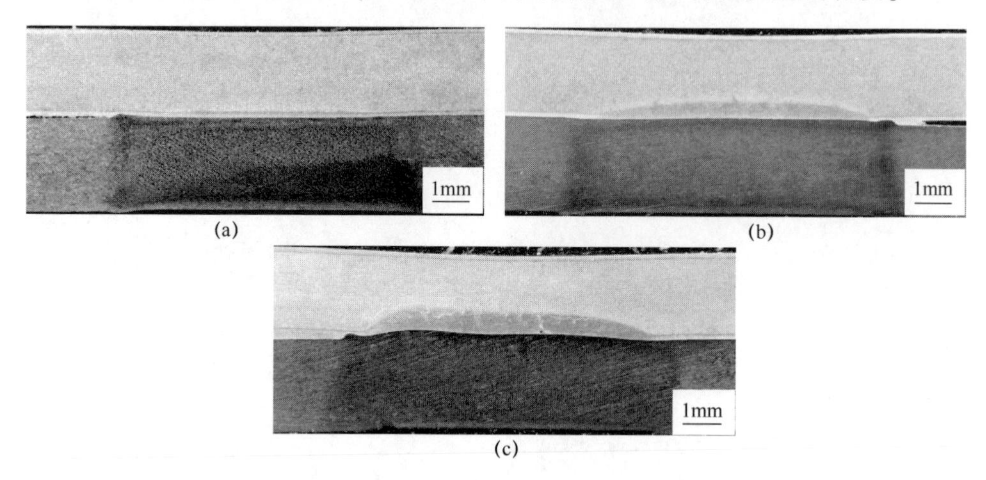

图 7.22 不同焊接时间下 Ti/Al 点焊接头的横截面形貌
（a）$T=30$ms；（b）$T=40$ms；（c）$T=50$ms。

图 7.24 所示为硬规范条件下，焊接时间对点焊接头拉剪力和焊核直径的影响，由图可以看出，随着焊接时间的增加，接头拉剪力呈现先升后降的趋势，焊核直径先增加后趋于平稳。当焊接时间由 30ms 增加到 40ms 时，拉剪力增幅为 70%，焊核直径的增幅为 11%，显然，此时焊核直径不再是影响接头拉剪力的关键性因素。对于大电流来说，界面反应的温度远远高于软规范条件下的界面反应温度，结合图 7.23 中焊接时间对界面反应层的影响可以推测，焊接时间主要影响界面反应的程度来影响接头的拉剪力。

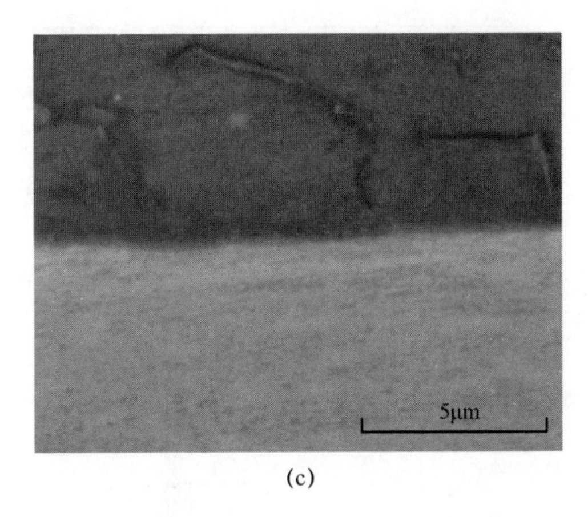

(c)

图 7.23　不同焊接时间下 Ti/Al 点焊接头界面 SEM 照片
(a) T=30ms；(b) T=40ms；(c) T=50ms。

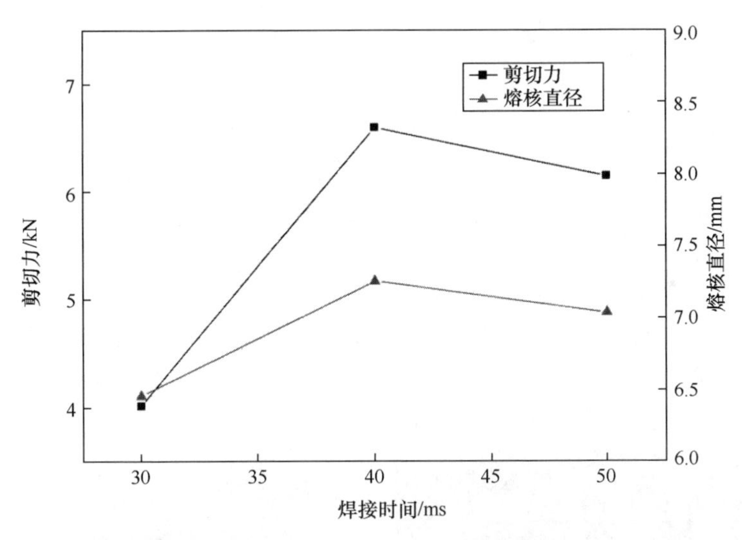

图 7.24　焊接电流对 Ti/Al 点焊接头拉剪力及焊核直径的影响

7.2.3　不同规范下 Ti/Al 电阻点焊接头断裂特征研究

图 7.25 显示了不同规范条件下 Ti/Al 电阻点焊接头“负荷-位移”曲线，由图可以看出，两种条件下，随着位移的增加负荷曲线均呈现线性变化，并在最高点突然降低，硬规范条件下 Ti/Al 接头的最大载荷远远高于软规范条件下的最大载荷。

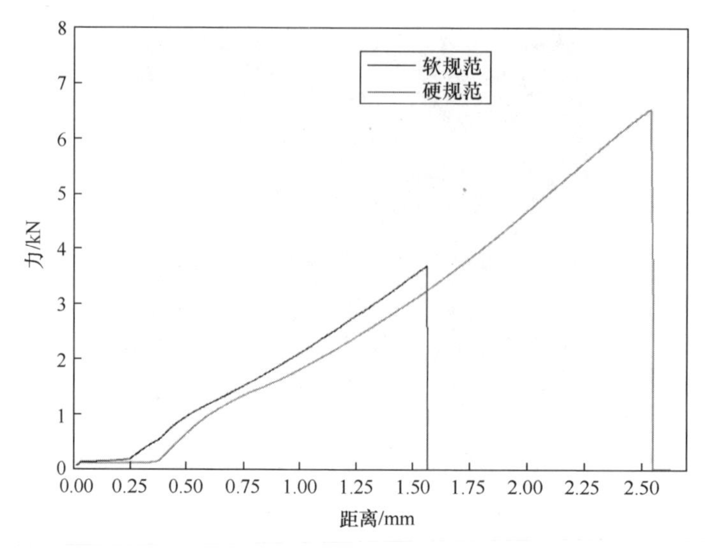

图 7.25 Ti/Al 电阻点焊接头“载荷-位移”曲线

根据以上的研究结果可知，软规范条件下，当焊接电流为 8.67kA、焊接时间为 250ms、电极压力为 3kN 时，接头平均拉剪力最大为 3.88kN，硬规范条件下当焊接电流为 20kA、焊接时间为 40ms、电极压力为 3kN 时，接头平均拉剪力最大为 6.59kN，约为软规范条件下接头拉剪力的 1.79 倍。根据表 7.1 和表 7.5 中的数据可知，硬规范条件下，接头的实际承载面积约为软规范下的 1.8 倍，由此得出，软、硬规范条件下，接头拉剪力主要受到界面处焊核直径的制约。

图 7.26 显示了软、硬规范下接头断口形貌，由图可以看出，图 7.26（a）中断口表面有明显的缩孔缺陷，出现了由中心向边缘辐射区域，图 7.26（c）中断口较为平整，未出现宏观的缩孔缺陷。

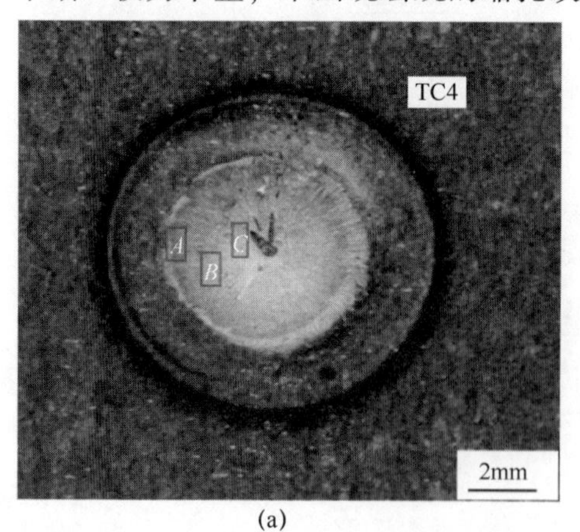

(a)

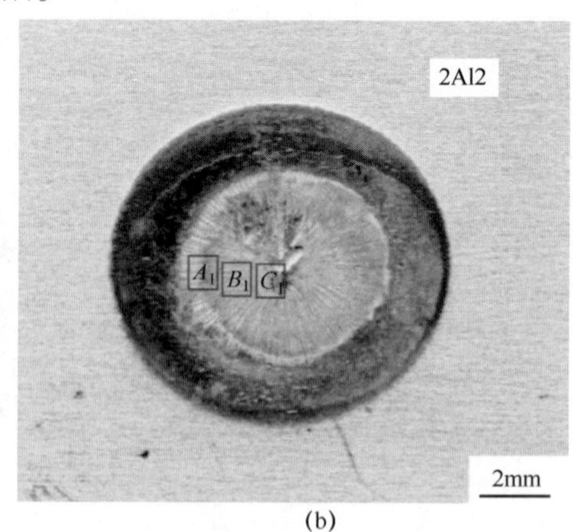

(b)

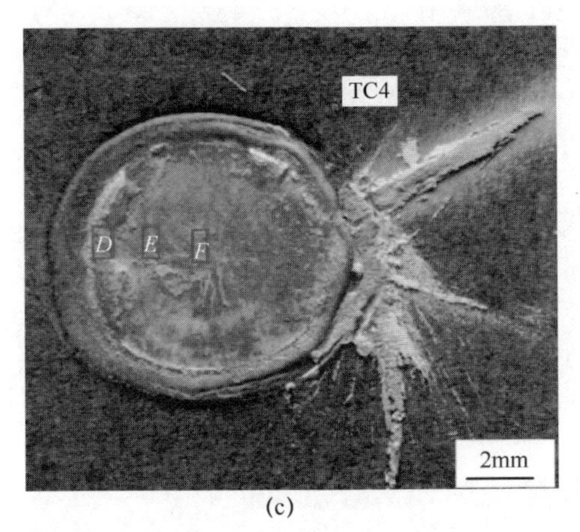

(c)

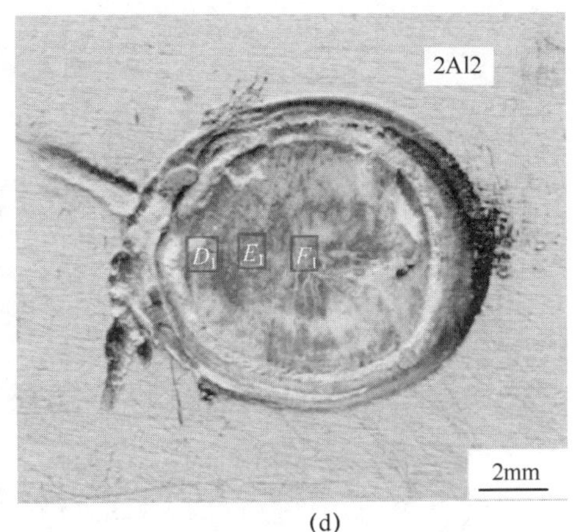

(d)

图 7.26　Ti/Al 点焊接头拉伸断口宏观形貌

(a)、(b) I=8.67kA、T=250kA、F=3kN；(c)、(d) I=20kA、T=40kA、F=3kN。

如图 7.27 所示，对软规范条件下的断口形貌进行了放大，结合图 7.27 (a) 和图 7.27 (b) 可知，断口的边缘部位出现了韧窝，结合图 7.27 (c) 和图 7.27 (d) 可知，此处为放射状区域的放大图，此处无撕裂形貌，结合图 7.27 (e) 和图 7.27 (f) 可知，断口中心区域出现了较多的微观缩孔缺陷。

对图 7.27 中 A 区、B 区和 C 区进行能谱分析可以发现，断口不同区域处断裂界面 Al 元素的含量均高达 90%以上，由此可以得出，Ti/Al 接头断裂方式虽然是界面断裂，但并非沿反应层发生断裂，断裂是沿着近界面反应层的铝合金内部发生的，断口上 Cu、Mg 和 Mn 元素的含量远远大于基体中的含量。结合近界面处的铝合金熔核的情况可知，熔融的铝合金在凝固过程中，结晶在两个位置同时出现，一个是铝合金受到电极散热的作用，在半熔化区结晶，液态铝合金逐渐向 Ti/Al 界面处发生凝固，另一个则是发生在固态的钛合金和液态的铝合金界面之间，Ti 原子和 Al 原子相互发生反应生成了反应层，在大量的液态铝合金发生凝固以后，由于溶质偏析和散热的效果，剩余的铝合金受到成分过冷的作用，凝固不再有方向性，同时发生凝固，此时，由于凝固收缩没有液体进行补充，因此在近界面处出现了缩松、缩孔等缺陷，图 7.26 (c)、(d) 断口形貌就是上述的缩松缺陷产生的，图 7.26 (e)、(d) 断口中。根据图 7.25 可知，在此参数条件下，Ti/Al 界面处反应层的厚度小于 1μm，并且连续性很好，根据文献可知，钛合金与铝合金通过界面连接时，界面反应层连续厚度小于 2μm 时，焊接接头可以获得较好的力学性能。由此可以解释图 7.27 (e)、(d) 各区域的元素分析结果。

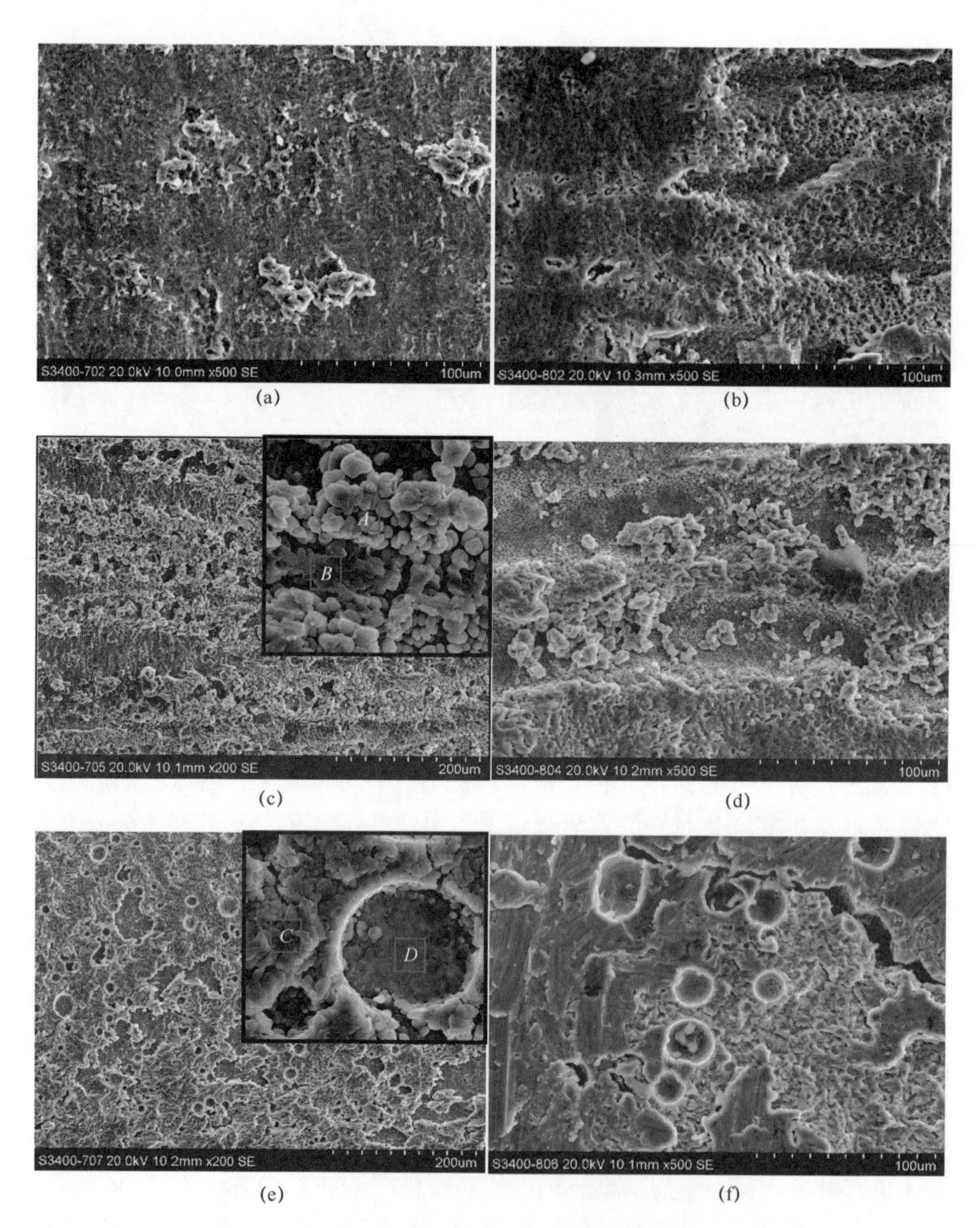

图 7.27 Ti/Al 电阻点焊接头拉伸断口 SEM 照片

(a)、(c)、(e) 分别为图 7.26 中 A 区、B 区和 C 区的放大图；
(b)、(d)、(f) 分别为 A_1 区、B_1 区和 C_1 区的放大图。

Ti/Al 电阻点焊断口能谱分析结果如图 7.28 所示。

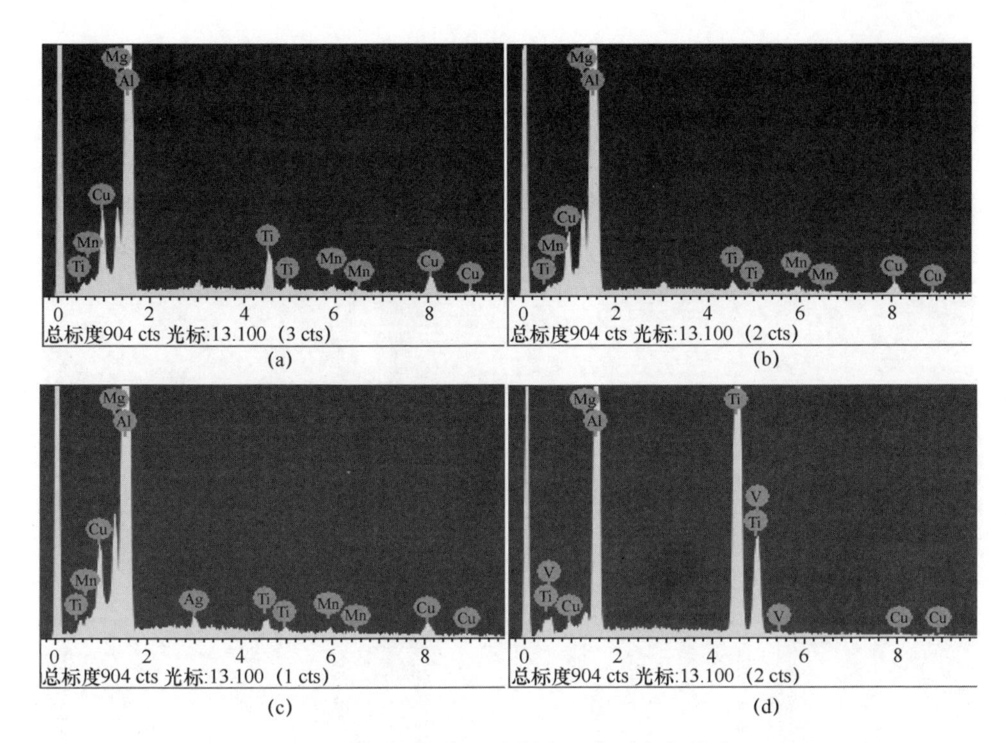

(a) (b) (c) (d)

图 7.28　Ti/Al 电阻点焊断口能谱分析结果

(a)、(b)、(c)、(d) 分别为图 7.27 中 *A* 区、*B* 区、*C* 区和 *D* 区的能谱图。

图 7.29 (a)、(c)、(e) 分别对应硬规范条件下接头钛侧断口的边缘、中间和中心区域，(b)、(d)、(f) 分别对应铝侧断口的边缘、中间和中心区域，由图可以发现，在边缘部位较为平整，此区域韧窝浅且小，中间区域为韧窝变大变深，解理断裂区面积较小，中心区域存在较多的缩孔，缩孔处有裂纹出现，裂纹长度小于 40μm，此处的韧窝进一步减少，且解理断裂区面积较大（表 7.6）。

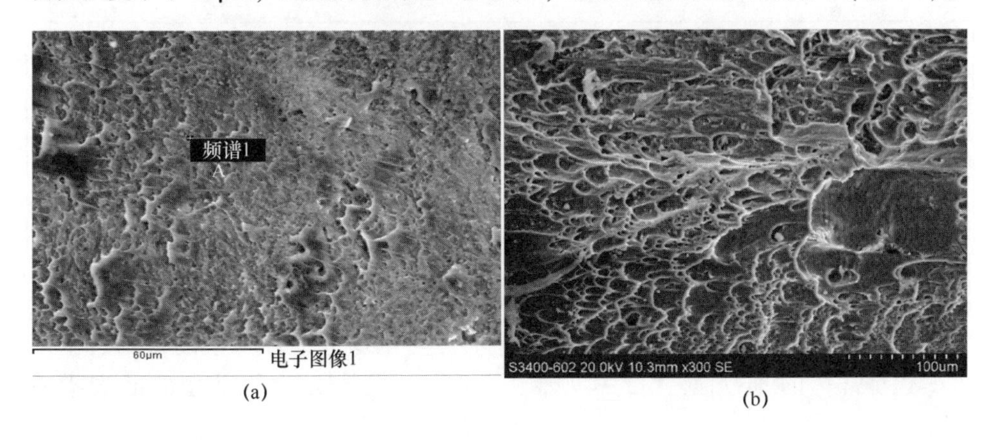

(a) (b)

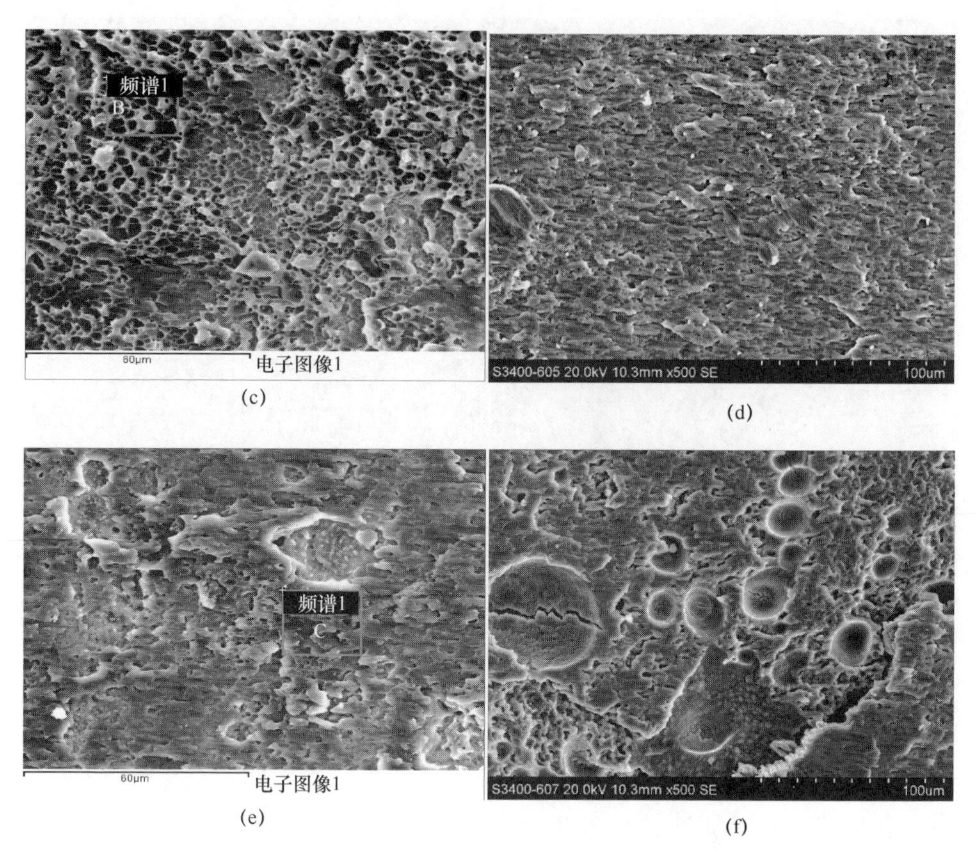

(c) (d)

(e) (f)

图 7.29 Ti/Al 电阻点焊接头拉伸断口 SEM 照片

(a)、(c)、(e) 分别为图 7.26 中 D 区、E 区和 F 区的放大图；

(b)、(d)、(f) 分别为 D_1 区、E_1 区和 F_1 区的放大图。

表 7.6 断口的元素含量（wt%）

元素 区域	Al	Ti	Cu	Mg	Mn	V
A	90.92	2.97	4.29	1.20	0.32	—
B	94.48	0.7	2.98	1.22	0.31	—
C	93.89	0.83	2.71	1.12	0.39	—
D	64.53	32.27	0.13	0.58	—	2.48

对断口不同区域进行 EDS 分析测试结果如图 7.30 所示，由结果可知，断口不同区域 Al 元素的含量由边缘区向中心区逐渐增大，Ti 元素的含量逐渐降低，边缘部位的 Ti 元素含量为 72%，此时，可以判定边缘部位的断裂沿着

Ti/Al 界面反应层进行，而中间及中心部位的 Al 含量占主导地位，此部分区域的断裂则沿着近 Ti/Al 界面的铝合金进行。发生此现象的主要原因是电阻点焊过程中热量分布不均匀性导致，加之硬规范条件下焊接时间只有 40ms，焊核边缘部位的界面反应受到限制，如图 7.31 所示，界面区出现了界面未熔合缺陷。对接头加载过程中，断裂沿着界面进行扩展。

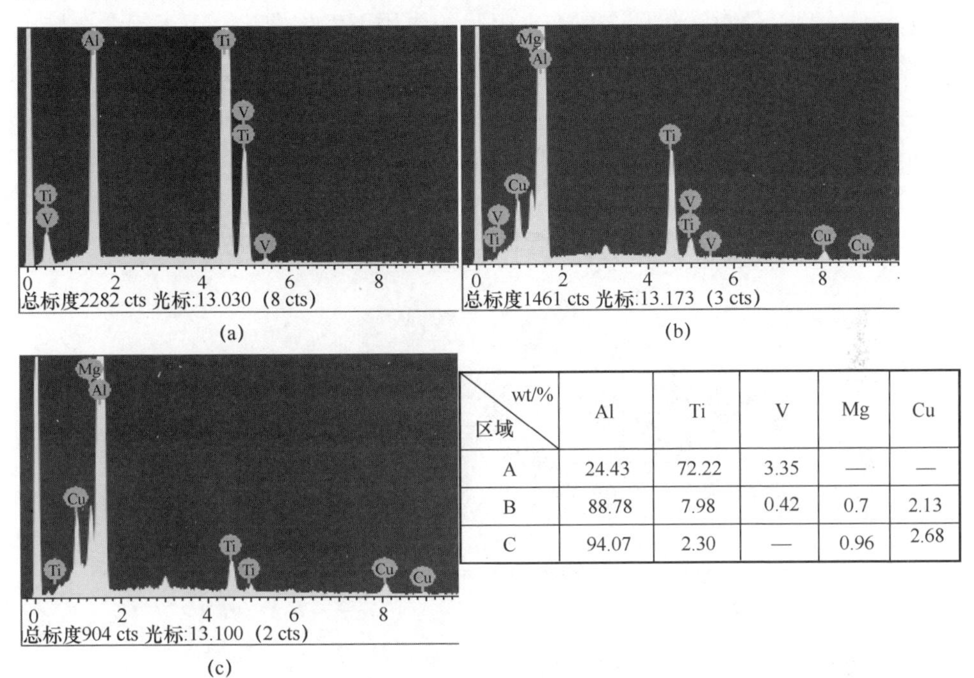

区域 \ wt/%	Al	Ti	V	Mg	Cu
A	24.43	72.22	3.35	—	—
B	88.78	7.98	0.42	0.7	2.13
C	94.07	2.30	—	0.96	2.68

图 7.30　Ti/Al 点焊接头断口能谱分析结果

(a)、(b)、(c) 分别为图 7.19 中 *A* 区、*B* 区和 *C* 区的能谱图。

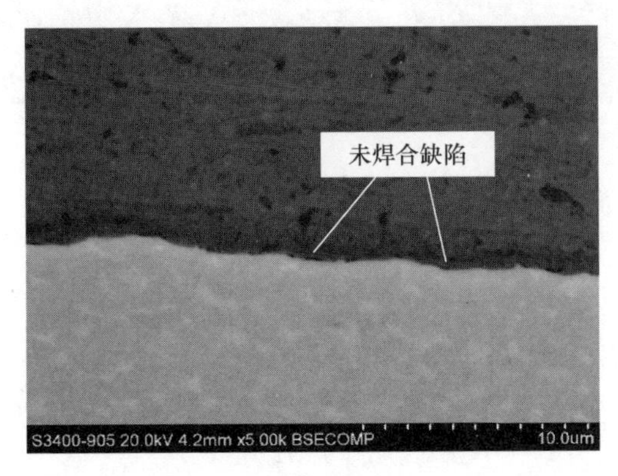

图 7.31　Ti/Al 电阻点焊接头边缘区域的界面 SEM 形照片

7.2.4 不同规范下 Ti/Al 电阻点焊接头连接特征研究

如图 7.32 可以看出，点焊接头主要由 3 个部分组成，即铝侧焊核、钛侧焊核和熔化的铝合金与固态的钛合金共同组成的界面（Ti/Al 界面），软规范下钛侧焊核呈矩形，铝侧焊核呈飞碟形，硬规范下铝侧焊核呈半椭圆形，当焊接电流经过两工件时，铝侧金属在电阻热的作用下发生熔化，由于铝合金熔点较低、导热性能极好，对于界面处的钛合金起到散热的作用，故界面处钛合金温度不会超过熔点，在焊接过程中界面处钛合金始终是固态，点焊接头是通过熔化的铝合金对 Ti/Al 界面处固态钛合金的润湿铺展作用而形成的，所以，铝合金/钛合金电阻点焊接头从本质上属于熔-钎焊接头。

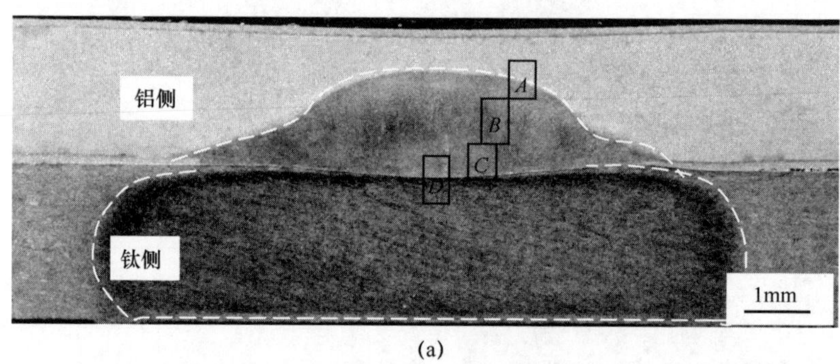

(a)

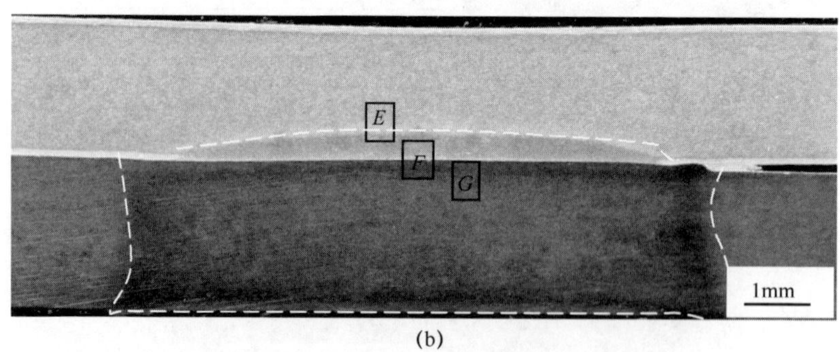

(b)

图 7.32 Ti/Al 接头的横截面形貌

（a）$I=8.67$kA、$T=250$ms、$F=3$kN；（b）$I=20$kA、$T=40$ms、$F=3$kN。

不同规范下的 Ti/Al 接头的显微组织如图 7.33 所示，其中图 7.33（a）、（c）、（e）分别对应图 7.32 中 *A* 区、*B* 区和 *C* 区的放大图，由图可知，铝合金熔核的微观组织由母材向界面依次为胞状晶、柱状树枝晶、等轴树枝晶。图 7.33（b）、（d）、（f）分别对应图 7.32 中 *E* 区、*F* 区和 *G* 区的放大图，铝合金熔核的微观组织与前者基本相似，但是没有等轴树枝晶区域。

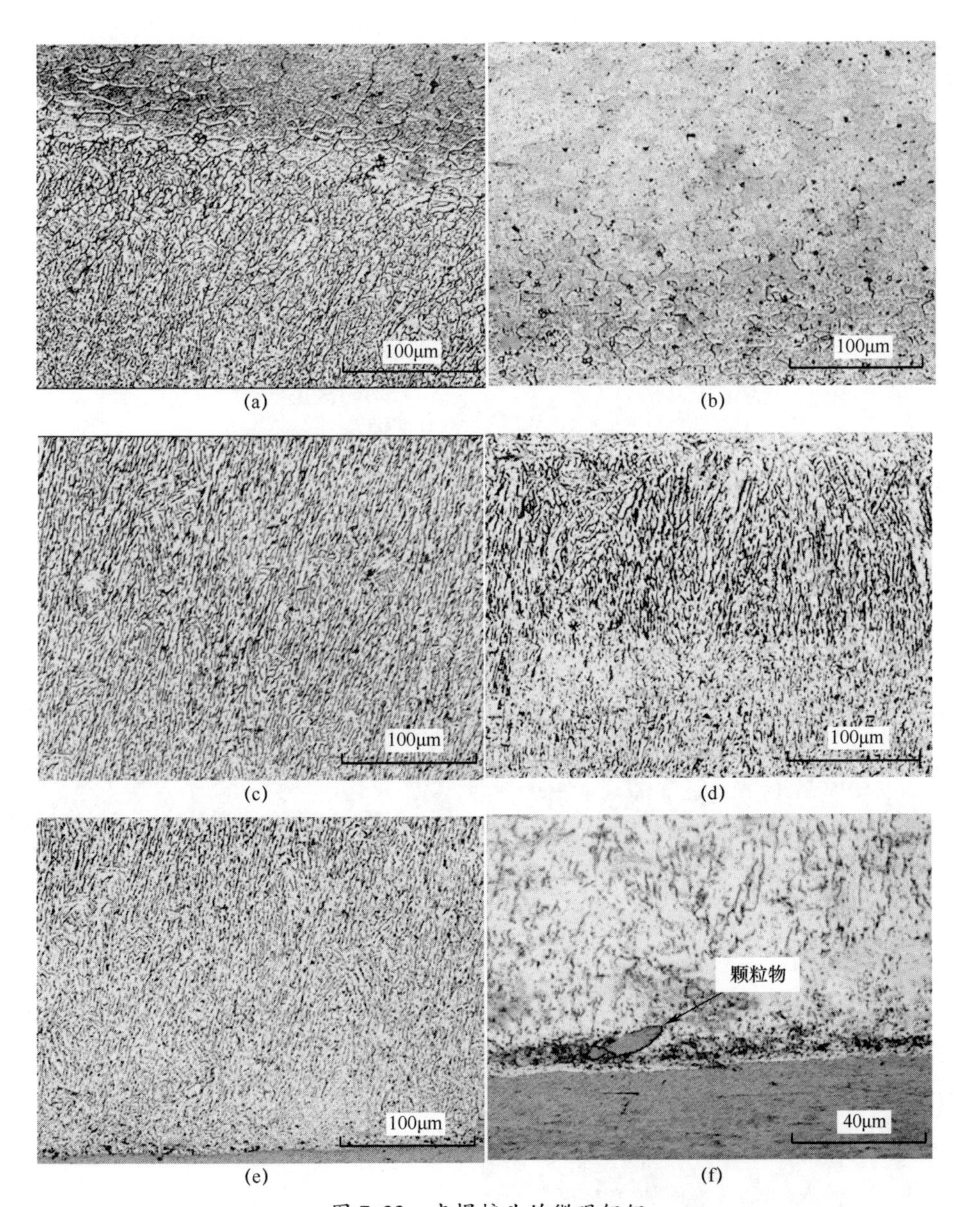

(a)　(b)　(c)　(d)　(e)　(f)

图 7.33　点焊接头的微观组织

(a)、(c)、(e) 为图 7.32 中 *A*、*B* 和 *C* 区的放大图；
(b)、(d)、(f) 为图 7.32 中 *E* 区、*F* 区和 *G* 区的放大图。

图 7.34 为图 7.32 中 *D* 区域的 SEM 照片，从图中可以看出，Ti/Al 界面较为平整，存在明显的过渡层，对图中 *A*、*B*、*C* 3 个点进行了能谱分析，分析结果如图 7.35 中的表格所示。界面处存在元素扩散，反应层的 Ti、Al 原子比

接近 3:1，由 Ti-Al 二元相图可知，Ti、Al 原子之间的固溶度极小，此区域可能形成了 Ti-Al 系金属间化合物，界面反应物的生成对两者实现冶金连接起到了关键的作用。

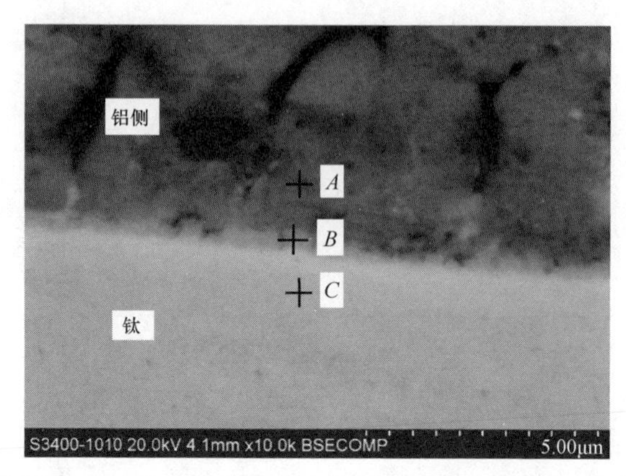

图 7.34　Ti/Al 异质结构电阻点焊接头界面处的 SEM 照片

Ti/Al 电阻点焊接头界面能谱分析结果及元素含量如图 7.35 所示。

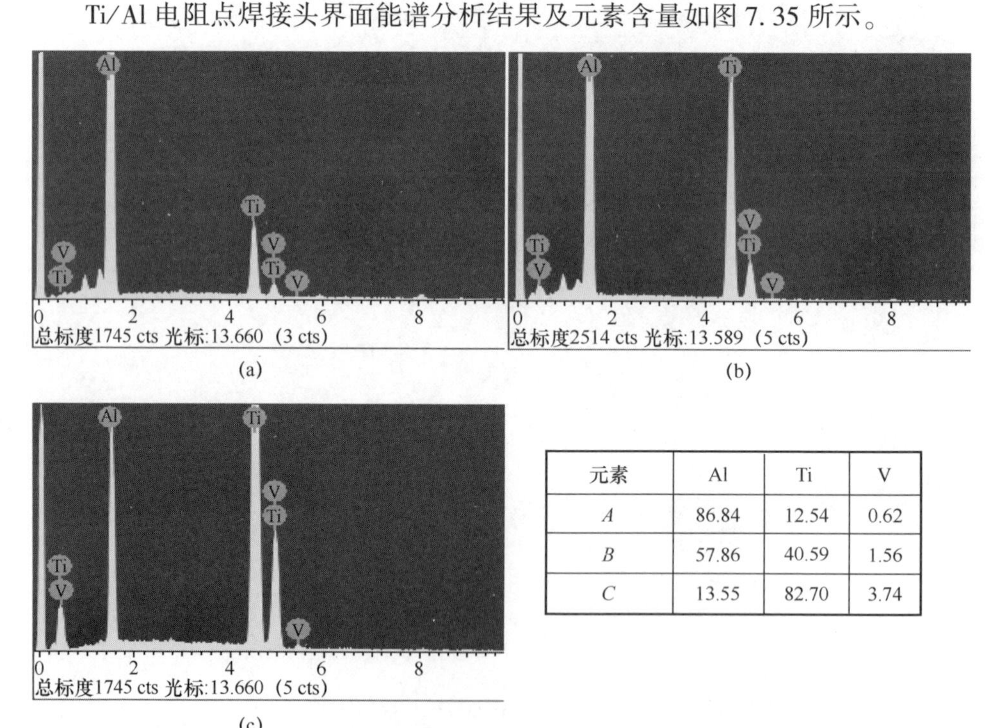

元素	Al	Ti	V
A	86.84	12.54	0.62
B	57.86	40.59	1.56
C	13.55	82.70	3.74

图 7.35　Ti/Al 电阻点焊接头界面能谱分析结果及元素含量

(a)、(b)、(c) 分别为图 7.34 中 *A* 区、*B* 区和 *C* 区的能谱图。

由图 7.36 可以看出，硬规范条件下 Ti/Al 界面区较为粗糙，界面反应层厚度较小，在铝焊核内部发现了较大的颗粒物。对颗粒物进行了点能谱分析，此颗粒的主要元素为 81.4%的 Ti、15.2%的 Al 和 3.4%的 V，与钛合金母材元素组成基本一致。因此，可以确认该颗粒物为钛合金颗粒。

元素	重量百分比/%	原子百分比/%
Al K	15.20	24.18
Ti K	81.40	72.95
V K	3.40	2.87
共计	100.00	100.00

图 7.36　Ti/Al 电阻点焊接头界面能谱分析结果及元素含量

(a) 为硬规范下 Ti/Al 界面；(b) 硬规范下近界面处形貌；(c) Spectrum2 区域的能谱图。

7.3　Ti/Al 异质结构电阻点焊接头随机热处理研究

上一节的研究发现，Ti/Al 点焊接头在硬规范条件下能够得到较高的力学性能，但是接头依然是脆性断裂。因此，还需要提高接头的综合力学性能。顾名思义，随机热处理是在焊接过程完成时，紧接着施加一个加热程序，用以改变焊接接头中组织与性能的方法。有学者研究中碳钢的电极间回火二次脉冲点焊时发现，在点焊过程中采取随机回火热处理措施，是消除弹簧钢点焊接头硬脆马氏体组织较为经济合理的方法。吉林大学赵熹华发现，传统的单脉冲回火热处理工艺，仅通过调整回火电流和电流脉冲时间两个参数，既要使焊接区获得要求的回火温度并保持足够的时间，同时还要求熔核区及热影响区都获得合适的回火温度，这两方面的要求几乎难以同时得到满足，于是，就在单脉冲回火热处理基础上提出了采用多脉冲回火热处理工艺，能够更有效地控制回火能量输入，从而有效地控制点焊接头的回火温度及温度场分布使整个焊接区得到充分回火处理，大大提高点焊接头质量。国内外学者研究 Ti/Al 异质结构连接发现，采用常规的焊接方法下几乎不可能实现两者之间的熔焊连接，并且发现采用高能密度焊实现了钛、铝之间的熔焊连接，焊核由大量的 Ti-Al 系金属间化合物组成，会直接导致焊缝内部出现大量的裂纹，严重降低接头的力学性能。因此，实现钛、铝之间的熔-钎焊连接成为一个热门方向。研究表明，Ti/Al 异质结构之间熔-钎焊连接，其界面反应决定了接头的力学性能，界面处生成 2~10μm 反应层时接头能够获得较好的力学性能。由于电阻点焊是一个快速加热、快速冷却的焊接过程，在原理上很难控制界面反应的程度，因此，本章借鉴相关学者在焊接弹簧钢时采用随机回火热处理消除马氏体硬脆组织的原理，采用特殊的焊接循环，控制不同的随机热处理时间和随机热处理电流来控制界面反应的时间和温度，探索有效控制接头性能的新途径。

7.3.1 随机热处理对 Ti/Al 点焊接头宏、微观组织的影响

在随机热处理过程中，为了避免电极压力对焊缝金属组织及对界面反应造成各方面的影响，因此，在研究随机热处理对 Ti/Al 点焊接头组织的影响时，将电极压力因素降到最低，选取本次试验电阻焊机能够达到的最小电极压力 3kN，改变不同的随机热处理电流和热处理时间来控制界面反应，研究随机热处理工艺参数、界面反应程度和接头力学性能三者之间的关系。

根据上一节的研究结果可知，采用硬规范焊接钛、铝异种合金可以得到较好的力学性能，因此，随机热处理的研究主要以硬规范为基础，设定焊接电流为 20kA，焊接时间为 30ms，电极压力为 3kN，随机热处理参数设定如表 7.7 所列。

表 7.7 Ti/Al 电阻点焊随机热处理工艺规范及焊点拉剪力

组别	后热电流 I_2/kA	后热时间 T_2/ms	拉剪力 F/kN
1	4.3	10000	3.02
2	4.3	15000	3.97
3	5.3	10000	4.3

图7.37为不同随机热处理工艺下所得到的接头表面形貌，由图可以看出，随着热处理电流的增加，铝合金侧压痕面积迅速增加，钛合金侧表面氧化区域逐渐增加，当随机热处理电流增加到5.3kA时，铝合金侧与电极接触部位呈淡黄色。由此可知，随着随机热处理电流的增加，铝合金、钛合金表面质量逐渐变差，这是由于Al、Ti均属于化学活性较强的金属，随机热处理时两种金属均暴露在空气中，在高温下，空气中的氧、氮等气体会与这两种金属发生反应，生成氧化物和氮化物，并且高温持续时间较长时，工件和电极之间也会发生扩散反应，因此导致铝合金侧有淡黄色物质生成；另一方面，在进行随机热处理时，电极压力一直保持3kN，铝合金和钛合金随着温度的升高屈服强度会降低。因此，随着随机热处理电流的增加，工件表面压痕面积逐渐增加。

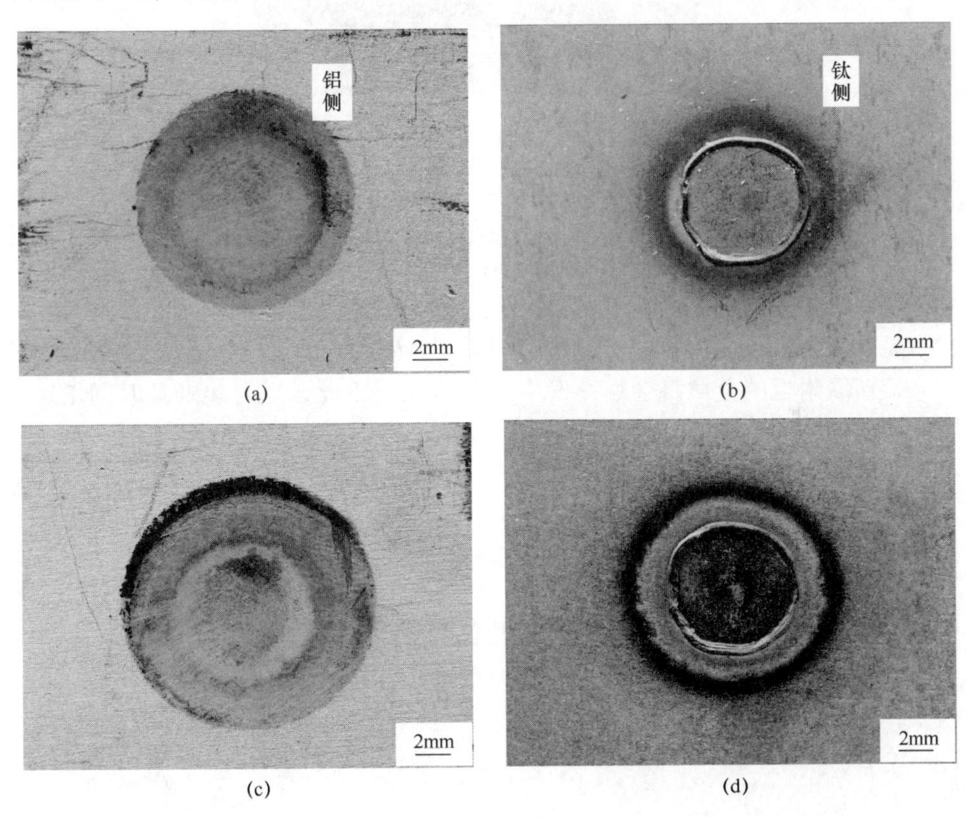

图7.37　随机热处理对Ti/Al接头表面形貌的影响（见彩插）
（a）、（b）I_2=4.3kA、T_2=15000ms；（c）、（d）I_2=5.3kA、T_2=10000ms。

图7.38为不同随机热处理工艺对Ti/Al接头横截面形貌的影响，由图可知，表面压痕深度随着热处理电流的增加而增加，热处理时间对横截面宏观形

貌影响表现在随着后热时间的延长，铝侧熔核体积增加。这是因为随机热处理条件下，增多了铝侧金属的熔化量。

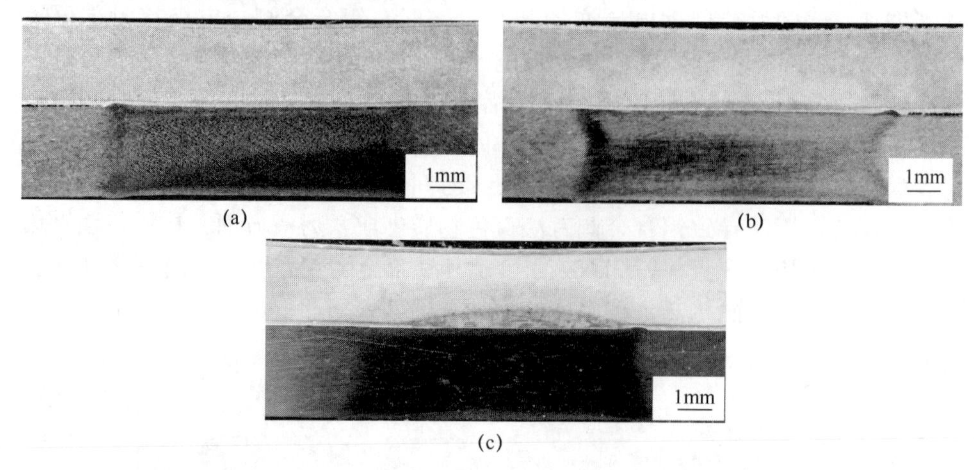

(a) (b) (c)

图 7.38 随机热处理对 Ti/Al 接头横截面形貌的影响

(a) $I_2=0\text{kA}$、$T_2=0\text{ms}$；(b) $I_2=4.3\text{kA}$、$T_2=10000\text{ms}$；(c) $I_2=4.3\text{kA}$、$T_2=15000\text{ms}$。

图 7.39 所示为随机热处理对 Ti/Al 接头微观组织的影响随着随机热处理时间增加，熔化的金属逐渐增加，组织逐渐变粗大，在热处理时间为 15000ms 时，晶粒长大现象尤为明显。这是由于随机热处理开始阶段，液态金属尚未凝固，熔核线附近的金属将会继续发生部分熔化。因此，随着热处理时间增加，熔化金属的体积增加。另外，晶粒在热处理过程中会发生二次长大，因此，随着热处理时间的增加，晶粒逐渐增大。

随机热处理对 Ti/Al 异质结构电阻点焊接头界面的影响如图 7.40 所示，在不同的热处理条件下，界面均凸凹不平，当热处理时间小于 10000ms 时，界

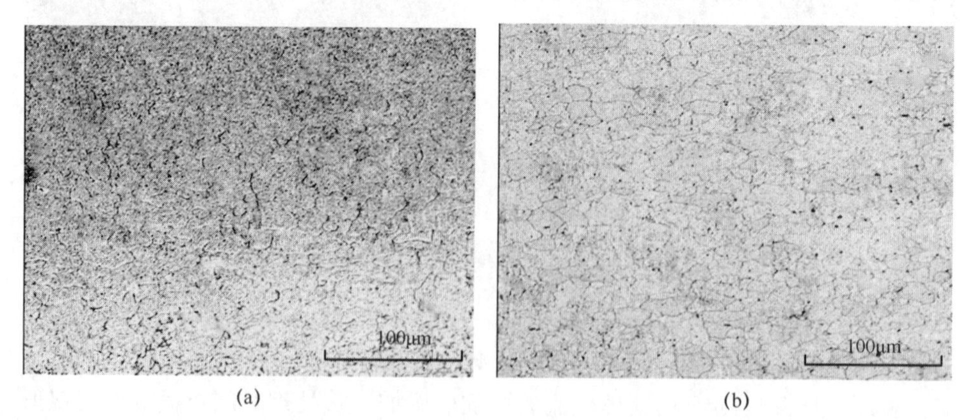

(a) (b)

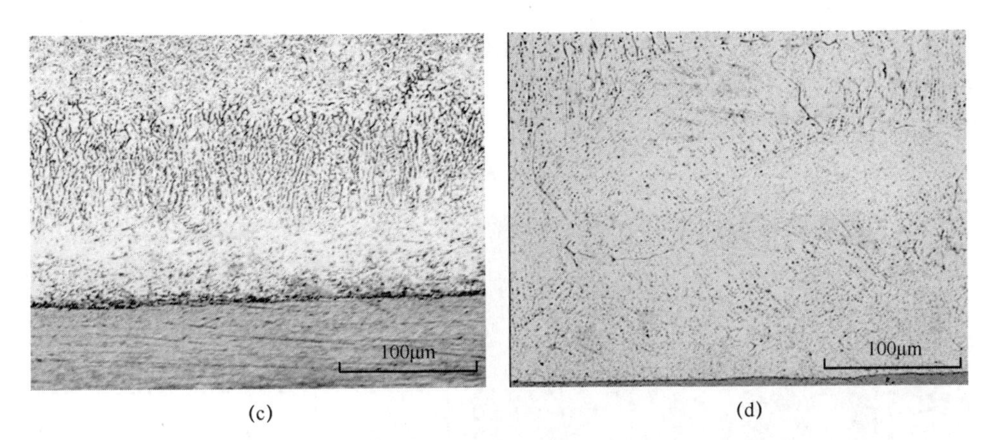

(c)　(d)

图7.39　随机热处理对Ti/Al接头微观组织的影响

(a)、(c) I_2=4.3kA、T_2=10000ms；(b)、(d) I_2=4.3kA、T_2=15000ms。

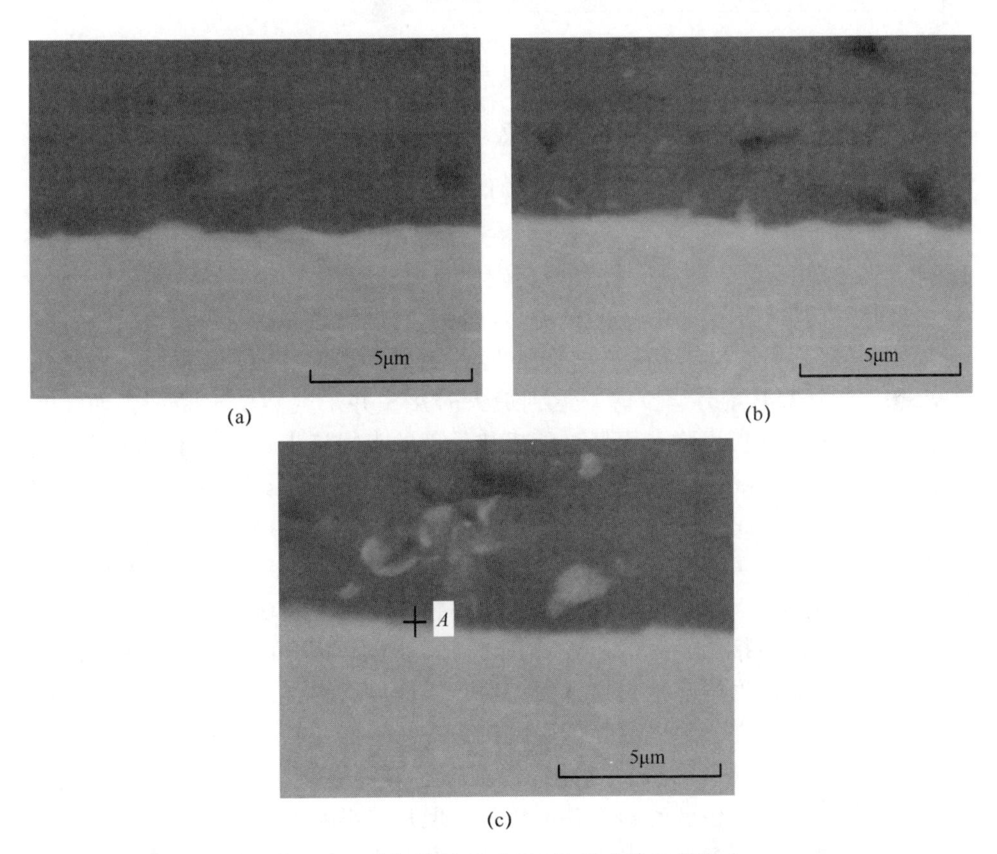

(a)　(b)

(c)

图7.40　随机热处理对Ti/Al接头界面的影响

(a) I_2=0kA、T_2=0ms；(b) I_2=4.3kA、T_2=10000ms；(c) I_2=4.3kA、T_2=15000ms。

面未发现有明显的中间层生成，当热处理时间为15000ms时，界面存在可见的中间层，对中间层进行了能谱分析结果如图7.41所示，其中Al元素含量为62.47%，Ti元素含量为36.00%，根据元素比例推测此处生成了Ti-Al金属间化合物。

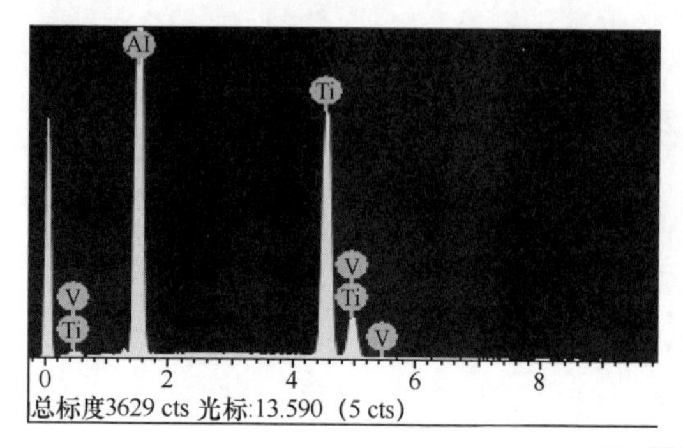

元素	Wt/%	At/%
Al K	48.33	62.47
Ti K	49.45	36.00
V K	2.22	1.52
共计	100.00	100.00

图7.41　图7.40中A点能谱分析结果

7.3.2　随机热处理对Ti/Al点焊接头力学性能的影响

对于一种结构件能够在工程中实现应用，力学性能是最基本的判断依据，因此，研究随机热处理对Ti/Al点焊接头力学性能的影响是必不可少的。对Ti/Al复合构件来说，接头的拉剪力和硬度是其最基本但也是最重要的两种力学性能指标。本节对点焊接头的拉剪力和硬度开展研究。

图7.42所示为不同随机热处理工艺下Ti/Al点焊接头拉伸曲线，当随机热处理电流为3.4kA时，拉剪力达到最大时接头并未突然发生断裂，而是经过了一段时间的缓慢下降。不经过随机热处理的点焊接头，由夹紧阶段开始到断裂的位移是1.38mm，最大拉剪力为3.9kN，经10000ms随机热处理后获得的点焊接头其位移是1.55mm，最大拉剪力为3.3kN，经15000ms随机热处理后获得的点焊接头其位移是1.70mm，最大拉剪力为3.85kN。由以上结果可知，随机热处理可以增加断后伸长率，提高接头断裂吸收功。

随机热处理对接头硬度的影响如图7.43所示，由图可知，随机热处理对钛合金侧的显微硬度影响不明显，但是对于界面处和铝合金侧的硬度值影响较为显著，主要表现在，随机热处理后的接头中其界面处的硬度值高于未进行随机热处理的接头，随着随机热处理时间延长，显微硬度提高。对于铝合金来说，随机热处理对熔核区的影响并不显著，但是热影响区的硬度大幅降低。对以上的现象做出如下解释：由于随机热处理的电流比较低，不足以达到钛合金的相变温度，因此随机热处理对钛合金侧的影响不显著。界面区的硬度升高是因为随机热处理过程增加了界面区高温存在时间，促进了界面处反应层的生长，由于 Ti-Al 系金属间化合物的硬度值很高，因此，随着反应层的增厚，界面处显微硬度增加。对于铝侧热影响区来说，由于试验用的铝合金是自然时效态的，在随机热处理过程中，热影响区进一步发生了过时效，结果造成随着热处理时间的增加，铝合金侧热影响硬度值逐渐降低。

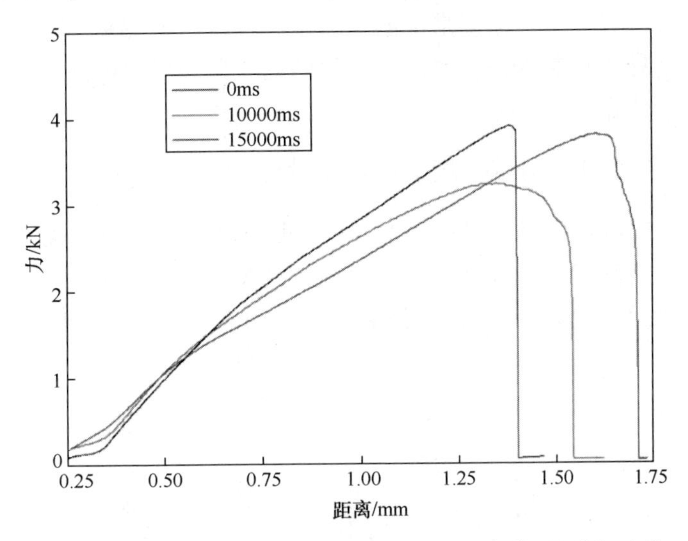

图 7.42　随机热处理后 Ti/Al 点焊接头的“负荷-位移”曲线

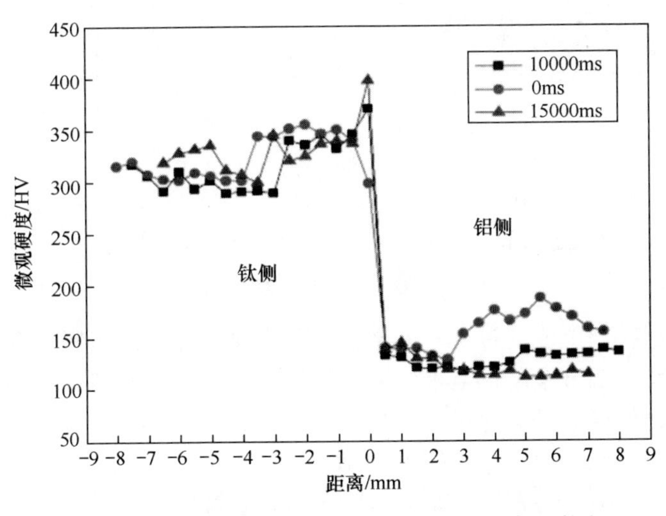

图 7.43　不同的随机热处理时间对接头硬度的影响

7.4 Ti/Al 电阻点焊接头的形成机理研究

至今为止，采用电阻点焊技术对 Ti/Al 结构件进行焊接的相关报道不多，对于接头形成的机理尚不明确。本节基于前面的研究结果，通过对点焊过程中熔核形成的理论计算、界面层形成的热力学条件分析，揭示 Ti/Al 电阻点焊接头形成过程及接头形貌特征，提出接头界面反应层的形成机制，为更深层次的研究提供理论依据。

7.4.1 Ti/Al 电阻点焊接头形成过程分析

根据前两节的研究结果可知，Ti/Al 接头中存在较大的熔核偏析，不同的焊接规范下，所获得的点焊接头宏观形貌相差较大，本节通过理论计算及相关模型，从热传导、金属凝固理论等角度揭示 Ti/Al 接头形成过程。图 7.44 所示，对点焊过程初期中的焊接电流、热量传导和熔核形貌等进行了简化。

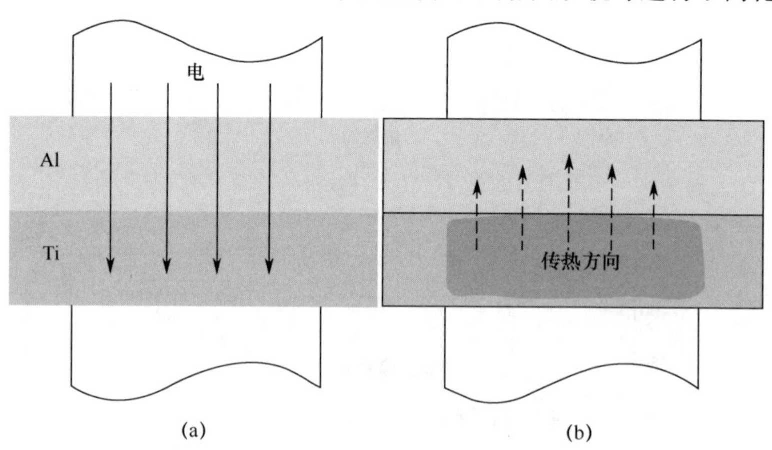

图 7.44 Ti/Al 电阻点焊焊接过程初期示意图

（a）电流示意图；（b）传热示意图。

如图所示，当电流通过 Ti/Al 异质结构待焊工件时，在铝合金、钛合金内部体电阻、钛、铝合金与铜电极之间的接触电阻、钛、铝界面的接触电阻均会产生电阻热，根据焦耳定律可知，析热 Q 可通过下式求得，即

$$Q = I^2(R_1 + R_2 + R_3 + R_4)t \tag{7-1}$$

式中：I 为通过工件的焊接电流值；R_1 为电流通过铝合金时，电流通过区域的总电阻值；R_2 为电流通过钛合金时，电流通过区域的总电阻值；R_3 为钛/铝接触电阻；R_4 为工件与电极之间的总接触电阻值；t 为电流持续时间。

参考有关文献，室温下的接触电阻 R_3 可用下式表示，即

$$R_3 = r_c' F^{-m} \tag{7-2}$$

式中：r_c'为恒定系数，F 为 1N 时的接触电阻值；F 为电极压力或接触面承受的压力；m 为与材料性质有关的指数（0.5~1 范围内选取）。

接触电阻 R_3 与 R_4 之间的关系为 $R_4 \approx (1/25) R_3$（铝合金、表面化学清理、铜合金电极），此处可知，铜电极与工件之间的接触电阻很小，在后边的计算中将 R_4 忽略不计。

在焊接过程中，电阻率是时间的函数，为了简化计算，将电阻率定义为常数，其值大小为材料在 25℃时的标准值。根据物理学定律电阻的大小可以采用下式计算求得，即

$$R = \rho L / S \tag{7-3}$$

式中：ρ 为材料的电阻率；L 为电流通过工件的长度；S 为电流通过工件的截面积。

结合式（7-1）、式（7-2）、式（7-3）可以得出

$$Q = I^2 (\rho_1 L_1 / S_1 + \rho_2 L_2 / S_2 + r_c' F^{-m}) t \tag{7-4}$$

软规范焊接条件下，当焊接电流为 8.6kA，焊接时间为 250ms，电极压力为 3kN 时，钛、铝合金侧压痕直径约为 5.5mm，工件的厚度为 2mm。查询相关数据可知，常温下铝合金的电阻率为 $4.5\times10^{-8}\Omega\cdot m$，钛合金的电阻率为 $1.85\times10^{-6}\Omega\cdot m$，将已知条件分别代入式（7-4）中，可以得出铝合金侧析热量 $Q_1 = 70.11J$，钛合金侧析热量为 $Q_2 = 2877J$。一般情况下，计算出来的析热量理论上应小于实际的析热量。

当焊接电流为 20kA、焊接时间为 40ms 时，设置其他参数与软规范下一致，通过相同的计算方式，硬规范下铝合金侧析热量 $Q_1 = 76.2J$，钛合金侧析热量为 $Q_2 = 3127J$。

根据热力学理论可知，材料达到熔点所需的热量 Q_{FJ} 可以通过下式计算求得，即

$$Q_{FJ} = q_{FJ} V = (\rho C_p \Delta T + \rho H) V \tag{7-5}$$

式中：q_{FJ} 为单位体积金属熔化需要的热量；V 为材料熔化的体积；ρ 为材料的密度；ΔT 为室温到熔点之间的温度差；H 为单位体积材料的熔化潜热；C_p 为材料自身的比热容。

将表 7.8 的热力学数据分别代入式（7-5）可以求出铝合金熔化需要的 Q_{FJ} 为 133.9J，钛合金熔化需要的 Q_{FJ} 为 312.7J。焊接过程中，软规范条件下铝合金的总析热量为 70.11J，钛合金的析热量为 2877J。由此可以看出，仅仅依靠铝合金的自身的电阻热，并不足以使其发生熔化，而钛合金侧体电阻产生的热

量远远大于钛合金熔化所需的焦耳热。因此，焊接过程中，钛合金侧温度升高，此时，未熔化的铝合金与高温的钛合金之间存在有温度梯度，热量通过热传导的方式传递给铝合金（图 7.45）。

表 7.8　钛合金及铝合金的相关热力学参数

材料	$\rho/(g/mm^3)$	$\Delta T/K$	$H/(J/g)$	$C_p/(J/(g\cdot K))$
2Al2	2.78×10^{-3}	618	396	1
TC4	4.4×10^{-3}	1600	376	0.7

硬规范条件下铝合金的总析热量为 76.2J，钛合金的总析热量为 3127J，软规范、硬规范下产热量相当，因此，钛合金侧熔化量在两种不同的规范下相当，但是不同规范条件下铝合金侧熔核的体积相差较大，解释如下：无论软、硬规范条件下，钛侧熔核形成所需要的能量约为钛合金自身析热量的 10%，钛合金熔核在焊接初期的 1~2 周波内完成，剩余的焊接时间下所产生的热量，会大大提高钛合金侧的整体温度，由于铝合金侧析热较少，温度较低，此时，钛合金与铝合金之间形成了较大的温度梯度，热量经过热传导向铝侧开始传递，由于软规范条件下焊接时间持续时间远大于硬规范条件下的持续时间，因此，在两种规范下铝合金侧熔核大小不同，如图 7.46 所示，软规范条件下铝合金的形貌呈飞碟形，主要是钛合金侧的温度场所致。由参考文献可知，不同材料点焊时的温度场分布如图 7.46 所示，钛合金侧熔核中心温度高，能够向铝侧传递更多的热量，因此，铝合金中心的熔核深度最大，也就出现了飞碟状的熔核。

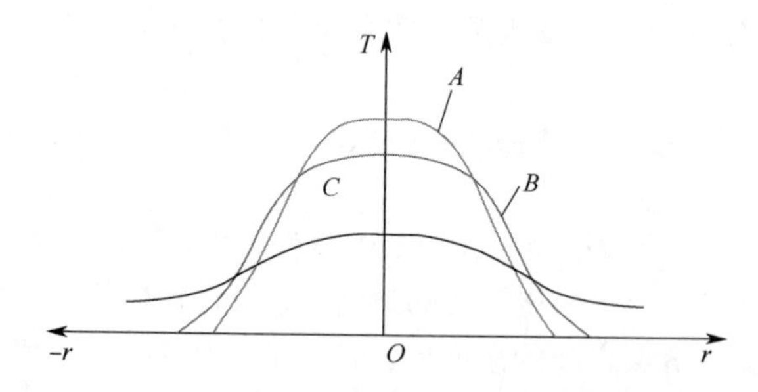

图 7.45　点焊时的温度场分布（A 为焊接钛；B 为焊接钢；C 为焊接铝）

对于软规范条件下熔核凝固而言，焊接周期中通电时间结束以后，部分熔化的金属就开始发生凝固，由于熔核线附近具有半熔化的金属作为非均匀形核的质点，加上铜电极以及铝合金自身的散热作用，熔核线附近的熔融金属首先

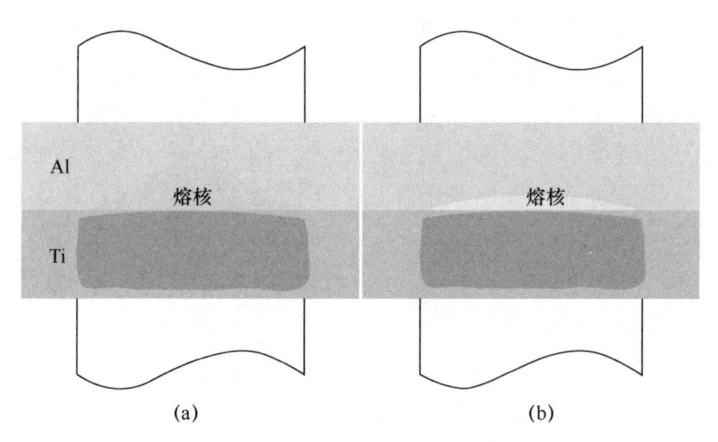

图 7.46　点焊接头内熔融金属凝固前的横截面示意图
(a) 软规范；(b) 硬规范。

满足了晶粒长大对过冷度的要求，于是，晶粒在此处长大，表现为联生结晶的特点。随后，根据金属凝固学理论，液态金属结晶后的形貌主要由液态金属中溶质元素的浓度、固液界面前沿的温度梯度以及冷却速度共同决定。铝合金热导率较高，以及铜电极的强烈冷却作用，随着液-固界面向 Ti/Al 界面推移，熔核中的温度梯度降低，Cu 和 Mg 等溶质元素浓度升高，胞状晶转变为柱状树枝晶。随着凝固的继续进行，在铝合金自身散热以及铜电极强冷外，钛合金侧通过热传导的方式传递给铝合金熔核的热量成为不可忽视的因素，晶粒不再有优先的生长方向，柱状树枝晶转变为等轴树枝晶，铝侧熔核凝固过程完成，凝固后的组织如图 7.47 (a) 所示。硬规范条件下结晶过程与软规范参数下基本相似，不同点在于液态熔核体积较小，凝固过程中溶质偏析程度降低，较难达到成分过冷的条件，温度梯度和冷却速度也大于软规范，导致实际凝固时，未形成等轴树枝晶区域，如图 7.47 (b) 所示，并且柱状晶的一次枝晶臂间距也小于软规范条件下的间距，由相关文献可知一次枝晶臂间距 H 与冷却速度 V 之间存在以下关系：

$$H \propto V^{-1/2} \tag{7-6}$$

由式 (7-6) 可知，枝晶臂间距的大小与冷却速度成反比，由于硬规范条件下具有大的冷却速度，因此枝晶臂间距小于软规范参数下的枝晶臂间距。

由 7.2 节中研究结果可知，不同规范下 Ti/Al 电阻点焊接头的界面形貌不同，软规范下所得到的 Ti/Al 微观界面较为平整，如图 7.48 (a) 所示，硬规范下所得到的 Ti/Al 微观界面凸凹不平，并且在近界面铝合金熔核内部存在钛颗粒。解释如下：虽然在电阻点焊中接触电阻仅存在焊接初期，对接头中热量的贡献也仅有10%左右，但是这部分能量对于Ti/Al界面形貌的影响甚大。当焊接电流较小时，接触电阻析热较少，对钛合金界面形貌的影响并不严重，因此得到的界面较为平整；当焊接电流增加时，焊接初期工件的接触方式为点接触；当电流通过界面时，局部电流密度极大，钛合金侧出现了局部熔化乃至破碎，破碎的钛颗粒进入铝侧熔核中，形成了图7.48（b）所示的形貌。

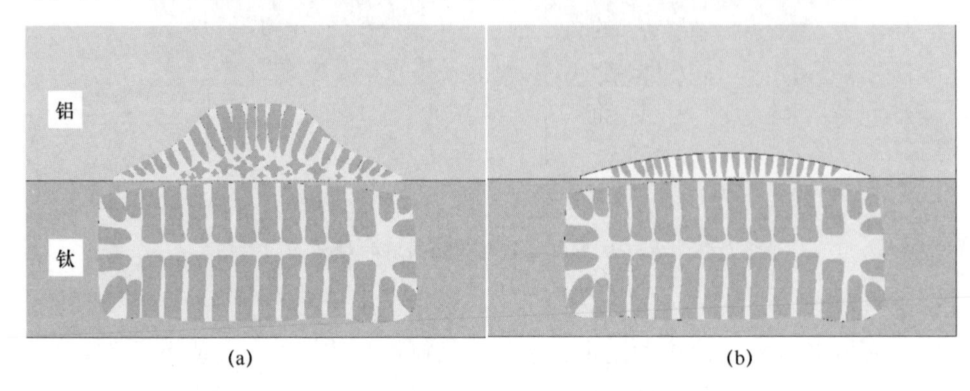

图7.47　凝固完成后Ti/Al点焊接头横截面示意图
（a）软规范；（b）硬规范。

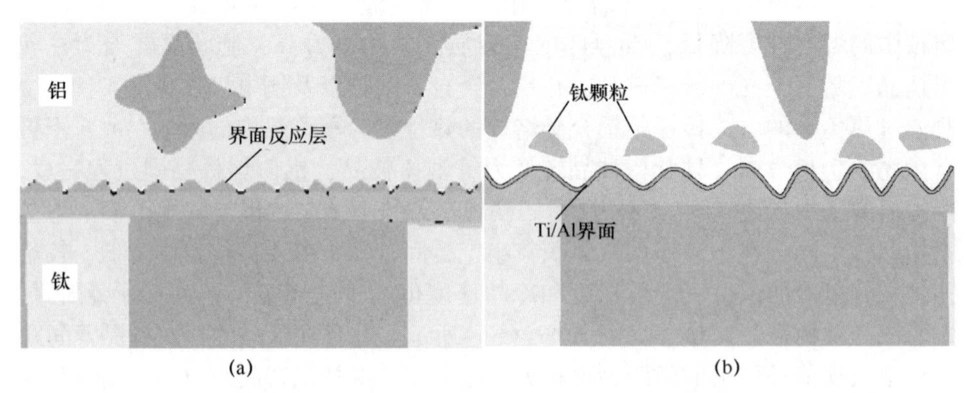

图7.48　Ti/Al点焊接头界面微观形貌示意图
（a）软规范；（b）硬规范。

7.4.2　Ti/Al电阻点焊接头界面冶金反应分析

焊接中界面发生冶金反应是在一定的热力学条件下进行的，化学反应的热力学条件取决于吉布斯自由能的变化量的大小，因此，本节主要计算不同Ti-Al系金属间化合物生成时吉布斯自由能的变化量，通过对Ti/Al异质结构电阻点焊过程可能生成的产物，进行逐一热力学计算，进一步揭示在界面反应中可能生成的反应产物。

根据经典物理化学理论可知，化学反应吉布斯自由能的变化是一个相对量，一般取标准自由能来推测化学反应的可能性。物质的标准自由能可以由下面的热力学公式进行计算：

$$G = \Delta H_{298}^{\theta} - T\Delta S_{298}^{\theta} \tag{7-7}$$

式中：G 为物质在标准状态下的自由能；ΔH_{298}^{θ} 为物质在标准状态下的生成焓；ΔS_{298}^{θ} 为物质在标准状态下的熵变值；T 为热力学温度。

相关热力学手册中可以查询到现有物质的焓变和熵变的数值大小。对于普通的反应：

$$aA + bB \rightarrow cC + dD \tag{7-8}$$

其反应吉布斯自由的变化为

$$\Delta G = (cG_C + dG_D) - (aG_A - bG_B) \tag{7-9}$$

标准吉布斯自由能变化决定了在恒定条件下反应是否能够自发进行：

$\Delta G>0$，化学反应式不能自发进行；

$\Delta G<0$，化学反应式可以自发进行；

$\Delta G=0$，化学反应式进入平衡状态。

根据前边的研究发现，界面处的铝合金已经发生熔化，钛合金虽然一直保持固态，因此，界面处液态铝与固态钛合金相互作用中，Ti/Al 界面处可能发生下面反应：

$$\frac{1}{2}\mathrm{Ti} + \frac{1}{2}\mathrm{Al} \rightarrow \frac{1}{2}\mathrm{TiAl} \tag{7-10}$$

$$\frac{3}{4}\mathrm{Ti} + \frac{1}{4}\mathrm{Al} \rightarrow \frac{1}{4}\mathrm{Ti_3Al} \tag{7-11}$$

$$\frac{1}{4}\mathrm{Ti} + \frac{3}{4}\mathrm{Al} \rightarrow \frac{1}{4}\mathrm{TiAl_3} \tag{7-12}$$

结合 Ti-Al 二元化合物的相关热力学数据资料，分别计算式（7-10）、式（7-11）和式（7-12）吉布斯自由能变化，结果为

$$\Delta G_{\mathrm{TiAl}}^{\theta} = -87655 + 21.72T \tag{7-13}$$

$$\Delta G_{\mathrm{Ti_3Al}}^{\theta} = -16045 + 44.54T \tag{7-14}$$

$$\Delta G_{\mathrm{TiAl_3}}^{\theta} = -178531 + 59.06T \tag{7-15}$$

为了确定 Ti-Al 系金属间化合物在界面反应中生成的顺序，研究人员给出了有效生成热模型（Effective Heat of Formation，EHF），直接查询现有的相关数据，通过计算，可以简单地预测反应物的生成顺序，已在 Zr-Al、Ni-Al 系化合物中得到了相应的应用。在解决不同的元素之间生成的序列时，有学者在原

有的模型中考虑了合熔参数 ΔH^f，由于 Ti 和 Al 元素之间的反应物属于非合熔化合物，因此 $\Delta H^f=0$，Ti 和 Al 之间的金属间化合物的有效生成热可表示为

$$\Delta H^m_{\text{Ti-Al}} = \Delta H^\theta_{\text{Ti-Al}} \frac{C_e}{C_l} \tag{7-16}$$

式中：$\Delta H^m_{\text{Ti-Al}}$ 为 Ti-Al 系反应产物的有效生成热；$\Delta H^\theta_{\text{Ti-Al}}$ 为 Ti-Al 系反应产物的标准生成热；C_e 为 Ti 原子在界面的有效浓度；C_l 为 Ti 原子在化合物中的浓度。

Ti-Al 系反应产物主要受 Ti 原子在铝基体中的最大固溶度的限制，常温下 Al 与 Ti 原子的固溶度较低，当温度大于 Ti 的相变温度时，饱和溶解度可以达到 10%以上。将相关热力学数据代入上述公式，可以得到 $TiAl_3$、TiAl 和 Ti_3Al 的有效生成热，如表 7.9 所列，$TiAl_3$ 具有最低生成能。

表 7.9　Ti-Al 系二元化合物的有效生成热

化合物	限制性原子	浓度	ΔH^θ/(kJ · mol^{-1})	ΔH^m(kJ · mol^{-1})
Ti_3Al	Ti	$Ti_{0.75}Al_{0.25}$	−25	−2.23
TiAl	Ti	$Ti_{0.5}Al_{0.5}$	−38	−5.09
$TiAl_3$	Ti	$Ti_{0.25}Al_{0.75}$	−37	−9.92

图 7.49 所示为焊点断口的 XRD 分析结果，相对于母材来说，断口中有 $TiAl_3$ 相产生，结合 EDS 分析测试结果及其热力学计算，最后基本可以确定界面反应层的产物为 $TiAl_3$ 相。

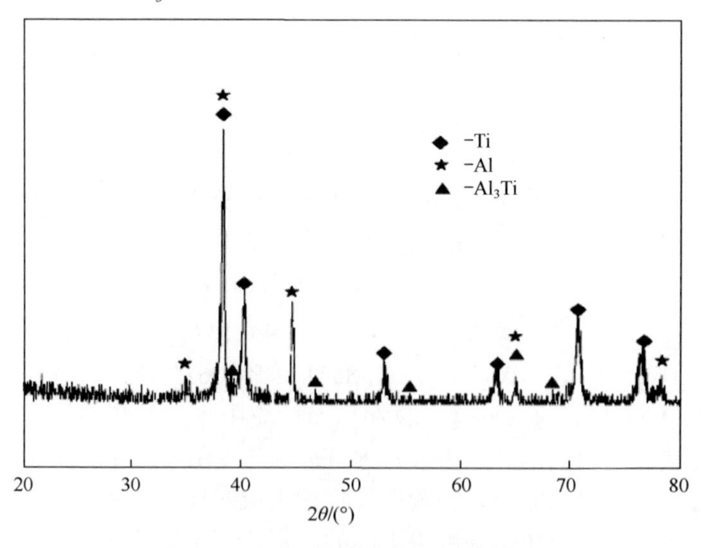

图 7.49　Ti/Al 接头的 XRD 分析结果

7.4.3　Ti/Al 电阻点焊接头界面反应层生长过程

分析认为，在电阻点焊过程中，由于钛合金侧热传导的作用，界面处铝合金首先发生熔化，液态铝合金熔核形成以后，液态铝对钛发生润湿铺展。钛合金开始溶解，界面两侧的原子互扩散，当固液界面前熔化的铝合金中 Ti 原子的浓度达到过饱和固溶度时，开始发生冶金反应形成 Ti-Al 金属间化合物层。根据界面反应层的特点，可以将界面反应层的生长过程分为 4 个阶段。

第一阶段：液态铝合金在固态钛合金表面的润湿铺展。在电阻热的作用下，钛合金/铝合金界面的温度超过铝合金的熔点时，温度超过熔点部分的铝合金发生熔化并在钛合金表面进行润湿铺展。在这个过程中，液态铝合金在固态钛合金界面的润湿性铺展主要通过物理吸附和化学吸附这两个过程完成的。其中，物理吸附是在短时间内完成的，本质上是通过范德华力使铝合金/钛合金界面处的固液分子之间发生物理结合；之后化学吸附发挥主要作用。化学吸附必须满足原子的激活能，此时，原子的激活能主要靠高温的钛/铝界面提供。

第二阶段：固态钛合金向铝合金液态熔核中溶解及原子的互扩散。当化学吸附完成以后，在驱动力的作用下，钛合金与铝合金的固/液界面处钛合金的结合键被破坏，钛合金内部的晶格结构发生分解，与液态铝合金中 Al 原子发生结合形成新键，溶解过程就此发生。在浓度梯度的作用下，界面处溶解的原子（主要为 Ti 原子）开始向液态铝合金中进行扩散，界面区 Ti 原子的浓度逐渐增加。与此同时，液态铝合金中的原子（主要为 Al）也通过 Ti/Al 界面向钛合金母材中扩散，但是此过程中 Al 原子向钛合金母材中的扩散速度低于 Ti 原子向液态铝合金中的扩散速度。通电过程中，随着熔核中温度的升高 Ti 原子在液态铝合金中的溶解度增加。

第三阶段：Ti/Al 界面反应层的产生及长大。当固/液界面前沿中 Ti 原子在液态铝中的溶解度超过饱和固溶度时，开始反应生成金属间化合物。由于界面处钛合金表面可以作为金属间化合物异质形核的核心，Ti-Al 反应物就依附在钛合金表面生长，当界面反应物连成一片时，钛合金的溶解过程结束，Ti 原子通过反应层向液态铝合金熔核中进行扩散，界面层继续生长。

第四阶段：界面反应层与两侧基体的固相扩散。当液态铝合金的温度降至低于铝合金熔点时，已生成的界面金属间化合物层与两侧的固态铝合金和钛合金基体之间存在着原子的互扩散，分析认为，由于界面区温度低，原子在固态金属及金属间化合物中的扩散系数非常低，对最终的界面结构影响较小。随机热处理的作用主要是增加此阶段的反应时间，因而，当接头随机热处理之后，界面反应层的厚度增加。

本章小结

本文对 Ti/Al 异质结构电阻点焊工艺及接头形成机理进行了研究，得出以下主要结论。

（1）电阻点焊能够实现 2mm 厚 TC4 钛合金和 2Al2 铝合金的较好连接，接头为熔化的铝合金在界面处固态钛合金表面润湿铺展形成的熔-钎焊接头。Ti/Al 界面反应层的厚度与接头的拉剪力具有一定的相关性，在试验范围内，界面反应层厚度均小于 2μm，接头拉剪力随反应层厚度增加而增加。

（2）焊接参数对 Ti/Al 焊点的表面质量响不大，硬规范条件下焊点表面质量略优于软规范条件下的焊点表面质量。硬规范条件下无宏观缺陷点焊接头的拉剪力为 6.59kN。软规范条件下无宏观缺陷点焊接头的拉剪力为 3.32kN。从接头拉剪力的角度看，硬规范参数更适合 Ti/Al 异质结构电阻点焊。

（3）接头在拉剪试验中均断裂在 Ti/Al 结合面上，但并非沿界面反应层发生断裂，而是沿着近界面附近的铝合金内部发生断裂。软规范时，断口边缘区以韧性断裂为主，中心区以解理断裂为主。硬规范时，断口中间区域以韧性断裂为主，边缘和中心区域以解理断裂为主。经随机热处理后的焊点表面质量下降，对显微组织的影响表现在两个方面：粗化焊核中的晶粒和细化热影响区的晶粒。经随机热处理的 Ti/Al 点焊接头界面反应层厚度、断后伸长率和断裂吸收功均有所增加。

（4）电流通过工件时，钛合金侧的温度首先升高，当钛合金侧的温度超过铝合金的熔点时，开始发生热传导，铝合金在自身的电阻热和经热传导传递的热量共同的作用下发生熔化，形成铝侧熔核。焊接时间越长，铝侧熔核体积越大。接触电阻析热越多，界面处钛侧表面越粗糙。Ti/Al 异质结构电阻点焊界面的冶金反应产物为 $TiAl_3$。界面反应可以分为 4 个阶段；第一阶段为液态铝合金在固态钛合金表面的润湿铺展；第二阶段为固态钛合金向铝合金液态熔核中溶解及原子的互扩散；第三阶段为 Ti/Al 界面反应层的产生及长大；第四阶段为界面反应层与两侧基体的固相扩散。

参考文献

[1] Schubert E, Klassen M, Zerner I, et al. Light-weight structures produced by laser beam join for future applications in automobile and aerospace industry [J]. Journal of Materials Processing Technology, 2011, 115 (1): 2-8.

[2] 李晓红，毛唯，曹春晓，等. 钎焊与扩散焊在航空制造业中的应用 [J]. 航空制造技术，2004 (11): 28-32.

[3] Mayer A, Isakovic J T, 庄鸿寿，等. 搅拌摩擦点焊 [J]. 焊接，2009 (9): 6-10.

[4] 陈曦. 基于温度场和表面微结构调控的 TC4/6061 异种合金激光深熔钎焊接头强化研究 [D]. 哈尔滨：哈尔滨工业大学，2021.

[5] Dursun T, Soutis C. Recent developments in advanced aircraft aluminium alloys [J]. Materials & Design, 2014, 56: 862-871.

[6] Starke E A, Staley J T. Application of modern aluminum alloys to aircraft [J]. Progress in Aerospace Sciences, 1996, 32 (2): 131-172.

[7] Uhlmann E, Kersting R, Klein T B, et al. Additive manufacturing of titanium alloy for aircraft components [J]. Procedia CIRP, 2015, 35: 55-60.

[8] Zhu L, Li N, Childs P R N. Light-weighting in aerospace component and system design [J]. Propulsion and Power Research, 2018, 7 (2): 103-119.

[9] Kar A, Suwas S, Kailas S V. Multi-Length scale characterization of microstructure evolution and its consequence on mechanical properties in dissimilar friction stir welding of titanium to aluminum [J]. Metallurgical and Materials Transactions A, 2019, 50 (11): 5153-5173.

[10] Möller F, Grden M, Thomy C, et al. Combined laser beam welding and brazing process for aluminium titanium hybrid structures [J]. Physics Procedia, 2011, 12: 215-223.

[11] 黄永宪，吕宗亮，万龙，等. 钛/铝异质金属搅拌摩擦焊技术研究进展 [J]. 航空学报，2018, 39 (11): 6-17.

[12] Kahraman N, Gulenc B, Findik F. Corrosion and mechanical-microstructural aspects of dissimilar joints of Ti-6Al-4V and Al plates [J]. International Journal of Impact Engineering, 2007, 34 (8): 1423-1432.

[13] 张志涛. Ti/Al 异质结构搅拌摩擦焊点焊工艺及组织性能研究 [D]. 南昌：南昌航空大学，2017.

[14] 刘浩. Ti/Al 搭接接头无针搅拌摩擦点焊工艺及搭接界面特征研究 [D]. 南昌：南昌航空大学，2020.

[15] 陈超. Ti/Al “搅拌摩擦点焊-钎焊” 复合焊接工艺及机理研究 [D]. 南昌：南昌航空大学，2019.

[16] Kapil A, Sharma A. Magnetic pulse welding: an efficient and environmentally friendly multi-material joining technique [J]. Journal of Cleaner Production, 2015, 100: 35-58.

[17] Sapanathan T, Rija Nirina R, Buiron N, et al. Magnetic pulse welding: an innovative joining technology for similar and dissimilar metal pairs [M], Rijeja: Intech, 2016.

[18] Crossland B, Williams J D. Explosive welding [J]. Metallurgical Reviews, 1970, 15 (1): 79-100.

[19] Findik F. Recent developments in explosive welding [J]. Materials & Design, 2011, 32 (3): 1081-1093.

[20] Zhang Y, Babu S S, Prothe C, et al. Application of high velocity impact welding at varied different length scales [J]. Journal of Materials Processing Technology, 2011, 211 (5): 944-952.

[21] Wang H, Wang Y. High-Velocity Impact Welding Process: A Review [J]. Metals, 2019, 9 (2): 144.

[22] 冯立桥. 钛合金与铝合金异种轻质金属焊接技术研究进展 [J]. 世界有色金属, 2017, 13: 227-229.

[23] 吴宪吉, 田娟娟, 张科, 等. Ti/Al 异质结构焊接研究进展 [J]. 焊接技术, 2015, 44 (10): 1-5.

[24] 王亚荣, 滕文华, 余洋, 等. 铝/钛异种金属的电子束熔钎焊 [J]. 机械工程学报, 2012, 48 (20): 88-92.

[25] Edwards P, Ramulu M. Effect of process conditions on superplastic forming behaviour in Ti-6Al-4V friction stir welds [J]. Science and Technology of Welding and Joining , 2009, 14 (7): 669-680.

[26] 谢飞飞. TC4 钛合金搅拌摩擦焊接头组织与性能研究 [D]. 南昌: 南昌航空大学, 2012.

[27] 刘克文. 焊接工艺参数对铝合金摩擦点焊接头成形的影响 [D]. 南昌: 南昌航空大学, 2007.

[28] Gerlich A, Su P, North T H. Friction stir spot welding of MG-Alloys for automotive applications [J]. Magnesium Technology, 2005: 383-388.

[29] 陈玉华. 铝/钛异种金属焊接技术研究进展 [J]. 航空制造技术, 2012, 417 (21): 42-45.

[30] 张健, 董春林, 李光, 等. 搅拌摩擦点焊在航空领域的应用 [J]. 航空制造技术, 2009, 18 (16): 70-73.

[31] Chen Y H, Ni Q, Ke L M. Interface characteristic of friction stir welding lap joints of Ti/Al dissimilar alloys [J]. Transactions of the Nonferrous Metals Society of China, 2012, 22 (2): 299-304.

[32] 陈树海. Ti/Al 异种合金激光熔钎焊工艺与连接机理 [D]. 哈尔滨: 哈尔滨工业大学, 2009.

[33] Möller F, Grden M, Thomy C, et al. Combined lase bea welding and brazing process for aluminium titanium hybrid structures [J]. Physic Procedia, 2011, 12: 215-223.

[34] 赵玉津，张慧敏，罗震，等．焊接能量对铝/钛超声波焊接接头性能的影响［J］．天津大学学报（自然科学与工程技术版），2017（01）：47-52.

[35] Li Y, Zhang Y, Luo Z. Microstructure and mechanical properties of Al/Ti joints welded by resistance spot welding [J]. Science and Technology of Welding and Joining, 2015, 20 (5): 385-394.

[36] Zhang C Q, Robson J D, Prangnell P B. Dissimilar ultrasonic spot welding of aerospace aluminum alloy AA2139 to titanium alloy TiAl6V4 [J]. Journal of Materials Processing Technology, 2016, 231: 382-388.

[37] Zhang C Q, Robson J D, Ciuca O, et al. Microstructural characterization and mechanical properties of high power ultrasonic spot welded aluminum alloy AA6111-TiAl6V4 dissimilar joints [J]. Materials Characterization, 2014, 97: 83-91.

[38] Zhou L, Min J, He W X, et al. Effect of welding time on microstructure and mechanical properties of Al-Ti ultrasonic spot welds [J]. Journal of Manufacturing Processes, 2018, 33: 64-73.

[39] 朱政强，曾纯，张义福，等．铝钛异质材料超声波焊接研究［J］．热加工工艺，2011，40（7）：118-120.

[40] Li Y, Zhang Y, Bi J, et al. Impact of electromagnetic stirring upon weld quality of Al/Ti dissimilar materials resistance spot welding [J]. Materials & Design, 2015, 83: 577-586.

[41] 刘东亚．Ti/Al 异质结构电阻点焊工艺及接头形成机理研究［D］．南昌：南昌航空大学，2016.

[42] Kuang B, Shen Y, Chen W, et al. The dissimilar friction stir lap welding of 1A99 Al to pure Cu using Zn as filler metal with "pinless" tool configuration [J]. Materials & Design, 2015, 68: 54-62.

[43] 徐永强．Ti/Al 异质结构高频感应钎焊工艺及界面特征研究［D］．哈尔滨：哈尔滨工业大学，2014.

[44] 曲文卿，张彦华，庄鸿寿，等．钛合金与铝合金钎焊工艺实验研究［J］．金属学报，2009，24（5）：311-314.

[45] 唐慧，胡刚．Sn、Ga 对 Al-Ti 各种合金真空钎焊的影响［J］．焊接，2001，21（6）：14-18.

[46] Kenevisi M S, Khoie S M M, Alaei M. Microstructural evaluation and mechanical properties of the diffusion bonded Al/Ti alloys joint [J]. Mechanics of Materials, 2013, 64: 69-75.

[47] Zeng H, Luo G Q, Shen Q, et al. Preparation of TC4-LY12 joint by vacuum diffusion welding [J]. Advanced Materials Research, 2009, 66: 242-245.

[48] 李亚江．Ti/Al 异种材料真空扩散焊界面结构研究［J］．材料科学与工艺，2007，15（2）：206-210.

[49] Plaine A H, Suhuddin U F H, Afonso C R M, et al. Interface formation and properties of friction spot welded joints of AA5754 and Ti6Al4V alloys [J]. Materials & Design, 2016,

93：224-231.

[50] 曹文明. Ti/Al 搅拌摩擦点焊-钎焊复合焊接接头组织性能研究 [D]. 南昌：南昌航空大学，2017.

[51] Yu M, Zhao H, Jiang Z, et al. Influence of welding parameters on interface evolution and mechanical properties of FSW Al/Ti lap joints [J]. Journal of Materials Science & Technology, 2019, 35：1543-1554.

[52] Zhao H Y, Yu M R, et al. Interfacial microstructure and mechanical properties of Al/Ti dissimilar joints fabricated via friction stir welding [J]. Journal of Alloys and Compounds, 2019, 789：139-149.

[53] Huang Y, Lv Z, Wan L, et al. A new method of hybrid friction stir welding assisted by friction surfacing for joining dissimilar Ti/Al alloy [J]. Materials Letters, 2017, 207：172-175.

[54] Lei Z, Li P, Zhang X, et al. Microstructure and mechanical properties of welding-brazing of Ti/Al butt joints with laser melting deposition layer additive [J]. Journal of Manufacturing Processes, 2019, 38：411-421.

[55] Casalino G, Mortello M, Peyre P. Yb-YAG laser offset welding of AA5754 and T40 butt joint [J]. Journal of Materials Processing Technology, 2015, 223：139-149.

[56] 陈树海，李俐群，陈彦宾. Ti/Al 异种合金激光熔钎焊过程气孔形成机制 [J]. 稀有金属材料与工程，2010，28（1）：32-36.

[57] Chen Y, Chen S, Li L. Influence of interfacial reaction layer morphologies on crack initiation and propagation in Ti/Al joint by laser welding-brazing [J]. Materials & Design, 2010, 31 (1)：227-233.

[58] Guo S, Peng Y, Cui C, et al. Microstructure and mechanical characterization of re-melted Ti-6Al-4V and Al-Mg-Si alloys butt weld [J]. Vacuum, 2018, 154：58-67.

[59] Tomashchuk, Sallamand P, Cicala E, et al. Direct keyhole laser welding of aluminum alloy AA5754 to titanium alloy Ti6Al4V [J]. Journal of Materials Processing Technology, 2015, 217：96-104.

[60] Ma Z, Wang C, Yu H, et al. The microstructure and mechanical properties of fluxless gas tungsten arc welding brazing joints made between titanium and aluminum alloys [J]. Materials & Design, 2013, 45：72-79.

[61] Sun Q J, Li J Z, Liu Y B, et al. Microstructural characterization and mechanical properties of Al/Ti joint welded by CMT method-Assisted hybrid magnetic field [J]. Materials & Design, 2017, 116：316-324.

[62] 吕世雄，敬小军，黄永宪，等. 钛/铝异种合金电弧熔钎焊接头界面特征及力学性能 [J]. 焊接学报，2012，33（6）：45-47.

[63] Chen X, Yan J, Gao F, et al. Interaction behaviors at the interface between liquid Al-Si and solid Ti-6Al-4V in ultrasonic-assisted brazing in air [J]. Ultrasonics Sonochemistry, 2013,

20 (1): 144-154.

[64] Kim Y C, Fuji A. Factors dominating joint characteristics in Ti-Al friction welds [J]. Science and Technology of Welding and Joining, 2002, 7 (3): 149-154.

[65] Assari A H, Eghbali B. Solid state diffusion bonding characteristics at the interfaces of Ti and Al layers [J]. Journal of Alloys and Compounds, 2019, 773: 50-58.

[66] Chen Y H, Deng H B, Liu H, et al. A novel strategy for the reliable joining of Ti6Al4V/2Al2-T4 dissimilar alloys via friction melt-bonded spot welding [J]. Materials. Letters, 2019, 253: 306-309.

[67] 陈玉华，倪泉，黄春平 . Ti/Al 异质结构搅拌摩擦焊搭接接头的组织结构 [J]. 焊接学报, 2011, 32 (9): 73-76.

[68] 罗凌云 . 2Al2-T4 铝合金回填式搅拌摩擦点焊工艺及机理研究 [D]. 哈尔滨: 哈尔滨工业大学, 2017.

[69] 陈溯 . 铝合金/钢回填式搅拌摩擦点焊机理研究 [D]. 大连: 大连理工大学, 2017.

[70] Sun Y B, Zhao Y Q, Zhang D, et al. Multilayered Ti-Al intermetallic sheets fabricated by cold rolling and annealing of titanium and aluminum foils [J]. Transactions of Nonferrous Metals Society of China, 2011, 21 (8): 1722-1727.

[71] Dustin C. Wagner, Xiao C, Xin T. Liquation cracking in arc and friction-stir welding of Mg-Zn alloys [J]. Metallurgical & Materials Transactions A, 2015, 46 (1): 315-327.

[72] Chen X, Xie R, Lai Z, et al. Ultrasonic-assisted of Al-Ti dissimilar alloy by a filler metal with a large semi-solid temperature range [J]. Materials and Design, 2016, 95 (5): 569-574.

[73] 顾华 . 2Al2 厚板铝合金电子束焊接接头组织及工艺研究 [D]. 哈尔滨: 哈尔滨工业大学, 2017.

[74] 陈玉华，董春林，倪泉，等 . 钛合金/铝合金搅拌摩擦焊接头的显微组织 [J]. 中国有色金属学报, 2010, 020 (0z1): 211-214.

[75] Jiangwei R, Yajiang L, Tao F. Microstructure characteristics in the interface zone of Ti/Al diffusion bonding [J]. Materials Letters, 2002, 56 (5): 645-652.

[76] Wei Y, Aiping W, Guisheng Z, et al. Formation process of the bonding joint in Ti/Al diffusion bonding [J]. Materials Science and Engineering, 2008, 480 (2): 456-463.

[77] Majid, Tavoosi. The Kirkendall void formation in Al/Ti interface during solid-state reactive diffusion between Al and Ti [J]. Surfaces and Interfaces, 2017, 12 (09): 196-200.

[78] 柳峻鹏 . 2Al2 厚板铝合金电子束焊接接头性能及变形控制研究 [D]. 哈尔滨: 哈尔滨工业大学, 2018.

[79] 乔及森，余江瑞，苟宁年，等 . 微观组织对 2Al2 铝合金熔焊接头力学性能的影响 [J]. 焊接学报, 2011, 32 (09): 5-8.

[80] Zhou L, Luo L Y, Tan C W, et al. Effect of welding speed on microstructural evolution and mechanical properties of laser welded-brazed Al/brass dissimilar joints [J]. Optics & Laser

Technology, 2018, 98: 234-246.
[81] Wu W, Jiang J, Li G, et al. Ultrasonic additive manufacturing of bulk Ni-based metallic glass [J]. Journal of Non-Crystalline Solids, 2019, 506: 1-5.
[82] Guo S, Peng Y, Cui C, et al. Microstructure and mechanical characterization of remelted Ti-6Al-4V and Al-Mg-Si alloys butt weld [J]. Vacuum, 2018, 154: 58-67.
[83] Wei Y , Li J , Xiong J , et al. Joining aluminum to titanium alloy by friction stir lap welding with cutting pin [J]. Materials Characterization, 2012, 71 (5): 1-5.
[84] Wu A, Song Z, Nakata K, et al. Interface and properties of the friction stir welded joints of titanium alloy Ti6Al4V with aluminum alloy 6061 [J], Mater. Des. , 2015, 71: 85-92.
[85] 朱宝华. Al/Ti 异种合金的激光熔钎焊工艺及接头组织性能研究 [D]. 哈尔滨: 哈尔滨工业大学, 2006.
[86] Kattner U R, Lin J C, Chang Y A. Thermodynamic assessment and calculation of the Ti-Al system [J]. Metallurgical Transactions A, 1992, 23 (8): 2081-2090.
[87] Johnson K L, Kendall K, Roberts A D. Surface energy and the contact of elastic solids [J]. Proceeding of the Royal Society of London A, 1971, 324 (1558): 301-313.
[88] Xu L, Cui Y Y, Hao Y L, et al. Growth of intermetallic layer in multi-laminated Ti/Al diffusion couples [J]. Materials Science and Engineering: A, 2006, 435: 638-647.
[89] Askew J R, Wilde J F, Khan T I. Transient liquid phase bonding of 2124 aluminium metal matrix composite [J]. Materials Science and Technology, 1998, 14 (9-10): 920-924.
[90] Luo J G, Acoff V L. Interfacial reactions of titanium and aluminum during diffusion welding [J]. Welding Journa (Suppl.), 2000, 79 (9): 239-243.
[91] Xiao Y D, Zhi-Yong F U, Zhu P, et al. Study on corrosion resistance of spray Zn85Al alloy coating for steel construction [J]. Thermal Spray Technology, 2010, 21 (4): 55-60.
[92] 王希靖, 郭瑞杰, 阿荣, 等. 搅拌摩擦焊接头的温度检测 [J]. 电焊机, 2004, 34 (1): 22-24.
[93] 张启运, 庄鸿寿. 钎焊手册 [M]. 北京: 机械工业出版社, 2008.
[94] 张鑫. 中间层材料对 Ti/Al 异质结构搅拌摩擦焊接头组织及性能的影响 [D]. 南昌: 南昌航空大学, 2015.
[95] 戈军委. Ti/Al 异质结构搅拌摩擦焊接头组织性能研究 [D]. 南昌: 南昌航空大学, 2014.
[96] 鲍军委. 两种新型钛合金氧化膜的表面分析 [D]. 成都: 四川大学, 2005.
[97] 林凯, 张平则, 黄俊, 等. TC4 表面热浸镀 55%Al-Zn 合金工艺研究 [J]. 热加工工艺, 2011, 40 (8): 134-137.
[98] 韩玉强, 李飞舟, 田东平. TC4 钛合金表面热浸渗铝工艺的研究 [J]. 热加工工艺, 2015 (24): 147-149.
[99] 李广龄, 蒋冶鑫. 金属间化合物对 Zn-Al 合金镀层钢丝性能的影响 [C]. 全国金属制品信息网年会, 2004.

[100] Fujimoto, Koga S. Analysis of plastic flow of the Al alloy joint produced by friction stir spot welding [J]. Welding International, 2009, 23 (1): 589-596.

[101] 张彦军，李小鹏. 2524-T3 铆接接头与搅拌摩擦焊接接头疲劳性能对比研究 [J]. 机械强度, 2015, 179 (3): 429-434.

[102] Han J, Dai Q X, Zhao Y T, et al. Study on fatigue performance of 7075-T651 aluminum alloys [J]. Journal of Aeronautical Materials, 2010, 30 (4): 92-96.

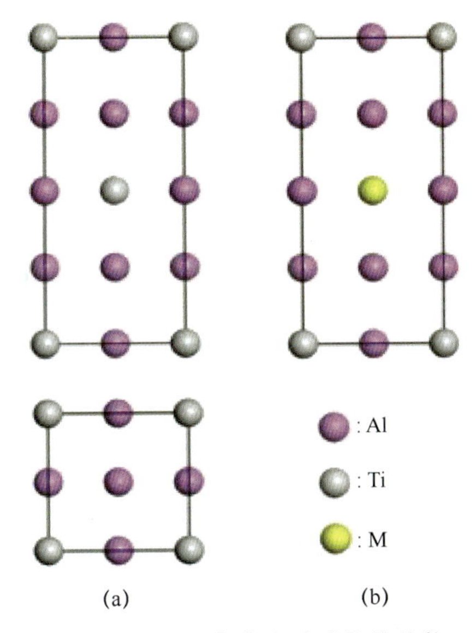

图 2.1　$TiAl_3$ 合金化后的晶体结构

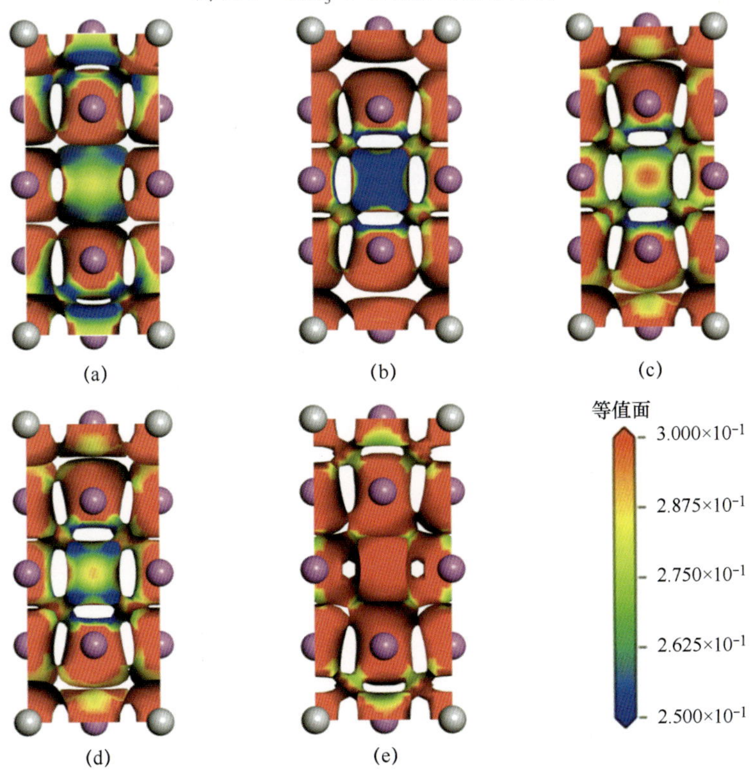

图 2.4　$TiAl_3$ 合金化后超胞的电荷密度图

(a) $TiAl_3$；(b) CO-$TiAl_3$；(c) Cr-$TiAl_3$；(d) Mn-$TiAl_3$；(e) Sc-$TiAl_3$。

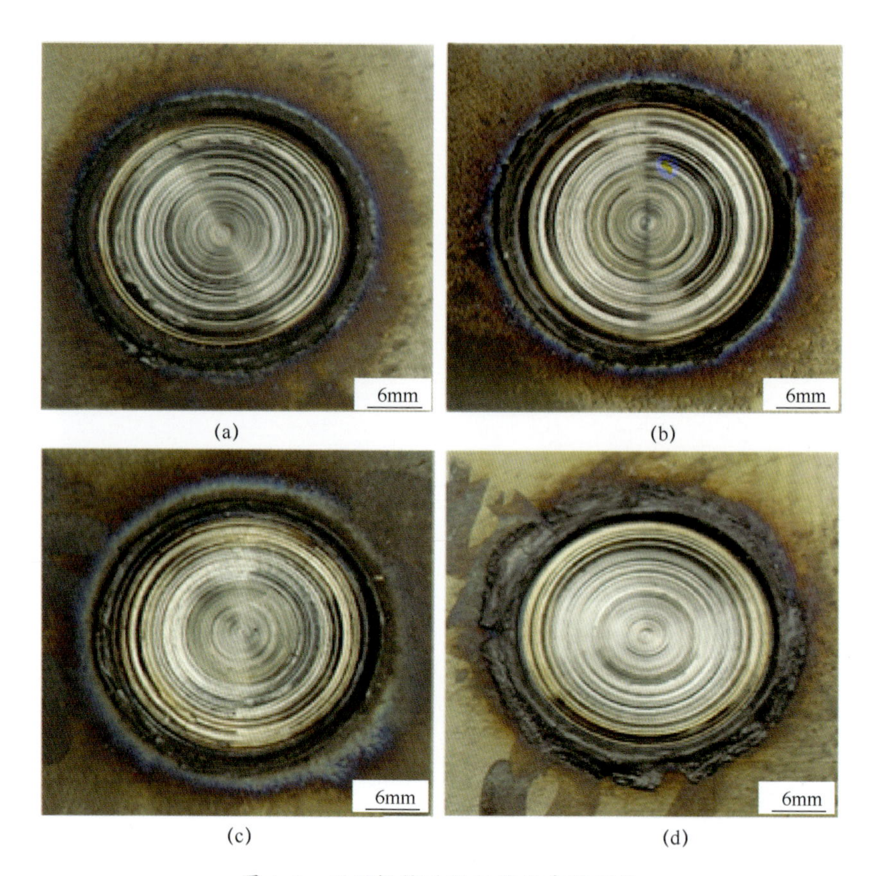

(a) (b)
(c) (d)

图 4.6 不同焊接时间下接头宏观形貌
(a) 60s; (b) 75s; (c) 90s; (d) 105s。

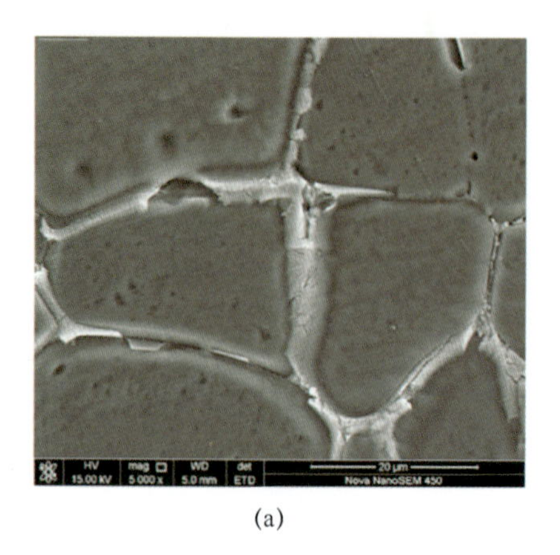

(a)

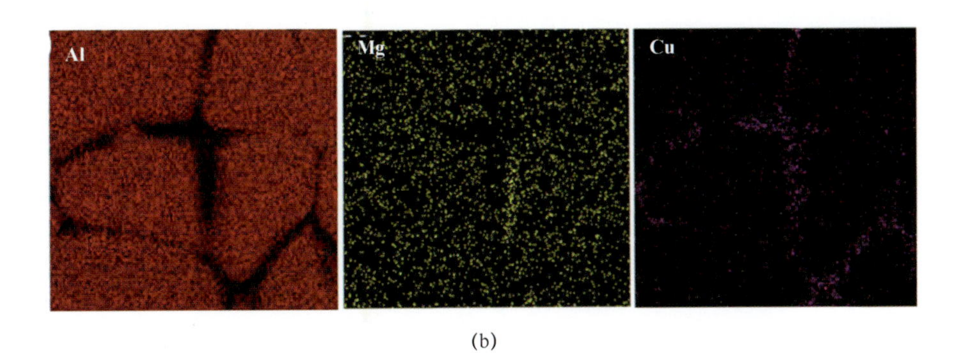

(b)

图 4.17　熔核区局部扫描电镜放大图
（a）扫描电镜图；（b）元素分布图。

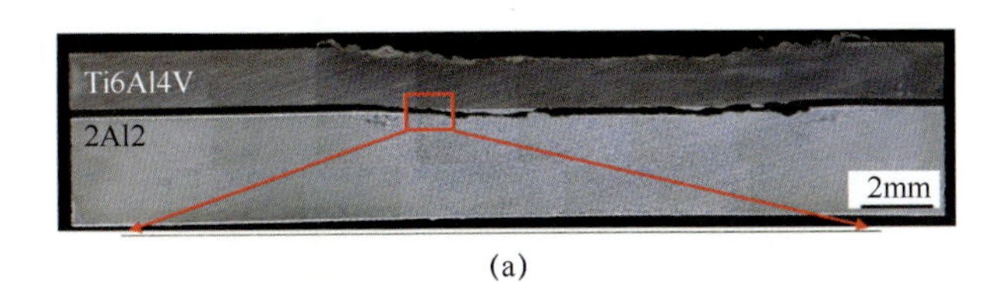

(a)

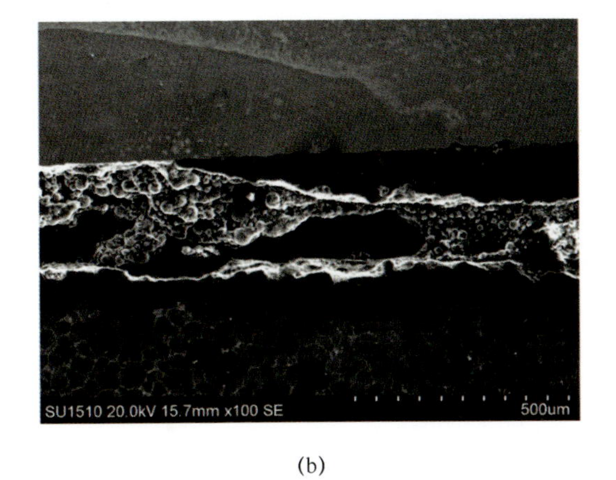

(b)

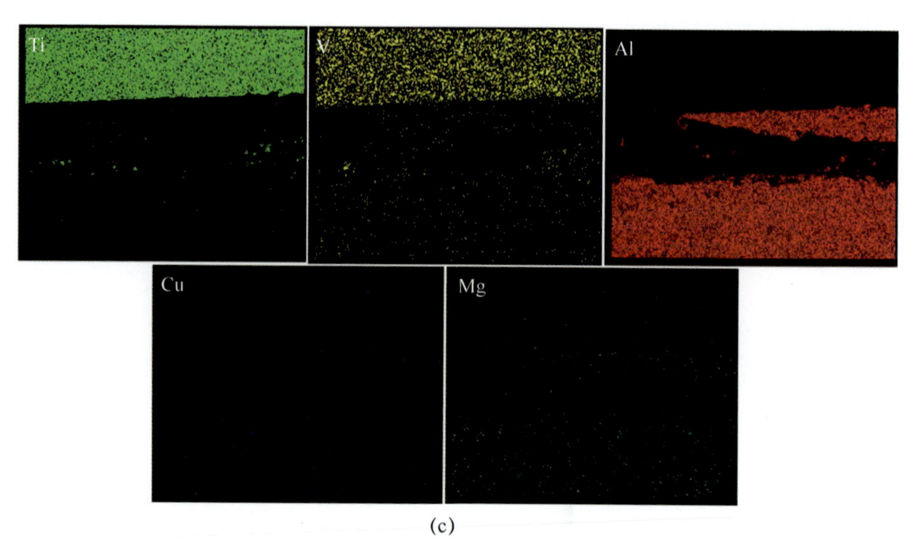

(c)

图 4.39 接头界面失效形貌图

（a）界面断裂横截面宏观图；（b）图（a）中区域放大 SEM 图；（c）图（b）EDS 面扫元素分布图。

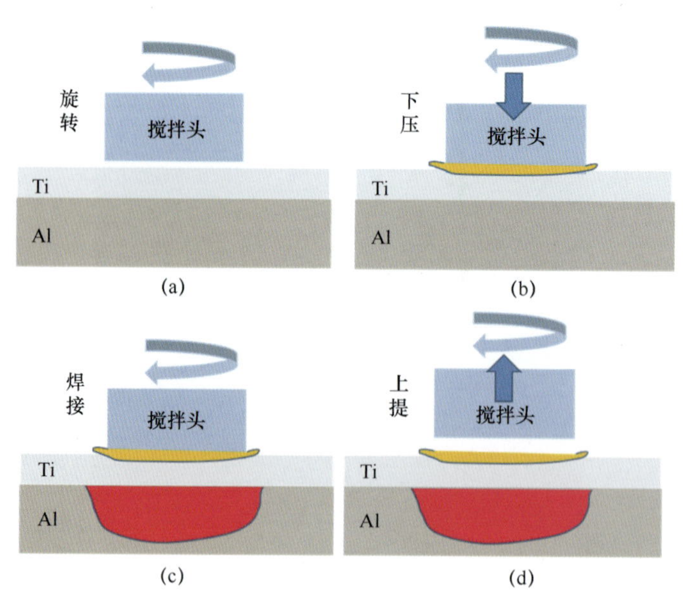

图 4.51 点焊焊接过程示意图

（a）旋转；（b）下压；（c）焊接；（d）上提。

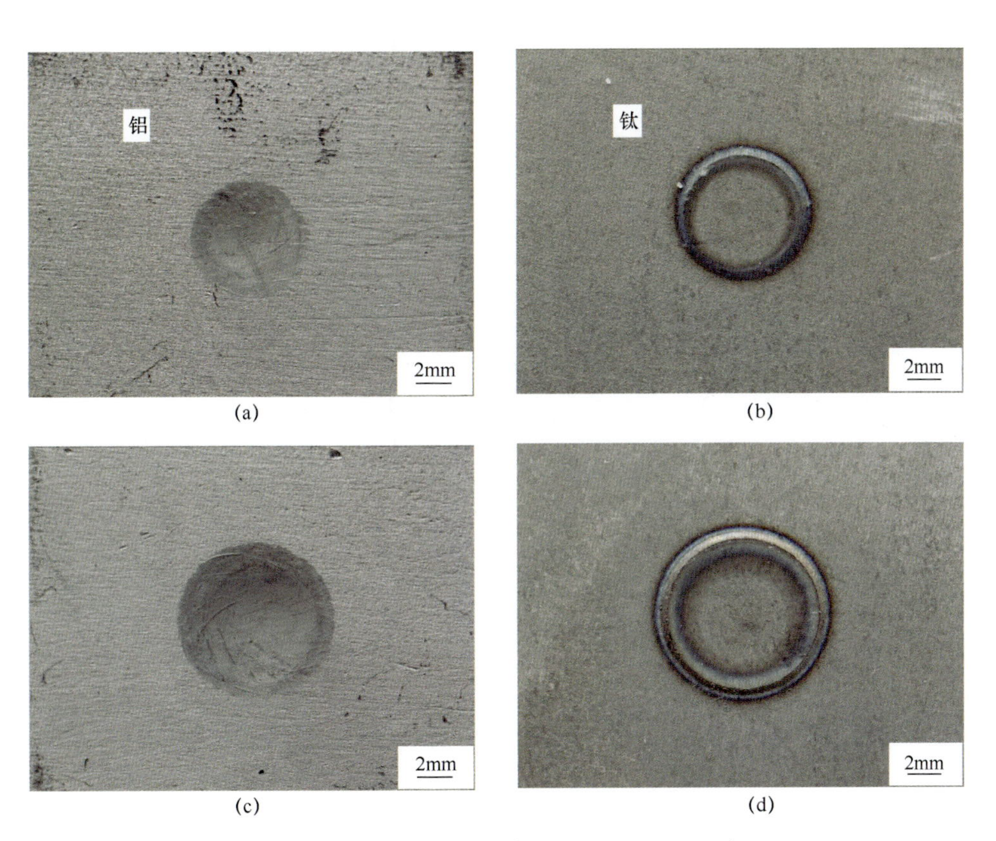

(a) (b)

(c) (d)

图 7.5 不同焊接电流下 Ti/Al 异质结构点焊接头的表面形貌

(a)、(b) I=6.62kA；(c)、(d) I=10.6kA。

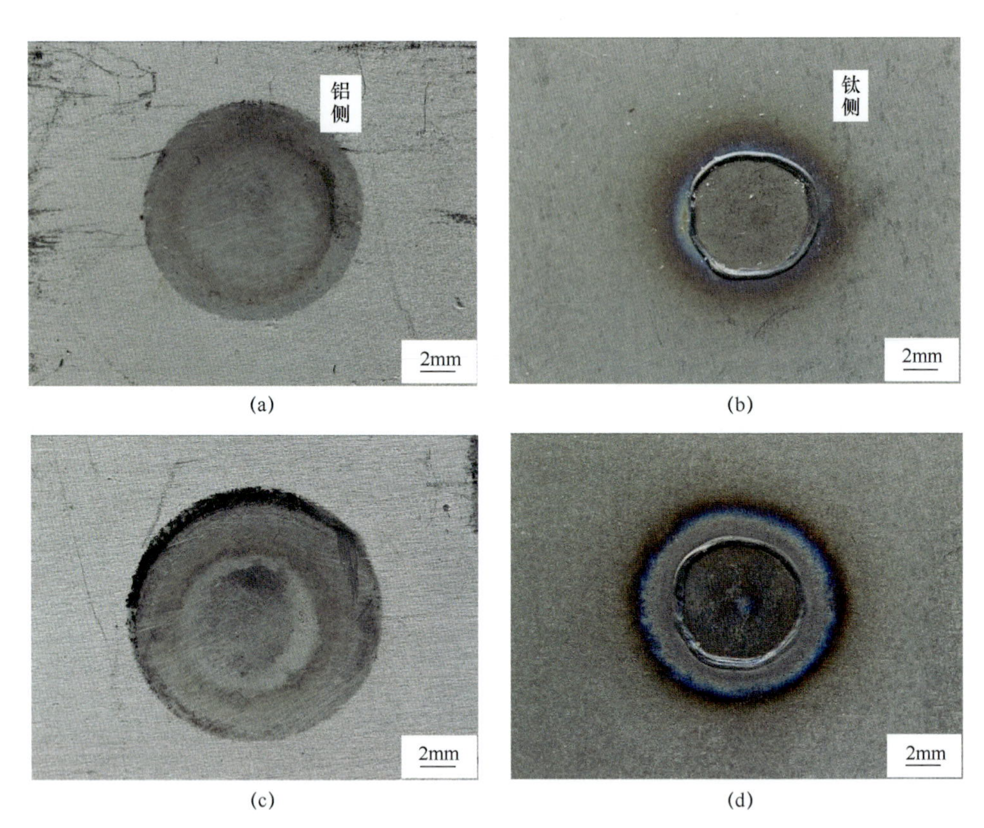

图 7.37 随机热处理对 Ti/Al 接头表面形貌的影响

(a)、(b) I_2 = 4.3kA、T_2 = 15000ms；(c)、(d) I_2 = 5.3kA、T_2 = 10000ms。